面向新工科普通高等教育系列教材

电气控制与 S7-1500 PLC 应用技术

李鸿儒　梁　岩　主编

U0255128

机械工业出版社

本书系统地讲解了各类常用低压电器、常见电气控制电路、PLC的基础知识及博途软件的功能等，着重讲解了S7-1500 PLC的硬件组成、软件编程、通信、故障诊断及控制系统设计等知识。为了让读者了解到控制系统的安全标准、安全技术及安全器件等知识，提高工业安全意识，本书还专门加入了工业安全系统方面的内容。

　　为了让读者更快速、高效、深入地掌握相关知识，本书配有大量原创多媒体资源。例如低压电器的实物讲解、电气控制电路的运行仿真、博途软件的操作演示等视频，以及有助于加深对书中文字理解的彩图、扩展阅读、示例的程序文件等。

　　本书适合作为自动化相关专业的教材，也适合工程技术人员自学和作为培训教材使用。

图书在版编目（CIP）数据

电气控制与S7-1500 PLC应用技术/李鸿儒，梁岩主编．—北京：机械工业出版社，2021.7（2025.2重印）
面向新工科普通高等教育系列教材
ISBN 978-7-111-68536-4

Ⅰ．①电…　Ⅱ．①李…　②梁…　Ⅲ．①电气控制-高等学校-教材
②PLC技术-高等学校-教材　Ⅳ．①TM571.2　②TM571.6

中国版本图书馆CIP数据核字（2021）第121432号

机械工业出版社（北京市百万庄大街22号　邮政编码　100037）
策划编辑：李馨馨　　责任编辑：李馨馨
责任校对：张艳霞　　责任印制：张　博

北京建宏印刷有限公司印刷

2025年2月第1版·第8次印刷
184mm×260mm·20.25印张·501千字
标准书号：ISBN 978-7-111-68536-4
定价：69.80元

电话服务

客服电话：010-88361066
　　　　　010-88379833
　　　　　010-68326294

封底无防伪标均为盗版

网络服务

机　工　官　网：www.cmpbook.com
机　工　官　博：weibo.com/cmp1952
金　书　网：www.golden-book.com
机工教育服务网：www.cmpedu.com

前　言

党的二十大报告指出，加快建设制造强国。实现制造强国，智能制造是必经之路。可编程序逻辑控制器（Programmable Logic Controller，PLC）是工业控制的标准设备，它可以应用于所有工业领域，并且已经扩展到商业、农业、民用设施、智能建筑等领域。在新一轮产业变革中，PLC技术作为自动化技术的重要一环，在智能制造中扮演着不可或缺的角色。西门子公司的SIMAITC S7-1500 PLC作为目前国际顶级的可编程序逻辑控制器，借助其自动化组态任务的集成开发环境TIA博途软件（Totally Integrated Automation Portal，TIA Portal），在工程研发、生产操作与日常维护等各个阶段，以及提高工程效率、提升操作体验、增强维护便捷性等各个方面树立了新的标杆。

本书分为两篇，第一篇为电气控制基础部分，着重讲解了各类常用低压电器、常见电气控制电路等知识，为控制系统的电路设计奠定基础；第二篇为PLC部分，介绍了PLC的基础知识及博途软件的功能，着重讲解了S7-1500 PLC的硬件组成、软件编程、通信、故障诊断及控制系统设计等知识。

安全是生产的关键要素，而安全的生产过程需要安全可靠的控制系统来支撑。为了让读者了解到控制系统的安全标准、安全技术及安全器件等知识，提高工业安全意识，本书专门加入了工业安全系统方面的内容。

为了让读者更快速、高效、深入地掌握相关知识，本书配有大量原创多媒体资源。例如低压电器的实物讲解、电气控制电路的运行仿真、博途软件的操作演示等视频，有助于加深对书中文字理解的彩图、扩展阅读等。这些资源可以通过扫描书中各处的二维码获得。另外，本书还配有技术手册以及书中示例的程序文件等资源，请扫描封底的二维码获取。

本书由李鸿儒、梁岩主编，其中第1章"绪论"由梁雪编写；第2章"常用低压电器"和第3章"电气控制电路设计基础"由梁岩编写；第4章"PLC基础知识"由梁雪、梁岩编写；第5章"S7-1500 PLC的硬件系统"由王泓潇编写；第6章"S7-1500 PLC的博途软件"由梁雪编写；第7章"S7-1500 PLC的软件编程"由梁岩、梁雪编写；第8章"S7-1500 PLC的程序结构"由徐林编写；第9章"S7-1500 PLC的通信"由李鸿儒编写；第10章"S7-1500 PLC的故障诊断"由王泓潇编写；第11章"工业安全系统"由李鸿儒编写；第12章"PLC控制系统设计"由梁岩编写。

全国电气信息结构、文件编制和图形符号标准化技术委员会的高永梅老师对本书相关标准的使用提出了很多宝贵建议，谨在此表示衷心感谢。

因作者水平有限，书中难免有错漏之处，恳请广大读者批评指正。

作者于东北大学

二维码索引

目　录

第一篇　电气控制基础

第二篇　S7-1500 PLC 应用技术

第1章
绪论

电气控制涉及的范围极其广阔，是实现工业生产自动化的重要技术手段。目前电力电子技术和计算机技术已经融入电气控制技术中，使得电气控制技术更加精准、简单，并产生不断上升的发展趋势。小至家用电器，大到航空航天，电气控制技术都在其中发挥着至关重要的作用。因此学习并掌握电气控制技术尤为重要。

1.1 电器与电气的概念及区别

电器与电气是两个不同的概念，由于在使用中容易混淆，下面对其进行说明。

电器是所有电工器械的简称，是指能根据外界施加的信号和要求自动或手动接通和断开电路，断续或连续地改变电路参数，并能对电路或非电对象进行切换、控制、保护、检测、变换和调节的电工器械。电器单指设备，例如继电器、接触器、互感器、开关、熔断器及变阻器等。电器的控制作用就是手动或自动地接通、断开电路，因此，"分断"和"闭合"是电器最基本、最典型的功能。简言之，电器就是一种能控制电的工具。

电气是电能的生产、传输、分配、使用和电工装备制造等学科或工程领域的统称。它是以电能、电气设备和电气技术为手段来创造、维持与改善限定空间和环境的一门科学，涵盖电能的转换、利用和研究三方面，包括基础理论、应用技术、设施设备等。电气是广义词，可指一种行业，一种专业，也可指一种技术，而不具体指某种产品。

1.2 电气控制技术概述

电气控制主要分为两大类：一种是传统的以继电器、接触器等为主搭接起来的逻辑电路，即继电-接触器控制；另一种是基于可编程序逻辑控制器（Programmable Logic Controller，PLC）的控制系统，即 PLC 控制。

1. 继电-接触器控制

继电-接触器控制技术属于传统电气控制技术，继电-接触器控制系统主要是由继电器、接触器、主令电器和保护电器等元器件用导线按一定的控制逻辑连接而成的系统。它主要通过硬件接线逻辑来实现控制逻辑，利用继电器触点的串联或并联，时间继电器的滞后动作等组成控制逻辑，从而实现对电动机或其他机械设备的起动、停止、反向、调速及多台设备的顺序控制和自动保护等功能。

继电-接触器控制系统具有结构简单、控制电路成本低廉、维护容易、抗干扰能力强等优点，但这种控制系统采用固定的接线方式实现，若控制方案改变，则需拆线，重新再接线，乃至更换元器件，灵活性差。除此之外，继电-接触器控制系统的体积较大，工作频率低，触点易损坏，可靠性差，且控制装置是专用的，通用性差。

2. PLC 控制

PLC 控制技术属于现代电气控制技术，它是计算机技术与继电-接触器控制技术相结合的控制技术，PLC 的输入、输出仍与低压电器密切相关。PLC 控制以微处理技术为核心，综合应用计算机技术、自动控制技术、电子技术以及通信技术等，以软件手段实现各种控制功能。

PLC 控制具有如下优点：使用灵活、通用性强；可靠性高、抗干扰能力强；接口简单、维护方便；采用模块化结构，体积小，重量轻；编程简单、容易掌握；具有丰富的输入/输出接口模块，扩展能力强；设计、施工、调试周期短。但其价格相对继电-接触器控制系统较高，应用 PLC 控制技术需要一定的自动化、电气专业知识和计算机知识，这些都在一定程度上限制了 PLC 的发展。

两种控制技术既有区别又有联系，在进行电气控制设计时，应充分考虑它们各自的优缺点，选择相应的控制技术，使系统控制效果好，成本低，以达到最高的性价比。

继电-接触器控制系统主要用于动作简单、控制规模比较小的电气控制系统中，至今仍是部分机械设备广泛采用的电气控制形式。而 PLC 控制系统则用于相对较复杂的电气控制系统，它通过程序而不是像继电-接触器控制系统那样通过电路实现控制逻辑，因此 PLC 与设备之间的电路组成关系十分简单。另外，继电-接触器控制系统在简单控制系统中的经济性明显优于 PLC 控制系统，在不太重要的场合可以考虑使用，而可靠性方面 PLC 控制系统则明显优于继电-接触器控制系统。

1.3　本（书）课程的学习目标

本课程是面向自动化、电气工程及其自动化、工业人工智能等专业开设的一门专业平台课课程，目的是使学生掌握常用的低压控制电器和 PLC 的基本原理和基础知识，掌握继电接触控制系统、PLC 控制系统等电气控制系统的设计、图纸绘制、编程、安装、调试等专业基础知识，是一门工程实践性强的课程。通过本课程的学习，可初步培养学生解决实际问题的方法和能力，锻炼学生的创新思维，为进一步学习其他专业课程和工程应用打下坚实的基础。

本课程的主要任务包括：

1）掌握常用低压控制电器基本知识。

2）理解并掌握电气控制电路设计的方法。

3）掌握 PLC 的组成和工作原理。

4）了解 S7-1500 PLC 的硬件系统。

5）掌握 S7-1500 PLC 博途软件的使用方法。

6）掌握 S7-1500 PLC 的软件编程及指令功能。

7）掌握 S7-1500 PLC 的程序结构。

8）了解 S7-1500 PLC 的通信功能。

9）了解 S7-1500 PLC 的故障诊断功能。

10）了解工业安全系统。

11）了解 PLC 控制系统综合设计及项目实施方法。

第一篇
电气控制基础

我们先来看一个最常见、最基本的电动机控制电路，如图 A 所示，它实现了电动机的单向点动控制。这里主要的元器件（低压断路器或隔离开关、熔断器、按钮、接触器等）就是常用的低压电器。工厂里大大小小的设备和生产线就是由这些低压电器组成的电路进行控制的。

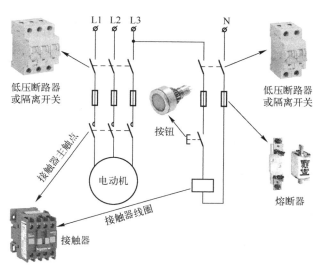

图 A　电动机单向点动控制电路及所用元器件示意图

第 2 章将为读者介绍这些常用的低压电器，希望读者通过这章的学习，可以做到看见了能认识、设计电路时能想起。

第 3 章将为读者介绍如何将这些低压电器"串起来"，即电气控制电路的设计方法。

第2章

常用低压电器

2.1 低压电器的基础知识

2.1.1 低压电器的定义与分类

低压电器是指工作在交流电压小于 1000 V，直流电压小于 1500 V 的电路中，起通断、保护、控制或调节作用的电器设备，以及利用电能来控制、保护和调节非电过程和装置的电气设备。

低压电器在电路中的作用是根据外界施加的信号或要求，自动或手动地接通或分断电路，从而连续或断续地改变电路的参数或状态，以实现对电路或非电对象的切换、控制、保护、检测、变换和调节。

低压电器的种类繁多，按其结构用途及所控制的对象不同，有不同的分类方式。

1. 按用途和控制对象分类

按用途和控制对象的不同，可将低压电器分为配电电器和控制电器，见表 2-1。

对配电电器的主要技术要求是断流能力强，限流效果佳，在系统发生故障时确保动作准确，工作可靠，有足够的热稳定性和动稳定性。

对控制电器的主要技术要求是有适当的转换能力，操作频率高，使用寿命长等。

2. 按操作方式分类

低压电器按操作方式可分为自动电器和手动电器两类。

自动电器依靠外来信号的变化，或者自身参数的变化，完成接通、分断、起动、反向及停止等动作。而手动电器则是靠手动操作机构来完成上述动作。

3. 按工作条件和使用环境分类

1）通用低压电器：供正常工作条件下使用，广泛用于各种工业领域。

2）化工低压电器：主要是具有耐潮、耐腐蚀和防爆功能的低压电器。

3）矿用低压电器：主要用于矿井，具有防爆、耐潮、耐振动冲击特性的低压电器。

4）船用低压电器：具有耐潮、耐腐蚀、耐振动冲击的特性，应用在海上石油钻井平台和各类船只上的低压电器。

5）航空低压电器：耐冲击和振动，小而轻。

6）高原低压电器：适用于海拔 2000 m 以上的工作环境。

表 2-1 配电电器和控制电器

低压电器名称		符 号	主要品种	用 途	
配电电器	刀开关/隔离开关	QB	大电流隔离器 熔断器式组合刀开关 负荷开关	主要用于电路隔离，也能接通和分断额定电流	用于主电路
	切换开关	QA	组合开关 切换开关	用于双路电源或负载的切换和通断电路	
	断路器	QA	框架式断路器 塑壳断路器 限流式断路器 漏电保护断路器	用于线路过载、短路或欠电压保护，也可用于不频繁接通和分断电路	
	熔断器	FC	有填料熔断器 无填料熔断器 快速熔断器	用于线路或电气设备的短路和过载保护	
控制电器	接触器	QA	交流接触器 直流接触器	用于远距离频繁起动或控制电动机，以及接通和分断正常工作的主电路	用于辅助电路/控制电路
	变频器	TA	变频器	用于交流电动机的起动或控制	
	控制继电器	KF	电流继电器	主要用于控制其他电器，或作为主电路的保护	
			电压继电器		
			中间继电器		
			时间继电器		
		BC	热继电器		
	主令电器	SF	按钮	用于接通和分断控制电路，发布控制命令	
		BG	行程开关		
			接近开关		
		SF	转换开关		

说明：

关于电器的防水防尘，有一个 IP 防护等级，请扫描二维码 2-1 查看有关介绍。

2-1

4. 按工作原理分

1）电磁式电器：利用电磁感应原理工作的电器。例如：交/直流接触器、各种电磁式继电器、电磁阀等。

2）非电量控制电器：是依靠外力或非电量信号（例如温度、压力、速度等）的变化而动作的电器。例如：刀开关、行程开关、转换开关、温度继电器、压力继电器、速度继电器等。

2.1.2 低压电器的电磁机构

电磁式电器在电气控制系统中使用量最大，其类型有很多，各类电磁式电器在工作原理和构造上基本相似，下面将介绍电磁式低压电器的电磁机构的结构形式及工作原理。

电磁机构主要作用是将电磁能转换为机械能，带动触点动作，实现电路的接通或分断。

电磁机构由电磁线圈、铁心和衔铁三部分组成。其结构形式按衔铁的运动方式可分为直动式和拍合式，常用的结构形式有下列 3 种（见图 2-1）。

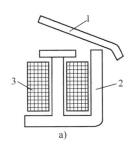
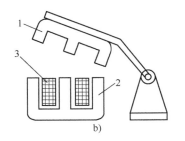
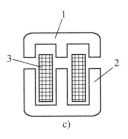

图 2-1　常用的电磁机构结构形式
a）衔铁沿棱角转动的拍合式　b）衔铁沿轴转动的拍合式　c）衔铁做直线运动的双 E 形直动式
1—衔铁　2—铁心　3—电磁线圈

1）衔铁沿棱角转动的拍合式，如图 2-1a 所示。这种结构适用于直流接触器。

2）衔铁沿轴转动的拍合式，如图 2-1b 所示。其铁心形状有 E 形和 U 形两种，此结构适用于触点容量较大的交流接触器。

3）衔铁做直线运动的双 E 形直动式，如图 2-1c 所示。这种结构适用于交流接触器、继电器等。

电磁线圈的作用是将电能转换为磁能，即产生磁通，衔铁在电磁吸力作用下产生机械位移使铁心与之吸合。凡通入直流电的电磁线圈都称为直流线圈，通入交流电的电磁线圈称为交流线圈。由直流线圈组成的电磁机构称为直流电磁机构，由交流线圈组成的电磁机构称为交流电磁机构。

对于直流电磁机构，由于电流的大小和方向不变，只有线圈发热，铁心不发热，通常其衔铁和铁心均由软钢或工程纯铁制成，所以直流线圈能够做出高而薄的瘦高型，且不设线圈骨架，使线圈与铁心直接接触，易于散热。对于交流电磁机构，由于其铁心中存在磁滞和涡流损耗，线圈和铁心都要发热，所以交流线圈设有骨架，使铁心与线圈隔离，并将线圈制成短而厚的矮胖形，有利于线圈和铁心的散热，通常铁心用硅钢片堆叠而成，以减少铁损。

电磁式电器的工作原理示意图如图 2-2 所示。当电磁线圈通电后，产生的磁通经过铁心，衔铁和气隙形成闭合电路，此时衔铁被磁化产生电磁吸力，所产生的电磁吸力克服释放弹簧与触点弹簧的反力使衔铁产生机械位移，与铁心吸合，并带动触点支架使动、静触点接触闭合。当电磁线圈断电或电压显著下降时，由于电磁吸力消失或过小，衔铁在弹簧反力作用下返回原位，同时带动动触点脱离静触点，将电路切断。

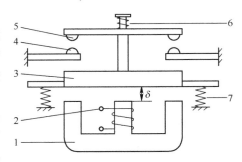

图 2-2　电磁式电器的工作原理示意图
1—铁心　2—电磁线圈　3—衔铁　4—静触点
5—动触点　6—触点弹簧　7—释放弹簧　δ—气隙

2.1.3　低压电器的触点

触点是一切有触点电器的执行部件，这类电器就是通过触点的动作来接通或断开被控电路的。

1. 触点的接触电阻

触点的接触电阻大小会影响触点的工作情况。接触电阻大时，触点易发热，温度升高，从而使触点产生熔焊（两个触点的接触处部分熔化并被焊接到一起）现象，影响其工作的可靠性，同时也降低了触点的寿命。

接触电阻的大小与触点的接触形式、接触压力、触点材料等有关。

（1）触点的接触形式

触点的接触形式有点接触、线接触和面接触 3 种，如图 2-3 所示。

3 种接触形式中，点接触的接触区域最小，如图 2-3a 所示，因此它只能用于小电流的电器中，如接触器的辅助触点和继电器的触点。

线接触的接触区域近似于一条直线，它的触点在接通过程中从 A 点经由 B 点滚动到 C 点，断开时做相反方

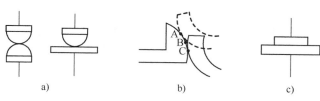

图 2-3　触点的 3 种接触形式
a）点接触　b）线接触　c）面接触

向的滚动，如图 2-3b 所示。这样的滚动动作可以消除触点表面的氧化膜，并且由于长期工作的位置在 C 点而不在容易灼烧的 A 点，因而保证了触点的良好接触。线接触多用于中等容量的接触器主触点。

面接触的接触区域最大，如图 2-3c 所示，它允许通过较大的电流。这种触点一般在接触表面上镶有合金，以减小触点接触电阻和提高耐磨性，多用于较大容量接触器的主触点。

触点的结构形式主要有桥式和指形等，如图 2-4 所示。

（2）触点的接触压力

为了减小触点间的接触电阻，减弱触点的振动，需要在触点间施加一定的压力，此压力一般由弹簧产生。触点的位置示意图如图 2-5 所示，因为安装时动触点的弹簧已被预先压缩了一些，所以当动、静触点刚接触时就会带有初压力 F_1，如图 2-5b 所

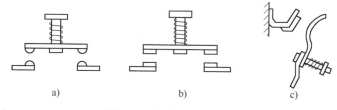

图 2-4　触点的结构形式
a）点接触的桥式触点　b）面接触的桥式触点　c）指形触点

示。该初压力的作用是减弱接触时的振动，调节弹簧预压缩量可改变初压力的大小。触点最终闭合后弹簧被进一步压缩，因而在触点闭合的动作结束后，弹簧产生的压力为终压力 F_2，该压力大于 F_1，如图 2-5c 所示。终压力的作用是减小接触电阻。弹簧被进一步压缩的距离称为触点的超行程，超行程越大终压力越大。有了超行程，可使触点在被磨损的情况下仍具有一定的接触压力，使之能继续正常工作。当然，磨损严重时应及时更换触点。

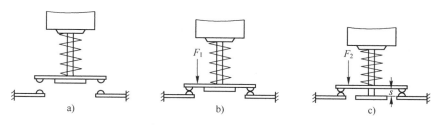

图 2-5　桥式触点位置示意图
a）最终断开位置　b）刚刚接触位置　c）最终闭合位置

（3）触点的材料

若要使触点具有良好的接触性能，通常采用铜制材料。但是由于在使用过程中，铜的表面易氧化生成一层氧化铜膜，使触点接触电阻增大，引起触点过热，减少电器的使用寿命。因

此, 对于电流容量较小的电器 (如接触器、继电器等), 可用银质材料作为触点材料, 因为银的氧化膜电阻率与纯银相似, 从而避免触点表面氧化膜电阻率增加造成触点接触不良。在一些电流容量较大的电器中, 触点材料通常用合金制成。

2. 常开触点与常闭触点

常开触点, 又称 NO (Normally Open) 触点, 它在自然状态下是断开的。当电器动作时, 如按钮被按下或继电器线圈电路 (继电器的常开/常闭触点不在线圈电路中) 通电等, 其常开触点会闭合。

常闭触点, 又称 NC (Normally Closed) 触点, 它与常开触点正好相反, 在自然状态下是闭合的。当电器动作时, 常闭触点会断开。

常开/常闭触点的示意图如图 2-6 所示, 若图中所示的状态为该电器的自然状态, 则其中的触点 1 即为常闭触点, 触点 2 即为常开触点。

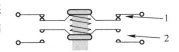

图 2-6 常开/常闭触点示意图

设计控制电路时, 为满足控制需要, 应准确地选用电器的常开或常闭触点。例如, 要根据控制的需要, 确定按下按钮时电路应该为接通状态还是断开状态, 来选择使用其常开或常闭触点。

2.1.4 低压电器的灭弧

在通电状态下, 动、静触点脱离接触时, 如果被分断电路的电流超过一定数值, 分断后加在触点间隙两端的电压超过一定数值 (根据触点材料的不同其值在 12~20 V 之间) 时, 触点间就会产生电弧。电弧实际上是触点间气体在强电场下产生的放电现象, 产生高温并发出强光和火花。电弧的产生为电路中电磁能的释放提供了通路, 在一定程度上可以减小电路断开时的冲击电压。但电弧的产生却使电路仍然保持导通状态, 使该断开的电路未能及时断开, 延长了电路的分断时间; 同时电弧产生的高温将烧损触点的金属表面, 影响电器的寿命, 严重时会引起火灾或其他事故, 因此应采取措施迅速熄灭电弧。

1. 灭弧原理

1) 降低电弧区的电场强度。在触点断开时, 应迅速使其间隙增加, 电场强度降低, 电弧拉长, 这样可使电弧容易熄灭。

2) 降低电弧区的温度。电弧与冷却介质接触, 可带走电弧热量, 从而使电弧熄灭。

2. 灭弧方法

(1) 机械灭弧

通过电器内的机械装置将电弧迅速拉长, 这样会减低电弧的温度, 同时还降低了电弧内部单位长度的电场强度, 最终使电弧熄灭。

(2) 磁吹式灭弧装置

这种灭弧装置的原理是使电弧处于磁场中间, 电磁场力 "吹" 长电弧, 使其进入冷却装置, 加速电弧冷却, 促使电弧迅速熄灭。

图 2-7 是磁吹式灭弧装置的原理图。其磁场由与触点电路串联的吹弧线圈 "3" 产生, 当电流逆时针流经吹弧线圈时, 其产生的磁通经铁心 "1" 和导磁颊片 "4" 引向触点周围。触点周围的磁通方向为由纸面流入, 如图中 "×" 符号所示。由左手定则可知, 电弧在吹弧线圈磁场

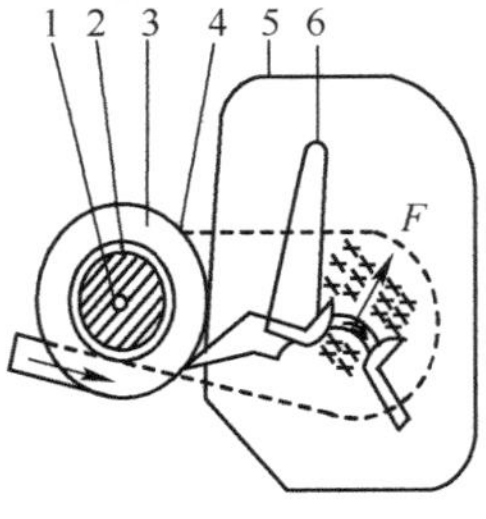

图 2-7 磁吹式灭弧装置原理图
1—铁心 2—绝缘管 3—吹弧线圈
4—导磁颊片 5—灭弧罩 6—引弧角

中受到向上方向的力 F 的作用，电弧向上运动，被拉长并被吹入灭弧罩"5"中。引弧角"6"和静触点相连接，引导电弧向上运动，将热量传递给灭弧罩壁，促使电弧熄灭。

磁吹式灭弧装置中，电弧电流越大，吹弧能力越强。它曾广泛地应用于直流接触器中。

（3）灭弧栅

灭弧栅是一种很常用的交流灭弧装置，它的工作原理如图 2-8 所示。灭弧栅是由许多镀铜薄钢片组成，片间距离为 2~3 mm，安装在灭弧罩内。电弧一旦产生，周围将产生磁场，在电动力的作用下被推入灭弧栅中，灭弧栅片将电弧分割成许多串联的小电弧。交流电压过零时，电弧会自然熄灭；电弧如果要重燃，两个栅片间必须要有 150~250 V 电压降，很显然无法满足，因此电弧自然熄灭后很难重燃。

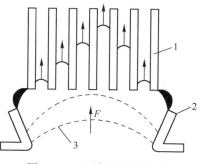

图 2-8 灭弧栅灭弧的原理
1—灭弧栅片 2—触点 3—电弧

（4）灭弧罩

灭弧罩通常用耐弧陶土、石棉水泥或耐弧塑料制成。其作用是：①分隔各路电弧，以防止发生短路；②使电弧与灭弧罩的绝缘壁接触，使电弧迅速冷却而熄灭。

（5）多断点灭弧

在交流电路中常采用桥式触点，如图 2-5 所示，这种触点每个回路都有两个断点。触点分断后，在一处断点处电弧重燃需要 150~250 V 电压，两处断点就需要 $2\times(150{\sim}250\,\text{V})$ 电压。断点电压达不到此值，因而电弧过零后因不能重燃而熄灭。一般小电流交流继电器常采用桥式触点灭弧，而无需其他灭弧装置。

2.1.5 低压电器选用的基本原则

低压电器的正确选用，即指选择合理，使用正确。从技术和经济角度看，两者相辅相成，缺一不可。由于低压电器具有不同的用途和使用条件，因而也会有不同的选择方法。低压电器的选择应遵循下列基本原则。

（1）安全原则

使用安全可靠是对任何低压电器的基本要求，保证人身安全和保证系统及用电设备的可靠运行，是生产和生活得以正常进行的重要保障。

（2）经济原则

关于经济原则的考虑又可细分为低压电器本身的经济价值和使用低压电器产生的价值，要求合理选择。

根据以上原则，选用时应注意：

1）控制对象的分类和使用环境。

2）确认有关的技术数据，例如控制对象的额定电压、额定功率、电动机起动电流的倍数、负载性质、操作频率及工作制等。

3）了解电器的正常工作条件，例如环境空气温度、相对湿度、海拔高度、允许安装方位角度和抗冲击振动、有害气体、导电尘埃及雨雪侵袭等。

4）了解电器的主要技术性能和技术条件，例如用途、分类、额定电压、额定控制功率、接通分断能力、允许操作频率、工作制及使用寿命等。

2.2　低压配电电器

2.2.1　刀开关

刀开关是一种低压隔离开关，隔离开关的主要功能是分断无负荷电流的电路，使所检修的设备与电源有明显的断开点，以保证检修人员的安全。

除了具有隔离开关的主要功能以外，刀开关也可用于不频繁地接通和分断低压供电电路。

刀开关由绝缘底板、静触点、手柄、动触刀和铰链支座构成，如图 2-9 所示。

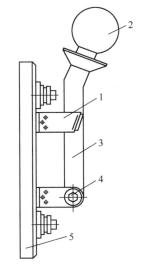

图 2-9　平板式刀开关结构示意图
1—静触点　2—手柄　3—动触刀
4—铰链支座　5—绝缘底板

安装刀开关时，手柄要向上，不得倒立安装或水平安装。否则，拉闸后手柄可能因自重下落引起误操作而造成人身和设备的安全事故。接线时要求电源线接上端，负荷线接下端。

刀开关（隔离开关）的主要参数包括额定绝缘电压、额定工作电压、额定工作电流、额定通断能力、额定短时耐受电流、额定短路合闸容量、使用类别、操作次数和安装尺寸及操作性能等。

刀开关（隔离开关）的选用原则如下。

1）刀开关的额定绝缘电压和额定工作电压不得低于配电网电压。

2）刀开关的额定工作电流不小于电路的计算电流。当要求有通断能力时，要选用具备相应额定通断能力的隔离器；如果需要接通短路电流，则应当选用具备相应短路接通能力的隔离开关，并选用合适的熔断器规格。

3）刀开关的级数和操作方式由现场需求决定。

刀开关的图形及文字符号如图 2-10 所示。

请扫描二维码 2-2 观看刀开关的彩色实物图片。

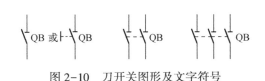

图 2-10　刀开关图形及文字符号

2-2

2.2.2　双电源切换开关

双电源切换开关是因故停电时自动切换到另外一个电源的开关，双电源切换开关一般应用在不允许停电的重要场所。

关于双电源切换开关功能的演示动画，请扫描二维码 2-3 观看。

2-3

2.2.3　低压断路器

低压断路器俗称空气开关或空开，它是按规定条件，对配电电路、电动机或其他用电设备进行不频繁的手动通断操作的开关电器。当电路内出现过载、短路、对地漏电或欠电压等非正常状况时，它能自动分断电路，是低压配电系统的主要电器元件。

低压断路器的种类繁多，可按用途、结构特点、极数和操作方式等来分类。

1）按用途分为保护线路用、保护电动机用、保护照明线路用和对地漏电保护用。

2）按主电路极数分为单极、两极、三极和四极断路器。小型断路器还可以拼装组合成多极断路器。

3）按保护脱扣器种类分为短路瞬时脱扣器、短路短延时脱扣器、过载长延时反时限保护脱扣器、欠电压瞬时脱扣器、欠电压延时脱扣器和漏电保护脱扣器等。

4）按其结构形式分为开启式（原万能式或框架式）和塑料外壳式或模压外壳式。

5）按操作方式分为直接手柄操作、电磁铁操作、电动机操作等。

低压断路器由主触点、灭弧装置、操作机构、自由脱扣机构及脱扣器等组成，有的断路器还集成有常开、常闭辅助触点。主触点是断路器的执行元件，用来接通和分断主电路，为提高其分断能力，主触点上装有灭弧装置。操作机构是实现断路器闭合和断开的机构。脱扣机构是用来联系操作机构和主触点的机构，当操作机构通过手动操作或电动合闸将主触点闭合后，自由脱扣机构将主触点锁在合闸位置上。脱扣器包括过电流脱扣器、热脱扣器、分励脱扣器、欠电压脱扣器等。

下面结合图 2-11 说明低压断路器的工作原理。

过电流脱扣器的线圈和热脱扣器的热元件与主电路串联，当流过断路器的电流在整定值以内时，过电流脱扣器所产生的吸力不足以吸动衔铁，热脱扣器的热元件所产生的热量也不能使自由脱扣机构动作；当电流发生短路或严重过载时，过电流脱扣器的衔铁吸合使自由脱扣器动作，主触点断开主电路，起短路和过电流保护作用。当电路过载时，热脱扣器的热元件发热使双金属片向上弯曲，推动自由脱扣机构动作，使主触点断开主电路，起长期过载保护作用。

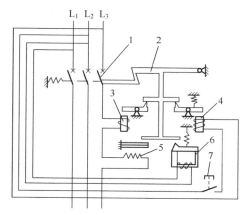

图 2-11　低压断路器的结构原理图
1—主触点　2—自由脱扣机构
3—过电流脱扣器　4—分励脱扣器
5—热脱扣器　6—欠电压脱扣器　7—按钮

欠电压脱扣器的线圈与电源并联，它的工作过程与过电流脱扣器相反，当电源电压等于额定电压时，失电压脱扣器产生的吸力足以吸合衔铁，使断路器处于合闸状态；当电路欠电压或失电压时，欠电压脱扣器的衔铁释放，使自由脱扣机构动作，主触点断开主电路，以起到欠电压和失电压保护作用。

分励脱扣器用于远距离操作，在正常工作时，其线圈是断开的，在需要远距离控制时，按下按钮使线圈通电，衔铁带动自由脱扣机构动作，使主触点断开。

以上介绍的是低压断路器可以实现的功能的工作原理，但并不是所有的低压断路器都具有上述功能。比如有的低压断路器没有分励脱扣器，有的没有热脱扣器，但大部分都具有过电流保护和欠电压保护等功能。

选用低压断路器时的注意事项如下。

1）低压断路器的额定电压和额定电流应大于或等于电路的正常工作电压和电流。

2）低压断路器的极限分断能力应大于或等于电路最大短路电流。

3）过电流脱扣器的额定电流应大于或等于电路最大负载电流。

4）欠电压脱扣器的额定电压应等于电路中的额定电压。

低压断路器的图形符号、文字符号及实物图如图 2-12 所示。

请扫描二维码 2-4 观看低压断路器的实物讲解视频。

图 2-12　低压断路器的图形符号、文字符号及实物图　　　2-4

2.2.4　熔断器

熔断器是在低压配电网和控制电路中起严重过载和短路保护的元件。

熔断器串联在被保护的电路中，当电路发生严重过载或短路时，熔丝（或者熔片）产生的热量使其自身迅速熔化而切断电路，起到保护作用。

为了有效地消除金属蒸气和爆炸性气体，可在熔断器内装入石英砂填料从而有效地熄灭电弧；有时还采用密闭管式无填料的熔断体，利用高温下产生的气体压力来熄弧。

熔断器分断能力强、可靠性高、维护方便、价格低廉，因此应用很广泛。熔断器的图形符号、文字符号及实物图如图 2-13 所示。

图 2-13　熔断器的图形符号、文字符号及实物图

熔断器可以和隔离开关共同组成组合电器。

如果开关在前，熔断器在其出线处，则这种组合电器叫开关熔断器；如果熔断器位于隔离开关的活动刀开关上，则这种组合电器叫熔断器开关，其图形符号如图 2-14 所示。

请扫描二维码 2-5 观看熔断器的彩色实物图片。

开关熔断器　　　　　熔断器开关

图 2-14　熔断器和隔离开关组合电器的图形符号　　　2-5

2.3　接触器

接触器是一种能频繁地接通或分断交、直流电路及大功率、大容量控制电路的电器，主要控制对象是电动机，可以实现远距离操作控制，还可以配合继电器实现定时操作、联锁操作和失电压、

欠电压保护等。它具有比工作电流大数倍乃至几十倍的接通和分断能力，但不能分断短路电流。

另外，接触器还具有寿命长、设备简单经济等特点，是电力拖动与自动控制电路中使用最为广泛的低压电器之一。

1. 交流接触器

交流接触器线圈通以交流电，主触点用于接通、分断交流主电路。常开/常闭辅助触点接入到控制电路，可以将线圈是否得电的状态传递过去。图 2-15 为交流接触器的实物图，其中 1/3/5 号和 2/4/6 号这六个端子为主触点的接线端子，13/14 号为常开辅助触点的接线端子，A1/A2 号为线圈的接线端子。

图 2-16 为交流接触器结构及工作原理示意图。

当线圈通电后，产生一个磁场将静铁心磁化，吸引动铁心，使它向着静铁心快速运动，并吸合在一起。接触器触点系统中的动触点是同动铁心通过机械机构固定在一起的，当动铁心被静铁心吸引向下运动时，动触点也随之向下运动，并与静触点闭合，使常闭辅助触点断开、常开辅助触点闭合（可以通过对比图 2-16 中线圈失电和得电的状态看到）。

图 2-15　交流接触器实物图

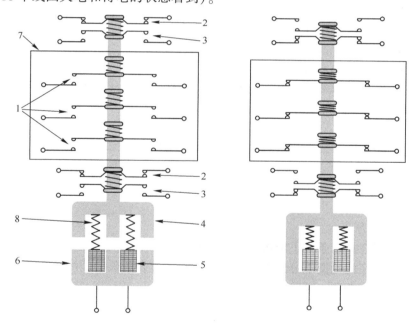

图 2-16　交流接触器结构及工作原理示意图

1—主触点　2—常闭辅助触点　3—常开辅助触点　4—动铁心（衔铁）
5—线圈　6—静铁心　7—灭弧罩　8—弹簧

如果在此之前已经将接触器连接至电动机的控制电路中，那么当静、动铁心吸合到一起后，电动机便经接触器的主触点接通电源，开始起动运转。一旦线圈电路电源电压消失或明显降低，以致电磁线圈没有励磁或励磁不足，动铁心就会因电磁吸力消失或过小而在释放弹簧的反作用力作用下释放。与此同时，和动铁心固定安装在一起的动触点也与静触点脱离，使电动机与电源脱开，停止运转。在接触器主触点打开的瞬间，动、静触点之间将产生电弧，可通过灭弧罩来熄弧。

说明：

图 2-16 中的 4、5、6、8 组成了该接触器的电磁机构。交流接触器的线圈通交流电，使用交流电磁机构；直流接触器的线圈通直流电，使用直流电磁机构。

2. 直流接触器

直流接触器线圈通以直流电，主触点用于接通、分断直流主电路。

直流接触器的结构和工作原理与交流接触器基本相同，但也有区别，主要如下。

（1）触点系统

直流接触器的触点系统多制成单极的，只有小电流的制成双极的，触点也有主、辅之分。

（2）铁心

由于直流接触器线圈通入的是直流电，铁心不会产生涡流和磁滞损耗，所以不会发热，一般用整块钢块制成。

（3）线圈

由于直流接触器和交流接触器的线圈通入的电流种类不同，所以其线圈也不同。

（4）灭弧装置

直流接触器的主触点用灭弧能力较强的磁吹灭弧装置；而交流接触器的主触点一般用灭弧栅进行灭弧。

说明：

目前市场上有部分接触器为交直流通用，适用范围更广泛。

3. 主要技术参数

（1）接触器的极数和电流种类

按接触器主触点个数与接通及断开的主电路电流种类，有直流接触器和交流接触器，极数又有两极、三极及四极。

（2）额定工作电压

接触器额定工作电压是指主触点之间的正常工作电压值，也就是指主触点所在电路的电源电压。

（3）额定工作电流

接触器额定工作电流是指主触点正常工作的电流值。

（4）额定通断能力

指接触器主触点在规定条件下能可靠地接通和分断的电流值。在此电流值下接通电路时主触点不应发生熔焊；在此电流下分断电路时，主触点不应发生长时间燃弧。电路中超出此电流值的分断任务，则由熔断器、断路器等保护电器承担。

（5）线圈额定工作电压

指接触器线圈正常工作的电压值。

（6）允许操作频率

指接触器在每小时内可实现的最高操作次数。

（7）机械寿命和电气寿命

机械寿命是指接触器在需要修理或更换机构零件前所能承受的无载操作次数。电气寿命是在规定的正常工作条件下，接触器不需修理或更换的有载操作次数。

（8）使用类别

接触器用于不同负载时，其对主触点的接通和分断能力要求不同，例如：用于无感或微感负载、电阻炉、绕线转子异步电动机、笼型异步电动机等。按不同使用条件来选用相应使用类别的接触器便能满足其要求。

接触器的图形及文字符号如图 2-17 所示。

请扫描二维码 2-6 观看接触器的实物讲解视频。

图 2-17 接触器图形及文字符号
a) 线圈 b) 主触点 c) 辅助常开触点 d) 辅助常闭触点

2-6

2.4 继电器

2.4.1 继电器概述

继电器是一种根据某种输入信号的变化来接通或断开控制电路，实现控制、远距离操纵和保护的自动电器。其输入量可以是电压、电流等电气量，也可以是温度、时间、速度、压力等非电气量。继电器广泛地应用于自动控制系统、电力系统以及通信系统中，起着控制、检测、保护和调节等作用。

1. 继电器的组成结构与分类

继电器一般由感测机构、中间机构和执行机构 3 个基本部分组成。感测机构把感测到的电气量或非电气量传递给中间机构，将它与整定值进行比较，当达到整定值（过量或欠量）时，中间机构便使执行机构动作，从而接通或断开电路。

无论继电器的输入量是电气量还是非电气量，继电器工作的最终目的都是控制触点的分断或闭合，从而控制电路的通断。从这点来看继电器与接触器的作用是相同的，但它与接触器有所区别，主要表现在以下两个方面。

（1）所控制的电路不同

继电器主要用于小电流电路，反映控制信号。其触点通常接在控制电路中，触点容量较小（一般在 5 A 以下），且无灭弧装置，不能用来接通和分断负载电路；而接触器用于控制电动机等大功率、大电流电路及主电路，一般需要加装灭弧装置。

（2）输入信号不同

继电器的输入信号可以是各种物理量，如电压、电流、时间、速度、压力等，而接触器的输入量只有电压。

2. 继电器的分类

继电器的种类很多，分类方法也很多，常用的分类方法见表 2-2。

表 2-2 继电器的分类

序 号	类 别	实 例
1	按输入量的物理性质分类	电压继电器、电流继电器、时间继电器、速度继电器
2	按工作原理分类	电磁式继电器、感应式继电器、电动式继电器、热继电器、电子式继电器等
3	按输出形式分类	有触点继电器、无触点继电器
4	按用途分类	电力拖动用控制继电器和电力系统用保护继电器

3. 继电器的特性

继电器具有阶跃式的输入输出特性。即在规定条件下，当输入特性量达到动作值时，电气输出电路将发生预定的阶跃变化，如图 2-18 所示。

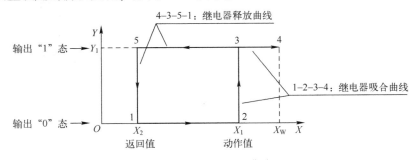

图 2-18　继电特性曲线

通常将继电器开始动作并顺利吸合的输入量（电量或其他物理量）称为动作值 X_1，而使继电器开始释放并顺利分开的输入量称为返回值 X_2。继电器动作前，即触点断开时相对于输出为 "0" 态，继电器动作使触点闭合后相当于输出为 "1" 态。

图 2-18 中，1-2-3-4 是继电器吸合曲线，只要 $X < X_1$，继电器就不会动作，其输出 $Y=0$；当输入信号 X 等于或者超过 X_1 时，继电器动作，$Y=Y_1$；之后，输入信号继续加大到 $X=X_W$，继电器的输出也稳定在 $Y=Y_1$。X_W 与 X_1 之比称为储备系数，见式（2-1）。

$$K_C = \frac{X_W}{X_1} \qquad (2-1)$$

储备系数 K_C 的意义在于，输入信号会在一定范围内波动，为了保证继电器稳定吸合而不出现误动作，要让 K_C 的值稳定在 X_W 附近。K_C 确保继电器稳定可靠地工作。

图 2-18 中，4-3-5-1 是继电器释放曲线，当继电器的输入信号 X 下降到小于 X_1 后，继电器仍然保持吸合状态，$Y=Y_1$；只有当号 X 下降到小于 X_2 后，继电器释放，$Y=0$。X_2 与 X_1 之比称为返回系数，见式（2-2）。

$$K = \frac{X_2}{X_1} \qquad (2-2)$$

返回系数越低，继电器动作越不灵敏，但动作可靠，不易出现误动作。一般控制用继电器要求低返回系数，K 值取 0.1~0.4 之间；返回系数越高，继电器动作越灵敏，但动作不可靠。保护用继电器要求高返回系数，K 值取 0.6 以上。因此不同场合会选用不同返回系数的继电器。返回系数不能为 1，否则继电器的返回值与动作值相等，导致继电器动作状态不确定，无法工作。

继电器的吸合时间指当输入量达到动作值到继电器完全吸合所需要的时间。一般分为快速、中速及延时型。中速的吸合时间为十几毫秒至几十毫秒。继电器的释放时间是指从输入量减小到继电器的释放值到继电器完全释放所需的时间。一般继电器的吸合时间和释放时间为 0.05~0.15 s，它的大小影响着继电器的操作频率。

2.4.2　电磁式继电器

电磁式继电器由铁心、衔铁、线圈、释放弹簧和触点等部分组成，其结构和工作原理与接触器类似。由于继电器用于控制电路，所以流过触点的电流较小，故不需要灭弧装置。

常用的电磁继电器有电流继电器、电压继电器和中间继电器。按电磁线圈电流的种类可分为直流继电器和交流继电器。

1. 电流继电器

电流继电器是根据输入线圈电流的大小而使触点动作的继电器。在使用时电流继电器的线圈串入电路中，以反映电路中电流的变化，其线圈匝数少，导线粗。这样，线圈上的电压降很小，不会影响负载电路的电流。

电流继电器按线圈电流的种类可分为交流电流继电器和直流电流继电器。按用途可分为欠电流继电器和过电流继电器。

欠电流继电器的任务是，当电路电流过低时，立即将电路切断。因此，当电路在正常工作时，即欠电流继电器线圈通过的电流为额定电流（或低于额定电流一定值）时，继电器是吸合的。只有当电流低于某一整定值时，继电器释放，切断电路。

过电流继电器的任务是，当电路发生短路或严重过载时，立即将电路切断。因此，当电路在正常工作时，即当过电流继电器线圈通过的电流低于整定值时，继电器不动作，只有超过整定值时，继电器才动作。

2. 电压继电器

电压继电器是根据输入电压大小而动作的继电器。使用时，电压继电器线圈与负载并联，其线圈匝数多而导线细，阻抗大。与电流继电器类似，电压继电器也分为欠（零）电压继电器和过电压继电器两种。

在电路正常工作时，欠电压继电器吸合，当电路电压减小到某一整定值时，欠电压继电器释放。

在电路正常工作时，过电压继电器不动作，当电路电压超过某一整定值时，过电压继电器吸合。

3. 中间继电器

中间继电器是用来转换控制信号的中间元件，其输入信号为线圈的通电或断电信号，输出信号为触点的动作。它的触点数量较多，触点容量较大，各触点的额定电流相同。中间继电器的主要用途为：当其他继电器的触点数量或触点容量不够时，可借助中间继电器来扩大它们的触点数或增大触点容量，起到中间转换（传递、放大、翻转、分路和记忆等）的作用。中间继电器的触点额定电流比其线圈电流大得多，所以可以用来放大信号。将多个中间继电器组合起来，还能构成各种逻辑运算与技术功能的电路。

从本质上看，中间继电器也是电压继电器，只是触点数量较多、触点容量较大而已。电磁式继电器的图形符号、文字符号及中间继电器实物图如图 2-19 所示。

请扫描二维码 2-7 观看继电器的实物讲解视频。

2-7

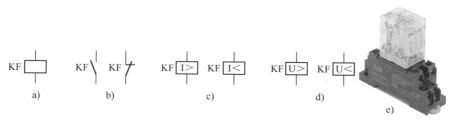

图 2-19　电磁式继电器的图形、文字符号及中间继电器实物图

a) 线圈一般符号　b) 常开、常闭触点　c) 过电流、欠电流继电器线圈

d) 过电压、欠电压继电器线圈　e) 实物图

2.4.3　时间继电器

在生产中，经常需要按一定的时间间隔来对生产机械进行控制。例如，为了现场人员的安全，运送矿石原料的传送带在按下起动按钮后，需要警报器闪烁并鸣叫一段时间，再自动起动传送带电动机；为了满足工艺的需要，电动机可能需要正转一段时间再切换到反转运行一段时间，或者一批电动机起动后需要经过一段时间才能起动第二批等。这些基于时间的自动控制，都可以使用时间继电器来实现。

时间继电器的线圈得电或断电后，会经过一段时间的延时，才通过触点的闭合或断开动作输出信号。

按照延时方式的不同，时间继电器主要分为**通电延时型**和**断电延时型**两种。

通电延时型时间继电器得到输入信号时即开始延时，延时完毕后通过触点系统输出信号以操纵控制电路。当输入信号消失时，继电器就立即恢复到动作前的状态。

与通电延时型相反，断电延时型时间继电器再得到输入信号时，执行部分立即动作对应的触点闭合或断开；当线圈电压消失时，需经过延时时间其执行部分才会恢复到动作前的状态。

图 2-20 是通电延时时间继电器的时序图。当线圈电压从零上升到额定值时，通电延时的时间继电器便开始进入延时状态，若线圈电压的维持时间超过延时时间 t，其通电延时常开触点会闭合（通电延时常闭触点会打开）。若线圈电压的维持时间小于t，则其延时触点不会动作。

当线圈电压从额定值降至零后，其通

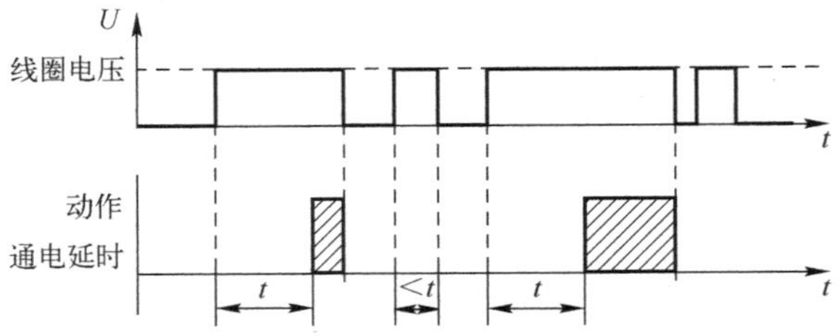

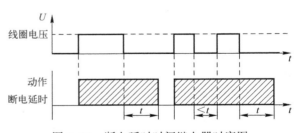

图 2-20　通电延时时间继电器时序图

电延时常开触点会立即恢复常开状态（通电延时常闭触点会立即恢复常闭状态）。

图 2-21 是断电延时时间继电器的时序图。当线圈电压从零上升到额定值时，其断电延时常开触点会立即闭合（断电延时常闭触点会立即打开）。

当线圈电压从额定值降至零后，断电延时的时间继电器便开始进入延时状态，当线圈的失电压时间超过延时时间 t，其断电延时常开触点会立即恢复常开状态（断

图 2-21　断电延时时间继电器时序图

电延时常闭触点会立即恢复常闭状态）。若线圈的失电压时间小于t，则其延时触点不会动作。

说明：

通电延时型和断电延时型这两种时间继电器的时序关系原理，已经抽象并被封装到 PLC 系统的定时器指令中。即 PLC 中可以通过调用定时器指令实现通电延时（对输入的二进制变量赋值"1"，延时后输出的二进制变量自动被赋值"1"；对输入的二进制变量赋值"0"，输出的二进制变量立即被赋值"0"），或实现断电延时的时序关系。

时间继电器的图形、文字符号及实物图如图 2-22 所示。值得一提的是，时间继电器也有瞬时动作的触点。

请扫描二维码 2-8 观看时间继电器的实物讲解视频。

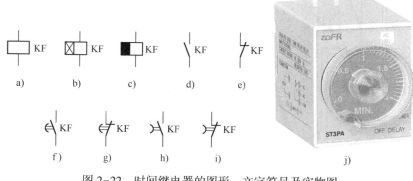

2-8

图 2-22 时间继电器的图形、文字符号及实物图

a）线圈一般符号 b）通电延时线圈 c）断电延时线圈 d）瞬时闭合常开触点

e）瞬时断开常闭触点 f）通电延时闭合常开触点 g）通电延时断开常闭触点

h）断电延时断开常开触点 i）断电延时闭合常闭触点 j）实物图

2.4.4 热继电器

电动机在实际运行中若出现过载，则绕组中的电流将大于额定电流，从而使电动机的温度升高。若过载电流不大且过载时间较短，电动机绕组中的温升不会超过允许值，则此类过载是允许的；若过载电流大或过载时间长，则电动机的绕组温升就会超过允许值，这将造成电动机绕组绝缘老化，缩短电动机的使用寿命，严重时甚至会烧毁电动机，因此必须对电动机进行过载保护。

在电动机的主电路中，一般使用断路器或熔断器进行短路保护，用交流接触器控制电动机的起动和停止，用热继电器对电动机实施过载保护。

热继电器利用电流的热效应原理实施过载保护。当出现电动机不能承受的过载时，过载电流流过热继电器的热元件引起保护动作，配合接触器切断电动机电路。

热继电器的形式多样，常用的有双金属片式和热敏电阻式，其中使用最多的是双金属片式，同时有的规格还带有断相保护功能。

双金属片热继电器的结构示意图如图 2-23 所示。它主要由发热元件、双金属片和触点三部分组成。双金属片是热继电器的感测元件，它是由两种不同热膨胀系数的金属碾压而成，当双金属片受热时，会使其向膨胀系数小的金属所在侧弯曲并产生机械力带动触点动作。

在使用时，一般将热继电器的发热元件串接到电动机的定子绕组中。当电动机正常运行时，发热元件 "8" 产生的热量虽能使主双金属片 "7" 弯曲，但还不足以使热继电器动作；当电动机过载时，发热元件产生的热量增大，使双金属片弯曲推动导板，并通过补偿双金属片 "9" 与推杆 "12" 将动触点 "4" 和静触点 "5" 分开，动触点和静触点为热继电器串接于接触器线圈电路的常闭触点，断开后使接触器失电，接触器的主触点将电动机与电源断开，起到过载时保护电动机的作用。

热继电器动作后，一般不能自动复位，要等双金属片冷却后，按下复位按钮才能复位，可通过调节旋钮调节整定动作电流。

热继电器的选择主要以电动机的额定电流为依据，同时也要考虑到电动机的形式、动作特性和工作制等因素。具体应考虑以下几点。

1）对于过载能力较差的电动机，其配用的热继电器的额定电流可适当小些。通常，选取热继电器的额定电流为电动机额定电流的 60%~80%。

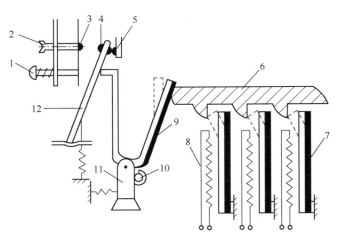

图 2-23　双金属片热继电器的结构示意图

1—复位按钮　2—复位螺钉　3—常开静触点　4—动触点　5—静触点　6—导板　7—主双金属片
8—发热元件　9—补偿双金属片　10—调节旋钮　11—支撑件　12—推杆

2）对于长期工作制或间断长期工作制的电动机，热继电器的整定值可等于额定电流的 0.95~1.05 倍。

3）通常对于不频繁起动的电动机，当其起动电流为其额定电流的 6 倍、起动时间不长于 6 s 且很少连续起动时，热继电器的额定电流应大于或至少等于电动机的额定电流。若起动时间较长，热继电器的额定电流则应为电动机的 1.1~1.5 倍，以保证热继电器在电动机的起动过程中不产生误动作。

4）对于正反转及通断频繁的电动机，要注意确定热继电器的允许操作频率（一般为每小时最大允许操作次数），如果超过，则不宜采用热继电器保护，必要时可采用装入电动机内部的温度继电器来保护。

5）若负载性质不允许停车，即使过载会使电动机寿命缩短，也不让电动机贸然脱扣，这时继电器的额定电流可选择较大值，这种场合最好采用由热继电器和其他保护电器组合的方式进行保护，只有在发生非常危险的过载时才考虑脱扣。

热继电器的图形、文字符号及实物图如图 2-24 所示。

请扫描二维码 2-9 观看热继电器的彩色实物图片。

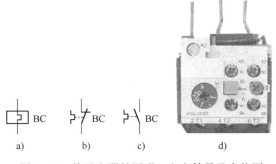

图 2-24　热继电器的图形、文字符号及实物图　　　　　2-9

a）热元件　b）常闭触点　c）常开触点　d）实物图

2.4.5　固态继电器

固态继电器（Solid State Relay，SSR）是一种无触点继电器，可以取代传统的继电器和小容量接触器。固态继电器以电力电子开关器件为输出开关，接通和断开负载时不产生火花，具有对外部设备的干扰小、工作速度快及体积小、重量轻、工作可靠等优点，且与 TTL 和 CMOS 集成电路有着良好的兼容性，广泛地应用在数字电路和计算机的终端设备以及 PLC 的输出模块等领域。

根据输出电流类型的不同，固态继电器分为交流和直流两种类型。交流固态继电器（AC-SSR）以双向晶闸管为输出开关器件，用来通、断交流负载；直流固态继电器（DC-SSR）以功率晶体管为开关器件，用来通、断直流负载。

AC-SSR 典型应用电路如图 2-25 所示。图中 Z_L 为负载，u_s 为交流电源，u_c 为控制信号电压。从外部接线来看，固态继电器是一个双端口网络器件，输入端口有两个输入信号端，用于连接控制信号；输出端口有两个输出端（AC-SSR 对应为双向晶闸管的阴阳两极，DC-SSR 对应为晶闸管的集电极

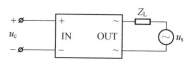

图 2-25　AC-SSR 典型应用电路

和发电极）。当输入端口给定一个控制信号 u_c 时输出端口的两端导通，输入端口无控制信号时输出端口两端关断截止。

交流固态继电器根据触发方式不同分为随机导通型和过零触发型两种。输入端施加信号电压时，随机导通型输出端开关立即导通，过零触发型要等到交流负载电源（u_s）过零时输出开关才导通。随机导通型在输入端控制信号撤销时输出开关立即截止，过零触发型要等到 u_s 过零时，输出开关才关断（复位）。

固态继电器输入电路采用光耦隔离器件，抗干扰能力强。输入信号电压在 3 V 以上，电流在 100 mA 以下，输出点的工作电流达到 10 A，故控制能力强。当输出负载容量很大时，可用固态继电器驱动功率晶体管，再去驱动负载。使用时还应注意固态继电器的负载能力随温度的升高而降低。其他使用注意事项可参阅固态继电器的产品使用说明。

固态继电器的示意图和实物图如图 2-26 所示。

请扫描二维码 2-10 观看固态继电器的实物讲解视频。

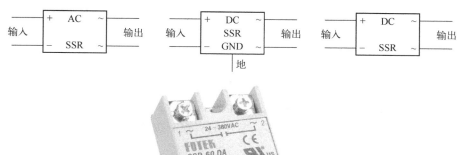

图 2-26　固态继电器的示意图和实物图　　　　　　　　2-10

2.4.6   速度继电器

速度继电器常用于笼型异步电动机的反接制动电路中，当电动机制动转速下降到一定值时，由速度继电器切断电动机控制电路。速度继电器是一种按速度原则动作的继电器，主要由转子、定子和触点 3 个部分组成。转子是一个圆柱形永磁铁，定子是一个笼型空心圆环，由硅钢片叠成，并装有笼型的绕组。圆环（定子）套在转子上有一定气隙即无机械联系。图 2-27 所示为速度继电器的结构原理示意图。

速度继电器的转轴与被控电动机的轴相连，当电动机轴旋转时，速度继电器的转子随之转动。这样就在速度继电器的转子和圆环之间的气隙中产生旋转磁场，圆环内的绕组便切割旋转磁场，产生使圆环偏转的转矩。偏转角度和电动机的转速成正比。当偏转到一定角度时，与圆环连接的摆锤推动动触点，使常闭触点分断，当电动机转速进一步升高后，摆锤继续偏转，使动触点与静触点的常开触点闭合。当电动机转速下降时，圆环偏转角度随之下降，动触点在簧片的作用下复位（常开触点打开，常闭触点闭合）。一般速度继电器的动作速度为 120 r/min，触点的复位速度为 100 r/min。

速度继电器的图形、文字符号和实物图如图 2-28 所示。

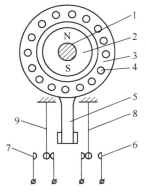

图 2-27　速度继电器结构原理示意图
1—转轴　2—转子　3—圆环（定子）
4—绕组　5—摆锤
6、7—静触点　8、9—簧片与动触点

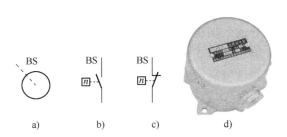

图 2-28　速度继电器的图形符号、文字符号和实物图
a）转子　b）常开触点　c）常闭触点　d）实物图

2.5   主令电器

主令电器是以发布信号或命令来改变控制系统工作状态的电器，它用于控制电路，不能直接分合主电路。主令电器应用十分广泛，种类很多，常用的有控制按钮、行程开关、接近开关和转换开关等。

2.5.1   控制按钮

控制按钮又称按钮，是一种结构简单、使用广泛的手动电器。它在控制电路中通过手动发出控制信号去控制继电器、接触器等，而不是直接控制主电路的通断。控制按钮触点允许通过的电流很小，一般不超过 5 A。

对于使用者来说，需要注意其颜色。一般红色按钮用于停止操作，绿色按钮用于启动操作，蓝色按钮用于复位，黄色用于异常情况时的操作，白色、灰色和黑色用于除急停以外的一般功能的启动。

说明：

对于信号指示灯的颜色，一般绿色表示正常或系统正在运行，黄色表示异常，红色表示故障。

1. 控制按钮的结构

控制按钮一般由按钮帽、复位弹簧、触点和外壳等部分组成，控制按钮的结构示意图如图 2-29 所示。

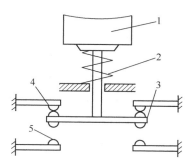

每个按钮中触点的形式和数量可根据需要装配成 1 常开 1 常闭甚至 6 常开 6 常闭的形式。

根据按钮内部机械机构的不同可以将其分为自复位按钮和自锁按钮。

自复位按钮在手动按下后，其常开触点闭合，常闭触点断开。松开手后，能自动恢复到初始状态，即常开触点恢复断开状态，常闭触点恢复闭合状态。

自锁按钮在手动按下后，也是常开触点闭合，常闭触点断开。但是松开手后，它会一直保持被按下的状态直至再次被手动按下才会恢复。

图 2-29 控制按钮的结构示意图
1—按钮帽 2—复位弹簧 3—动触点
4—常闭静触点 5—常开静触点

2. 主要技术参数及选用

控制按钮的主要技术参数有额定电压、额定电流、触点形式和触点数量等。

选用按钮时可参考以下原则。

1）根据控制电路的需要确定额定电压和额定电流。

2）根据用途选择合适的形式，例如在紧急操作的场合选用有蘑菇头按钮帽的紧急式按钮；在按钮控制作用比较重要的场合选用钥匙式按钮，即插入钥匙后方可旋转操作。

3）根据使用场合选择按钮的种类，如开启式、保护式或防水式等。

4）根据工作状态和工作情况选择，如常开、常闭的触点形式以及触点数量。若需要显示工作状态则选用带指示灯的按钮，并根据其作用选择按钮帽的颜色。

控制按钮的图形、文字符号及实物图如图 2-30 所示。

请扫描二维码 2-11 观看控制按钮的实物讲解视频。

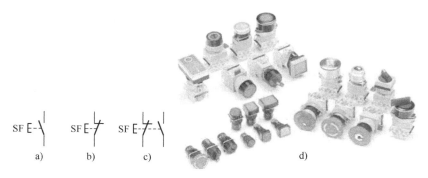

SF E-\ SF E-7 SF E-7-\
a)   b)   c)   d)

2-11

图 2-30 控制按钮的图形、文字符号及实物图
a）常开按钮 b）常闭按钮 c）复合按钮 d）实物图

2.5.2 行程开关

行程开关又称为位置开关，是实现行程控制的小电流（5A 以下）主令电器。其工作原理与按钮类似，不同的是行程开关触点的动作并不是靠手动操作，而是利用与机械运动部件的碰撞使触点动作，即将机械信号转换为电信号，再通过控制其他电器来控制运动部件的行程大小、运动方向或进行限位保护。进行限位保护的行程开关又称为限位开关。

行程开关的主要技术参数有动作行程、工作电压及触点的电流容量等，可按以下要求进行选用。

1）根据控制电路的电压及电流选择额定电压和额定电流相匹配的行程开关。

2）根据机械设备的运动特征，选择行程开关的机构形式。

3）根据安装环境选择防护类型。例如在潮湿的环境中可选用防水式的行程开关。

行程开关的图形、文字符号及实物图如图 2-31 所示。

请扫描二维码 2-12 观看行程开关的实物讲解视频。

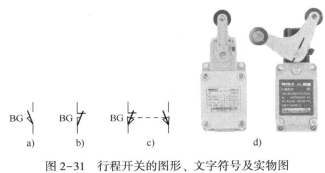

2-12

图 2-31　行程开关的图形、文字符号及实物图
a）常开触点　b）常闭触点　c）复合触点　d）实物图

2.5.3 接近开关

接近开关又称无触点的行程开关，它不同于普通的行程开关，接近开关是一种非接触式的检测装置。当运动着的物体在一定范围内接近时，它就能无接触、无压力、无火花地迅速发出信号，以反映物体的位置。除此之外，接近开关还可用于高速计数、检测金属体是否存在以及用作无触点式按钮等。

1. 常见的接近开关

（1）电感式接近开关

电感式接近开关通过高频交流电磁场以无磨损和非接触的方式检测金属物体，其电磁场由电感线圈和电容及晶体管组成的振荡器产生，当有金属物体接近该磁场时，金属物体内会产生涡流，从而导致振荡减弱，这一变化能被开关内部的放大电路感知，由此识别出有无金属接近，进而控制开关的通或断。电感式接近开关只能检测金属物体。

（2）电容式接近开关

电容式接近开关的测量头通常是构成电容器的一个极板，而另一个极板是开关的外壳。当有物体移向接近开关时，不论它是否为导体，由于它的接近，电容的介电常数就会发生变化，从而使电容量发生变化，使得和测量头相连的电路状态也随之发生变化，由此便可控制开关的接通或断开。这种接近开关的检测对象不限于导体，还可以是绝缘的液体或粉状物等。

（3）光电式接近开关

利用光电效应的接近开关又叫作光电开关。它利用被检测物体对光束的遮挡或反射，将发射端和接收端之间光束的强弱变化转换为电流的变化以达到检测物体接近的目的。

光电开关已被用作液位（容器中的液体深度）检测、物位（容器中的固体深度）检测、产品计数、宽度判别、速度监测、定长剪切、孔洞识别、信号延时、自动门传感以及安全防护等诸多领域。

按检测方式光电开关可分为镜面反射式、漫反射式、槽式、对射式、光纤式等。

除了上述几种接近开关外，还有超声波接近开关和热释电式接近开关等。

接近开关能够实现非接触检测，并且具有工作可靠、寿命长、功耗低、操作频率高、能适应恶劣的工作环境等特点，现在已经得到了广泛的应用。

2. 接近开关的选用

接近开关的选型应注意以下几点。

1）根据被检测物体的材质选择，若被检测的物体为金属材料，则可以选择电感式接近开关，也可以选择电容式或光电式接近开关；若被检测物体为非金属材料（木材、纸张、塑料、玻璃和水等），则可以选择电容式或光电式接近开关，不能选择电感式接近开关。

2）根据检测距离选择，当要进行远距离检测时，可选用光电式或超声波式接近开关。

3）还有考虑供电方式及电压（直流或交流）、信号输出类型（PNP 型或 NPN 型，这两种类型信号的电流方向不同）等因素来进行选择的。

接近开关的图形、文字符号及实物图如图 2-32 所示。

请扫描二维码 2-13 观看接近开关的实物讲解视频。

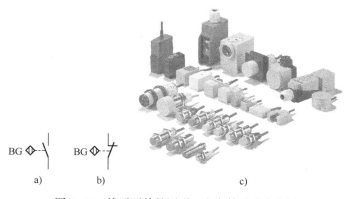
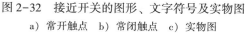

图 2-32　接近开关的图形、文字符号及实物图
a）常开触点　b）常闭触点　c）实物图

2-13

2.5.4　转换开关

转换开关又叫选择开关、凸轮开关、选择按钮、钥匙操作按钮、万能转换开关等，它是由多组相同结构的触点组件叠装而成的多电路控制电器，主要用于各种控制电路的切换、电气测量仪表测量参数的切换。在控制电路中，手动控制/自动控制、就地/远方等控制方式的线路切换，都是用转换开关来实现的。

从结构上，转换开关由操作机构、定位装置和凸轮触点系统 3 个主要部分构成。

转换开关的旋钮形式有普通式（自复式）、带定位功能式以及带钥匙锁定功能式等，如图 2-33 所示。定位式转换开关的定位角度有 30°、45°、60° 和 90° 等多种规格。

图 2-33　转换开关的外形图

转换开关的旋钮指向各定位档位时，各触点闭合或断开状态的确定方法为画"·"标记表示法或接通表表示法。

转换开关实物图及图形符号表示方法如图 2-34 所示。图中的转换开关有 3 个定位的位置："手动""停"和"自动"位置。

如图 2-34b 所示，使用画"·"标记表示法表示转换开关的各种接通、断开关系。其中"手动"二字下方对应的触点 5 和触点 7 附近都有一个"·"，表示当转换开关的旋钮指向"手动"时，触点 5-6 之间及触点 7-8 之间闭合，触点 1-2 和触点 3-4 之间断开。同理，"停"字下方的"·"表示当转换开关的旋钮指向"停"时，仅触点 1-2 之间闭合。"自动"二字下方的"·"表示当转换开关的旋钮指向"自动"时，触点 3-4 和触点 5-6 闭合，其余触点断开。

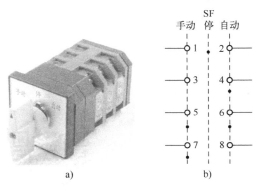

	旋钮位置		
触点	手动	停	自动
1-2		×	
3-4			×
5-6	×		×
7-8	×		

图 2-34　转换开关实物图及图形符号表示方法

a）（万能）转换开关　b）画"·"标记表示法　c）接通表表示法

如图 2-34c 所示，使用接通表表示法表示转换开关的各种接通断开关系。这个表格很好理解，例如："手动"一列中的两个"×"表示当转换开关的旋钮指向"手动"时，触点 5-6 之间及触点 7-8 之间闭合，触点 1-2 和触点 3-4 之间断开。"停"与"自动"列同理，不再赘述。（与画"·"标记表示法中的通断关系相同）

2-14

请扫描二维码 2-14 观看转换开关的彩色实物图片。

2.6　电磁执行器件

能够根据控制系统的输出控制逻辑要求执行动作的器件称为执行器件。电磁执行器件都是基于电磁式电器的工作原理进行工作的执行器件。接触器就是一种典型的执行器件，此外，还有电磁铁、电磁阀等。在电气、液压、气动控制系统中均使用到这些执行器件。

2.6.1　电磁铁

电磁铁（Electromagnet）主要由电磁线圈、铁心和衔铁三部分组成。当电磁线圈通电后便产生磁场和电磁力，衔铁被吸合，把电磁能转换为机械能，带动机械装置完成一定的动作。

电磁铁按用途不同，可分为牵引电磁铁、起重电磁铁和制动电磁铁等。牵引电磁铁主要用来牵引机械装置、开启或关闭各种阀门，以执行自动控制任务。起重电磁铁用作起重装置来吊运钢锭、钢材、铁砂等铁磁性材料。制动电磁铁主要用于对电动机进行制动以达到准确停车的目的。

电磁铁的主要技术参数有额定行程、额定吸力、额定电压等，选用时主要考虑这些参数以满足机械装置的需求。

2.6.2　电磁阀

电磁阀（Solenoid Valve）是用来控制流体的自动化器件，在控制系统中用来调整流体介质的方向、流量和速度等参数。电磁阀有很多种，一般用于液压和气动系统，用来关闭和开通油路或气路。最常用的有单向阀、溢流阀、电磁换向阀、速度调节阀等。

电磁换向阀的品种繁多，按电源种类分为直流电磁阀、交流电磁阀、交直流电磁阀等；按用途可分为控制一般介质（液体、气体）电磁阀、制冷装置用电磁阀、蒸汽电磁阀等；按其复位和定位形式分为弹簧复位式电磁阀、钢球定位式电磁阀、无复位式电磁阀；按其阀体与电磁铁的连接形式可分为法兰连接和螺纹连接电磁阀等。

电磁阀的结构性能常用它的位置数和通路数来表示，并有单电磁铁（称为单电式）和双电磁铁（称为双电式）两种。电磁阀接口是指阀上连接油（气）管的进出口，进油（气）口通常为 P，回油（气）口则标为 O 或 T，出油口则以 A、B 来表示。阀内阀芯可移动的位置数称为切换位置数，通常将接口通路称为"通"，将阀芯的位置称为"位"。因此，按其工作位置数和通路数的多少可分为二位三通、二位四通、三位四通等。

表 2-3 为电磁阀的图形文字符号及说明，其中"位"用方格（正方形）表示，有几个方格即是几位。"通"用"↑"表示，"不通"用"⊥"和"⊤"表示。

表 2-3　电磁阀的图形、文字符号及说明

名　称	图　示	说　明
单电二位二通	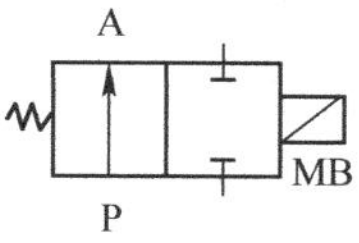	图示中有两个方格，代表阀芯有两个可移动的位置，即"二位"；有两个接口"A"和"P"，称为"二通"；只有一个线圈"MB"，称为"单电" 为了看起来更简洁，图示中一般只在多位的其中一位标注接口名称，如果不如此处理，则单电二位二通电磁阀的图形应为 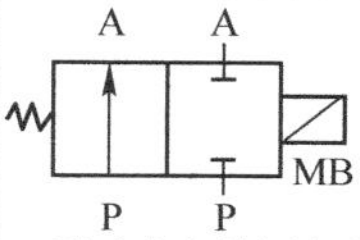
		图示中与线圈邻接的方格中表示线圈得电时的工作状态，与弹簧邻接的方格中表示的状态是线圈失电时的工作状态。因此，左上图线圈断电时，P 的油（气）流向 A，通电时断开；左下图与左上图相反，线圈断电时，A、P 之间的油（气）路断开，通电时接通

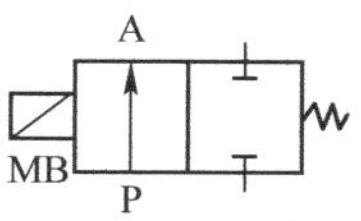

（续）

名　称	图　示	说　明
单电二位三通	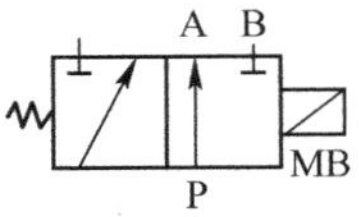	图示中的阀芯有两个位置，接口有 "A" "B" 和 "P" 三个，线圈有一个，因此为单电二位三通电磁阀 由于线圈在图示的右侧，因此线圈断电时，P 的油（气）路流向 B；通电时，P 的油（气）路流向 A
单电二位四通	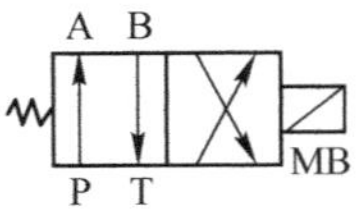	图示中的阀芯有两个位置，接口有 "A" "B" "P" 和 "T"，线圈有一个，因此为单电二位四通电磁阀 由于线圈在图示的右侧，因此线圈断电时，P 的油（气）路流向 A，B 的油（气）路流向 T；通电时，P 的油（气）路流向 B，A 的油（气）路流向 T
双电二位四通	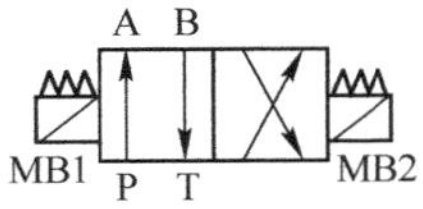	图示中的阀芯有两个位置，接口有 "A" "B" "P" 和 "T"，线圈有两个，因此为双电二位四通电磁阀 MB1 通电，MB2 断电时，P 的油（气）路流向 A，B 的油（气）路流向 T 而 MB1 断电，MB2 通电时，P 的油（气）路流向 B，A 的油（气）路流向 T 不允许 MB1 和 MB2 同时通电
双电三位四通	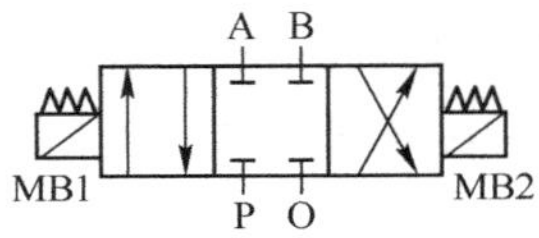	图示中的阀芯有三个位置，接口有 "A" "B" "P" 和 "O"，线圈有两个，因此为双电三位四通电磁阀 MB1 通电，MB2 断电时，P 的油（气）路流向 A，B 的油（气）路流向 O MB1 断电，MB2 通电时，P 的油（气）路流向 B，A 的油（气）路流向 O MB1 和 MB2 同时断电时，四个接口之间都为封闭状态 不允许 MB1 和 MB2 同时通电

说明：

表 2-3 中仅给出部分示例。例如还有双电三位五通，以及各种电磁阀在线圈断、通电时还有其他的管路导通、封闭的类型。

请扫描二维码 2-15 观看电磁阀的工作原理动画。

2-15

2.6.3 电磁制动器

电磁制动器（Electromagnetic Brake），又称电磁抱闸或电磁刹车，是在机械传动系统中，使运动部件减速或停止的执行器件。

电磁制动器一般由制动架、电磁铁、摩擦片（制动件）或闸瓦等组成。所用摩擦材料（制动件）的性能直接影响制动过程。摩擦材料应具备高而稳定的摩擦系数和良好的耐磨性。摩擦材料分为金属和非金属两类。前者常用的有铸铁、钢、青铜和粉末冶金摩擦材料等，后者有皮革、橡胶、木材和石棉等。

利用电磁效应实现制动的制动器，分为电磁粉末制动器、电磁涡流制动器和电磁摩擦式制动器三种。

1）电磁粉末制动器（简称磁粉制动器）：励磁线圈通电时形成磁场，磁粉在磁场作用下磁化，形成磁粉链，并在固定的导磁体与转子间聚合，靠磁粉的结合力和摩擦力实现制动。励磁电流消失时磁粉处于自由松散状态，制动作用解除。这种制动器体积小、重量轻、励磁功率小，而且制动转矩与转动件转速无关，可通过调节电流来调节制动转矩，但磁粉会引起零件磨损。它便于自动控制，适用于各种机器的驱动系统。

2）电磁涡流制动器：励磁线圈通电时形成磁场，制动轴上的电枢旋转切割磁力线而产生涡流，电枢内的涡流与磁场相互作用形成制动转矩。该制动器坚固耐用、维修方便、调速范围大，但低速时效率低、温升高，必须采取散热措施。这种制动器常用于有垂直载荷的机械中。

3）电磁摩擦式制动器：励磁线圈通电时形成磁场，通过磁轭吸合衔铁，衔铁通过连接件实现制动。

请扫描二维码 2-16 获取更多常用低压电器的知识。

2-16

思考题及练习题

1. 电弧对低压电器有哪些危害？常用的灭弧方法有哪些？

2. 低压断路器具有哪些脱扣装置？试分别说明其功能。

3. 接触器的作用是什么？和中间继电器有什么不同？

4. 请说明热继电器和熔断器保护功能有什么不同。

5. 器件类型选择题：

（1）下列哪种器件适合用来频繁接通和断开较大功率的电动机主电路（　　）。

A. 断路器　　　　B. 按钮　　　　C. 接触器　　　　D. 热继电器

（2）电梯用下列哪种器件检测轿厢门前有人（　　）。

A. 断路器　　　　B. 行程开关　　　C. 光电开关　　　D. 继电器

（3）下列哪种器件适合直接接受操作员的命令，来接通和断开控制电路（多选）（　　）。

A. 断路器　　　　B. 按钮　　　　C. 继电器　　　　D. 转换开关

（4）下列哪种器件适合由人员给出命令而使设备快速停下，以保证设备或人员的安全（　　）。

A. 断路器　　　　B. 熔断器　　　　C. 急停按钮　　　D. 热继电器

（5）如果要实现按下按钮后，电动机在 1 min 后自动停止，则必须使用下列哪种器件（　　）。

A. 接近开关　　　B. 电磁阀　　　　C. 时间继电器　　D. 行程开关

（6）将下列哪种器件设计在电路中可以让我们知道电路是否已通电（　　）。

A. 开关　　　　　B. 光电开关　　　C. 指示灯　　　　D. 行程开关

（7）如果需要检测储液罐中的液位是否低于某一个高度，可以使用下列哪种器件（　　）。

A. 断路器　　　　B. 电感式接近开关C. 行程开关　　　D. 电容式接近开关

（8）下列哪种器件适合做轨道小车的极限位置限制开关（　　）。

A. 断路器　　　　B. 接近开关　　　C. 行程开关

（9）冰箱门打开时，冰箱内的灯会点亮；冰箱门关闭时，灯会熄灭。这是因为冰箱门和冰箱之间有下列哪种器件（　　）。

A. 断路器　　　　B. 接近开关　　　C. 行程开关

6. 如图 2-35 所示，为某型号万能转换开关的接通表及旋钮位置示意图（左 1 位，右 3 位），则在旋钮位于 45°位置时，接通的触点是_____。

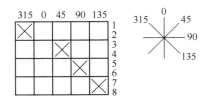

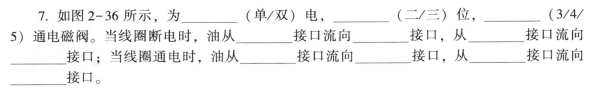

图 2-35　本题的接通表及旋钮位置示意图

7. 如图 2-36 所示，为_____（单/双）电，_____（二/三）位，_____（3/4/5）通电磁阀。当线圈断电时，油从_____接口流向_____接口，从_____接口流向_____接口；当线圈通电时，油从_____接口流向_____接口，从_____接口流向_____接口。

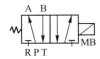

图 2-36　本题电磁阀的示意图

8. 本章主要介绍低压控制电器，想一想高压控制电器与低压控制电器一样吗？

9. 请自行查阅资料，了解低压电器产品在工厂中的应用情况。

第3章
电气控制电路设计基础

在工业生产中，有三大动力源为各种机械设备提供动力：电力拖动系统、液压系统和气动系统，其中以电动机作为原动机的电力拖动系统居多。为满足生产工艺的需求，必须为电动机或其他执行电器配备各种电气控制设备和保护设备，组成一定的电气控制电路，以满足生产工艺的要求，实现生产过程的自动化。

把继电器、接触器、控制按钮、接近开关、行程开关、保护电器等元器件根据一定的控制方式用导线连接起来组成的控制电路，称为电气控制电路，这类电路组成的电气控制系统也称为继电−接触器控制系统。本章主要介绍继电−接触器控制系统典型电路的工作原理、分析方法和设计方法。

尽管目前主流的电气控制系统早已是基于 PLC 的控制系统了，但是大家仍然要认真学习继电−接触器控制系统，原因如下。

1）继电−接触器控制系统的学习是分析和设计电气控制电路的基础。各种生产机械的电气控制电路无论是简单还是复杂的，都是由一些比较简单的基本控制环节有机地组合而成的。在设计、分析控制电路和判断故障时，一般都是从这些基本控制环节入手。因此，掌握继电−接触器控制系统的基本环节以及一些典型电路的工作原理、分析方法和设计方法，将有助于大家掌握复杂电气控制电路的分析和设计方法。

2）PLC 梯形图编程语言中继电器和接触器等的控制程序与实际的继电−接触器控制系统的逻辑关系相似，学好继电−接触器控制系统，可以让大家更准确、快速地编写相关程序。

3）对于简单的电气控制系统，出于对成本的考虑，仍会采用继电—接触器控制系统。

在电力拖动系统中，三相笼型异步电动机由于结构简单、运行可靠、使用维护方便、价格便宜等优点得到了广泛的应用，因此本章主要以三相笼型异步电动机为控制对象。

3.1 电气控制电路图的绘制原则及符号

3.1.1 电气控制电路图的绘制原则

电气控制电路是由若干电气元件按照一定的要求用导线连接而成，并实现一定功能的控制电路。为了表达生产机械电气控制系统的组成和工作原理等设计内容，便于电气系统的安装、调试和维护，需要将这些电气元件及其连接用一定的图形表达出来，这种图就是电气控制电路图或称电气图。

电气控制电路图一般有三种：电气原理图、电气安装接线图和电气元件布置图。

1. 电气原理图

电气原理图是电气控制系统设计的核心，是为了便于阅读和分析控制的各种功能，用图形符号和文字符号、导线连接起来描述全部或部分电气设备工作原理的电路图。它具有结构简单、层次分明的特点。电气原理图便于详细理解电路工作原理，为测试和寻找故障提供信息。

电气原理图一般分为主电路和辅助电路两部分。主电路是电气控制电路中大电流通过的部分，包括从电源到电动机之间的电气元器件，一般由隔离开关、熔断器、接触器的主触点、热继电器热元件和电动机等组成。辅助电路是电气控制电路中除主电路以外的电路，包括控制电路、照明电路、信号电路和保护电路等，辅助电路中流过的电流较小。其中控制电路是由按钮、接触器和继电器的线圈以及辅助触点、热继电器触点、保护电器触点、PLC 输入/输出信号模块的通道等组成。现以图 3-1 所示的某型机床的电气原理图为例来说明绘制电气原理图的基本原则和注意事项。

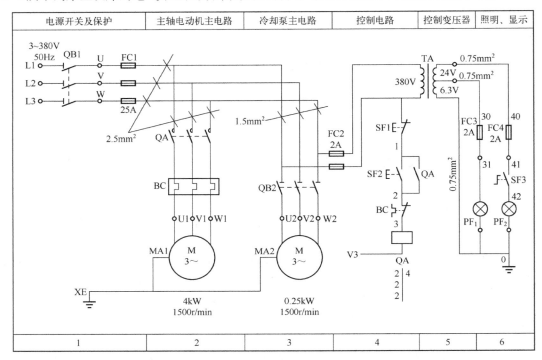

图 3-1　某型机床的电气原理图

（1）绘制电气原理图的基本原则

1）主电路、控制电路、信号电路等应分别绘出。电气原理图中同一元器件的不同组成部分可不画在一起，但文字符号应标注一致。如果设备数量较多，上述电路可分别绘制在图纸的不同页中。如果设备数量较少，可绘制在一页中。绘制在一页中时，通常主电路绘制在图纸的左侧，辅助电路绘制在右侧。

2）电气元器件的布局应根据便于阅读的原则安排。无论主电路还是辅助电路，各电气元器件一般按动作顺序从上到下、从左到右依次排列。

3）各电气元器件不画实际的外形图，但要采用国家标准规定的图形符号和文字符号来绘制。属于同一电器的线圈和触点，都要采用同一文字符号表示。对同类型的电器，在同一电路中的表示可在文字后加阿拉伯数字符号来区分，如 QB1、QB2 等。

4）电气原理图中所有电器的触点，应按没有通电和没有外力作用时的自然状态画出。继电器、接触器的触点，应按其线圈不通电时的状态画出；按钮、行程开关等的触点，按未受到外力作用时的状态画出。

5）应尽可能减少线条和避免交叉线。各导线之间有连接关系时，对"T"形连接点，在导线交点处可以画实心圆点，也可以不画；对"+"形连接点，必须画实心圆点。

6）有机械联系的元器件用虚线连接。

电气控制电路图中各电器的接线端子用规定的字母、数字符号标记。三相交流电源的引入线用 L1、L2、L3、N（中性线，俗称零线）和 XE（地线）标记，直流系统电源正、负极与中线分别用 L+、L-与 M 标记，三相动力电器的引出线分别按 U、V、W 顺序标记。

此外，还有其他应遵循的绘图原则，可详见电气制图国家标准的有关规定。

说明：

请扫描二维码 3-1 查看标准的相关知识。

3-1

（2）图形区域的划分

电气原理图下方的 1、2、3 等数字是图区编号（列号），它相当于坐标，是为了便于检索电气线路、方便阅读分析而设置的。图区编号也可以设置在图的上方。图幅大时可以在图纸左侧加入 a、b、c 等字母作为图区编号（行号）。

图区编号对应的文字表明相应区域下方或上方元器件或电路的功能，使读者能清楚地知道某个元器件或某部分电路的功能，以利于理解整个电路的工作原理。

（3）符号位置的索引

如果电路较复杂，同一电路需要横跨多张图纸时，就需要用符号位置作为坐标，以帮助读者快速识别多张图纸之间的电路连接关系。

符号位置是索引用图号、页号和图区编号的组合索引法，索引代号的组成如图 3-2 所示。

当某图号中仅有一页图样时，只写图号和图中行、列的图区编号即可；在只有一个图号的多页图样时，图号和分隔符可以省略；而元器件的相关触点只出现在一张图样上时，只标出图区编号（无行号时，只写列号）。

图 3-2　索引代号的组成

电气原理图中，接触器和继电器的线圈与触点的从属关系应使用附图的形式表达。即在原理图中相应线圈的下方，给出触点的文字符号，并在其下面注明触点的索引代号，对未使用的触点用"×"表明，也可采用省略的表示方法。

对于接触器，附图中各栏的含义如图 3-3 所示。图 3-1 中 QA 的附图含义为：主触点

QA		
左	中	右
主触点所在的图区号	辅助常开触点所在的图区号	辅助常闭触点所在的图区号

图 3-3　接触器在附图中各栏的含义

在图区 2 中，常开辅助触点有一对在图区 4 中，无常闭辅助触点。

对于继电器，附图中各栏的含义如图 3-4 所示。

（4）电气原理图中技术数据的标注

电气图中各电气元器件的型号，常在电气元器件文字符号下方标注出来。电气元器件的技术数据，除了在电气元器件明细表中标明外，也可用小号字体标注在其图形符号的旁边，如图 3-1 中 FC2 的额定电流为 2 A。

KF	
左	右
常开触点所在的图区号	常闭触点所在的图区号

图 3-4　继电器在附图中各栏的含义

2. 电气安装接线图

电气安装接线图是电气设备进行施工配线、敷线和校线工作时所应依据的图样之一。电气安装接线图应清晰地表示出各个电气元器件和装备的相对安装与敷设的位置，以及它们之间的电气连接关系，它是检修和查找故障时所需的技术文件。图 3-5 所示为某型机床的电气安装接线图。

绘制电气安装接线图应遵循的主要原则如下。

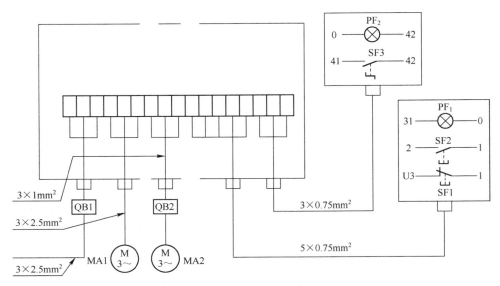

图 3-5　某型机床的电气安装接线图

1）必须遵循相关国家标准进行绘制。

2）各电气元器件均按实际安装位置画出，元器件所占图面按实际尺寸以统一比例绘制。

3）不在同一电气柜中的元器件的电气连接一般应通过端子排连接，并按照电气原理图中的接线编号标注。

3. 电气元器件布置图

电气元器件布置图用来表明电气原理图中各元器件的实际安装位置，为机械电气控制设备的制造、安装、维护、维修提供必要的资料。可按电气控制系统的复杂程度采取集中绘制或单独绘制。

图 3-6 为某型机床的电气元器件布置图。图中各电气元器件代号与电气原理图及电气安装接线图上的要一致，其中 FC1~FC4 为熔断器，BC 为热继电器，TA 为控制变压器。

电气元器件布置图的绘制应遵循以下几条原则。

1）必须遵循相关国家标准绘制电气元器件布置图。

2）体积大和较重的电气元器件应设计在电气安装板的下方，而发热元器件应设计在电气安装板的上方。

3）强电、弱电应该分开走线，弱电应屏蔽和隔离，防止受到干扰。

4）需要经常维护、检修、调整的电气元器件的安装位置不宜设计得过高或过低。

5）电气元器件的布置应考虑整齐、美观、对称的方针。外形尺寸与结构类似的元器件应安装在一起，以利于安装和接线。

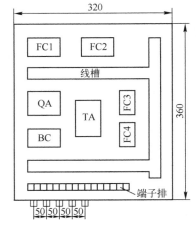

图 3-6　某型机床的电气元器件布置图

6）电气元器件的布置不宜过密，应留有一定的间距。若用走线槽，应加大各排元器件的间距，以利于布线和维修。

3.1.2　电气控制电路图的符号

电气控制电路图中电气元器件的图形符号和文字符号必须符合相关标准。

本书的图形符号主要参照 GB/T 4728-2008~2018《电气简图用图形符号》（该标准有的部分是 2008 年颁布的，有的是 2018 年颁布的），文字符号主要参照 GB/T 5094.2-2018《工业系统、装置与设备以及工业产品结构原则与参照代号——项目的分类与分类码》。

表 3-1　电气控制电路中常用电气图形符号及文字符号

名　称	图形符号	文字符号 新国标 GB/T 5094.2-2018	文字符号 旧国标（已作废）GB/T 7159-1987	说　明
熔断器		FC	FU	熔断器一般符号
断路器		QA	QF	断路器
隔离开关		QB	QS	隔离开关
电动机		电动机 MA / 发电机 GA	M / G	电动机的一般符号
	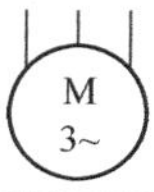 M 3~	MA	M	三相笼型异步电动机
	 M			步进电动机
	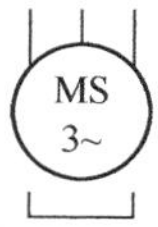 MS 3~			三相永磁同步交流电动机
按钮	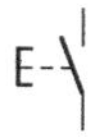 E-\	SF	SB	具有常开触点且自动复位的按钮
	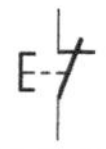 E-/		SB	具有常闭触点且自动复位的按钮
	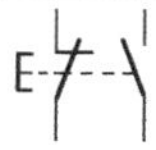 E-/-\			复合按钮
	 F-\		SA	具有动合触点但无自动复位的旋转开关
行程开关		BG	SQ	常开触点
				常闭触点
				复合触点，对两个独立电路做双向机械操作
接近开关				常开触点
	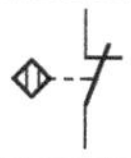			常闭触点

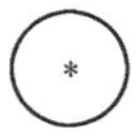

（续）

名　称	图形符号	文字符号		说　明
		新国标 GB/T 5094.2-2018	旧国标（已作废） GB/T 7159-1987	
接触器	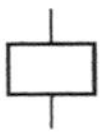	QA	KM	接触器线圈
				接触器的主常开触点
				接触器的主常闭触点
				接触器的辅助触点
电磁式继电器	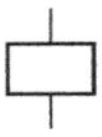	KF	KA	中间继电器线圈
	 $U<$		KV	欠电压继电器线圈
	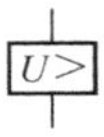 $U>$			过电压继电器线圈
	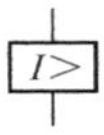 $I>$		KI	过电流继电器线圈
	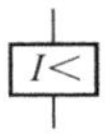 $I<$			欠电流继电器线圈
			KA/KV/KI	常开和常闭触点
时间继电器	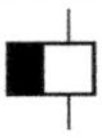	KF	KT	延时释放继电器的线圈
	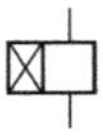			延时吸合继电器的线圈
				当操作器件被吸合时延时闭合的常开触点
	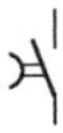			当操作器件被释放时延时断开的常开触点
				当操作器件被吸合时延时断开的常闭触点
				当操作器件被释放时延时闭合的常闭触点
				当操作器件被吸合时延时闭合、释放时延时断开的常开触点
				瞬时闭合常开触点及瞬时断开常闭触点

（续）

名　称	图形符号	文字符号		说　明
		新国标 GB/T 5094.2–2018	旧国标（已作废） GB/T 7159–1987	
热继电器	⊏□⊐	BC	FR	热继电器的热元件
	⊢⁊			热继电器常闭触点
速度继电器	⊘	BS	KS	速度继电器转子
	⊡⁁			速度继电器常开触点
	⊡⁊			速度继电器常闭触点
灯和信号装置	⊗	照明灯 EA	EL	照明灯与信号灯一般符号
		指示灯 PF	HL	
	⊗	PF	HL	闪光信号灯
	◡	PJ	HZ	蜂鸣器

3.2　三相笼型异步电动机直接起动常用控制电路

对于三相笼型异步电动机来说，起、停控制是最基本、最常用、最主要的控制方式。三相笼型异步电动机的直接起动即为全电压起动，这种方式简单、经济。但是由于起动电流大，所以直接起动电动机的容量受到一定的限制，一般容量在 10 kW 以下的电动机可采用直接起动的方式。下面介绍电动机的直接起动控制电路，包括单向点动、自锁、互锁、可逆运行等典型控制电路。

在掌握这些控制电路后，请大家在实际工程中灵活运用。

3.2.1　单向点动控制电路

单向点动控制电路是用按钮、接触器来控制电动机运转的最简单的控制电路。如图 3-7 所示，由隔离开关 QB1、熔断器 FC1、接触器 QA 的主触点与电动机 MA 构成主电路。FC1 用作电动机 MA 的短路保护。

隔离开关 QB2、熔断器 FC2、按钮 SF 与接触器 QA 的线圈构成控制电路。FC2 用作控制电路的短路保护。

该电路的工作原理如下。

（1）起动阶段

闭合隔离开关 QB1、QB2，按下起动按钮 SF，接触器 QA 的

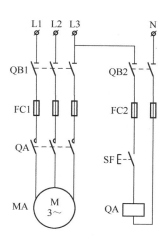

图 3-7　单向点动控制电路

线圈得电，其主触点闭合，电动机 MA 起动运行。

（2）停止阶段

松开起动按钮 SF，接触器 QA 的线圈失电，其主触点断开，电动机 MA 失电停转。电动机停转后，接触器 QA 主触点的入口端仍带电，如果需要进行更换接触器等维修操作或者停止使用该电路时，应断开隔离开关 QB1 和 QB2。

说明：

本章中所有的控制电路都采用 AC 220 V 电源进行设计，也可以采用 DC 24 V 电源的设计。采用 DC 24 V 电源进行控制电路的设计时，需要有 DC 24 V 的供电电源，其余相关的电器都应选择可在 DC 24 V 下正常工作的类型，并且设计电路时要注意电流的方向与电器的匹配关系。

3.2.2　单向自锁控制电路

图 3-7 所示的单向点动控制电路中，要使电动机 MA 连续运行，起动按钮 SF 就不能松开，符合这种操作的生产实际要求很少。为实现电动机的连续运行，常采用自锁控制电路，即使用接触器的常开辅助触点将自己的供电状态锁定，图 3-8 为单向自锁控制电路。

自锁电路又叫自保电路、自保持或起保停电路等。

1. 电路的工作原理

（1）起动及运行阶段

闭合隔离开关 QB1、QB2，按下起动按钮 SF2，接触器 QA 的线圈得电，其主触点闭合，电动机 MA 起动运行。

接触器 QA 的线圈得电后，其与 SF2 并联的常开辅助触点闭合，之后，如果松开按钮 SF2，QA 的线圈仍可通过该常开辅助触点持续通电，从而保持电动机的连续运行。

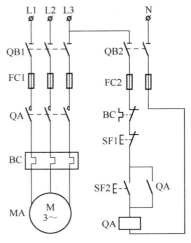

图 3-8　单向自锁控制电路

这种依靠自身辅助触点而使其线圈保持通电的功能称为自锁（或自保，后同），起自锁作用的辅助触点又称为自锁触点。

（2）停止阶段

需要电动机停止时，只有按下停止按钮 SF1，将控制电路断开即可。断开后，接触器 QA 的线圈失电释放，其主触点将三相电源切断，电动机失电停转。

当松开停止按钮 SF1 后，虽然它的常闭触点在复位弹簧的作用下又恢复到原来的常闭状态，但接触器的线圈已不再能够依靠自锁触点通电了，因为原来闭合的自锁触点早已随着接触器线圈的断电而恢复断开的状态了。

2. 电路的保护环节

（1）短路保护

熔断器 FC1、FC2 分别用作主电路和控制电路的短路保护，但达不到过载保护的目的。为使电动机在起动时熔体不被熔断，熔断器熔体的规格必须根据电动机起动电流的大小做适当选择。

（2）过载保护

热继电器 BC 具有过载保护作用。使用时，将热继电器的热元件接在电动机的主电路中做检测元件，用以检测电动机的工作电流，而将热继电器的常闭触点串联在控制电路中。当电动机长期过载或严重过载时，热继电器才动作，其常闭触点断开，切断控制电路，接触器 QA 的线圈断电释放，电动机停止，从而实现过载保护。

（3）欠电压和失电压保护

该电路依靠接触器自身实现欠电压和失电压保护。当电源电压由于某种原因而严重欠电压或失电压时，接触器的衔铁自行释放，电动机停止运转。而当电源电压恢复正常时，接触器的线圈也不能自动通电，只有在操作人员再次按下起动按钮 SF2 后电动机才会再次起动。

控制电路具备了欠电压和失电压的保护功能后，有以下优点。

1）防止电压严重下降时，电动机在低电压下运行。

2）防止电源电压恢复时，电动机突然起动运转造成设备和人身事故。

防止电源电压恢复时电动机自起动的保护也称为零电压保护。

单向自锁控制电路不仅能实现电动机的频繁起动控制，而且可以实现远距离的自动控制，是最常用的简单控制电路。

以上三种保护也是三相笼型异步电动机最常用的保护，它们对电动机安全运行非常重要。后文的诸多电路都采用了这三种保护，后文中不再赘述。

3.2.3 单向点动、连续运行混合控制电路

在实际生产中，有的设备可能既需要连续运转进行加工生产，又需要在进行调整工作时采用点动控制，这就产生了单向点动、连续运行混合控制电路。该电路的主电路同图 3-8，其控制电路可由图 3-9 所示的 3 种电路实现。

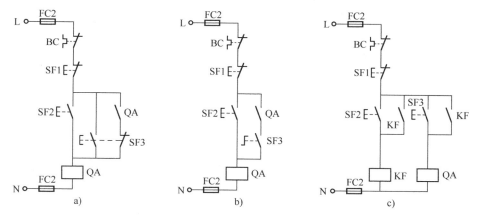

图 3-9 单向点动、自锁混合控制电路

a）使用复合按钮 b）使用旋转开关 c）使用中间继电器

1. 使用复合按钮实现

在图 3-9a 中，使用了复合按钮 SF3。

点动时，按下 SF3，其常闭触点先断开自锁电路，常开触点再闭合，使接触器线圈 QA 得电，主触点闭合，电动机起动；松开 SF3 时，SF3 的常开触点先断开，常闭触点后合上，接触器 QA 的线圈失电释放，主触点断开，电动机停止运转，从而实现点动控制。

连续运行时，按下起动按钮 SF2 即可，需要停机时按下停止按钮 SF1。

需要注意的是，由于复合按钮 SF3 的常闭触点作为联锁触点串联在接触器 QA 的自锁触点电路中。当点动时，若接触器 QA 的释放时间大于按钮恢复的时间，则点动结束后，SF3 的常闭触点复位时，接触器 QA 的常开触点尚未断开，使接触器自锁电路继续通电，电动机变成了连续运行状态，就无法实现点动了。

2. 使用转换开关实现

在图 3-9b 中，使用了旋转开关 SF3。

点动时，将 SF3 的旋钮旋到触点断开对应的位置，自锁电路断开，此时按下 SF2 即可实现点动控制。

连续运行时，将 SF3 的旋钮旋到触点闭合对应的位置，将 QA 的自锁电路接入，就可以实现连续运转了。

3. 使用中间继电器实现

在图 3-9c 中，使用了中间继电器 KF。

点动时，按下按钮 SF3，QA 的线圈得电，主触点闭合，电动机起动；松开 SF3 时，QA 的线圈断电，主触点断开，电动机停止运转。

连续运行时，按下按钮 SF2，此时中间继电器 KF 的线圈通电吸合并自锁。KF 的另一常开触点闭合，接通接触器 QA 的线圈，主触点闭合，电动机起动；需要停止时，按下停止按钮 SF1 即可。本方案中的自锁是使用中间继电器实现的。

电动机点动和连续运转控制的关键是自锁触点是否接入。若能实现自锁，则电动机能连续运转；若断开自锁电路，则电动机实现点动控制。

3.2.4 多地点控制电路

能在两地或多地控制同一台电动机的控制方式称为电动机的多地点控制或多地控制。

有些机械设备为了操作方便，常在两个或两个以上的地点进行控制操作。比如电梯，人在轿厢中时可以控制，人在轿厢外时也能控制；有的场合，为了便于集中管理，由中央控制台进行控制，又称为"远程控制"。但每台设备调整检修时又需要实现在设备旁控制，又称为"就地控制"。这些时候就会用到多地点控制。

图 3-10 所示为两地控制电路。其中 SF1 和 SF3 是分别为安装在甲地的停止和起动按钮，SF2 和 SF4 是分别安装在乙地的停止和起动按钮。

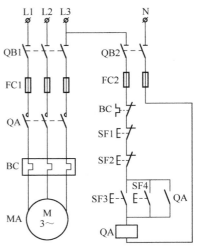

图 3-10 两地控制电路

该电路的特点是将所有的起动按钮并联在一起，将所有的停止按钮串联在一起。这样就可以分别在甲、乙两地控制同一台电动机了。对于三地直至 n 地控制，只要将各地的起动按钮并联、停止按钮串联即可实现。

3.2.5 互锁控制电路

生产机械往往要求运动部件能够实现上下、左右、前后、往返等正、反方向的运动，这就要求电动机能正、反旋转。由三相异步交流电动机的原理可知，将电动机的三相电源进线中的任意两相对调，其旋转方向就会改变。为此，采用两个接触器分别给电动机接入使其正转和反转的电源，就能够实现电动机正转、反转的切换。切换时为避免产生三相电源相间短路，需要用到互锁（或称为联锁。后同）控制电路。

图 3-11a 为电动机正、反转的主电路，其中 QA1、QA2 分别控制电动机的正转与反转。图 3-11b~d 为可实现电动机正、反转的三种控制电路，下面分别进行分析。

说明：

本节中假定接触器 QA1 吸合时电动机为正转，工程实际中也可以先这样假定，然后再通过调试进行调整。调试时，当旋转方向与预期相反可能对设备造成损坏时，应将电动机与负载脱开再进行调试。若发现旋转方向与预期的相反，则可以通过调换接触器入口端三相电源的任意两相来调整。

1. 正转—停止—反转控制电路

图 3-11b 和 c 均为电动机正转—停止—反转的控制电路。

图 3-11b 中，按下起动按钮 SF1 或 SF2，则 QA1 或 QA2 会得电吸合并自锁，主触点闭合，电动机正转或反转起动。按下停止按钮 SF3，电动机停止转动。但是若电动机正在正转或者反转时，按下相反方向的起动按钮，则 QA1 和 QA2 线圈将同时得电，两个接触器的主触点同时闭合，会造成三相电源相间短路。因此该电路虽然能实现电动机的正转—停止—反转或者反转—停止—正转的切换，但是极其容易发生三相电源相间短路事故。该电路是一个具有严重缺陷的电路，不能用于实际生产中，而且不能通过配合操作规程（类似必须按下停止，才能再按下相反方向起动按钮的操作规程）来完全避免事故的出现或降低事故的伤害。在设计电路时，应该考虑到操作者可能的误操作，并将电路的功能设计成即使出现误操作也是安全的。

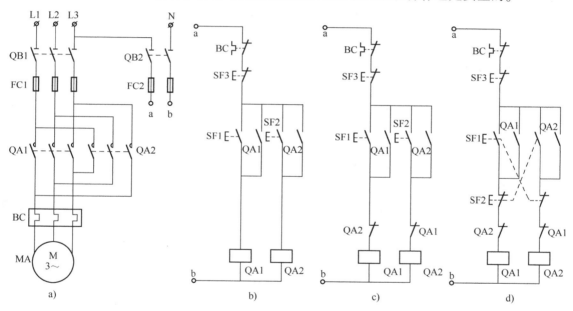

图 3-11　电动机正、反转的主电路及控制电路

a）主电路　b）正转—停止—反转控制电路1　c）正转—停止—反转控制电路2　d）正转—反转—停止控制电路

图 3-11c 与图 3-11b 相比进行了改进，两个接触器各自的一个辅助常闭触点串联到对方的工作线圈所在的电路中，形成相互制约的关系，这种关系称为"互锁"。实现互锁功能的辅助触点称为互锁触点。

图 3-11c 中，电动机正转运行时，由于反转控制电路中串联了正转接触器 QA1 的已断开的常闭辅助触点，这样，即使按下反转的起动按钮 SF2，反转接触器 QA2 的线圈也无法通电，主触点不能闭合。反转时同理。这样即使出现了误操作，也不会发生电源相间短路的情况了。但是对于该电路，当电动机需要由正转切换到反转，或由反转切换到正转时，必须先按下停止按钮使电动机停止，然后再向反方向起动，因此该电路称为正转—停止—反转控制电路。

2. 正转—反转—停止控制电路

在图 3-11c 中，要使电动机由正转切换到反转，需要先按停止按钮 SF3，这显然存在操作上的不便，为了解决这个问题，可利用复合按钮进行控制，将两个起动按钮的常闭触点串联接入到对方接触器线圈的电路中，就可以直接实现正反转的切换控制了，控制电路如图 3-11d 所示。

需要正转时，按下正转起动复合按钮 SF1，接触器 QA1 的线圈通电吸合，同时，QA1 的辅助常闭触点断开起互锁作用，常开辅助触点闭合起自锁作用，QA1 的主触点闭合，电动机正转运行。

需要切换电动机的旋转方向时，只需按下另一个转向的起动按钮即可。例如，在正转运行时按下反转起动复合按钮 SF2 后，其常闭触点会先断开正转接触器 QA1 的线圈电路，使接触器 QA1 释放，其主触点断开正转电源，常闭辅助触点复位；复合按钮 SF2 的常开触点后闭合，接通接触器 QA2 的线圈电路，同时，QA2 的辅助常闭触点断开起互锁作用，常开辅助触点闭合起自锁作用，QA2 的主触点闭合，电动机反转运行，从而直接实现了正、反向切换。

无论电动机正在正向或反向运行，按下停止按钮 SF3，都可使接触器 QA1 或 QA2 的线圈断电，主触点断开电动机电源而停机。

因为该电路可以无需停止而在电动机运行时直接切换旋转方向，因此称为正转—反转—停止控制电路。另外，由于采用了按钮、接触器的双重互锁，因此该电路更加安全可靠。

3.2.6　顺序控制电路

具有多台电动机的机械设备，在操作时为了保证设备的安全运行和工艺过程的顺利进行，对电动机的起动、停止的控制，必须按一定的顺序进行，这称为电动机的顺序控制。顺序控制在机械设备中很常见，如带式输送机系统中下级输送机要先于上级起动，或者某些带有变速箱的系统中润滑泵要先于主电机起动等。

1. 顺序起动控制电路

两台电动机顺序起动控制电路如图 3-12 所示，要求电动机 MA2 必须在 MA1 起动后才能起动；MA2 可以单独停止，但 MA1 停止时，MA2 要同时停止。

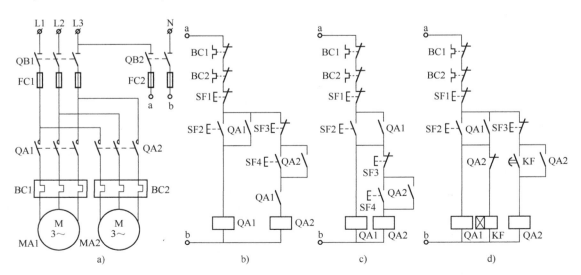

图 3-12　两台电动机的顺序起动电路
a) 两台电动机的主电路　b)、c) 按动作顺序的控制电路　d) 按时间原则的控制电路

（1）按动作顺序的控制电路

如图 3-12b、c 所示，合上隔离开关 QB1、QB2 后，按下起动按钮 SF2，接触器 QA1 的线圈得电吸合并自锁，电动机 MA1 起动运转。图 3-12c 中 QA1 的自锁触点还为 QA2 线圈的得电做好了准备，而图 3-12b 中 QA1 的自锁触点并无此功能，它是靠 QA1 的另一组串联在 QA2 线圈电路中的常开辅助触点为 QA2 得电做好准备的。电动机 MA1 起动后，按下起动按钮 SF4，接触器 QA2 的线圈得电吸合并自锁，电动机 MA2 起动运转。可见，只有使 QA1 的常开辅助触点闭合、电动机 MA1 起动后，才为起动电动机 MA2 做好准备，从而实现了电动机 MA1 先起动、MA2 后起动的顺序控制。需要停止时，按下按钮 SF3，电动机 MA2 可单独停止；若按下按钮 SF1，则 MA1、MA2 同时停止。

图 3-12b 和 c 实现的功能相同，图 3-12b 的电路多使用了一组 QA1 的常开辅助触点。

（2）按时间原则的控制电路

图 3-12d 为按时间原则实现顺序控制的电路，控制要求电动机 MA1 起动 t 秒后，电动机 MA2 自动起动。这里利用时间继电器 KF 的延时闭合常开触点来实现顺序控制。

2. 顺序停止控制电路

上文中的顺序起动电路主要实现的是起动过程的顺序控制，而在停止时，可以通过先按下 SF3 后按下 SF1，实现先停止电动机 MA2 后停止 MA1 的顺序停止；但是如果在按下 SF3 之前先按下 SF1，则两台电动机会同时停止。这样的功能在很多场合是没有问题的，但在对停止有严格顺序要求的场合可能会因为误操作而出现危险。下面我们来看一个可以无差错进行顺序停止的控制电路，如图 3-13a、b 所示，其主电路同图 3-12a。

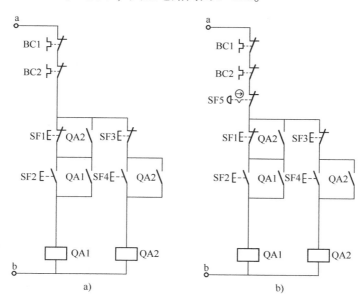

图 3-13　顺序停止的控制电路

a）控制电路 1　b）控制电路 2

对于图 3-13a，合上隔离开关 QB1、QB2 后，按下起动按钮 SF2 即可起动电动机 MA1 并自锁，按下起动按钮 SF4 即可起动电动机 MA2 并自锁。可以发现，在该电路中电动机的起动顺序没有办法被限制。在停止时，由于停止按钮 SF1 的两端并联了 QA2 的常开辅助触点，因此电动机 MA2 没有停止时，SF1 将无法断开接触器 QA1 的线圈电路。因此，该电路只能通过 SF3 先停止电动机 MA2，MA2 停止后，且 QA2 的常开辅助触点断开之后，才能通过 SF1 将电动机 MA1 停止。

当遇到紧急情况需要停止电动机 MA1 时，先按 SF3 再按 SF1 可能会浪费宝贵的紧急操作时间。因此，做出了如图 3-13b 的修改，即在控制电路的主路上增加一个带自保持功能的急停按钮 SF5，发生紧急情况时，按下它即可。另外，由于急停按钮与普通的起动、停止按钮的外观差异较大，一般不会引起误操作。

通过顺序起动和顺序停止的控制电路，可得出如下结论。

1）要求 A 接触器动作后 B 接触器才能动作，则将 A 接触器的常开触点串联在 B 接触器的线圈电路中。

2）要求 A 接触器断开后 B 接触器才能断开，则将 A 接触器的常开触点并联在 B 接触器的停止按钮两端。

3.2.7　自动往复控制电路

在工业生产中，有些机械设备的工作台（或小车等运动部件）需要自动往复（往返）运动，此时可以利用行程开关控制电动机的正、反转来实现工作台的自动往复运动。实现这种控制的电路称为自动循环控制、自动往复控制、自动往返控制、限位控制（因为行程开关又叫限位开关）电路等。

图 3-14 为工作台自动往复运动的示意图，其中 BG2 为工作台由左行转右行的行程开关，BG1 为工作台由右行转左行的行程开关，BG4 和 BG3 分别为用作左、右极限保护的行程开关。

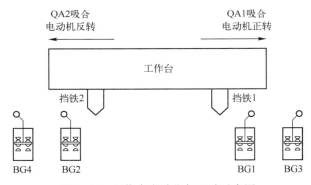

图 3-14　工作台自动往复运动示意图

图 3-15 为工作台自动往复运动主电路及控制电路，其工作过程如下。

按下起动按钮 SF2，QA1 得电吸合并自锁，电动机正转带动工作台向右移动，当到达预定位置后，安装在工作台上的挡铁 1 会压下 BG1，BG1 的常闭触点断开，切断 QA1 的线圈电路，QA1 主触点断开，且 QA1 的辅助常闭触点复位。由于 BG1 的常闭触点断开后其常开触点闭合，这样 QA2 的线圈得电，其主触点接通反向电源，电动机反转，拖动工作台向左移动，当挡铁 2 压下 BG2 时，电动机又切换为正转。如此循环往复，直至按下停止按钮 SF1。

如果按下起动按钮 SF3，QA2 得电吸合并自锁，电动机会先反转并带动工作台向左移动，后续的动作与上一段文字所描述的类似。

若行程开关 BG1 或 BG2 因为故障失灵，则由极限保护行程开关 BG3、BG4 实现保护，避免运动部件因超出极限位置而发生事故。

自动往复控制电路的工作台每经过一个自动往复循环，电动机要进行两次反接制动过程，

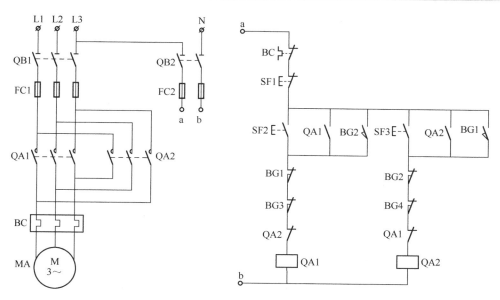

图 3-15　工作台自动往复运动主电路及控制电路

将出现较大的反接制动电流和机械冲击。因此，该电路一般只适用于电动机容量较小、循环周期较长、具有足够刚性的机械传动系统中。另外，接触器的容量应比一般情况下选择的容量大一些。自动往复控制电路的行程开关频繁动作，如采用机械式的行程开关容易损坏，可采用接近开关来实现。

3.3　三相笼型异步电动机减压起动控制电路

三相笼型异步电动机直接起动控制电路简单、经济、操作方便而且可靠。但对于容量较大的电动机来说，很大的起动电流会引起较大的电网电压降，对电网产生巨大冲击，所以经常采用减压起动的方法以限制起动电流。

减压起动是指起动电动机时减小加在电动机定子绕组上的电压，起动后再将电压恢复到额定值运行的控制方法。减压起动虽然可以减小起动电流，但也降低了起动转矩。因此，减压起动仅适用于空载或轻载起动。

三相笼型异步电动机的减压起动方法有定子绕组串电阻（或电抗器）起动、丫—△转换减压起动、自耦变压器减压起动等。

3.3.1　定子绕组串电阻减压起动控制电路

图 3-16 所示为电动机定子绕组串电阻减压起动的主电路及控制电路。电动机起动时，在三相定子电路中串联电阻 RA，使电动机定子绕组电压降低；待电动机转速接近额定转速时，再将串联的电阻短接，使电动机在额定电压下正常运行。

闭合 QB1、QB2 后，按下起动按钮 SF2，QA1 得电并自锁，同时时间继电器 KF 得电并开始计时。计时时间到后，KF 的延时接通常开触点闭合，QA2 得电并自锁，电动机定子绕组串联的电阻 RA 被短接，电动机在全压下运行。

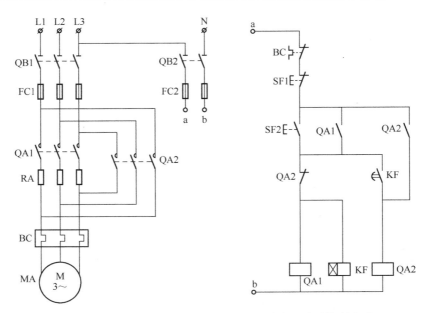

图 3-16　电动机定子绕组串电阻减压起动主电路及控制电路

3.3.2　Ｙ—△转换减压起动控制电路

顾名思义，Ｙ—△转换减压起动是指在起动电动机时，将定子三相绕组接成Ｙ形，当电动机的转速接近或达到额定转速时，再将电动机三相绕组转换成△联结方式。

起动时，电动机定子三相绕组被接成Ｙ形，加在电动机每相绕组上的电压为额定电压的 $1/\sqrt{3}$，对额定电压为 380 V 的电动机，为 220 V，从而减小了起动电流对电网的影响。电动机定子绕组转换成△联结方式后，电动机每相绕组承受的电压为额定电压 380 V，这样电动机就在额定电压下运转了。三相笼型异步电动机的联结方式示意图如图 3-17 所示。

图 3-18 所示为Ｙ—△转换减压起动的主电

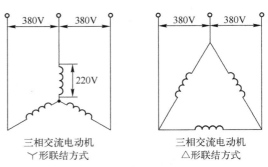

图 3-17　三相笼型异步电动机联结方式示意图

路及控制电路接线图，为方便叙述与查看，该电路图的文字符号后面加上了触点的序号。它的设计思想是按时间原则控制起动过程，待起动结束后按预先设定的时间转换成△接法。具体起动过程如下。

（1）Ｙ形起动阶段

当需要起动电动机时，闭合电源开关 QB1 和 QB2，接通电源，按下起动按钮 SF2，此时控制电路中接触器 QA 和 QAＹ 的线圈得电，接触器 QAＹ-1 的主触点将电动机接成Ｙ形并经过 QA-1 的主触点接至电源，电动机减压起动。

接触器 QA 和 QAＹ 的线圈得电使常开辅助触点 QA-2 闭合，该触点的闭合实现了自锁；常闭触点 QAＹ-2 断开，防止接触器 QA△ 的线圈得电，起到联锁保护的作用。

同时时间继电器 KF 线圈得电，按预先设定的时间，进入减压起动计时状态。

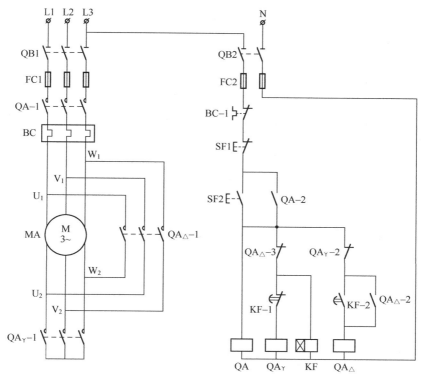

图 3-18　Y—△转换减压起动的主电路及控制电路

（2）切换至△形阶段

KF 的预设时间到后，各主要电器将按如下顺序自动动作：QAY 的线圈失电→QA△ 的线圈得电→KF 的线圈失电，下面进行具体的分析。

KF 的预设时间到时，通电延时断开常闭触点 KF-1 断开，这导致接触器 QAY 的线圈失电，其主触点 QAY-1 断开，常闭辅助触点 QAY-2 复位闭合；KF 的通电延时闭合常开触点 KF-2 闭合，使接触器 QA△ 的线圈得电，电动机通过接触器 QA△-1 和 QA-1 将电动机接成△形，并连接至电源，使电动机在额定电压下正常运行。

接触器 QA△ 的线圈得电后，常闭辅助触点 QA△-3 断开，使 KF 的线圈失电，其触点全部复位。QA△-3 的断开，可使 KF-1 在已经恢复闭合状态下，也能够防止接触器 QAY 的线圈重新得电，起到联锁保护的作用；接触器 QA△ 的常开辅助触点 QA△-2 闭合，并且由于该触点的闭合先于 KF-2 触点的断开，所以可以起到自锁的作用。

（3）停机阶段

若需要进行停机操作时，可随时按下停止按钮 SF1。此时接触器 QA 的线圈失电，其常开辅助触点 QA-2 断开，解除自锁功能；主触点 QA-1 断开，切断三相交流电动机的供电电源，三相交流电动机停止运转。

接触器 QA△ 线圈失电，其常开辅助触点 QA△-2 断开，解除自锁功能；主触点 QA△-1 断开，解除三相交流电动机定子绕组的△联结方式；常闭辅助触点 QA△-3 闭合，为下一次减压起动做好准备。

3.3.3　自耦变压器减压起动控制电路

在自耦变压器减压起动的控制电路中，电动机起动电流的限制是依靠自耦变压器的降压作用来实现的。电动机起动时，定子绕组得到的电压是自耦变压器的二次电压，一旦起动完毕，自耦变压器便被短接，自耦变压器的一次电压（即额定电压）直接加于定子绕组，电动机进入全电压正常运行状态。

采用时间继电器完成的自耦变压器减压起动的主电路和控制电路如图 3-19 所示。电动机起动时，合上隔离开关 QB1、QB2，按下起动按钮 SF2，接触器 QA1、QA3 的线圈和时间继电器 KF 的线圈得电，KF 的瞬时动作常开触点闭合，接触器 QA1、QA3 的主触点闭合，将电动机定子绕组经自耦变压器接至电源，开始减压起动。时间继电器计时时间到后，其延时常闭触点断开，使接触器 QA1、QA3 的线圈失电，QA1、QA3 的主触点断开，从而将自耦变压器切除。同时，KF 的延时闭合常开触点闭合，使 QA2 的线圈得电，QA2 的常开辅助触点闭合自锁，电动机在全电压下运行，完成整个起动过程。

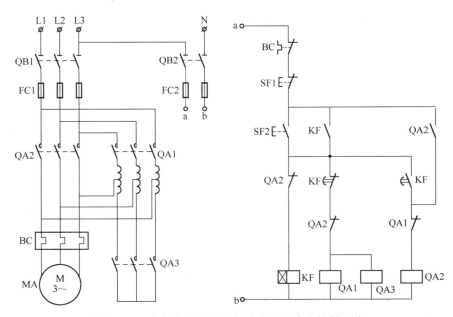

图 3-19　自耦变压器减压起动的主电路和控制电路

自耦变压器减压起动时对电网的电流冲击小，功率损耗少，主要适用于起动较大容量的星形或三角形联结的电动机，起动转矩可以通过改变自耦变压器二次绕组抽头的连接位置来改变。它的缺点是自耦变压器的结构相对复杂、价格较高，而且不允许频繁起动。

3.4　三相笼型异步电动机制动控制电路

在实际生产中，有些生产机械往往要求电动机能快速、准确地停车，而它们的电动机脱离电源后由于机械惯性的存在，完全停车需要一段时间，影响生产效率，并造成停机位置不准确、工作不安全。为了提高生产效率和获得准确的停机位置，必须对电动机采取有效的附加制动措施。

说明：

若按生产工艺要求，某电动机无需快速停车，则可不采用附加制动措施电路。

制动措施一般分两大类：机械制动和电气制动。

机械制动是采用机械装置强迫电动机在断开电源后迅速停转的制动方法，主要采用电磁抱闸、电磁离合器等制动，两者都是利用电磁线圈通电后产生磁场，使静铁心产生足够大的吸力吸合衔铁或动铁心，克服弹簧的拉力而满足现场的工作要求。电磁抱闸是靠闸瓦的摩擦进行制动，电磁离合器是利用动、静摩擦片之间足够大的摩擦力使电动机断电后立即停车的。机械制动的优点是制动转矩大、制动迅速、操作方便、安全可靠、停车准确。缺点是制动越快，冲击振动越大，对机械设备越不利；另外，机械制动器因磨损需要经常维修或更换，增加了维护的工作量。

电气制动是电动机在切断电源的同时给电动机一个和实际旋转方向相反的制动转矩，迫使电动机迅速停车的方法。常用的电气制动方法有反接制动、能耗制动，下面详细介绍这两种制动方法。

3.4.1　反接制动控制电路

反接制动是指在电动机的三相电源被切断后，立即通上与原相序相反的三相电源，使定子绕组产生相反方向的旋转磁场，因而产生制动转矩使电动机迅速减速。

在反接制动时，转子与旋转磁场的相对速度接近于 2 倍的同步转速，因此定子绕组中流过的反接制动电流甚至相当于全压直接起动时电流的 2 倍。由此，反接制动的特点是制动迅速、效果好，但是冲击大，通常仅适用于 10 kW 以下的较小容量电动机。为了减小冲击电流，通常在反接主电路中串联一定阻值的电阻，以限制反接制动电流，这个电阻称为反接制动电阻。

反接制动在控制上要注意的是在电动机减速至接近零时，要及时切断反向相序的电源，以防止电动机在反方向上起动并运行。

下面分别以电动机单向和可逆运行情况下的反接制动电路来说明。

1. 电动机单向运行的反接制动控制电路

反接制动的关键在于电动机电源相序的改变，并能实现当转速下降到接近于零时，能自动将电源切除，为此使用了速度继电器来检测电动机的速度变化。在 120 ~ 3000 r/min 范围内，速度继电器触点动作，当转速低于 100 r/min 时，其触点恢复原位。

图 3-20 为带制动电阻的电动机单向运行的反接制动控制电路。

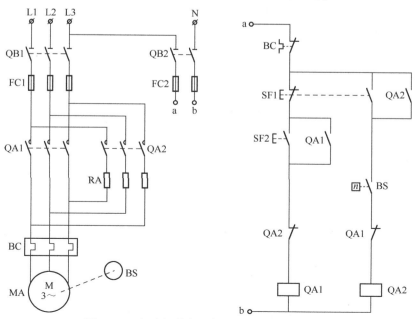

图 3-20　电动机单向运行的反接制动控制电路

起动时，按下起动按钮 SF2，接触器 QA1 通电并自锁，电动机通电旋转。在电动机正常运转时，速度继电器 BS 的常开触点闭合，为反接制动做好了准备。

停止时，按下停止按钮 SF1，其常闭触点断开，接触器 QA1 线圈断电，电动机脱离电源。由于电动机转子和负载的惯性，此时电动机的转速还很高，BS 的常开触点仍然处于闭合状态。所以，当 SF1 的常开触点闭合时，反接制动接触器 QA2 的线圈得电并自锁，其主触点闭合，使电动机定子绕组得到与正常运转相序相反的三相交流电源，电动机随即进入反接制动状态，电动机的转速迅速下降。当电动机转速低于速度继电器复位值时，速度继电器常开触点复位断开，接触器 QA2 线圈电路被切断，反接制动结束。

2. 电动机可逆运行的反接制动控制电路

图 3-21 为带有反接制动电阻的电动机可逆运行反接制动的主电路和控制电路。图中的反接制动电阻 RA 也具有限制起动电流的作用，而 BS1 和 BS2 分别为速度继电器 BS 的正转和反转的常开触点。

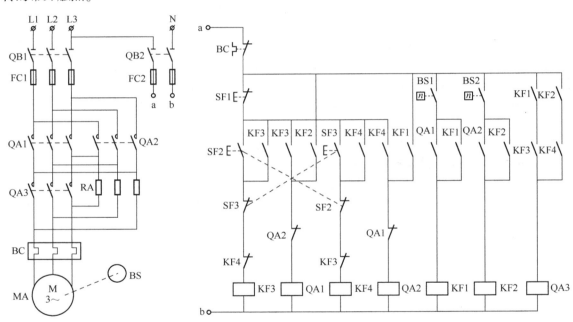

图 3-21　电动机可逆运行反接制动的主电路和控制电路

按下起动按钮 SF2，中间继电器 KF3 线圈通电并自锁，其常闭触点断开，对中间继电器 KF4 线圈回路实现互锁。KF3 线圈的通电使其常开触点闭合，进而使接触器 QA1 线圈通电，QA1 主触点闭合，正序三相电源经电阻 RA 接至定子绕组，电动机开始减压起动。

当电动机转速上升到一定数值时，速度继电器的正转使常开触点 BS1 闭合（正转时 BS2 为断开状态），中间继电器 KF1 通电并自锁，这时由于 KF1、KF3 的常开触点闭合，接触器 QA3 线圈通电，此时三个电阻被短接，定子绕组直接通以额定电压，电动机加速到额定转速。

在电动机运行的过程中，若按下停止按钮 SF1，则 KF3、QA1、QA3 三个线圈断电。由于惯性，此时电动机的转速仍然很高，速度继电器的 BS1 的触点并未复位，中间继电器 KF1 的线圈仍处于通电状态，因此在接触器 QA1 的常闭触点复位后，接触器 QA2 线圈便会通电，使其主触点闭合，使定子绕组经电阻 RA 获得相反相序的三相电源，实现反接制动，电动机转速迅速下降。当转速低于速度继电器的复位值时，速度继电器的常开触点复位，KF1 线圈断电，接触器 QA2 释放，反接制动过程结束。

反向起动及其反接制动停止过程与正转时相似，不再赘述。

3.4.2 能耗制动控制电路

能耗制动是指在电动机脱离三相交流电源以后，定子绕组加一个直流电压，即通入直流电流，使定子处形成一个固定的静止磁场，利用转子惯性旋转时切割磁力线而产生的转子感应电流与定子静止磁场的作用产生制动转矩来制动。

从能量的角度看，能耗制动是把电动机转子运转所储备的动能变成电能，且又消耗在电动机转子的制动上，所以称为"能耗制动"。可以根据能耗制动时间控制原则，用时间继电器进行控制；也可以根据能耗制动的速度原则，用速度继电器进行控制。

下面分别以电动机单向和可逆运行情况下的能耗制动电路来说明。

1. 电动机单向运行的能耗制动控制电路

（1）按时间原则控制的单向运行的能耗制动控制电路

图 3-22 为按时间原则控制的单向能耗制动主电路及控制电路。在电动机正常运行时，若按下停止按钮 SF1，电动机由于 QA1 断电释放而脱离三相交流电源，而直流电源则由于接触器 QA2 线圈通电使其主触点闭合而加入定子绕组，时间继电器 KF 线圈与 QA2 线圈同时通电并自锁，于是电动机进入能耗制动状态。当其 KF 计时结束时，时间继电器延时打开的常闭触点断开接触器 QA2 的线圈电路。之后，由于 QA2 常开辅助触点的复位，时间继电器 KF 线圈的电源也被断开，电动机能耗制动结束。图中 KF 的瞬时常开触点的作用是为了考虑 KF 线圈断线或机械卡住等故障时，电动机在按下停止按钮 SF1 后仍能迅速制动，两相的定子绕组不至于长期接入能耗制动的直流电流。所以，该电路具有手动控制能耗制动的能力，只要使停止按钮 SF1 处于按下的状态，电动机就能实现能耗制动。

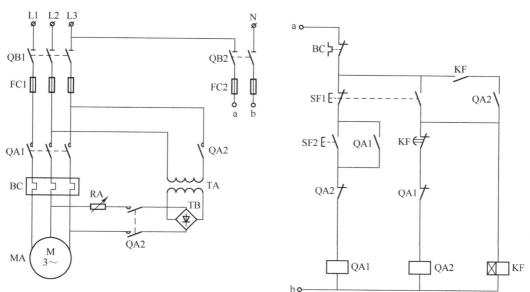

图 3-22　按时间原则控制的单向能耗制动主电路及控制电路

（2）按速度原则控制的单向运行能耗制动控制电路

图 3-23 为按速度原则控制的单向能耗制动的主电路及控制电路。该电路与图 3-22 中的电路基本相同，这里仅是在控制电路中取消了时间继电器 KF 的线圈及其触点电路，而在电动机轴端安装了速度继电器 BS，并且用 BS 的常开触点取代了 KF 延时打开的常闭触点。

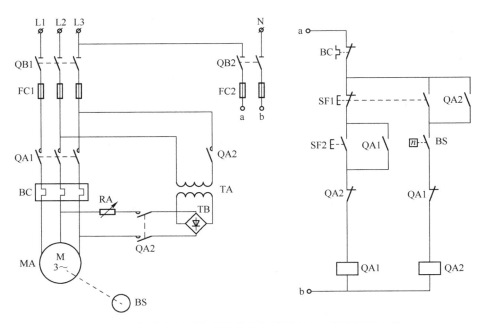

图 3-23　按速度原则控制的单向能耗制动主电路及控制电路

在电路中的电动机刚刚脱离三相交流电源时，由于电动机转子的惯性速度仍然很高，速度继电器 BS 的常开触点仍然处于闭合状态，所以接触器 QA2 的线圈能够依靠 SF1 按钮的按下通电自锁。于是，两相定子绕组获得直流电源，电动机进入能耗制动。当电动机转子的惯性速度低于速度继电器 BS 复位值时，BS 常开触点复位，接触器 QA2 线圈断电释放，能耗制动结束。

2. 电动机可逆运行的能耗制动控制电路

图 3-24 为按时间原则控制的电动机可逆运行的能耗制动主电路及控制电路，在其正常的正向运转过程中，需要停止时，可按下停止按钮 SF1，使 QA1 断电，QA3 和 KF 线圈通电并自锁。QA3 常闭触点断开；QA3 主触点闭合，使直流电压由 TB 加至电子绕组，电动机进行正向能耗制动。电动机正向转速迅速下降，当其 KF 计时结束时，时间继电器延时打开的常闭触点 KF 断开接触器 QA3 的线圈电源。由于 QA3 常开辅助触点的复位，时间继电器 KF 线圈也随之失电，电动机正向能耗制动结束。反向起动与反向能耗制动的过程与上述情况相同。

电动机可逆运行能耗制动也可以采用速度原则，用速度继电器取代时间继电器，同样能达到制动的目的。

按时间原则控制的能耗制动，一般适用于负载转速比较稳定的生产机械。对于那些能够通过传动系统来实现负载速度变换或者加工零件经常变动的生产机械来说，采用速度原则控制的能耗制动比较合适。

与反接制动相比，能耗制动具有能量消耗少、制动准确、平稳、不会产生有害的反转、对电网的冲击小等优点。但能耗制动需要一个专门的直流电源，这使得制动电路变得复杂。另外，能耗制动因制动电流小、制动力较小而使制动速度慢，特别是在低速时尤为突出，转子速度越低，转子感应电流越小，制动力越小，制动效果越差。为了弥补转子速度低时制动力小的缺点，能耗制动常与电磁制动器联合使用，即转子速度低时切除能耗制动，投入电磁制动器制动，加强制动效果。能耗制动以其独特的优点常用于电动机容量较大和起动、制动频繁的场合。

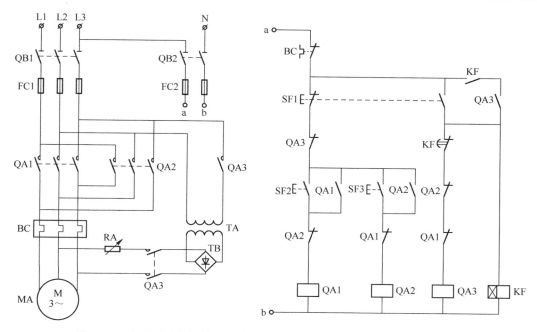

图 3-24　按时间原则控制的电动机可逆运行的能耗制动主电路及控制电路

3.5　三相笼型异步电动机的变频调速控制电路

很多机械装置都要求三相笼型异步电动机的速度能够进行调节，以满足自动控制要求。

电动机的调速方法可分为以下两大类。

1）机械方式：定速控制的电动机与机械变速箱或电磁转差离合器配合的调速方式。

2）电气方式：使用变极对数控制电路或变频器等电气装置直接对电动机调速的方式。本节主要介绍使用变频器直接对电动机调速的变频调速控制电路。

3.5.1　变频器

变频器（实物见图 3-25）是利用电力电子器件将工频交流电变换成各种频率的交流电以实现电动机变速运行的设备。它可对电动机进行无级调速，通过电子回路改变相序即可实现旋转方向的改变，而无须使用两个接触器进行相序切换。变频器的自身保护功能完善，如过电流保护、过电压保护、欠电压保护和过温保护等。随着工业自动化程度的不断提高，变频器得到了非常广泛的应用。

图 3-25　变频器实物图

图 3-26 为交-直-交型变频器的工作原理示意图，图中的上半部分为主电路，它是先将工频交流电源整流成直流电，逆变器在微控制器（例如 DSP）的控制下，再将直流电逆变成不同频率的交流电。主电路中的 R_0 起限流作用，当 R、S 和 T 端子上的电源接通时，R_0 接入电路，以限制起动电流。延时一段时间后，晶闸管 VT 导通，将 R_0 短路，避免造成附加损耗。R_t 为能耗制动电阻，当制动时，电动机进入发电状态，逆变器向电容 C 反向充电，当直流电路的

电压，即电阻 R_1、R_2 上的电压升高到一定值时（图中实际上测量的是电阻 R_2 的电压），通过泵升电路使开关器件 V_b 导通，这样电容 C 上的电能就能消耗在制动电阻 R_1 上了。电容 C 除了参与制动外，在电动机运行时，主要起到滤波作用。一般由电容器起滤波作用的变频器称为电压型变频器，由电感器起滤波作用的变频器称为电流型变频器，常见的是电压型变频器。

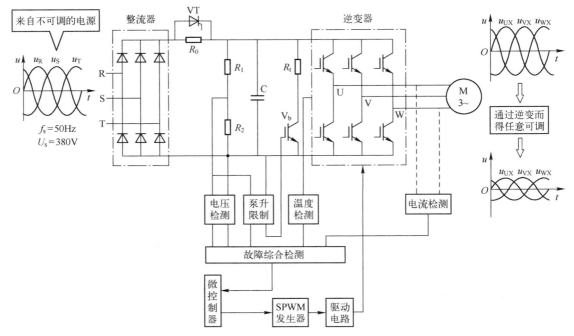

图 3-26　交-直-交型变频器工作原理示意图[⊖]

控制电路中的微控制器经运算输出控制正弦信号后，经过 SPWM（正弦脉宽调制）发生器调制，再由驱动电路放大信号，放大后的信号驱动 6 个功率晶体管（IGBT），产生三相交流电压以驱动电动机运转。

变频器都带有一定数量的数字量及模拟量输入/输出信号端子。通过这些端子，再配合一些其他电器，就可以组成变频器的外部控制电路。这种变频器的控制方式又称为端子控制。

变频器的数字量输入端子一般有 6 路（后文称为 DIN1～DIN6），它们用于外部对变频器的控制。例如按照出厂设置（不同变频器的出厂设置不同），DIN1 为正向运行起动、DIN2 为反向运行起动等，根据需要通过修改参数可以改变其出厂设置的功能。使用数字量输入端子可以完成对电动机的正反转控制、复位、多级速度设定、自由停车、点动等控制操作。

模拟量输入端子一般有 2 路，分别作为频率给定信号和闭环运行时反馈信号的输入。

数字量输出信号一般有 2～3 路，用于对变频器运行状态的指示，或向上位机传递这些状态信息。这些信息是可以通过参数进行修改的，一般为状态指示、故障报警等。

模拟量输出信号一般有 2 路，其传递的信息也可以通过参数进行修改，一般为变频器的实时运行频率、电压、电流以及电动机转速等。

除了端子控制方式之外，还可以通过变频器的操作面板控制变频器的运行，以及通过网络

⊖　由于图 3-26 所示为变频器内部工作原理图，并非外部的主电路/控制电路图，因此按照一般习惯给出了文字符号，而并未采用 GB/T 5094.2—2018。

通信控制变频器的运行，这种网络通信的控制方式将会越来越多地使用。

请扫描二维码 3-2 观看常见品牌变频器的图片。

3.5.2　使用变频器的电动机可逆调速控制电路

如图 3-27 所示为使用变频器的端子控制的电路，该电路实现了电动机的
调速和正反向运行功能。需要修改变频器的相应参数才能实现上述功能。例
如输入电动机的相关额定运行数据、选定端子控制方式、选定运行频率设定值信号源为模拟量
输入信号、设置斜坡上升或下降时间（变频器的输出频率由 0 Hz 升至 50 Hz，或由 50 Hz 降至 0
Hz 的时间）等。更详细的参数设定方法可参见变频器的相关手册。

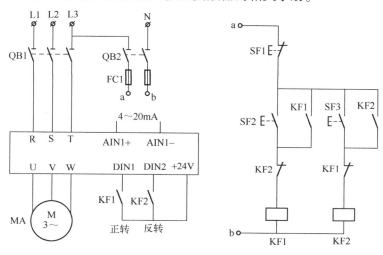

图 3-27　使用变频器的电动机可逆调速控制电路

图 3-27 中，SF2、SF3 为正、反向运行控制按钮，运行频率由 4 ~ 20 mA 的模拟量给定，
SF1 为停止按钮。

说明：

为与该电路的功能相适应，应将变频器的 DIN1 和 DIN2 端子通过参数分别设置为正转运
行和反转运行功能。

三相电源应接到变频器的 R、S、T 端，如果误接到 U、V、W 端，通电后可能发生爆炸。

至此，本章涉及的各种控制电路全部介绍完毕，请扫描二维码 3-3 查看部分电路的仿
真运行动画。另外，由于电气元器件文字符号的旧国标（GB/T 7159—1987）仍有一定的影
响力，因此，本书也给出了以旧国标为基础的各电气控制电路图，请扫描二维码 3-4 查看。

3-3

3-4

3.6　电气控制电路的设计方法

电气控制电路的设计是电气控制系统设计的重要内容之一。电气控制电路的设计方法有两

种：经验设计法（又称一般设计法）和逻辑设计法。

对于简单的电气控制系统，出于对成本的考虑，一般还在使用类似本章 3.2~3.4 节中的继电-接触器控制系统，而对于稍微复杂的电气控制系统，目前都已采用 PLC 进行控制。PLC 系统中无需通过控制电路实现控制逻辑，因此电气控制电路的逻辑设计法已很少使用，本节仅简单介绍电气控制电路的经验设计法。

经验设计法从满足生产工艺要求出发，参考各种典型控制电路，直接设计出控制电路。这种设计方法比较简单，但要求设计人员熟悉常用的控制电路，具有一定的设计经验。该方法由于依靠经验进行设计，因而灵活性较大。

设计电气控制电路时必须遵循以下几个原则。

1. 应最大限度地实现生产机械和工艺对电气控制电路的要求

设计之前，电气设计人员要调查清楚生产工艺要求，每一道工序的工作情况和运动变化规律、所需要的保护措施等。

2. 在满足生产要求的前提下，控制电路力求简单、经济

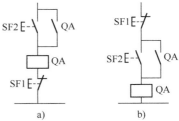

1）尽量选取标准的或经过实践检验的电路和环节。

2）尽量减少连接导线的数量和长度。将电气元器件触点的位置进行合理安排，可减少导线的数目和缩短导线的长度，以简化接线，如图 3-28a 所示，启动按钮和停止按钮放置在操作台上，而接触器放置在电气柜内。从按钮到接触器要经过较远的距离，因此，必须把启动按钮和停止按钮直接连接，才能减少连接线，如图 3-28b 所示。

图 3-28 减少连接导线
a）不合理；b）合理

3）尽量减少元器件的数量和采用标准化元器件，并尽可能选用相同型号。

4）应减少不必要的触点以简化电路。

5）控制电路在工作时，除必要的电器必须通电外，其余的尽量不通电以节约能源。

3. 保证控制电路工作的可靠和安全

为了保证控制电路工作的可靠性，应尽量选用机械和电器寿命长、结构坚实、动作可靠、抗干扰性能好的元器件，同时在具体设计过程中应注意以下几点。

1）在控制电路中不能串联接入两个器件的线圈。否则，总会有一个线圈由于达不到动作电压而不能正常吸合。因此，两个器件需要同时动作时，其线圈应该并联连接。

2）控制电路在工作中出现意外接通的电路叫寄生电路。寄生电路会破坏电路的正常工作，造成误动作。图 3-29 是一个具有过载保护和指示灯显示的可逆电动机的控制电路，当电动机正转过载时，则热继电器 BC 动作时可能会出现寄生电路，如图 3-29 中虚线所示，使接触器 QA1 不能断电，不能起到保护作用。

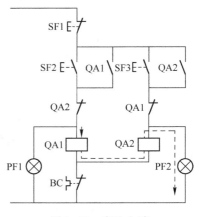

3）设计的电路应能适应所在电网的情况。根据电网容量的大小、电压、频率的波动范围以及允许的冲击电流数值等决定电动机的起动方式是直接起动还是减压起动。

4）在控制电路中充分考虑各种联锁关系以及各种必要的保护环节，以避免因误操作而发生事故。

图 3-29 寄生电路

3.7 电气控制电路图的绘制工具

电气控制电路图在早期都是直接绘制在纸上，但这样不便于修改或长期保存。现在的电路图都是使用软件工具来绘制了，原则上讲能绘图的软件都能用来绘制电路图，例如：Windows 自带的绘图工具、Word、Visio、在线的流程图绘制工具等。这些软件工具虽然可以用来绘制电路图，并且容易上手，但是并不是很适合做这项工作，一般只有不会使用专业绘制工具的人才会使用。

使用专业的绘制工具会大大提高设计工作的效率，关于电气控制电路图的专用绘制工具本节主要介绍两种，一种是以 AutoCAD 软件为代表的适用于多种专业的工程制图软件；另一种是以电气自动化行业绘图为主的 EPLAN 软件。

1. AutoCAD 软件

AutoCAD（Autodesk Computer Aided Design）是 Autodesk 公司开发的计算机辅助设计软件，用于二维绘图和基本三维设计，现已经成为国际上广为流行的绘图工具。该软件适用于多种专业，常规版本在绘制电气控制电路图时，需要 "一笔一笔" 地构建出各元器件的图形符号、导线等，进而组成电路图，这样的绘图效率是很低的。但同时该软件的上手也是最容易的，而且绘图非常灵活。本书的大部分电路图及示意图均使用 AutoCAD 进行绘制。

为了提高电气控制电路图的绘制效率，Autodesk 公司推出了电气版的 AutoCAD，即 AutoCAD Electrical。该软件自带了电气相关的元器件库及导线，这样就不需要 "一笔一笔" 地画了。

2. EPLAN 软件

EPLAN 是工程领域中的计算机辅助工程（Computer Aided Engineering，CAE）软件。即利用计算机对电气产品或工程的设计、分析、仿真、制造等过程，进行辅助设计和管理。

EPLAN 的 "高效工程设计" 平台以 EPLAN Electric P8 电气设计软件为核心，同时将流体、工艺流程、仪表控制、柜体设计及制造、线束设计等多种专业的设计和管理统一扩展到此软件平台上，实现了跨专业多领域的集成设计。在此平台上，无论做哪个专业的设计，都使用同一个图形编辑器，调用同一个元器件库，使用同一个翻译字典，实现了数据的共享。

面向工厂自动化设计，通常是以工艺专业为牵头，以机械、电气、仪表的联合为一体的多专业的协同设计。EPLAN Electric P8 是面向电气及自动化系统集成的设计软件；EPLAN Fluid 是解决液压、气动、冷却和润滑设计的软件；EPLAN Preplaning 是用于项目前期规划、预设计及面向自控仪表过程控制的软件；EPLAN Pro Panel 是盘柜 3D 设计仿真软件，实现元器件的 3D 布局、线缆的自由布线、钻孔和线缆加工信息处理；EPLAN Harness pro D 是解决线束设计的软件。这些产品是 EPLAN "高效工程平台" 的核心产品。

工程的设计和制造生产需要 "大量部件数据" 的有效支持。EPLAN Data Portal 是一个基于网页，内置于 EPLAN 软件平台上的在线的元器件库，它包含来自于 230 多个电气、仪表、流体的世界知名厂商的 100 多万个部件数据集，以方便在工程图纸中插入需要的宏（部分电路或符号），获取元器件的技术参数和商务参数，快速生成 BOM（物料清单）表。

EPLAN 平台支持多种工程设计的方法："面向图形" 的设计方法以图形要素为中心，继承了 CAD 的传统设计习惯，保证了 CAD 平台切换 CAE 平台的连贯性；"面向对象" 的设计方法是基于数据库，以设备为中心来规划项目数据，体现了各个专业的逻辑性，从而实现以导航器为中央控制器的 "拖拉式" 设计。"面向安装板" 和 "面向材料表" 的设计是根据实际业务场景衍生出来的。

生产装配车间在没有得到详细设计图纸前，把元器件在安装底板进行了大致的摆放，这些数据已经创建在 EPLAN 平台的设备导航器中，把导航器中的设备拖放到原理图上实现了图纸的设计，这种"面向安装板"的方法体现了 EPLAN 并行设计的原则。"面向材料表"的方法可以基于甲方要求的初始材料表进行设计，或者使之与库存数据连接在一起，以控制元器件的库存量。

一个工程设计的发起往往是从市场客户的需求而来，企业的销售与客户沟通确认需求，反复沟通，在订单还没有签订前的报价阶段，工程师进行概念设计。在订单签订后，项目进入详细设计阶段，利用先进的技术，进行机械、电气、仪表等跨专业的协同设计。当设计完成，项目将移交到生产车间，由生产车间基于图纸对控制柜进行钣金加工、钻孔加工、安装板布局及元器件摆放。利用接线表的线缆长度进行线缆加工、切割、终端处理、打印线号及套线鼻子等，最后进行元器件的接线。控制柜安装完成，经过调试测试后，交付给最终客户。基于 EP-LAN Data Portal 和 Rittal（与 EPLAN 同属于 LOH 集团的一家柜体生产公司）产品手册的大数据，选用合适的元器件在 EPLAN Electric P8 和 EPLAN Fluid 平台上进行设计，并选用合适 Rittal 的控制柜、母线和冷却单元产品。通过 EPLAN Pro Panel 进行 3D 的仿真，生成母线加工图、钻孔加工图及线缆长度等生产相关信息。这个数据无缝传输到生产加工设备和线缆切割机，实现了自动化加工和装配。这个过程传递了从"虚拟设计到现实生产"的"工业化 4.0"倡导的理念。EPLAN Pro Panel 的数据导入到 EPLAN Smart Wiring 中，虚拟形象化指导现场作业人员的安装接线。EPLAN Smart Wiring 是一款基于互联网浏览器的软件解决方案，是面向机械工程、工厂建筑、盘柜制造行业的全新概念，用于优化和指导控制柜的手工接线工艺和提升控制柜的生产效率。

另外，EPLAN 还有用于链接 ERP（企业资源计划）/PDM（产品数据管理）系统的软件套件 EPIS（EPLAN ERP/PDM Intergration Suite），以及项目管理软件 EPLAN Experiences。

请扫描二维码 3-5 观看 EPLAN 的介绍视频。

请扫描二维码 3-6 获取更多电气控制电路的知识。

3-5　　　　　　　3-6

思考题及练习题

1. 什么是电气控制电路图？电气控制电路图包括哪些？

2. 电动机为什么要设置失电压和欠电压保护？

3. 三相笼型异步电动机在什么条件下可直接起动？试设计带有短路保护、过载保护、失电压保护的三相笼型异步电动机直接起动的主电路和控制电路，对所设计的电路进行简要说明，并指出哪些元器件在电路中完成了哪些保护功能？

4. 请回答图 3-12d 中，串联在 KF 线圈回路的 QA2 的常闭触点有何用途？

5. 请你结合图 3-12 和 3-13，设计一个控制电路实现：起动时只有在电动机 MA1 起动后，MA2 才能起动；停止时，正常情况下 MA2 停止后，MA1 才能停止。紧急情况下，可以使用急停按钮使 MA1 和 MA2 同时停止。

6. 根据图 3-14 的示意图及图 3-15 的电路，回答下面的问题：

（1）如果工作台恰好停在压住 BG1 的位置，按下 SF2，工作台是否会动？为什么？

（2）请再结合互锁控制电路的知识，为本题中的自动往复控制电路再加一重互锁保护。

7. 假设某设备的运行分为三步，分别使用行程开关 BG1、BG2、BG3 来检测每一步是否完成，每一步的执行电器分别为 MB1、MB2、MB3。请将图 3-30 所示的电路补全，控制要求如下。

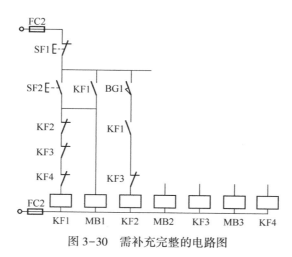

图 3-30　需补充完整的电路图

按下起动按钮 SF2，中间继电器 KF1 的线圈得电吸合且自锁，电磁阀 MB1 的线圈也得电吸合，开始执行第一步。执行完毕后，行程开关 BG1 动作，中间继电器 KF2 及电磁阀 MB2 线圈得电，开始执行第二步，同时中间继电器 KF1 及电磁阀 MB1 失电，依此类推，即正在执行步骤中的中间继电器及电磁阀的线圈得电，执行结束后，这些线圈失电，同时下一步的中间继电器及电磁阀的线圈得电，直到第三步执行结束。

8. 有时为防止电动机误操作，或防止非操作人员起动电动机，可设计"加密"的控制电路，即需要同时按下起动按钮和加密按钮，电动机才能起动。非操作人员由于不知道有加密按钮（可安装在隐蔽处），因此无法起动电动机。

图 3-31 中为单向自锁控制电路，问"加密"按钮应该设计在①~③的哪处？

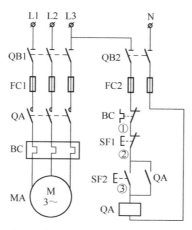

图 3-31　需要增加"加密"按钮的单向自锁控制电路

9. 请描述图 3-32 所实现的功能。

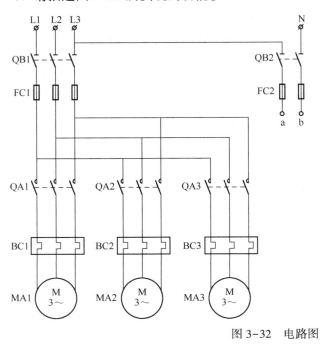

图 3-32　电路图

第二篇
S7-1500 PLC 应用技术

　　PLC 早已成为工业中不可或缺的硬件控制器，控制类相关学科的学生在毕业后都会或多或少地跟它打交道，如果能在在校期间掌握相关技术，将会对自己的职业生涯产生积极深远的影响。

　　想学好 PLC 需注意以下几点。

　　1）PLC 的品牌种类不少，但是它们之间有很多共性，只要能较全面深入地了解其中的一款，就很容易做到举一反三，触类旁通了。当然如果能开始就接触较先进的 PLC，那就更好了。本篇就将以目前国际最先进的 PLC 之一——西门子公司的 S7-1500 系列 PLC 为主介绍 PLC 的应用技术。

　　2）PLC 是通过采集传感器信号，经过内部软件程序的运算后去控制各种设备的硬件控制器。所以学习 PLC 就需要掌握与之相关的软硬件知识，其中硬件知识包括常用传感器及执行器（包括第一篇中提到的各种控制电器）的基本工作及接线原理，PLC 的工作原理，PLC 各种硬件模块的功能、性能及选用，PLC 控制电路的设计，PLC 通信网络选用等；软件知识包括 PLC 的数据类型，存储器资源，程序结构，代码块及数据块，常用指令、编程及仿真软件的使用等。总之，学习 PLC 不能以为掌握软件知识会编写程序就算都学会了，还一定要重视硬件知识的学习。

　　3）既然 PLC 系统是软硬件结合的系统，就需要大量、全面的实践训练才能真正将其掌握。对于软件知识部分，可以在自己的电脑上安装软件进行编程及仿真练习，建议大家参考相关书籍及博途软件的帮助功能先对指令部分进行仿真学习，之后再考虑编写其他程序；对于硬件知识部分，应该充分利用学校的相关实验室，尽可能地进行硬件的全方位练习。

第4章

PLC 基础知识

4.1 PLC 的定义和分类

4.1.1 PLC 的定义

PLC 即可编程序逻辑控制器，是美国通用汽车公司（GM）于 1968 年由于生产的需要尝试将计算机技术引入生产线而提出的，主要用来取代继电–接触器控制系统。可编程序逻辑控制器的英文名称为 Programmable Logic Controller，因此缩写为 PLC。1969 年第一台 PLC 在美国的数字设备公司（DEC）制成，并成功地应用到美国通用汽车公司的生产线上。

最初的 PLC 只具备逻辑控制、定时、计数等功能。随着电子技术、计算机技术、通信技术和控制技术的迅速发展，可编程序逻辑控制器的功能已远远超出了最初的范围。有一段时间被称为可编程序控制器（Programmable Controller，缩写 PC），但为区别于个人计算机 Personal Computer（PC），故仍沿用 PLC 这个缩写。

由于 PLC 具有易学易用、操作方便、可靠性高、体积小、通用灵活和使用寿命长等一系列优点，很快就在工业中得到了广泛应用。同时，这一新技术也受到其他国家的重视，1971 年日本引进这项技术，很快研制出日本第一台 PLC；欧洲于 1973 年研制出第一台 PLC；我国从 1974 年开始研制，1977 年国产 PLC 正式投入工业使用。

进入 20 世纪 80 年代以来，随着电子技术的迅猛发展，以 16 位和 32 位微处理器构成的微机化 PLC 得到快速发展，使得 PLC 在设计、性能价格比以及应用方面有了突破，不仅控制功能增强，功耗和体积减小，成本下降，可靠性提高，编程和故障检测更为灵活方便，而且随着通信网络、数据处理和图像显示的发展，PLC 已经普遍用于控制复杂的生产过程。PLC 已经成为工厂自动化的三大支柱之一。

国际电工委员会（IEC）曾先后于 1982 年 11 月、1985 年 1 月和 1987 年 2 月发布了可编程序控制器标准草案的第一、二、三稿。在第三稿中，对 PLC 作了如下定义。

可编程序控制器是一种数字运算操作的电子系统，专为在工业环境下应用而设计。它采用可编程序的存储器，用来在其内部存储执行逻辑运算、顺序控制、定时、计数和算术运算等操作指令，并通过数字量和模拟量的输入和输出，控制各种类型的机械或生产过程。可编程序控制器及其有关的外围设备，都应按易于与工业控制系统形成一个整体、易于扩展其功能的原则设计。

PLC 的定义强调了以下几点。

1）是数字运算操作的电子系统——也是一种计算机。

2）专为在工业环境下应用而设计。

3）编程方便。

4）通过数字量和模拟量的输入和输出，与现场各设备连接成一体。其中数字量输入、输出的英文简称分别为 DI（Digital Input）、DO（Digital Output）；模拟量输入、输出的英文简称分别为 AI（Analog Input）、AO（Analog Output）；输入/输出总体的英文简称为 I/O；

5）易于扩展。PLC 是一种特殊的工业计算机，其品牌种类繁多，不同品牌的产品有各自的特点，但作为工业标准设备，它们既有特性又有共性。特性主要在于不同品牌 PLC 的外观、性能、功能（创新的）及配套操作软件等不同；共性在于功能（常规的）、特点、系统组成、工作原理、编程语言（符合 IEC61131-3 标准的）、使用方法等相同。因此不同品牌的 PLC 之间的共性大于特性。

4.1.2　PLC 的分类

PLC 通常可根据结构形式的不同和功能的差异等进行大致分类。

1. 按结构形式分类

根据 PLC 的结构形式，可将 PLC 分为整体式和模块式两类。

（1）整体式 PLC

整体式 PLC 是将电源、CPU、I/O 等部件都集中装在一个模块单元（又称基本单元、主机或 CPU 模块）内，具有结构紧凑、体积小、价格低的特点。小型 PLC 一般采用这种整体式结构。整体式 PLC 由不同 I/O 点数的基本单元和扩展单元组成。扩展单元内只有 I/O 和电源等，没有 CPU。基本单元和扩展单元之间一般用扁平电缆或插针进行连接。整体式 PLC 的扩展单元一般是 I/O 模块（又称信号模块）、通信模块等。

（2）模块式 PLC

模块式 PLC 是将 PLC 各组成部分，分别做成若干个单独的模块，如电源模块、CPU 模块、I/O 模块、通信模块以及各种功能模块。模块式 PLC 由框架或基板和各种模块组成。模块装在框架或基板的插座上。这种模块式 PLC 的特点是配置灵活，可根据需要选配不同规模的系统，而且装配方便，便于扩展和维修。大、中型 PLC 一般采用模块式结构。

2. 按功能分类

根据 PLC 所具有功能的不同，可将 PLC 分为低档、中档、高档三类。

（1）低档 PLC

具有逻辑运算、定时、计数、移位以及自诊断、监控等基本功能，还可有少量模拟量输入/输出、算术运算、数据传送和比较、通信等功能。主要用于逻辑控制、顺序控制或少量模拟量控制的单机控制系统。

（2）中档 PLC

除具有低档 PLC 的功能外，还具有较强的模拟量输入/输出、算术运算、数据传送和比较、数制转换、远程 I/O、子程序、通信联网等功能。有些还可增设中断控制、PID 控制等功能，适用于复杂控制系统。

（3）高档 PLC

除具有中档 PLC 的功能外，高档 PLC 还增加了带符号算术运算、矩阵运算、平方根运算及其他特殊功能函数的运算等。高档 PLC 具有更强的通信联网功能，可用于大规模过程控制或构成分布式网络控制系统，实现工厂自动化。

请扫描二维码 4-1 观看各常见品牌 PLC 的图片。

4-1

4.2　PLC 的功能及特点

4.2.1　PLC 的主要功能

作为工业控制器，PLC 的主要功能如下。

1. 基本控制功能

PLC 基本控制功能主要包括逻辑控制、定时控制、计数控制和顺序控制等。

1）逻辑控制：PLC 具有与、或、非、异或和触发器等逻辑运算功能（位逻辑、字逻辑运算指令），可以代替继电器进行逻辑控制。

2）定时控制：PLC 为用户提供了若干个虚拟定时器（定时器指令），用户可自行设定接通延时、关断延时和定时脉冲等定时方式。该功能用以取代传统时间继电器的定时控制。

3）计数控制：PLC 为用户提供了若干个虚拟计数器（计数器指令），可以实现增计数（每个脉冲使之加 1）和减计数（每个脉冲使之减 1）。

4）顺序控制：可通过对 PLC 多种指令的综合运用，实现某生产线逐部分顺序起动与停止的控制。

2. 模拟量控制

PLC 的模拟量模块具有 A/D、D/A 转换功能，通过模拟量模块完成对模拟量的采集、转换和输出。PLC 能够使用闭环控制指令（PID）构成闭环控制系统，对温度、压力、流量、液位等连续变化的模拟量进行闭环过程控制，如对锅炉、冷冻机、水处理设备、酿酒装置等的控制。

3. 机械运动控制

PLC 可采用专用的运动控制模块，对伺服电动机和步进电动机的速度与位置进行控制，以实现对各种机械的运动控制，如对包装机械、普通金属切削机床、数控机床以及工业机器人等的控制。

4. 数据采集、存储与处理功能

现代 PLC 具有数字运算（含矩阵运算、函数运算、逻辑运算）、数据传送、数据转换、排序、查表、位操作等功能，可以完成数据的采集、分析及处理。这些数据可以与存储在存储器中的参考值比较，完成一定的控制操作，也可以利用通信功能传送到别的智能装置，或将它们打印制表。

5. 通信联网功能

PLC 可以与分布式 I/O、其他 PLC、变频器、触摸屏等设备之间进行通信，以构成较大的控制系统。

PLC 与计算机的通信，可实现计算机对 PLC 数据的采集、实时显示、长期存储、预测控制等。

6. 故障诊断功能

PLC 内部设置有故障诊断功能，可对系统构成、硬件状态、指令的正确性等进行诊断，当 PLC 自身发生异常时，可以读取出相关的故障诊断信息。

目前，PLC 在国内外已广泛应用于机床、自动化楼宇、钢铁、石油、化工、电力、建材、汽车、纺织机械、交通运输、环保以及文化娱乐等各行各业。随着 PLC 性价比的不断提高，其应用范围还将不断扩大，其应用场合可以说是无处不在。

4.2.2 PLC 的主要特点

1. 使用灵活、通用性强

PLC 的产品早已系列化，模块品种多，可以灵活组成各种不同大小和不同功能的控制系统，应用于各行各业。

2. 可靠性高、抗干扰能力强

高可靠性是电气控制设备的关键性能。PLC 由于采用现代大规模集成电路技术，采用严格的生产工艺制造，内部电路采取了先进的抗干扰技术，具有很高的可靠性。例如三菱公司生产的 F 系列 PLC 平均无故障时间高达 30 万小时。一些使用冗余 CPU 的 PLC 的平均无故障工作时间则更长。从 PLC 的机外电路来说，使用 PLC 构成控制系统，和同等规模的继电接触器系统相比，电气接线及开关接点已减少到数百甚至数千分之一，故障也就大大减少。此外，PLC 带有硬件故障自我检测功能，出现故障时可及时发出警报信息。在应用软件中，应用者还可以编入外围器件的故障自诊断程序，使系统中除 PLC 以外的电路及设备也获得故障自诊断保护。

3. 采用模块化结构，体积小，重量轻

为了适应工业控制需求，除整体式 PLC 外，绝大多数 PLC 采用模块式结构。PLC 的各部件，包括 CPU、电源及 I/O 等都采用模块化设计。此外，PLC 相对于通用工控机及传统的继电-接触器控制系统，其体积与重量要小得多。

4. 具有丰富的 I/O 接口模块，扩展能力强

PLC 针对不同的工业现场信号（如交流或直流、数字量或模拟量、电压或电流、脉冲、强电或弱电等）有相应的 I/O 模块与工业现场的器件或设备（如按钮、行程开关、接近开关、传感器及变送器、电磁线圈、控制阀等）直接连接。为了组成工业局域网，有多种通信联网接口模块等。

5. 编程简单、容易掌握

PLC 是面向用户的设备，其设计者充分考虑了现场工程技术人员的技能和习惯。大多数 PLC 的编程均提供了常用的梯形图方式和面向工业控制的简单指令方式。编程语言形象直观，指令少，语法简便，不需要懂太多的计算机知识，具有一定的电工和工艺知识的人员都可在短时间内掌握。

6. 项目设计和投运周期短

用继电器、接触器来完成一项控制工程，必须首先按工艺要求画出电气原理图、继电器屏（柜）的布置和接线图等，再进行安装调试，日后修改起来十分不便。

而采用 PLC 控制，由于其依靠程序实现控制，硬件线路非常简洁，并且其为模块化结构，且已商品化，故仅需按性能、容量（输入、输出点数）等选用组装，而大量具体的程序编制工作可在 PLC 到货前进行，因而缩短了设计周期，使设计和施工可同时进行。由于用软件编程取代了硬接线实现控制功能，大大减轻了繁重的安装接线工作，缩短了施工周期。另外，PLC 操作软件一般还具有强制和仿真的功能，故程序的调试可以在没有连接硬件设备甚至没有 PLC 时进行，这样可大大缩短设计和投运周期（除完全借助数字化进行虚拟调试的项目外，仿真调试后仍需进行严格的现场调试，但仿真调试会缩短现场调试的时间）。

请扫描二维码 4-2 查看 PLC 的应用案例。

4-2

4.3 PLC 的发展

20 世纪 60 年代末 PLC 产生于美国，MODICON084 即 MODICON 公司推出的 084 控制器是世界上第一种投入生产的 PLC。PLC 诞生不久立即显示出了其在工业控制中的重要性，在许多领域得到了广泛应用。

目前，世界上有 200 多个厂家生产 300 多种 PLC 产品，比较著名的厂家有德国的西门子，美国的罗克韦尔，法国的施耐德，日本的三菱、欧姆龙等。

1. PLC 的发展历程

从 PLC 的控制功能来分，PLC 的发展经历了以下 4 个阶段。

第一阶段：从第一台 PLC 问世到 20 世纪 70 年代中期，是 PLC 的初创阶段。

该时期的 PLC 产品主要用于逻辑运算、定时和计数，它的 CPU 由中小规模的数字集成电路组成，它的控制功能比较简单。该阶段的代表产品有 MODICON 公司的 084、AB 公司的 PDQ II、DEC 公司的 PDP-14 和日立公司的 SCY-022 等。

第二阶段：从 20 世纪 70 年代中期到末期，是 PLC 的实用化发展阶段。

该时期 PLC 产品的主要控制功能得到了较大的发展。随着多种 8 位微处理器的相继问世，PLC 技术产生了飞跃。在逻辑运算功能的基础上，增加了数值运算、闭环调节功能，提高了运算速度，扩大了 I/O 规模。该阶段的代表产品有 MODICON 公司的 184、284、384，西门子公司的 SIMATIC S3 系列，富士电动机公司的 SC 系列等。

第三阶段：从 20 世纪 70 年代末期到 80 年代中期，是 PLC 通信功能的实现阶段。

与计算机通信的发展相联系，PLC 也在通信方面有了很大的发展，初步形成了分布式的通信网络体系。但是，由于生产厂家各自为政，通信系统自成系统，因此不同生产厂家的产品互相通信较困难。在该阶段，由于生产过程控制的需要，对 PLC 的需求大大增加，产品的功能也得到了发展，数学运算的功能得到了较大的扩充，产品的可靠性进一步提高。该阶段的代表产品有富士电动机公司的 MI-CREX 和德州仪器公司的 TI 530 等。

第四阶段：从 20 世纪 80 年代中期开始至今，是 PLC 的开放阶段。

由于开放系统的提出，使 PLC 得到了较大的发展。主要表现为通信系统的开放，使各生产厂家的产品可以互相通信，通信协议的标准化使用户得到了好处。在这一阶段，产品的规模增大，功能不断完善，大中型产品多数有 CRT 屏幕的显示功能，产品的扩展也因通信功能的改善而变得方便，此外，还采用了标准的软件系统，增加了高级编程语言等。该阶段的代表产品有西门子公司的 SIMATIC S5、S7 系列和 AB 公司的 PLC-5 等。

进入智能制造时代以来，多样化的人机交互能力成为控制产品发展的重要方向。其中 PLC 作为现场控制层中的主力，需要处理大量数据，并将结果反馈给更高层的控制系统。PLC 在先进自动化系统中扮演的角色日益重要，工业 4.0 制造自动化环境对 PLC 也提出了高性能的要求。自从"中国制造 2025"行动战略推出后，我国力争从"中国制造"向"中国智造"转变，工业自动化作为智能制造的关键技术更是不断被业内看好，也给 PLC 行业带来了一个千载难逢的发展良机。

2. PLC 的发展趋势

随着技术的进步和市场的需求，PLC 总的发展方向是向高速度、高性能、高集成度、小体积、大容量、标准化、信息化等方向发展，主要体现在以下几个方面。

1）向超大型、超小型两个方向发展。

2）过程控制功能不断增强，越来越多的先进控制算法被封装成指令，供用户编程时调用。

3）运动控制（对位置进行闭环控制）功能不断增强，一方面单站 PLC 能够控制越来越多的位置轴，另一方面可以通过标准化程度越来越高的运动控制指令实现运动控制的编程。

4）越来越多的品牌遵循 IEC61131 标准。

5）PLC 的操作软件越来越方便使用，使工程项目的实施更高效。

6）虚拟调试功能不断增强，越来越多的机械设备采用数字化虚拟调试的方式，这将大大缩短调试周期，消除在调试阶段因设备变更而造成的浪费。

7）通信联网能力不断增强，并逐渐具备融合 IT（Information Technology）与 OT（Operation Technology）的能力，成为智能制造中的边缘控制器。

8）维护更便捷，故障诊断功能更齐全，配合云端的大数据分析可以预判设备的故障。

4.4　PLC 的结构与组成

PLC 系统主要由 3 部分组成：CPU、输入和输出。

PLC 实时采集输入信号，并通过程序的运算，自动判定是否需要通过改变输出信号实时调整被控器件（设备）的工作状态。

4.4.1　CPU 部分

在 PLC 控制系统中（见图 4-1）CPU 模块相当于人的大脑，它不断地采集输入信号，执行用户程序，刷新系统的输出。

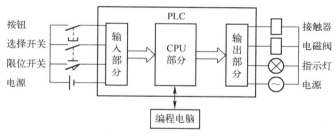

图 4-1　PLC 系统示意图

4.4.2　输入部分

输入（Input）部分和输出（Output）部分是系统的眼、耳、鼻、手、脚，是联系外部现场和 CPU 部分的桥梁。数字量输入（DI）模块用来采集从按钮、选择开关、数字拨码开关、限位开关、接近开关、光电开关、压力开关或其他设备的数字量输出模块等送来的信号；模拟量输入（AI）模块用来采集电位器、变送器、热电偶、热电阻或其他设备的模拟量输出模块等提供的连续变化的模拟量信号。

4.4.3　输出部分

PLC 通过数字量输出（DO）模块控制接触器、电磁阀、电磁铁、指示灯、数字显示装置、报警装置等输出设备，也可以将数字量状态输出给其他设备的数字量输入模块。模拟量输出（AO）模块用来将 PLC 内的数字转换为标准电流或电压信号，可用来控制电动调节阀、变频器等执行器，也可以将模拟量信号输出至其他设备的模拟量输入模块。

注意：连接 I/O 时，请注意电源的类型、电压等级等，以免损坏元器件。

CPU 模块的工作电压一般是 5 V，而 PLC 的输入、输出信号的电压一般较高，例如直流 24 V 和交流 220 V。由于从外部引入的尖峰电压和干扰噪声可能损坏 CPU 模块中的元器件，或使 PLC 不能正常工作，所以在 I/O 模块中，需要用光电耦合器、光控晶闸管、小型继电器等器件来隔离外部输入电路和负载，I/O 模块除了传输信号外，还有电平转换与隔离的作用。

编程电脑通过编程软件来生成、编辑和检查用户程序，并可以用来监视用户程序的执行情况。程序可以存盘或打印，通过网络，还可以实现远程编程、调试及故障诊断。

4.5　PLC 的工作原理

PLC 的 CPU 一般有 3 种工作模式：RUN（运行）、STOP（停机）和 STARTUP（启动）。

在 STOP 模式下，CPU 仅处理通信请求和进行自诊断，不执行用户程序，不会更新输入/输出过程映像（存储输入/输出信号状态的存储区）。

CPU 上电后或从 STOP 模式切换到 RUN 模式时，进入 STARTUP 模式，进行上电诊断和系统初始化。检查到某些错误时，将禁止 CPU 进入 RUN 模式，自动切换并保持在 STOP 模式。

PLC 启动和运行的主要阶段为：启动→输入采样→程序执行→输出刷新→自诊断和处理通信请求→输入采样……循环执行，如图 4-2 所示。

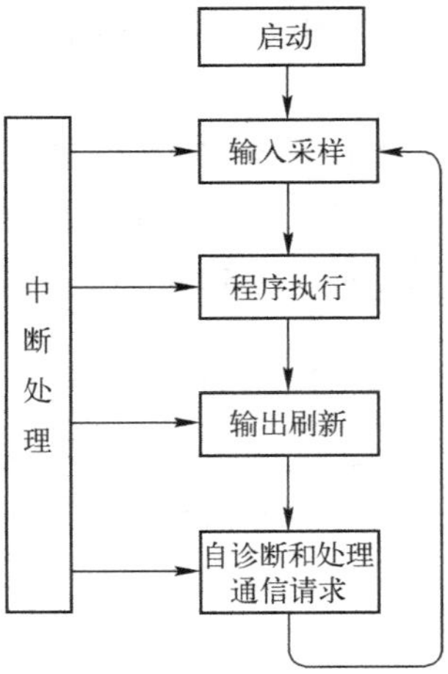

1. 启动阶段

在该阶段中，CPU 将按顺序执行以下操作。

1）复位输入过程映像区（I 区）。

2）用上一次 RUN 模式时最后的值或替换值来初始化输出。

图 4-2　PLC 工作原理示意图

3）执行启动组织块（在西门子 PLC 中为 OB100~OB102，将在 8.2 节介绍），将非断电保持性 M 存储区和数据块 DB 初始化为其初始值，并启用组态的循环中断事件和时钟事件。

4）将输入信号的状态存入输入过程映像区。

5）将输出过程映像区（Q 区）的值变成输出的电信号。

6）在整个启动阶段，如果有中断事件发生，则将其保存到队列中，等到 CPU 转为 RUN 模式后再进行处理。

PLC 的启动可分为暖启动、热启动及冷启动三种，请扫描二维码 4-3 查看相关知识。

4-3

说明：
关于 I 区、Q 区、M 区及数据块 DB 的知识请见 7.2 节。

2. 输入采样阶段

在该阶段中，输入的电信号通过输入模块转变成数值存储到输入过程映像区，并在本次工作循环内保持该数值，直至下次执行输入采样。

数字量输入模块的电信号与过程映像区数值的转换关系如图 4-3 所示，当某通道触点闭合电路导通时，将转变为数值"1"并存储到对应的过程映像区；反之某通道触点断开电路不导通时，将转变为数值"0"并存储到对应的过程映像区。

说明：
本例的 3#DI 模块为 8 通道漏型直流输入模块。

模拟量输入模块的电信号与过程映像区数值的转换关系如图 4-4 所示，其输入信号按比例转换成一定范围的数值并存储到对应的输入过程映像区，对于西门子公司的 S7-1500/1200/300/400 PLC 以及 S7-200 SMART PLC，4~20 mA 的电流型信号（或 0~10 V 的电压信号）将按比例转换为过程映像区的 0~27648 的内部数值。

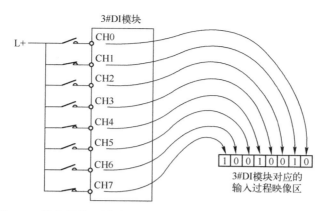

图 4-3　数字量输入模块的电信号与过程映像区数值的转换关系

说明：

本例的 4#AI 模块为 4 通道模拟量输入模块。

对于 S7-200 PLC，其与标准模拟量的转换关系为 0~32000 的内部数值对应 0~20 mA 的电流型信号（或 0~10 V 的电压信号）。

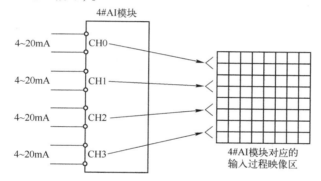

图 4-4　模拟量输入模块的电信号与过程映像区数值的转换关系

注意：

不论 CPU 带了多少 DI/AI 模块，包括 CPU 框架、扩展框架及通信网络子站中的输入模块，在每一次输入采样阶段中，都将被采样一遍。

3. 程序执行阶段

在该阶段中，CPU 从输入过程映像区中读取数值，这些数值经过程序的处理，最终写入到输出过程映像区，并在下次输出刷新阶段变成电信号输出出去。

4. 输出刷新阶段

在该阶段中，输出过程映像区的数值通过输出模块转变成电信号，并在本次工作循环内保持输出状态，直至下次执行输出刷新。

数字量输出模块的过程映像区数值与输出模块电信号的转换关系如图 4-5 所示，当某位为 0 时，其对应模块对应通道将输出低电平；为 1 时，其对应模块对应通道将输出高电平。

说明：

本例的 1#DO 模块为 8 通道晶体管输出型输出模块。

模拟量输出模块的过程映像区数值与输出模块电信号的转换关系如图 4-6 所示。其对应的输出过程映像区的数值将按比例转换成一定范围的输出信号，对于西门子公司的 S7-1500/

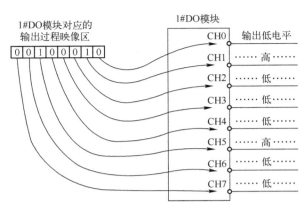

图 4-5　数字量输出模块的过程映像区数值与输出模块电信号的转换关系

1200/300/400 PLC 以及 S7-200 SMART PLC，过程映像区的 0~27648 的内部数值将按比例转变为 4~20 mA 的电流型信号（或 0~10 V 的电压信号等）。

对于 S7-200 PLC，其过程映像区的 0~32000 的内部数值将按比例转变为 0~20 mA 的电流型信号或 0~10 V 的电压信号等。

说明：

本例的 2#AO 模块为 2 通道模拟量输出模块。

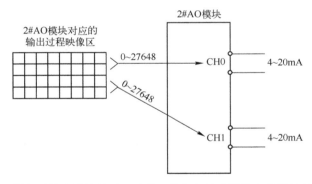

图 4-6　模拟量输出模块的过程映像区数值与输出模块电信号的转换关系

注意：

不论 CPU 带了多少 DO/AO 模块，包括 CPU 框架、扩展框架及通信网络子站中的输出模块，在每一次输出刷新阶段中，都将被刷新一遍。

5. 自诊断与通信处理阶段

在该阶段中，CPU 处理接收到的报文，并在适当的时候将报文发送给通信的另一方。另外，在该阶段中，CPU 还要进行固件、用户程序和 I/O 模块状态等的自诊断。

6. 中断处理阶段

中断（基于事件驱动的）可以在 CPU 扫描循环的任何阶段发生。当有事件出现时，CPU 将中断正常的扫描循环，而去执行事件型中断处理程序。执行完之后，CPU 将在中断点恢复之前的执行阶段。中断功能可以提高 PLC 对事件的响应速度。

以上就是 PLC 的主要工作阶段及原理，可以简单概括为：在输入采样阶段存储的外部电信号状态，要在程序执行阶段被程序调用出来进行运算与存储，并在输出刷新阶段输出成电信号。

4.6　PLC 操作软件概述

　　PLC 的操作软件一般是用来对 PLC 进行硬件组态、编程与调试的软件。不同品牌 PLC 使用的操作软件各不相同，部分品牌不同系列的 PLC 都使用不同的软件。不同操作软件主要步骤的操作思路类似。部分 PLC 操作软件需要购买软件或硬件授权才能使用。越来越多的 PLC 操作软件遵循 IEC61131-3 标准，使得这些不同的 PLC 操作软件的编程功能几乎相同。绝大多数 PLC 的操作软件都配有仿真功能，可以在没有实际 PLC 的情况下仿真出 PLC，以进行程序的运行测试。

　　以西门子公司的产品为例：S7-200 PLC 的操作软件是 STEP 7 MICRO/WIN；S7-200 SMART PLC 的操作软件是 STEP 7 MICRO/WIN SMART；S7-300/400 PLC 的操作软件是经典的 STEP 7，2007 年 10 月 1 日后生产的 S7-300/400 PLC 也可以使用 TIA PORTAL（博途）软件进行操作。

　　PLC 操作软件的主要功能如下。

　　1. 硬件组态

　　在操作软件中按实际模块的安装顺序，添加相应的模块，并进行必要的参数设置。硬件组态信息下载到 CPU 中后，CPU 才能知道需要控制哪些模块，以及它们的属性是什么。

　　2. 编程

　　在操作软件中使用专门的编程语言调用各种指令，搭建程序。程序信息下载到 CPU 后，CPU 才能知道该如何控制现场的设备。

　　3. 下载

　　将 PLC 操作软件中的硬件组态或程序等信息传输到 PLC 中。

　　4. 上载

　　将 PLC 中的硬件组态或程序等信息传输回 PLC 操作软件中。

　　5. 调试辅助

　　可进行在线监视，实时观察硬件组态中的硬件状态或程序中的逻辑运行状态；可创建监控表，监视或修改变量的数值；也可通过曲线图功能，查看变量的瞬时或长期变化情况等。PLC 操作软件提供上述的功能，可辅助工程师对 PLC 系统进行控制逻辑和参数的调试。

　　6. 故障诊断

　　PLC 模块或外部信号出现故障时，可在联机状态下，从操作软件中读取故障信息，以便诊断排除。

4.7　PLC 的编程语言

　　IEC（国际电工委员会）是为电子技术的所有领域制定国际标准的国际组织。IEC 61131 是 PLC 的国际标准。

　　IEC 61131 由以下 5 个部分组成：通用信息、设备与测试要求、编程语言、用户指南和通信。其中的第三部分（IEC 61131-3）是 PLC 的编程语言标准。IEC 61131-3 是世界上第一个，也是迄今为止唯一的工业控制系统的编程语言标准。这个标准将现代软件的概念和现代软件工程的机制与传统的 PLC 编程语言成功地结合，又对当代种类繁多的工业控制器中的编程概念及语言进行了标准化。目前已有越来越多的 PLC 符合 IEC 61131-3 标准。

　　IEC 61131-3 详细地说明了句法、语义和下述 5 种编程语言。

1. 梯形图（Ladder Diagram，LD）

梯形图源于电气系统的逻辑控制（电气原理）图，它是历史最久远，也是目前 PLC 中采用最多的编程语言，大多数程序都可以使用梯形图语言来编写。

梯形图程序中某电气系统的控制逻辑，与不使用 PLC 而直接使用纯电路时的控制逻辑相同。所以掌握了电气控制电路的设计，再用这种经验去设计使用 PLC 实现相同功能时的程序，是逻辑控制问题的一种编程方法，这就是为什么需要大家学习 PLC 前需要先学习电气控制电路设计的原因了。

需要注意的是，只是纯电路实现时与 PLC 实现时的控制逻辑相同，而不是每个器件是否取反（常开/常闭关系，常开相当于不取反，常闭相当于取反）都相同，因为还需要考虑 PLC 实现时电路上使用的是常开还是常闭触点，关于这一点的阐述请见 7.4.1 节。

2. 指令表（Instruction List，IL）

指令表是用一系列指令组成程序组织单元本体部分。指令表编程语言是类似汇编语言的编程语言，它是低层语言，具有容易记忆、便于操作的特点。因此，适合用于解决小型的容易控制的系统编程。

3. 结构化文本（Structured Text，ST）

结构化文本是用一系列语句组成程序组织单元本体部分。结构化文本编程语言是高级编程语言，类似于高级计算机编程语言 PASCAL。它由一系列语句，例如选择语句、循环语句、赋值语句等组成，用以实现一定的功能。它不采用面向机器的操作符，而采用能够描述复杂控制要求的功能性抽象语句，因此，具有清晰的程序结构，利于对程序的分析。它具有强有力的控制命令语句结构，适合解决复杂的控制问题。

4. 功能块图（Function Block Diagram，FBD）

功能块图源于信号处理领域。功能块图编程语言将各种功能块连接起来实现所需的控制功能。它具有图形符号，程序的编写过程就是图形的连接过程，操作方便。

5. 顺序功能表图（Sequential Function Chart，SFC）

顺序功能表图是采用文字叙述和图形符号相结合的方法描述顺序控制系统的过程、功能和特性的一种编程方法。它特别适合编写设备的起动与停止有一系列顺序流程的程序。

思考题及练习题

1. 什么是整体式 PLC 和模块式 PLC？各有何特点？
2. PLC 的基本结构有哪几部分？各部分的功能是什么？

第5章

S7-1500 PLC 的硬件系统

S7-1500 PLC 是国际顶尖的 PLC，在西门子公司的产品线中，S7-1500 PLC 的功能相当于 S7-400 PLC 以及中高端的 S7-300 PLC。

S7-1500 是模块式的 PLC，各个单独模块之间可进行广泛组合和扩展。它的硬件系统主要包括本机模块及分布式模块等。本机模块包括电源模块（PS/PM）、中央处理器模块（CPU）、导轨（RACK）、信号模块（SM）、通信模块（CP/CM）和工艺模块（TM）等，分布式模块如 ET 200SP 和 ET 200MP 等。S7-1500 PLC 的中央机架上最多可安装 32 个模块，而 S7-300 最多只能安装 11 个模块。

请扫描二维码 5-1 查看实际 S7-1500 PLC 系统的硬件介绍和安装操作视频，以便先建立感性认识。

5-1

5.1 S7-1500 PLC 的电源模块

S7-1500 PLC 中有两种电源模块：系统电源（PS）和负载电源（PM）。扫描二维码 5-2 可观看两种电源模块的彩色图片。

1. 系统电源（PS）

系统电源是具有诊断功能的电源模块，可通过 U 型连接器连接到背板总线上，为背板总线提供内部所需的系统电压（DC 5 V）。这种系统电源可为模块电子元件和 LED 指示灯供电。该模块必须组态，占用槽位（0 或 2 ~ 31号）。PS 60 W DC 24/48/60 V HF 还可以扩展 CPU 掉电保持存储区。系统电源的特点如下。

5-2

1）总线电气隔离和安全电气隔离符合 EN 61131-2 标准。

2）支持固件更新、标识数据 I&M0 到 I&M4、在 RUN 模式下组态、诊断报警和诊断中断。

关于标识与维护数据（I&M）的相关知识介绍请扫描二维码 5-3 查看。I&M4 为预留的标识数据。

系统电源模块有三种型号，其属性见表 5-1。

2. 负载电源（PM）

负载电源与背板总线没有连接，可为 CPU 模块、IM 接口模块、I/O 模块（又称信号模块）、PS 等提供高效、稳定、可靠的 DC 24 V 供电。它不占用槽位，组态（它也可不组态）时只能放在 0 号槽中（由于没有背板总线，如果放在其他位置，那么 PM 右侧的模块就不能和 CPU 进行通信）。PM 的输入电

5-3

源是 AC 120~230 V，不需要调节，可以自适应世界各地供电网络。负载电源的特点如下。

表 5-1　系统电源模块及其属性

型号	PS 25 W DC 24 V	PS 60 W DC 24/48/60 V	PS 60 W AC/DC 120/230 V	PS 60 W DC 24/48/60 V HF
额定输入电压	DC 24 V	DC 24/48/60 V	AC 120/230 V DC 120/230 V	DC 24/48/60 V
输出功率/W	25	60	60	60
与背板总线电气隔离	√	√	√	√
诊断错误中断	√	√	√	√
可扩展 CPU 掉电保持数据区	—	—	—	√

1）具有输入抗过电压性能和输出过电压保护功能，有效提高系统运行的安全性。

2）具有启动和缓冲能力，增强了系统的稳定性。

3）符合 SELV（Safety Extra Low Voltage），提升了 S7-1500 PLC 的应用安全。

4）具有 EMC 兼容性能，符合 S7-1500 PLC 系统的 TIA 集成测试要求。

负载电源有两种型号，其属性见表 5-2。

表 5-2　负载电源型号及其属性

型　　号	PM 70 W AC 120/230 V	PM 190 W AC 120/230 V
额定输入电压	AC 120/230 V，具有自动切换功能	AC 120/230 V，具有自动切换功能
额定输出电压	DC 24 V	DC 24 V
额定输出电流/A	3	8

像负载电源这样将 AC 220 V 转换为 DC 24 V 的电源在工业中很常用，请扫描二维码 5-4 查看有关电源的相关知识。

5-4

3. S7-1500 PLC 的供电配置示例

一个机架中最多可以插入 3 个 PS，通过 PS 模块内部的反向二极管划分不同的电源段。除了 PS 向背板总线供电外，CPU 或接口模块 IM155-5 也可以向背板总线供电。

电源模块的选型按照模块消耗的功率进行选择，博途软件中可提供功率的自动计算。用户可根据项目的实际需求，选择配置 PS 或 PM。

下面介绍电源为 S7-1500 PLC 模板供电的配置示例。

（1）机架上没有 PS

通过 PM 或者其他 DC 24 V 为 CPU 或接口模块 IM155-5 供电，由 CPU/IM155-5 向背板总线供电，但是功率有限（功率具体数值与 CPU 或接口模块的型号有关），且最大只能连接 12 个模块（与模块种类有关）。如果需要连接更多的模块，需要增加 PS。

如图 5-1 所示，在组态窗口双击 CPU 模块，在 CPU 属性的"常规"→"系统电源"中选择"连接电源电压 L+"，在"电源段概览"中会显示出所有已组态模块的功耗值。由于 PM 与背板总线没有连接，所以由 CPU（12.00 W）为后面的模块供电。

（2）PS 在 CPU/IM155-5 左侧

PS 在 CPU/IM155-5 左侧（即在 0 号槽），有两种情况：第一种是 CPU/IM155-5 电源端子没有连接 DC 24 V 电源，CPU 和 I/O 模块都消耗 PS 的功率，如图 5-2 所示，在"系统电源"中选择"未连接电源电压 L+"，可以看出由 PS（60.00 W）给背板总线和 CPU 供电，CPU 损耗功率为-6.70 W。

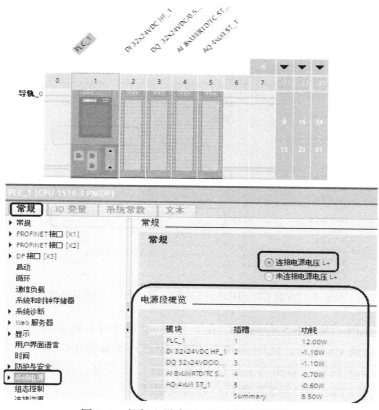

图 5-1　机架上没有 PS 的"电源段概览"

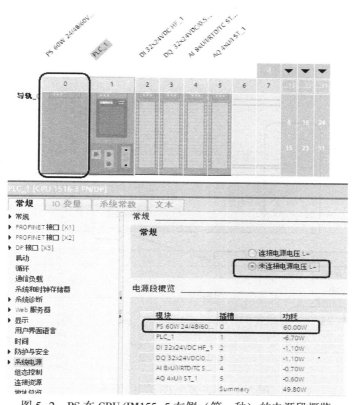

图 5-2　PS 在 CPU/IM155-5 左侧（第一种）的电源段概览

第二种是 CPU/IM155-5 电源端子连接 DC 24 V 电源，与 PS 同时一起向背板总线供电，如图 5-3 所示，这样向背板总线提供的总功率就是 PS 和 CPU/IM155-5 输出功率之和。在第二种情况下可以连接更多的模块。

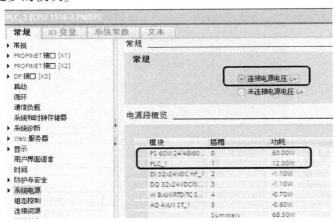

图 5-3　PS 在 CPU/IM155-5 左侧（第二种）的电源段概览

若 PS 放置在 CPU/IM155-5 右侧（即在 2 号槽），由于 PS 内部带有反向二极管，CPU/IM155-5 的供电会被 PS 隔断，此时必须为 CPU/IM155-5 提供 DC 24 V 电源。不管 CPU 的"系统电源"属性如何设置，都相当于只有 PS 向背板总线供电，这样配置虽没有错误，但是没有意义，与 PS 在 CPU/IM155-5 左侧第一种情况相同。

（3）插入多个 PS

机架上插入两个 PS，如图 5-4 所示，插槽 0~5 的供电方式与 PS 配置在 CPU/IM155-5 左侧的方式相同。在 PS 25 W 模块的"属性"中，可以看到插槽 6 的 PS 为插槽 7、8 的 I/O 模块供电的功率分配情况。

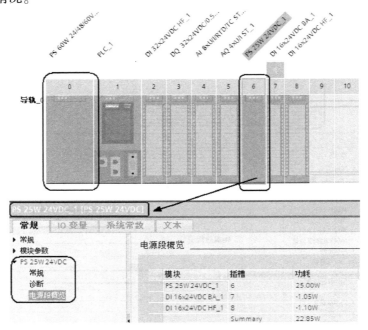

图 5-4　插入多个 PS 的电源段概览

5.2 S7-1500 PLC 的 CPU 模块

中央处理单元（CPU）是 SIMATIC S7-1500 PLC 的核心组件。它们除了可以执行用户程序，还可用于连接控制器和其他自动化组件。SIMATIC S7-1500 PLC 的 CPU 凭借快速的响应时间、集成的 CPU 显示面板以及相应的调试和诊断机制，极大地提升了生产效率，降低了生产成本。S7-1500 PLC 的 CPU 种类繁多，主要包括紧凑型、标准型、故障安全型、工艺型、分布式、开放式、高防护等级型、极端环境型以及冗余型 CPU 等。

1. 紧凑型 CPU

紧凑型 CPU（带有字母"C"），目前推出两种产品：1511C-1 PN（PN 是指其带有 PROFINET 通信接口）和 1512C-1 PN。1500C 控制器基于标准型控制器，集成了数字量和模拟量输入/输出、高达 400 kHz（4 倍频）高速计数、脉冲发生器（PWM、PTO 和频率输出）等功能。还可以如标准型控制器一样扩展 25 mm 和 35 mm 的 I/O 模块。正因为集成有各种工艺功能，这些紧凑 CPU 可完美应用于控制泵、风扇、搅拌机、传送带、升降台、门禁控制系统、楼宇管理系统、同步轴等。其部分性能参数见表 5-3。扫描二维码 5-5 可观看紧凑型 CPU、标准型 CPU、故障安全型 CPU、工艺型 CPU 的彩色图片。

5-5

表 5-3　紧凑型 CPU 性能参数表

CPU 类型	1511C-1 PN	1512C-1 PN
适用的性能领域	中小型	中等
PROFINET IO RT/IRT 接口，100 Mbit/s	1	1
程序存储器/KB	175	250
数据存储器/MB	1	1
位操作的处理时间/ns	60	48
集成模拟量输入/输出	5 个输入/2 个输出	5 个输入/2 个输出
集成数字量输入/输出	16 个输入/16 个输出	32 个输入/32 个输出
最大连接资源数	96	128
高速计数器	6 通道 400 kHz	6 通道 400 kHz
脉冲发生器 • PWM（脉宽调制） • PTO（脉冲串输出或步进电动机控制） • 频率输出	4（PTOx/PWMx）	4（PTOx/PWMx）
运动控制功能	• 外部编码器，输出凸轮，测量输入 • 速度和位置轴 • 相对同步 • 集成 PID 控制 • 高速计数，PWM，PTO 输出（通过工艺模块）	

2. 标准型 CPU

标准型 CPU 目前已经推出 7 种产品（如 1511-1 PN），其部分性能参数见表 5-4。标准型 CPU 的高速计数、PWM、PTO 输出等功能需要通过工艺模块实现（非集成），特殊的数字量输入模块具备高速计数通道。

CPU 1511-1 PN 带有一个 PROFINET 接口 X1，配有两个端口（X1 P1、X1 P2），相当于二端口交换机。PROFINET 接口本身有一个 MAC 地址，两个 PROFINET 端口也各自具有 MAC

地址，因此，CPU 1511-1 PN 共有三个 MAC 地址，分配见表 5-5。该端口除了具备 PROFINET 基本功能之外，还支持 PROFINET IO RT（实时）和 IRT（等时同步实时）功能。

表 5-4　标准型 CPU（故障安全型 CPU）性能参数表

CPU 类型	1511F-1 PN	1513F-1 PN	1515F-2 PN	1516F-3 PN/DP	1517F-3 PN/DP	1518F-4 PN/DP	1518F-4 PN/DP ODK
适用的性能领域	中小型	中等	大中型	高端应用和通信任务	高端应用和通信任务	高端应用和通信任务，超短响应时间	
编程语言	LAD, FBD, STL, SCL, GRAPH						LAD, FBD, STL, SCL, GRAPH, C, C++
中央机架最大模块数	32 个；CPU+31 个						
PROFINET IO RT/IRT 接口，100 Mbit/s	1	1	1	1	1	1	
PROFINET IO RT 接口	—	—	1	1	1	1	
PROFINET 基本功能	—	—	—	—	—	1	
PROFIBUS 接口，最高 12 Mbit/s	—	—	—	1	1	1	
程序存储器	150 KB/ **225 KB**	300 KB/ **450 KB**	500 KB/ **750 KB**	1 MB/ **1.5 MB**	2 MB/ **3 MB**	4 MB/**6 MB**	
数据存储器	1 MB	1.5 MB	3 MB	5 MB	8 MB	20 MB	20 MB, 还有额外 20 MB 用于 ODK 应用
装载存储器插槽式（SI-MATIC 存储卡）	最大 32 GB						
位操作的处理时间/ns	60	40	30	10	2	1	
最大连接资源数	96	128	192	256	320	384	
模块宽度/mm	35		70		175		
运动控制功能	● 外部编码器，输出凸轮，测量输入 ● 速度和位置轴 ● 相对同步 ● 集成 PID 控制 ● 高速计数，PWM，PTO 输出（通过工艺模块）						

注：1. 表中"最大连接资源数"指通过 CPU 以及所连接 CP/CM 的集成接口的数量。

2. 表中加粗字体表示故障安全型产品的性能参数。

表 5-5　MAC 地址分配

MAC 地址	分　配	标　记　位　置
MAC 地址 1	PROFINET 接口 X1 （显示在 STEP 7 的可访问设备中）	● 正面，激光雕刻 ● 右侧，激光雕刻 （编号范围起始）
MAC 地址 2	端口 X1 P1 R（如 LLDP 需要）	正面和右侧，非激光雕刻
MAC 地址 3	端口 X1 P2 R（如 LLDP 需要）	● 正面，非激光雕刻 ● 右侧，激光雕刻 （编号范围结束）

　　PROFINET 基本功能支持 HMI 通信，可与组态系统、上位网络（骨干网、路由器、Internet）或其他设备或自动化单元进行数据通信。

说明：

HMI（Human Machine Interface），称为人机界面或人机接口。在控制领域，HMI 一般特指用于操作员与控制系统之间进行对话和相互作用的专用设备。

CPU 1515-2 PN 有一个 PROFINET IO RT/IRT 接口（X1 2 端口交换机）和一个 PROFINET IO RT 接口（配有一端口 X2 P1）。

CPU 1516-3 PN/DP 和 CPU 1517-3 PN/DP 具有一个 PROFINET IO RT/IRT 接口（X1 二端口交换机），一个 PROFINET IO RT 接口（配有一端口 X2 P1）和一个 PROFIBUS 接口（X3）用于连接 PROFIBUS 网络，该接口用作 PROFIBUS DP 接口时，CPU 可作 DP 主站，不能用作 DP 从站。

下面以 CPU 1518-4 PN/DP 为例，介绍 CPU 模块的控制和连接元件。表 5-6 中给出了带前面板和不带前面板的模块前视图。CPU 1518-4 PN/DP 具有一个 PROFINET IO RT/IRT 接口（X1 二端口交换机），一个 PROFINET IO RT 接口（配有一端口 X2 P1），一个仅支持 PROFINET 基本功能的接口（X3 P1），即不能作为 IO 控制器/IO 设备使用的接口。还有一个 PROFIBUS 接口（X4）用于连接 PROFIBUS 网络。其他部分介绍见表 5-6。

表 5-6　CPU 1518-4 PN/DP 模块控制和连接元件介绍

带前面板的模块前视图	不带前面板的模块前视图
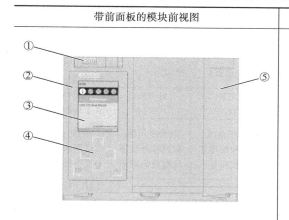 ① 指示 CPU 当前操作模式和诊断状态的 LED 指示灯 ② 带显示屏的前面板 ③ 显示屏 ④ 控制键 ⑤ PROFIBUS 接口的前面板	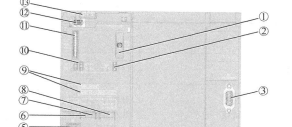 ① 模式选择器（RUN/STOP/MRES） ② 无功能 ③ PROFIBUS 接口（X4） ④ 固定螺丝 ⑤ 电源连接器 ⑥ PROFINET IO 接口（X3），带 1 个端口（背面接口） ⑦ PROFINET IO 接口（X2），带 1 个端口（正面接口） ⑧ PROFINET IO 接口（X1），带 2 个端口 ⑨ 接口中的 MAC 地址 ⑩ PROFINET 接口 X1、X2 和 X3 的四个端口的 LED 指示灯 ⑪ SIMATIC 存储卡的插槽 ⑫ 显示屏连接器 ⑬ 显示 CPU 当前操作模式和诊断状态的 LED 指示灯

ODK CPU 是 S7-1500 PLC 控制器产品系列中具有较大容量程序及数据存储器的 CPU，适用于在程序作用域、联网能力和处理速度方面有非常高要求的应用，以及适用于对处理速度有高要求的应用。CPU 1518-4 PN/DP ODK 能够执行由 C/C++ 语言创建的程序，可通过"开放式开发工具包 ODK 1500S"进行块编程。其部分性能参数见表 5-4。

请扫描二维码 5-6 观看 CPU 操作模式切换的演示视频。

5-6

3. 故障安全型 CPU

故障安全型 CPU 主要应用于要求严格的集中式和分布式标准应用和故障安全应用中。故障安全系统（又称为安全控制系统，详见第 11 章）用于控制过程，确保中断后这些过程可以立即处于安全状态，也就是生产过程中发生中断也不会危害人身或环境安全。

故障安全型 CPU 允许在同一个 CPU 上处理标准程序和安全程序，以及在标准用户程序中对故障安全数据进行评估。故障安全型 CPU 除了拥有 S7-1500 PLC 的所有特点外，还集成了安全功能，支持到 SIL3/PLe 安全完整性等级（详见第 11 章），符合 IEC61508、IEC62061、ISO13849-1、GB20438、GB20830 等国际和国内安全标准，将其安全技术轻松地和标准自动化无缝集成在一起。

故障安全型 CPU 目前推出了六类产品，分别如下。

1）S7-1500 F CPU（标准故障安全型 CPU），即带有字母"F"（如 1511F-1 PN），有 7种产品。其部分性能参数见表 5-4。

2）S7-1500 TF CPU（工艺故障安全型 CPU），即带有字母"TF"（如 1511TF-1 PN），有 4种产品。还包括故障安全型 MFP CPU，如 CPU1518F-4 PN/DP MFP。其部分性能参数见表 5-7。

表 5-7　工艺型 CPU 和 MFP CPU 性能参数表

CPU 类型	工艺型 CPU（故障安全型）				MFP CPU（故障安全型）
	1511TF-1 PN	1515TF-2 PN	1516TF-3 PN/DP	1517TF-3 PN/DP	1518F-4 PN/DP MFP
适用的性能领域	对程序范围和处理速度有中等要求	对程序范围、联网和处理速度有中等和较高要求	对程序范围、联网和处理速度有较高要求	对程序范围、联网和处理速度有极高要求	对程序范围、联网和处理速度有极高要求
编程语言	LAD, FBD, STL, SCL, GRAPH				LAD, FBD, STL, SCL, GRAPH, C, C++
中央机架最大模块数	32 个；CPU+31 个				
PROFINET IO RT/IRT 接口，100 Mbit/s	1	1	1	1	1
PROFINET IO RT 接口	—	1	1	1	1
PROFINET 基本功能	—	—	—	—	1
PROFIBUS 接口，最高 12 Mbit/s	—	—	1	1	1
程序存储器	225 KB/**225 KB**	750 KB/**750 KB**	1.5 MB/**1.5 MB**	3 MB/**3 MB**	4 MB/**6 MB**
数据存储器	1 MB	3 MB	5 MB	8 MB	20 MB，额外 50 MB（用于 ODK 应用），500 MB（用于 C/C++运行系统）
装载存储器插槽式（SIMATIC 存储卡）	最大 32 GB				
位操作的处理时间/ns	60	30	10	2	1
最大连接资源数	96	192	256	320	384
运动控制功能	• 外部编码器，输出凸轮，测量输入 • 速度和位置轴 • 相对同步 • 集成 PID 控制 • 高速计数，PWM, PTO 输出（通过工艺模块） • 绝对同步，凸轮同步				

注：表中加粗字体表示故障安全型产品的性能参数。

3）ET 200SP F CPU（分布式故障安全 CPU），目前推出的产品有两种，分别是 CPU 1510SP F-1 PN 和 CPU 1512SP F-1 PN。其部分性能参数见表 5-8。

表 5-8　分布式及开放式 CPU 性能参数表

	分布式 CPU（故障安全 CPU）		开放式 CPU
CPU 类型	1510SP F-1 PN	1512SP F-1 PN	1515SP PC
编程语言	LAD，FBD，STL，SCL，GRAPH		LAD，FBD，STL，SCL，GRAPH，C，C++
中央机架最大模块数	64；CPU+64 个 ET 200SP 模块+服务模块（最大组态宽度为 1 m）		
PROFINET IO RT/IRT 接口，100 Mbit/s	1		1
PROFINET IO RT 接口	—		—
PROFINET 基本功能	—		—
PROFIBUS 接口，最高 12 Mbit/s	—		—
ETHERNET 接口，1000 Mbit/s			1
程序存储器	100 KB/150 KB	200 KB/300 KB	1 MB
数据存储器	750 KB	1 MB	5 MB，额外 10 MB 用于 ODK 应用
装载存储器插槽式（SIMATIC 存储卡）	最大 32 GB		320 MB，无需 SIMATIC 存储卡
位操作的处理时间/ns	72	48	10
最大连接资源数	64	88	128
运动控制功能	• 外部编码器，输出凸轮，测量输入 • 速度和位置轴 • 相对同步 • 集成 PID 控制 • 高速计数，PWM，PTO 输出（通过工艺模块）		

注：表中加粗字体表示故障安全型产品的性能参数。

4）故障安全型软控制器目前有两种类型，分别是 CPU 1507S F 和 CPU 1508S F。其部分性能参数见表 5-9。

表 5-9　软件控制器性能参数表

CPU 类型		1508S（F）	1507S（F）
订货号		6ES7672-8AC01-0YA0 只能在 SIMATIC IPC 上使用	6ES7672-7AC01-0YA0 只能在 SIMATIC IPC 上使用
组态/编程软件		博途 V14 或以上版本	
编程语言		LAD，FBD，STL，SCL，GRAPH，C，C++	
硬件配置	支持 PROFINET 接口数量	2 * PROFINET	1 * PROFINET，1 * ETHERNET
	支持 PROFIBUS 接口数量	1	1
程序存储器/MB		10/15	5
数据存储器		100 MB，额外 50 MB 用于 CPU Runtime 的 CPU 功能库	20 MB，额外 50 MB 用于 CPU Runtime 的 CPU 功能库
装载存储器		920 MB，使用 PC 硬盘空间	320 MB，使用 PC 硬盘空间
位操作的处理时间		1 ns（安装在 IPC427E，Intel Xeon 处理器）	1 ns（安装在 IPC427E，Intel Xeon 处理器）
运动控制功能		• 外部编码器，输出凸轮，测量输入 • 速度和位置轴 • 相对同步 • 集成 PID 控制 • 高速计数，PWM，PTO 输出（通过工艺模块）	

注：表中加粗字体表示故障安全型产品的性能参数。

5）高防护等级故障安全型 CPU，目前有 CPU 1513pro F-2 PN 和 CPU 1516pro F-2 PN，其部分性能参数见表 5-10。

表 5-10　高防护等级型 CPU 性能参数表

CPU 类型	1513pro（F）-2 PN	1516pro（F）-2 PN
适用的性能领域	恶劣环境	
编程语言	LAD，FBD，STL，SCL，GRAPH	
每个机架中的最大模块数量	16 个（最宽 1 m）	
PROFINET IO RT/IRT 接口	1（3 个接口）2 * M12，1 * RJ45	
PROFINET IO RT 接口	1（1 个接口）1 * M12	
程序存储器	300 KB/**450 KB**	1 MB/**1.5 MB**
数据存储器/MB	1.5	5
装载存储器	最大 32 GB	
位操作的处理时间/ns	40	10
最大连接资源数	128	
运动控制资源的数量	800	2400
运动控制功能	• 外部编码器，输出凸轮，测量输入 • 速度和位置轴 • 相对同步 • 集成 PID 控制 • 高速计数，PWM，PTO 输出（通过工艺模块）	

注：表中加粗字体表示故障安全型产品的性能参数。

6）SIPLUS extreme 故障安全型 CPU，包括 SIPLUS S7-1500 故障安全型 CPU 和 SIPLUS ET 200SP 故障安全型 CPU。

4. 工艺型 CPU

全新的工艺型 CPU，S7-1500 T-CPU（带有字母"T"）无缝扩展了中高级 PLC 的产品线，在标准型/安全型 CPU 功能基础上，可通过工艺对象控制速度轴、定位轴、同步轴、外部编码器、凸轮、凸轮轨迹和测量输入，支持标准运动控制（Motion Control）功能。S7-1500 T-CPU 目前已经推出四种产品，分别是 CPU1511T，CPU1515T，CPU1516T，CPU1517T。其部分性能参数见表 5-7。

5. MFP CPU

MFP CPU 是西门子 PLC S7-1500 系列的新型产品，型号为 CPU1518-4 PN/DP MFP，同时包含故障安全型 CPU1518F-4 PN/DP MFP。支持并行于 CPU 运行系统运行的 Linux 系统。它的运动控制功能强大，包括外部编码器，输出凸轮，测量输入；速度和位置轴，相对同步，集成 PID 控制；高速计数，PWM，PTO 输出等；位处理速度非常快，可以达到 1 ns；程序内存可以达到 4 MB；数据内存具有 20 MB；通过 ODK 1500S（开放式开发工具包），可以支持 C/C++ 语言。其部分性能参数见表 5-7。

6. 分布式 CPU

SIMATIC ET 200SP CPU（带有字母"SP"）是一款兼备 S7-1500 的突出性能与 ET 200SP I/O 简单易用且身形小巧于一身的控制器。为对机柜空间大小有要求的机器制造商或者分布式控制应用提供了完美解决方案。控制器右侧可直接扩展 ET 200SP I/O 模块，具有体积小、使用灵活、接线方便等特点。运行中可以更换多个模块（支持热插拔）。中央机架最大模块数量为 64（CPU+64 个 ET 200SP 模块+服务模块）（最大组态宽度为 1 m）。目前已经推出 CPU

1510SP-1 PN 和 CPU 1512SP-1 PN，其部分性能参数见表 5-8。扫描二维码 5-7 可观看分布式 CPU、开放式 CPU、高防护等级 CPU 的彩色图片。

5-7

CPU 1510SP-1 PN 和 CPU 1511-1 PN 具有相同的功能，1512SP-1 PN 与和 CPU 1513-1 PN 具有相同的功能。

7. 开放式 CPU

ET 200SP 开放式控制器 CPU 1515SP PC，是将软 PLC 平台与 ET 200SP 控制器功能相结合的可靠、紧凑的控制系统，可以用于特定的 OEM（原始设备制造商）的设备以及工厂的分布式控制，完整支持 ET 200SP I/O 模块。

CPU 1515SP PC 使用双核 1 GHz，AMD G Series APU T40E 处理器，4 GB 内存，使用 8 GB/16 GB Cfast 卡作为硬盘，嵌入版 32 位或 64 位 Windows 操作系统。预装有 S7-1500 软控制器 CPU 1505SP（此软件不可单独订购），可选择预装 WinCC Runtime Advanced（高级版）。通过 ET 200SP CM DP 模块可以支持 PROFIBUS DP 通信。可以通过 ODK 1500S，使用高级语言 C/C++进行二次开发。通过总线适配器可以扩展 1 个 PROFINET 接口（二端口交换机）。具有 1 个 1000 Mbit/s 的以太网接口，3 个 USB 2.0，3 个 DVI-I 接口，其部分性能参数见表 5-8。

8. 软件控制器（基于 PC 的 PLC，软 PLC）

SIMATIC S7-1500 软件控制器采用 Hypervisor 技术，在安装到 SIEMENS 工控机后，将工控机的硬件资源虚拟成两套硬件，其中一套运行 Windows 系统，另一套运行 S7-1500 PLC 实时系统，两套系统并行运行，通过 SIMATIC 通信的方式交换数据。软 PLC 与 S7-1500 硬 PLC 代码 100%兼容，其运行独立于 Windows 系统，可以在软 PLC 运行时重启 Windows。

其部分性能参数见表 5-9。有两类产品：CPU 1507S 和 CPU 1508S。可以通过 ODK 1500S，使用高级语言 C/C++进行功能扩展。CPU 1507S 软件控制器只能运行在 SIEMENS 工控机上，且其硬件配置有如下要求。

1）处理器必须是多个处理器，不能是单核处理器。

2）内存不低于 4 GB。

3）不支持板载 RAID，安装操作系统的存储空间不小于 8 GB。

请扫描二维码 5-8 查看有关软 PLC 的相关知识。

5-8

9. 高防护等级型 CPU

高防护等级型 SIMATIC ET 200pro CPU，有两类产品：CPU 1513pro-2 PN 和 CPU 1516pro-2 PN。新的 ET 200pro CPU 是基于 FW V2.0 的 S7-1500 CPU 1513-1 PN/DP 和 CPU 1516-3 PN/DP，并具有相同的功能特性，除此之外 ET 200pro CPU 还具有 IP65/67 防护等级，无需控制柜，适用于环境恶劣的应用，单站最大配置 16 个模块，1 m 长，完全支持现有的 ET 200pro 家族的 I/O 模块。

CPU 1513pro-2 PN 适用于对程序范围、处理速度和网络具有中等要求的应用。CPU 1516pro-2 PN 适用于对程序范围、处理速度和网络具有较高要求的应用。其部分性能参数见表 5-10。CPU 1513pro-2 PN 和 CPU 1516pro-2 PN 都带有两个 PROFINET IO 接口，第一个 PROFINET 接口 X1 具有 3 个端口（P1 R、P2 R 和 P3）。除了 PROFINET 基本功能外，还支持 PROFINET IO RT（实时）和 IRT（等时同步实时）功能。P1 R 和 P2 R 采用 M12 圆形插座，可作为以太网中冗余环网结构（介质冗余）组态的环网端口。P3 是 RJ45 插座，可用于连接 PC、编程设备或 HMI 设备。第二个 PROFINET 接口 X2 配有一个端口 P1，采用 M12 圆形插座，除了 PROFINET 基本功能外，还支持 PROFINET IO RT（实时）功能，不支持 IRT 功能。

ET 200pro CPU 也支持开放式以太网通信（TCP/IP，UDP，ISO-on-TCP），OPC UA Server

（数据访问），并带有 Web server 功能，安全集成，集成工艺功能，集成系统诊断，带有 Trace 功能。

10. 极端环境型 CPU

SIPLUS extreme 极端环境型 CPU 是可以在极端工作环境下使用的全系列自动化产品。SIPLUS S7-1500 基于 SIMATIC S7-1500，可正常工作在严苛的温度范围、冷凝、盐雾、化学活性物质、生物活性物质、粉尘、浮尘等极端环境下，SIPLUS extreme 产品与 SIMATIC 产品的工作环境条件对比见表 5-11。扫描二维码 5-9 可观看极端环境型 CPU 和冗余型 CPU 的彩色图片。

5-9

表 5-11   SIMATIC 产品与 SIPLUS extreme 产品的工作环境条件对比

环境条件	SIMATIC	SIPLUS extreme
温度	0~+60℃	-40+70℃
相对湿度	10%~95% 无凝露	100% 允许工作在凝露和结冰环境
盐雾	不允许	盐雾测试（EN 60068-2-52），严重等级 3
机械活性物质	EN60721-3-3 3S2	EN60721-3-3 3S4
粉尘（悬浮固体）/(mg/m³)	0.2	4.0
粉尘（沉积物）/(mg/m³)	1.5（无沙）	40（含沙）
生物活性物质	未测试	EN60721-3-3 3B2 霉菌、孢子生产环境，不包括生物

极端环境型产品的特点如下。

1）扩展工作温度范围：-40~+70℃。

2）耐受高浓度腐蚀性气体，包括盐雾。

3）耐受 100% 湿度，冷凝和结冰。

4）扩展的海拔范围：-1000~+5000 m。

SIPLUS extreme S7-1500 产品中 CPU 有五类：SIPLUS S7-1500 标准型 CPU、SIPLUS S7-1500 故障安全型 CPU、SIPLUS ET 200SP 标准型 CPU、SIPLUS ET 200SP 故障安全型 CPU 和 SIPLUS ET 200SP 开放式控制器。其 CPU 产品型号和配套产品见表 5-12。极端环境型产品相较于 SIMATIC S7-1500 产品，除可以在极端环境下工作之外，产品性能参数与相应型号的 SIMATIC S7-1500 产品基本相同。

表 5-12   SIPLUS extreme CPU 产品型号和配套产品表

CPU 类型	产品型号	配套产品
SIPLUS S7-1500 标准型 CPU （故障安全型 CPU）	CPU 1511（F）-1 PN SIPLUS CPU 1513（F）-1 PN SIPLUS CPU 1516（F）-3 PN/DP SIPLUS CPU 1518（F）-4 PN/DP SIPLUS	S7-1500/ET 200MP 电源模块 S7-1500/ET 200MP 信号模块 S7-1500/ET 200MP 通信模块 S7-1500/ET 200MP 工艺模块 ET 200MP 接口模块
SIPLUS ET 200SP 标准型 CPU （故障安全型 CPU）	CPU 1510SP（F）-1 PN SIPLUS CPU 1512SP（F）-1 PN SIPLUS	ET 200SP 接口模块 ET 200SP 总线适配器模块 ET 200SP 基座单元模块
SIPLUS ET 200SP 开放式控制器	CPU 1515SP PC SIPLUS	ET 200SP 信号模块 ET 200SP 通信模块 ET 200SP 工艺模块

　　SIPLUS extreme S7-1500 系统的配套产品有 SIPLUS S7-1500 电源模块、SIPLUS S7-1500 信号模块、SIPLUS S7-1500 通信模块、SIPLUS S7-1500 工艺模块和 SIPLUS ET 200MP 接口模块。

　　SIPLUS extreme ET 200SP 分布式系统的配套产品有 SIPLUS ET 200SP 接口模块、SIPLUS ET 200SP 总线适配器模块、SIPLUS ET 200SP 基座单元模块、SIPLUS ET 200SP 信号模块、SIPLUS ET 200SP 通信模块和 SIPLUS ET 200SP 工艺模块。

11. 冗余型 CPU

　　S7-1500R/H 冗余系统中包含两个 CPU，组成冗余。两个 CPU 通过两条冗余连接进行同步，并行处理相同的项目数据和相同的用户程序。S7-1500R/H 冗余自动化系统具有更高的可用性和可靠性，如果一个 CPU 出现故障，另一个 CPU 会接替它对过程进行控制，能够降低生产停机的可能性并减轻组件错误造成的后果。生产停机的风险和成本越高，越值得使用冗余系统。这里需要注意，S7-1500R/H 冗余系统属于容错自动化系统，但并不是故障安全系统，不能用于控制安全关键过程。

　　1）容错系统的用途：通过并行操作两个系统降低生产停机的可能性。

　　2）故障安全系统（F 系统）的用途：利用安全关断保护生命安全、环境和资产，使其处于安全状态。

　　S7-1500R 系统的典型结构如图 5-5a 所示。S7-1500H 系统的典型结构如图 5-5b 所示。S7-1500R 系统的冗余连接是通过 PROFINET 环网，而 S7-1500H 系统的冗余连接是使用两根光纤，通过同步模块将 CPU 直接连接在一起。具体两个系统在性能以及组态限值上的不同详见表 5-13。用于 S7-1500R 系统的 CPU 有 CPU 1513R-1 PN 和 CPU 1515R-2 PN，用于 S7-1500H 系统的 CPU 为 CPU 1517H-3 PN。

　　表 5-14 列出了 S7-1500 自动化系统与 S7-1500R/H 冗余系统的类似 CPU 的主要特点对比。

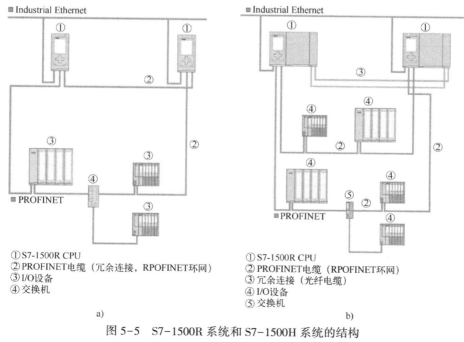

①S7-1500R CPU
②PROFINET电缆（冗余连接，RPOFINET环网）
③I/O设备
④交换机

a)

①S7-1500R CPU
②PROFINET电缆（RPOFINET环网）
③冗余连接（光纤电缆）
④I/O设备
⑤交换机

b)

图 5-5　S7-1500R 系统和 S7-1500H 系统的结构

a）S7-1500R 冗余系统的结构　b）S7-1500H 冗余系统的结构

表 5-13　S7-1500R 系统和 S7-1500H 系统性能对比表

冗余系统类型	S7-1500R		S7-1500H
CPU 类型	1513R-1 PN	1515R-2 PN	1517H-3 PN
编程语言	LAD，FBD，STL，SCL		
数据传输率	100 Mbit/s（用于同步和通信）		1 Gbit/s（用于同步）
冗余连接方式	通过支持 MRP 的 PROFINET 环网实现冗余连接，同步在环网中进行		通过光缆建立单独的冗余连接，同步通过光缆进行，独立于环网
PROFINET IO 通信	PROFINET 电缆的部分宽带用于同步，可用于 PROFINET IO 通信的宽带较少		PROFINET 电缆全部宽带均可用于 PROFINET IO 通信
程序存储器	300 KB	500 KB	2 MB
数据存储器/MB	1.5	3	8
位操作的处理时间/ns	40	30	2
最大连接资源数	128	192	320
模块宽度/mm	35	70	175
两个 CPU 的距离	• 不带介质转换器时，最长 100 m • 有介质转换器时数千米（取决于所用介质转换器）		最长 10 km（取决于所用的同步模块）
组态限值	• 在 PROFINET 环网中：最多 50 个 PROFINET 设备，包括 R-CPU（建议最多 16 个 PROFINET 设备） • 在 PROFINET 环网中，通过交换机（线路）分隔开：最多 66 个 PROFINET 设备（包括 R-CPU）		• 在 PROFINET 环网中：最多 50 个 PROFINET 设备，包括 H-CPU • 在 PROFINET 环网中，通过交换机（线路）分隔开：最多 258 个 PROFINET 设备（包括 H-CPU）

表 5-14　S7-1500 自动化系统与 S7-1500R/H 冗余系统的特点对比表

系统类型	S7-1500		S7-1500R/H
CPU 类型	1513-1 PN 1515-2 PN 1517-3 PN/DP	1513F-1 PN 1515F-2 PN 1517F-3 PN/DP	1513R-1 PN 1515R-2 PN 1517H-3 PN
支持分布式 IO	✓	✓	—
组态控制	✓	✓	—
Web 服务器	✓	✓	—
CPU 冗余	—	—	✓
系统冗余 S2	—	—	✓
等时同步模式	✓	✓	—
共享设备	✓	✓	—
IRT	✓	✓	—
MRP	✓	✓	✓
MRPD	✓	✓	—
OPC UA	✓	✓	—
运动控制	✓	✓	—
PID 控制	✓	✓	✓①
安全集成	✓	✓	—
保护功能：防拷贝保护	✓	✓	—
安全模式②	—	✓	—
集成系统诊断功能	✓	✓	✓

注：① 仅支持 PID 基本功能（不支持 PID_Compact、PID_3Step、PID_Temp）。
　　② 为了保护人身安全、环境或投资，需要使用故障安全自动化系统（F 系统）。

5.3　S7-1500 PLC 的信号模块

信号模块是控制器与过程信号之间的接口。通过输入模块将输入信号传送到 CPU 进行计算和逻辑处理，然后将逻辑结果和控制命令通过输出模块输出，以达到控制设备的目的。信号模块是数字量 I/O 模块和模拟量 I/O 模块的总称。S7-1500 PLC 的数字量 I/O 模块主要有数字量输入模块、输出模块和输入/输出混合模块。模拟量 I/O 模块主要有模拟量输入模块、输出模块和输入/输出混合模块。模块的宽度有 35 mm 标准型和 25 mm 紧凑型之分（25 mm 模块自带前连接器，35 mm 模块的前连接器需要另行购买）。各类信号模块按功能特点不同又分为基本型 BA、标准型 ST、高性能型 HF 和高速型 HS。

与 S7-300/400 的信号模块相比，S7-1500 的信号模块种类更加优化，集成更多功能并支持通道级诊断，采用统一的前连接器，具有预接线功能，电源线与信号线分开走线使设备更加可靠。S7-1500 标准型 CPU 连接的信号模块与分布式模块 ET 200MP 的信号模块是相同的。S7-1500 的信号模块具有以下特点。

（1）扩展性强

西门子 PLC S7-1500 系列的信号模块，扩展性强，主要表现在：

1）模块具有不同的通道数量和功能。

2）U 型连接器，方便自行连接背板总线。

3）节省了安装空间，安装导轨上可安装更多组件，最多可扩展 32 个模板。

（2）运行速度快

西门子 PLC S7-1500 系列的信号模块，对信号的处理速度快，主要表现在：

1）采用 PROFINET IRT 进行循环同步操作，最短循环时间降至 250 μs。

2）数字量输入模块，具有 50 μs 的超短输入延时。

3）模拟量模块，8 通道转换时间低至 125 μs。

4）多功能模拟量输入模块，具有自动线性化特性，适用于温度测量和限值监测。

（3）运行保障性强

西门子 PLC S7-1500 系列的信号模块运行时具有保障功能，主要表现在：

1）集成电子屏蔽功能，模拟量模块自带电缆屏蔽附件。

2）电源线与信号线分开走线。

3）增强抗电磁干扰能力。

4）可以在安装状态下实现固件更新。

（4）经济性好

西门子 PLC S7-1500 系列的信号模块具有经济性好，可集成度高的特点，主要表现在：

1）所有模块都可以在系统中集中（中央框架）或分布（ET 200MP 中）使用。

2）统一采用 40 针前连接器，适用于所有模块。

3）集成短接片，简化了接线操作。

4）预先设计的电缆定位槽可在进行电气连接之前实现直接预接线。

5）采用机械式插头连接器编码模式，可防止插入错误和模块连接错误。

6）印制电路接线图（在模块的盖板内侧），无需参考文档即可直接进行连接。

5.3.1　数字量输入模块

数字量输入模块，将现场过程送来的数字信号电平转换成 PLC 内部电平信号，数字量输入模块连接的信号类型有按钮、接近开关、继电器触点等。

S7-1500 的数字量输入模块，即订货号起始为 "6ES7521" 的信号模块，共有 7 种产品，其技术数据对比见表 5-15。按照输入信号的类型不同，可分为直流 16 通道、直流 32 通道、交流 16 通道和交直流 16 通道。扫描二维码 5-10 可观看信号模块的彩色图片。

5-10

表 5-15　数字量输入模块技术数据对比表

数字量输入模块		16DI, DC 24 V BA	16DI, AC 230 V BA	16DI, DC 24 V SRC BA	16DI, DC 24 V HF	32DI, DC 24 V BA	32DI, DC 24 V HF	16DI, UC 24…125 V HF
订货号		6ES7521-1BH10-0AA0	6ES7521-1FH00-0AA0	6ES7521-1BH50-0AA0	6ES7521-1BH00-0AB0	6ES7521-1BL10-0AA0	6ES7521-1BL00-0AB0	6ES7521-7EH00-0AB0
数字量输入	输入通道数	16	16	16	16	32	32	16
	输入额定电压	DC 24 V	AC 230 V	DC 24 V	DC 24 V	DC 24 V	DC 24 V	AC/DC 24 V, 48 V, 125 V
	信号 "0" 电压	−30 V ~ +5 V	AC 0 V ~ 40 V	−5 V ~ +30 V	−30 V ~ +5 V	−30 V ~ +5 V	−30 V ~ +5 V	DC −5…+5 V
	信号 "1" 电压	+11 V ~ +30 V	AC 79 V ~ 264 V	−11 V ~ −30 V	+11 V ~ +30 V	+11 V ~ +30 V	+11 V ~ +30 V	DC +11 V ~ +146 V
	输入电流信号 "1"（典型值）	2.7 mA	11 mA (AC 230 V 时)；5.5 mA (AC 120 V 时)	4.5 mA	2.5 mA	2.7 mA	2.5 mA	3 mA (DC 24 V 时)
	输入类型	漏型输入	漏型输入	源型输入	漏型输入	漏型输入	漏型输入	源型/漏型
	计数器通道数（最多）	—	—	—	2	—	2	—
	计数频率（最高）/kHz	—	—	—	1	—	1	—
输入延时	可参数化	—	—	—	0.05/0.1/0.4/1.6/3.2/12.8/20 ms	—	0.05/0.1/0.4/1.6/3.2/12.8/20 ms	DC：0.05/0.1/0.4/1.6/3.2/12.8/20 ms AC：固定 20 ms
	信号从 "0" 到 "1" 的最小值/ms	3	25	3	0.05	3	0.05	0.05
	信号从 "0" 到 "1" 的最大值/ms	4	—	4	20	4	20	20
中断/诊断	等时模式	—	—	—	✓	—	✓	—
	硬件中断	—	—	—	✓	—	✓	✓
	诊断中断	—	—	—	✓	—	✓	✓
	诊断功能	—	—	—	✓，通道级	—	✓，通道级	✓，通道级
电缆长度	屏蔽电缆长度（最长）/m				1000			
	未屏蔽电缆长度（最长）/m				600			
电气隔离	通道之间	—	—	—	—	—	—	✓
	通道之间，每组个数	16	4	16	16	16	16	1
	通道和背板总线之间	✓	✓	✓	✓	✓	✓	✓
	通道与电子元件的电源之间	—	—	—	—	—	—	—
	模块宽度/mm	25	35	35	35	25	35	35

　　直流 24 V 是一种安全电压，如果信号线不是很长，PLC 所处的物理环境较好，应优先考虑选用直流 24 V 的输入模块。交流输入模块适合在强干扰或有油雾、粉尘的恶劣环境，或者 24 V 直流不好取得的现场使用。

　　说明：

16DI 也可称为 DI16，32DI 也可称为 DI32。

　　1. 漏型输入与源型输入

　　西门子的直流数字量输入模块中漏型（sink）输入（见图 5-6a）居多，S7-1500 的 DI 模块中只有一款是源型（sourse）输入（见图 5-6b）。对于漏型模块，电流流入信号通道中，对于源型模块，电流从信号通道中流出。

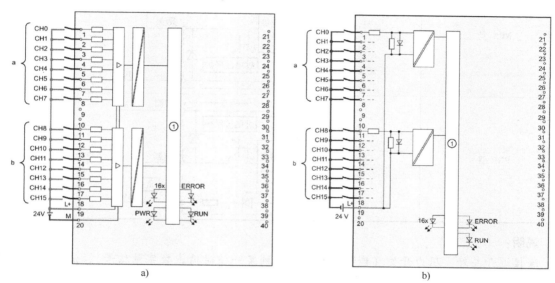

图 5-6　两种数字量输入模块的接线图

a) 16DI，DC 24 V HF 模块（漏型）　　b) 16DI，DC 24 V SRC BA 模块（源型）

　　注意：

　　1）端子的序号都写在了端子的下方。

　　2）日系 PLC（如三菱）漏型和源型的名称定义与西门子产品正好相反。

　　2. PNP 型和 NPN 型接近开关

　　接近开关有两线制和三线制之分，三线制根据信号线上电流（检测到物体接近时产生的电流信号）方向的不同，分为 PNP 型和 NPN 型。大家一定要记住 PNP 型和 NPN 型的输出电流方向，以便在设计控制电路时准确地找到相匹配的类型。

　　PNP 型的电流由接近开关的信号线流出，NPN 型的电流由信号线流入。

　　若 PLC 的信号输入模块需要"流入"的电流信号，应选择 PNP 型接近开关；若 PLC 的信号输入模块需要"流出"的电流信号，应选择 NPN 型接近开关，如图 5-7 所示。

图 5-7　PNP、NPN 型接近开关与 PLC 模块的匹配关系示意图

　　从表 5-16 可以看出，NPN 型接近开关连接负载时，导通后电流的流向是从电源正极经过负载，从负载中流出，再经过 NPN 型晶体管再回到电源负极，如果负载是西门子 PLC 的 DI 模块，则必须选择电流从信号通道流出的源型模块，这样才可以形成有效的电流通路。同理，PNP 型接近开关连接负载时，导通后电流的流向是从电源正极经过 PNP 型晶体管，再经过负载回到电源的负极，如果负载是西门子 PLC 的 DI 模块，则必须选择电流从信号通道流入的漏型模块。

表 5-16　三线制接近开关 NPN 型和 PNP 型接线图对比表

接近开关接线图	
NPN 型	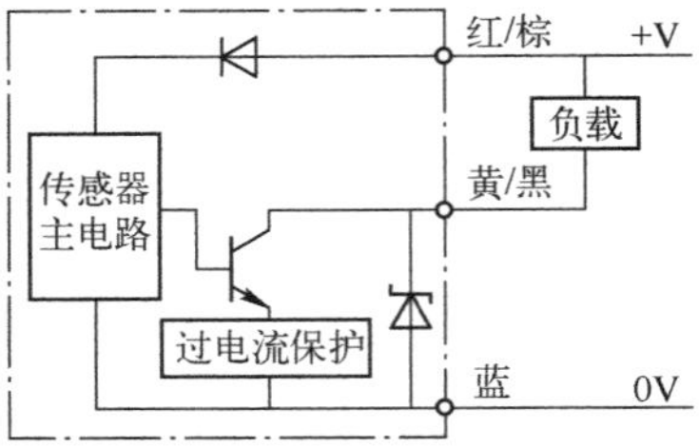
PNP 型	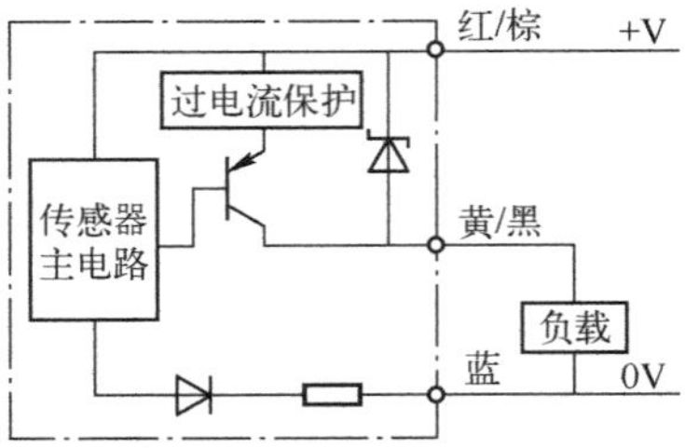

说明：

　　除接近开关外，压力开关（检测到的压力达到某一值时输出数字量信号）、流量开关（检测到的流量达到某一值时输出数字量信号）等电子型开关都有 PNP 型及 NPN 型之分。

　　【例 5-1】某设备的控制器为 CPU1516-3 PN/DP，数字量输入模块为 16DI，DC 24 V HF（6ES7521-1BH00-0AB0），输出模块为 16DQ，DC 24 V HF（6ES7522-1BH01-0AB0），使用两个按钮控制控制三相交流电动机的起停，并有一个接近开关限位，请设计接线图。

　　答：根据题意，需要 3 个输入点（起动按钮、停止按钮、接近开关）和 1 个输出点（输出模块的驱动能力要与继电器线圈的额定电流相匹配）。该输入模块为漏型输入，即信号的电流需从通道中流入，则接近开关只能用 PNP 型（不用转换电路时）。电气原理图如图 5-8 所示。

　　说明：

　　该例选用的接近开关的棕色线为电源线，蓝线为中性线，黑线为信号线。

　　【例 5-2】如果现有接近开关损坏，但是备用件只有 NPN 型接近开关，PLC 系统仍与【例 5-1】相同，该如何接线？

　　答：可以用中间继电器进行转换。NPN 型接近开关先连接中间继电器，再将继电器触点连接 PLC，如图 5-9 所示。

　　3. 输入延迟和高速计数功能

　　（1）输入延迟

　　输入模块中多采用光电耦合方式进行电气隔离，另外也设计了一些滤波电路来滤除输入端的干扰噪声和外接触点动作时产生的抖动等，这就造成了输入信号从发生变化到进入 PLC 内存中的延迟，延时时间的典型值为 10 ms 左右。不同模块的输入延迟时间不同，高性能的 DI 模块的输入延迟时间还可通过设置进行选择，如图 5-10 所示。

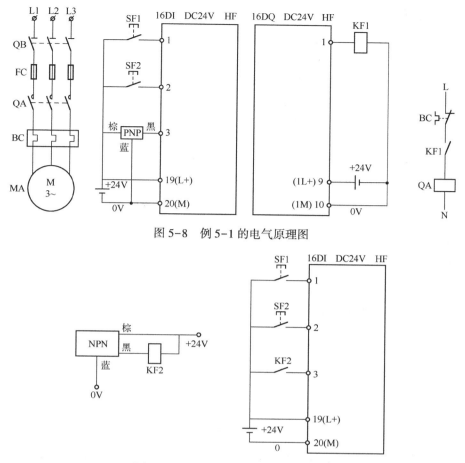

图 5-8　例 5-1 的电气原理图

图 5-9　采用转换电路的电气原理图

图 5-10　16DI，DC 24 V HF 模块的输入延时可参数化

（2）高速计数功能

计数器在计数过程中，计数的最大速度由程序的扫描时间决定，为了得到一个可靠的计数值，计数器的输入信号必须在一个扫描周期内固定。如果输入信号改变时间小于扫描周期，计数值会因为计数丢失而变得不可靠。出现这种情况时，为了保证计数的准确性，一般使用高速计数器完成计数任务。高速计数器除了可以处理高频率脉冲信号外，还可以区别脉冲的方向，并且有比较功能。

S7-1500 的 DI 模块中有两种高性能直流 DI 模块具有高速计数器功能，计数最高频率为 1 kHz。用作计数器时，可使用的通道为通道 0 和通道 1（使用时必须一起使用）。

如果对高速计数的计数频率要求更高，或者 DI 模块本身不具有高速计数功能，则需要用到专用的高速计数模块，最常用的为 TM Count2×24 V，计数频率可达到 200 kHz，作为工艺模块的一种，它的功能将在本章 5.4 节详细介绍。

4. 中断/诊断功能

中断/诊断功能中包括硬件中断、诊断中断和诊断功能。高性能（HF）DI 模块的诊断功能为通道级（能够诊断出哪一个通道出现故障）。基本型（BA）交流 DI 模块的诊断功能为模块级（能够诊断出哪一个模块出现故障）。基本型直流 DI 模块不具有中断/诊断功能。

数字量输入模块（具有诊断功能的）有两种诊断功能可以激活，如图 5-11 所示：①无电源电压 L+；②断路。只有激活了诊断功能，发生相关故障时，系统才能检测到该故障，并将相应的故障信息存入系统中。诊断功能的介绍及应用请详见第 10 章。

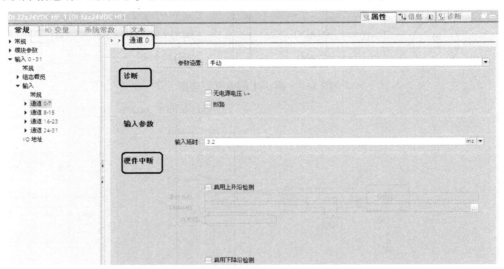

图 5-11　32DI，DC 24 V HF 模块的硬件中断和诊断功能（通道级）

诊断中断是指具有诊断功能的模块，在激活了诊断功能，且为其创建了诊断中断组织块 OB82 后，在检测到诊断状态变化时，会向 CPU 发出一个诊断中断请求，CPU 会响应中断调用组织块 OB82。其应用请详见 10.6.1 节。

硬件中断并非是硬件故障中断，它指的是硬件（如信号模块和工艺模块等）的输入信号变化而产生的中断，需要手动激活。例如 DI 模块检测到输入信号上升沿或下降沿会触发硬件中断。硬件中断功能可在图 5-11 所示位置处激活，其介绍请详见 8.2.7 节。

5. 电气隔离

电气隔离是指采用光电耦合器或隔离脉冲变压器将来自现场的输入信号或驱动现场设备的输出信号与 CPU 隔离，以防止外来干扰引起的误动作或故障。S7-1500 的 DI 模块中有多种电气隔离方式：通道之间隔离、通道之间分组隔离、通道与电子元件的电源之间隔离、通道与背板总线之间隔离等。

S7-1500 PLC 的 DI 模块全都具有通道和背板总线之间的隔离。直流 DI 模块均按 16 个为一组具有通道之间隔离。交流 DI 模块按照 4 个为一组具有通道之间隔离。交直流 DI 模块每个通道之间都进行了隔离。

6. I/O 通道信号范围

I/O 模块的选型，还要考虑现场信号与模块的信号范围是否匹配，只有相互匹配才能够在 I/O 模块上得到有效的"0"和"1"信号。另外，要了解模块的输入电压范围，防止因电压过高而损坏模块。下面对西门子 S7-300/1200/1500 的部分常用 DI 模块的信号"0"和"1"对应电压范围进行了对比，见表 5-17。

表 5-17　不同系列 PLC 的常用 DI 模块信号 "0" 和 "1" 对应电压范围对比表

PLC 系列	I/O 类型	信号 "0" 输入电压	信号 "1" 输入电压
S7-300	直流 24 V 漏型	DC −30~+5 V	DC +13~+30 V
	直流 24 V 源型	DC −5~+30 V	DC −13~−30 V
	交流 230 V	AC 0~40 V	AC 79~264 V
S7-1200	直流 24 V 漏型	DC −5~+5 V	DC +15~+30 V
	直流 24 V 源型	DC −5~+5 V DC	DC −15~−30 V
	交流 230 V	AC 0~20 V AC	AC 79~264 V
S7-1500	直流 24 V 漏型	DC −30~+5 V	DC +11~+30 V
	直流 24 V 源型	DC −5~+30 V	DC −11~−30 V
	交流 230 V	AC 0~40 V	AC 79~264 V

7. 电缆长度限制

七种 DI 模块的电缆长度限制均相同。屏蔽电缆最大长度为 1000 m，未屏蔽电缆最大长度为 600 m。

5.3.2 数字量输出模块

数字量输出模块，将 PLC 内部信号的电平转换成现场过程所要求的外部电平信号，可直接用于驱动电磁阀、接触器、小型电动机、灯和电动机起动器等。

S7-1500 的数字量输出模块是指订货号起始为 "6ES7522" 的信号模块，共有十种产品，其技术数据对比见表 5-18。需要注意的是，S7-1500 的 DO 模块叫作 "DQ" 模块。

表 5-18　数字量输出模块技术数据对比表

数字量输出模块		16DQ，DC 24 V/0.5 A HF	16DQ，DC 24 V/0.5 A BA	16DQ，230 VAC/1 A ST Triac	16DQ，230 VAC/2 A ST Relais	16DQ，UC 24··48 V/DC 125 V/0.5 A ST
订货号		6ES7522-1BH01-0AB0	6ES7521-1BH10-0AA0	6ES7522-5FH00-0AB0	6ES7522-5HH00-0AB0	6ES7522-5EH00-0AB0
数字量输出	输出通道数	16	16	16	16	16
	输出额定电压	DC 24 V	DC 24 V	AC 120/230 V	DC 24~120 V AC 24~230 V	DC 24 V/48 V/125 V AC 24 V/48 V
	输出电流信号 "1" 额定值/A	0.5	0.5	1	2	0.5
	输出类型	晶体管源型输出	晶体管源型输出	晶闸管输出	继电器输出	晶体管输出
	电阻负载时的最大电流/A	0.5	0.5	1	2	0.5
	照明负载时最大容量	5 W	5 W	50 W	50 W（AC 230 V）5 W（DC 24 V）	40 W（DC 125 V）10 W（DC 48 V）5 W（DC 24 V）
开关频率/Hz	电阻负载时最大值	100	100	10	1	25
	感性负载时最大值	0.5	0.5	0.5	0.5	0.5
	照明负载时最大值	10	10	1	1	10
中断/诊断	等时模式	✓	—	—	—	—
	硬件中断	—	—	—	—	—
	诊断中断	✓	—	—	✓	✓
	诊断功能	✓，通道级	—	—	✓，模块级	✓，模块级

（续）

数字量输出模块	16DQ, DC 24 V/0.5 A HF	16DQ, DC 24 V/0.5 A BA	16DQ, 230 VAC/1 A ST Triac	16DQ, 230 VAC/2 A ST Relais	16DQ, UC 24…48 V/DC 125 V/0.5 A ST
电缆长度　屏蔽电缆长度	1000 m（最长）				
电缆长度　未屏蔽电缆长度	600 m（最长）				
电气隔离　通道之间	—	—	—	—	✓
电气隔离　通道之间，每组个数	8	8	2	2	1
电气隔离　通道和背板总线之间	✓	✓	✓	✓	✓
电气隔离　通道与电子元件的电源之间	—	—	—	—	—
模块宽度/mm	35	25	35	35	35
数字量输出模块	32DQ, DC 24 V/0.5 A HF	32DQ, DC 24 V/0.5 A BA	8DQ, 230 VAC/5 A ST Relais	8DQ, 230 VAC/2 A ST Triac	8DQ, 230 VAC/2 A HF
订货号	6ES7522-1BL01-0AB0	6ES7522-1BL10-0AA0	6ES7522-5HF00-0AB0	6ES7522-5FF00-0AB0	6ES7522-1BF00-0AB0
数字量输出　输出通道数	32	32	8	8	8
数字量输出　输出额定电压	DC 24 V	DC 24 V	DC 24~120 V AC 24~230 V	AC 120/230 V	DC 24 V
数字量输出　输出电流信号"1"额定值/A	0.5	0.5	5	2	2
数字量输出　输出类型	晶体管源型输出	晶体管源型输出	继电器输出	晶闸管输出	晶体管源型输出
数字量输出　电阻负载时的最大电流/A	0.5	0.5	8	2	2
数字量输出　照明负载时最大容量	5 W	5 W	1500 W（10000 个开关周期）	50 W	10 W
开关频率/Hz　电阻负载时最大值	100	100	2	10	100
开关频率/Hz　感性负载时最大值	0.5	0.5	0.5	0.5	0.5
开关频率/Hz　照明负载时最大值	10	10	2	1	10
等时模式	✓	—	—	—	✓
中断/诊断　硬件中断	—	—	—	—	—
中断/诊断　诊断中断	✓	—	✓	—	✓
中断/诊断　诊断功能	✓，通道级	—	✓，模块级	—	✓，通道级
电缆长度　屏蔽电缆长度	1000 m（最长）				
电缆长度　未屏蔽电缆长度	600 m（最长）				
电气隔离　通道之间	—	—	✓，允许使用不同级别开关	✓	—
电气隔离　通道之间，每组个数	8	8	1	1	4
电气隔离　通道和背板总线之间	✓	✓	✓	✓	✓
电气隔离　通道与电子元件的电源之间	—	—	—	—	—
模块宽度/mm	35	25	35	35	35

说明：

8DQ、16DQ、32DQ 也可以分别称为 DQ8、DQ16、DQ32。

1. 晶体管输出、晶闸管输出和继电器输出

DQ 模块按照开关器件的种类不同，分为三类：晶体管输出、晶闸管输出和继电器输出，其特征对比见表 5-19。

2. 漏型输出与源型输出

晶体管型的 DQ 模块也有源型和漏型之分。西门子的数字量输出模块中多为源型输出，S7-1500 的 DQ 模块中晶体管型输出模块全部是源型输出。如表 5-19 中图 a 所示，在直流电源作用下，信号的公共端是电源负极，当 1 号端子处的信号为高电平时，电流从该通道中流出，称为源型（sourse），此时负载要连接在 DQ 模块与地（M）之间。反之，如果信号的公共端是电源正极，电流会流入模块中，称为漏型（sink），此时负载要连接在 DQ 模块与直流 24 V（L+）之间。

表 5-19　三种数字量输出模块对比表

输出类型	特　点	电　路　图
晶体管输出	1）只能驱动直流负载，属于直流输出模块 2）为无触点输出，使用寿命长 3）通过光电耦合控制晶闸管通断，响应速度最快。适合高频动作	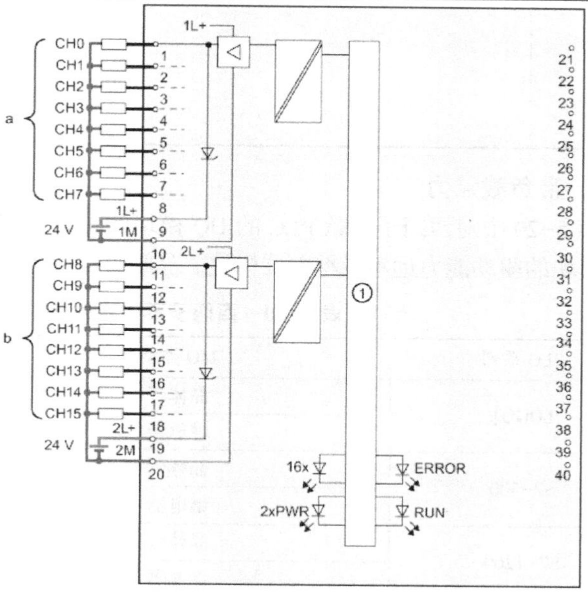 a）16DQ，DC 24 V/0.5A ST 模块
晶闸管输出	1）只可驱动交流负载，属于交流输出模块 2）响应速度较快	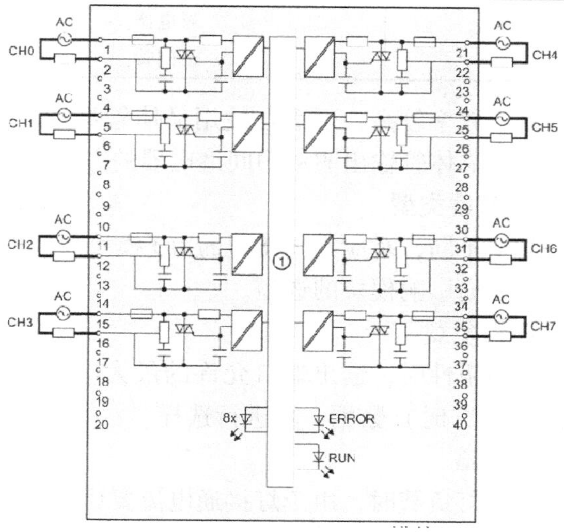 b）8DQ，AC 230 V/2A ST 模块

（续）

输出类型	特　　点	电　路　图
继电器输出	1）可驱动交流或直流负载，属于交直流两用输出模块 2）抗干扰能力和带负载能力强 3）有触点输出，寿命有限。响应速度慢	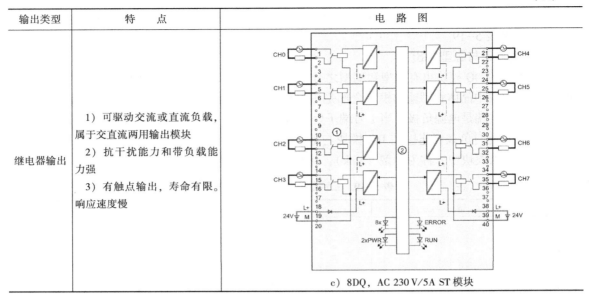 c）8DQ，AC 230 V/5A ST 模块

3. 带负载能力

表 5-20 中对西门子四款 PLC 的 DQ 模块的带负载能力进行了对比。可以看到晶体管模块和晶闸管模块的驱动能力远不及继电器模块。晶闸管模块使用得较少，只有一些特定型号 PLC 才具有。

表 5-20　西门子不同系列 PLC 带负载能力对比表

PLC 系列	I/O 类型	额定输出电流/A
LOGO!	晶体管	0.3
	继电器	5、10
S7-300	晶体管	0.3、0.5、1、1.5、2
	继电器	2、5、8
S7-1200	晶体管	0.1、0.5
	继电器	2
S7-1500	晶体管	0.5、2
	继电器	5
	晶闸管	1

如果动作频率较高，更适合使用晶体管型输出模块，但晶体管输出模块的带负载能力不够，可以通过晶体管输出驱动中间继电器的方式驱动更大的负载。

4. 驱动负载类型

负载类型不同，对应不同类型的 DQ 模块的开关频率、输出容量、继电器触点的使用寿命等均不同，从而影响模块的选型。

（1）阻性负载

当负载为阻性时，输出端口允许的最大电流限制一般需要查看技术数据中最大输出电流（当信号为"1"时）数据，再进行选择。

（2）灯负载

当负载为灯负载时，由于灯接通电流要比额定工作电流高得多，灯丝的升温也会导致阻抗迅速增大，所以在技术数据中灯负载的最大容量要比模块的额定容量低很多，这样在灯接通时才不会超过模块的额定容量。因此，DQ 模块连接灯负载时，灯的总的额定瓦数必须低于技术数据中的灯负载最大容量（单位：瓦特，W）。

由于接通电流较高，也导致了灯负载的开关频率要比阻性负载的开关频率低很多。

（3）感性负载

当负载为感性负载（接触器、继电器线圈）时，外部电路断开会产生很大的反电动势，如果不将这部分能量释放掉，会导致在电子器件上产生浪涌电压而损坏模块。因此在使用时需要加吸收保护电路，如图 5-12 所示，对于直流负载（晶体管型输出或继电器型输出），可在负载两端反向并联二极管（二极管的阴极接电源正极）续流；对于交流负载（继电器型输出或晶闸管型输出），可在负载两端并联阻容电路，从而保护 PLC 的输出电路。

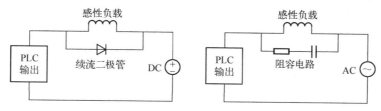

图 5-12　吸收保护电路

由于感性负载的反电动势作用，也导致了感性负载的开关频率要比阻性负载的开关频率低很多。

5. 电缆长度限制

十种 DQ 模块的电缆长度限制均相同。屏蔽电缆最大长度为 1000 m，未屏蔽电缆最大长度为 600 m。S7-1500 的 DI 和 DQ 模块在电缆长度上要求相同。

6. 中断/诊断功能

三种高性能（HF）DQ 模块具有通道级的中断/诊断功能。两种晶闸管型 DQ 模块和两种基本型（BA）DQ 模块不具有中断/诊断功能。剩下的三种标准型（ST）DQ 模块具有模块级的诊断中断和诊断功能。DQ 模块不具有硬件中断功能。数字量输出模块（具有诊断功能的）有两种诊断功能可以激活，如图 5-13 所示：①无电源电压 L+；②接地短路。

7. CPU 停止后的输出保持

有些现场设备如抱闸和一些关键阀门等，不允许在 PLC 进入 STOP 模式时停止动作或回到初始状态，而必须保持动作或运转。如图 5-14 所示，在 DQ 模块的"属性"中，单独修改某一通道参数时，选择"手动"，可以在"输出参数"中设置"对 CPU STOP 模式的响应"，可以设置为"关断""保持上一个值"和"输出替换值 1"。

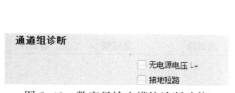

图 5-13　数字量输出模块诊断功能

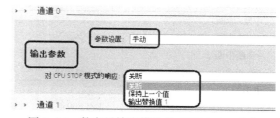

图 5-14　数字量输出模块的 CPU STOP 响应

若选择"关断"，则 CPU 进入 STOP 模式时，数字量输出通道无输出；若选择"保持上一个值"，则 CPU 进入 STOP 模式时，数字量输出通道保持 STOP 前的最终值；若选择"输出替换值 1"，则 CPU 进入 STOP 模式时，数字量输出通道输出值为 1。

8. 数字量输入/输出混合模块

S7-1500 的数字量输入/输出混合模块只有一种产品——16DI，DC 24 V/16DQ，DC 24 V/0.5 A

BA。它是 16 通道输入和 16 通道晶体管输出模块的结合，分别是西门子典型的漏型输入和源型输出形式。输出部分与 16DQ，DC 24 V/0.5 A BA 模块一样，模块宽度为 25 mm，不具备中断/诊断功能，8 通道为一组，具有通道之间电气隔离，以及通道和背板总线之间电气隔离。电缆长度限制与 DI、DQ 模块均相同。

　　数字量混合模块一般应用在点数较少的小型项目，比较经济。

5.3.3　模拟量输入模块

　　模拟量输入模块，用于将现场各种模拟量传感器（流量传感器、液位传感器、压力传感器等）输出的直流电压或电流信号转换为 PLC 内部处理用的数字信号。模拟量输入模块的输入信号一般是模拟量变送器输出的标准直流电压（如 $-10 \sim +10$ V 等）和电流信号（如 $4 \sim 20$ mA 等）。有的模拟量输入模块也可连接温度传感器（热敏电阻 RTD 或热电偶 TC）。

　　S7-1500 的模拟量输入模块是指订货号起始为"6ES7531"的信号模块，共有五种产品，其技术数据对比见表 5-21。

1. 分辨率

　　S7-1500 的模拟量输入模块分辨率最高均是 16 位（含符号），即将整个模拟量量程分成 32767 份，例如检测 $0 \sim 100$℃，16 位模块可以识别出 $100/32767$℃ $= 0.003$℃的变化，14 位模块可以识别出 $100/8191$℃ $= 0.0122$℃的变化。

表 5-21　模拟量输入模块技术数据对比表

模拟量输入模块	4AI, U/I/RTD/TC ST	8AI, U/I/RTD/TC ST	8AI, U/IHS	8AI, U/I HF	8AI, U/R/RTD/TC HF
订货号	6ES7531-7QD00-0AB0	6ES7531-7KF00-0AB0	6ES7531-7NF10-0AB0	6ES7531-7NF00-0AB0	6ES7531-7PF00-0AB0
输入通道数	4（用作电阻/热敏电阻测量时 2 通道）	8（用作电阻/热敏电阻测量时 4 通道）	8	8	8，附加 1 个 RTD 参考通道
输入信号类型	电流、电压、热敏电阻、热电偶、电阻	电流、电压、热敏电阻、热电偶、电阻	电流、电压	电流、电压	电压、热敏电阻、热电偶、电阻
分辨率最高（包括符号位）	16 位	16 位	16 位	16 位	16 位
转换时间（每通道）	9/23/27/107 ms	9/23/27/107 ms	所有通道 62.5 μs（与激活的通道数量无关）	快速模式：4/18/22/102 ms 标准模式：9/52/62/302 ms	快速模式：4/18/22/102 ms 标准模式：9/52/62/302 ms
等时模式	—	—	✓	—	—
中断/诊断					
-硬件中断	✓	✓	✓	✓	✓
-诊断中断	✓	✓	✓	✓	✓
-诊断功能	✓，通道级	✓，通道级	✓，通道级	✓，通道级	✓，通道级
电缆长度					
-屏蔽电缆长度（最长）	U/I 800 m R/RTD 200 m TC 50 m	U/I 800 m R/RTD 200 m TC 50 m	800 m	800 m	U/I 800 m R/RTD/TC 200 m
电气隔离					
-通道之间	—	—	—	✓	✓
-通道之间，每组个数	4	8	8	1	1
-通道和背板总线之间	✓	✓	✓	✓	✓
-通道与电子元件的电源之间	✓	✓	✓	✓	✓
模块宽度/mm	25	35	35	35	35

2. 转换时间

模拟量输入模块主要由 A/D 转换部件、模拟切换开关、补偿电路、恒流源、光电隔离部件和逻辑电路等组成。因此模拟量模块将模拟量信号转换成数字量信号需要转换时间。不同模块的转换时间不同。

3. 测量通道及电缆长度限制

S7-1500 的模拟量输入模块每个通道的测量类型和范围可以任意选择（可连接多种类型的传感器），与 S7-300/400 相比，不需要量程卡进行模块内部的跳线，只需要改变博途软件中的硬件配置和外部接线。这样的好处是没有通道组的概念，相邻通道间连接传感器类型没有限制。测量电流和电压信号时，测量通道数为模块的最大通道数，用作电阻/热敏电阻测量时，测量通道数减半。

屏蔽电缆的长度限制也因测量信号不同而不同，测量电流和电压信号时，屏蔽电缆的最大长度为 800 m；测量热敏电阻时，屏蔽电缆的最大长度为 200 m；测量热电偶时，屏蔽电缆的最大长度一般为 50 m。

4. 电气隔离

模拟量输入/输出模块通过电源元件对内部的 A/D 和 D/A 转换部件进行供电，因此模块的通道与电子元件的电源之间也存在电气隔离。而数字量模块不需要电源元件进行内部供电，因此只有通道和背板总线之间和通道之间的电气隔离。

说明：

4AI、8AI 也可以分别称为 AI4、AI8。

5. 模拟量输入模块的外部接线

模拟量输入模块的外部接线要比数字量模块复杂很多。主要分成电压型、电流型、热电偶、热电阻和电阻传感器的连接。

变送器将温度、压力、流量、液位等物理量转换成统一标准的电压或电流信号。变送器接线有 3 种形式：2 线制、3 线制、4 线制。

1）4 线制变送器：两根线是电源线（电源+/-），两根线是信号线（信号+/-）。

2）3 线制变送器：两根线是电源线，一根线是信号线。

3）2 线制变送器：两根线既是电源线又是信号线，2 线制变送器都是电流型的。

由于 3 线制和 4 线制实质是一样的，所以在西门子 PLC 模拟量输入模块的测量类型中，电压型测量只有一种 4 线制形式，如果是 3 线制变送器，其接线和硬件组态中均按 4 线制连接和配置。电流型测量只分为 4 线制和 2 线制。无论是 4 线制还是 2 线制，与模块的连接线都是两根，区别在于模块是否给变送器供电，例如一个 4 线制变送器，变送器需要 24 V 供电，然后输出 4~20 mA 信号，那么需要电源线两根，信号线两根；如果是一个 2 线制变送器，需要模拟量输入模块提供的两根信号线向变送器供电。

下面以模拟量输入模块 8AI，U/I/RTD/TC ST（6ES7531-7KF00-0AB0）为例介绍模拟量输入模块的接线，见表 5-22。该模块功能比较强大，有 8 个测量通道，可以测量电压、电流、电阻、热敏电阻和热电偶信号。为保证信号安全，模拟量输入模块的接线必须带有屏蔽支架和屏蔽线夹。另外，还需要使用电源元件，将电源元件插入前连接器底部，用于给模拟量模块的供电。连接电源电压到端子 41（L+）和 44（M），端子 42（L+）和 43（M）用于级联到下一个模块并提供电源。

表 5-22 8AI, U/I/RTD/TC ST（6ES7531-7KF00-0AB0）模块接线示例

电压型测量接线	电阻传感器或热敏电阻（RTD）的 2、3、4 线制接线
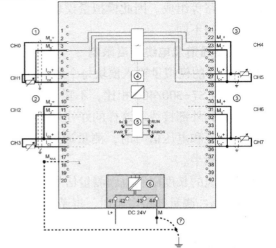 电压型测量接线 ①数转换器（ADC）②背板总线接口 ③通过电源元件进行供电 ④等电位联结电缆（可选）	电阻传感器或热敏电阻（RTD）的 2、3、4 线制接线 ①4 线制连接 ②3 线制连接 ③2 线制连接 ④模数转换器（ADC）⑤背板总线接口 ⑥通过电源元件进行供电 ⑦等电位联结电缆（可选）
电流测量的 2 线制接线	电流测量的 4 线制接线
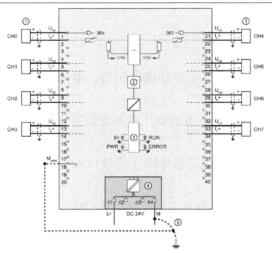 ①接 2 线制变送器 ②模数转换器（ADC）③背板总线接口 ④通过电源元件进行供电⑤等电位联结电缆（可选）	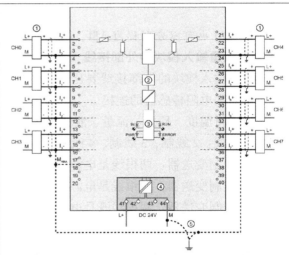 ①接 4 线制变送器 ②模数转换器（ADC）③背板总线接口 ④通过电源元件进行供电⑤等电位联结电缆（可选）

注：其中，CHx 为通道或 4 个通道状态（绿/红），RUN 为状态 LED 指示灯（绿色），ERROR 为错误 LED 指示灯（红色），PWR 为电源 LED 指示灯（绿色）。

图中的符号含义见表 5-23。

（1）电压型

电压型测量接线，1~4 号端子为通道 0（CH0），5~8 号为通道 1（CH1），9~12 号为通道 2（CH2），13~16 号为通道 3（CH3），21~24 号为通道 4（CH4），25~28 号为通道 5（CH5），29~32 号为通道 6（CH6），33~36 号为通道 7（CH7）。以通道 0（CH0）为例，信号线连接在 3 号和 4 号端子，即使用每个通道的第 3 和第 4 号端子连接。

表 5-23　图中符号含义查询表

符　号	含　义
Un+/Un-	电压输入通道 n（仅电压）
Mn+/Mn-	测量输入通道 n
In+/In-	电流输入通道 n（仅电流）
Icn+/Icn-	RTD 的电流输出，通道 n
U_{Vn}	2 线制变送器（2WMT）中通道 n 的电源电压
L+	连接电源电压
M	接地连接
M_{ANA}	模拟电路的参考电位

表 5-22 电压型测量接线图中，④是等电位联结线，图中的虚线都是等电位联结电缆，当信号有干扰时，可采用。

（2）电流型（2/4 线制）

电流型测量接线，电流型 4 线制测量时，测量范围是 4~20mA，0~20mA，-20~+20mA。变送器的两根电源线分别接 L+（DC 24 V）和 M（地），以通道 0（CH0）为例，两根信号线接在 2 号和 4 号端子，即使用每个通道的第 2 号和第 4 号端子连接。

电流型 2 线制测量时，测量范围是 4~20mA。变送器的电源与信号线共用，以通道 0（CH0）为例，两根信号线接在 1 号和 2 号端子，即使用每个通道的第 1 号和第 2 号端子连接。

（3）电阻传感器和热敏电阻（2/3/4 线制）

表 5-22 中电阻传感器和热敏电阻的接线有三种方式：一是 4 线制电阻传感器或热敏电阻接法，二是 3 线制电阻传感器或热敏电阻接法，三是 2 线制电阻传感器或热敏电阻接法。可以看出在测量电阻和热敏电阻时，每个测量占用两个测量通道，所以测量通道数量减半。以 4 线制接线为例，将信号接在 3、4 号和 7、8 号端子，即使用 1、3、5、7 各通道的第 3、4 端子向传感器提供恒流源信号，在热电阻上产生电压信号，使用相应 0、2、4、6 各通道的第 3、4 端子作为测量端。测量 2、3、4 线制的热电阻信号原理都相同。考虑到导线电阻对测量阻值的影响，使用 3 线制和 4 线制接线可以补偿测量电缆中由于电阻引起的偏差，使测量结果更精确。

6. 模拟量输入模块的参数设置

模拟量输入模块的参数设置主要包括测量类型、测量范围和通道诊断等参数的设置。这些参数可以使用通道模板对所有通道进行统一设置，也可以对每一路通道进行单独设置。下面的参数设置均以 8AI，U/I/RTD/TC ST（6ES7531-7KF00-0AB0）模块为例。

（1）测量类型设置

打开模块的属性窗口，在"模块参数"→"输入 0-7"→"输入"属性中，选中需设置的通道，在"手动"情况下进行设置，如图 5-15 所示。

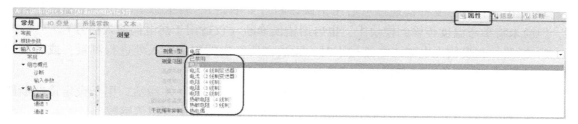

图 5-15　模拟量输入测量类型设置

某模拟量通道不使用时，建议将"测量类型"设置为"已禁用"。CPU 不扫描已禁用的通道，可以缩短循环时间。

（2）测量范围设置

在确定测量类型后，在"测量范围"中会出现所有该测量类型下的允许设置的测量范围，如图 5-16 所示。测量类型和测量范围的选择，一定要与实际连接的变送器和仪表的情况相一致。

图 5-16　模拟量输入测量范围设置

（3）干扰频率抑制和滤波设置

模拟量输入模块的输入信号一般是直流电压或电流信号。设置"干扰频率抑制"参数可以抑制由交流电频率产生的干扰。由于交流电源网络的频率会使测量值不可靠，尤其是在低压范围内和正在使用热电偶时。"干扰频率抑制"参数可设置为系统的电源频率（工频 50Hz）。

设置"滤波"参数可以通过数字滤波得到更稳定的模拟信号，在处理变化缓慢的测量值时非常有用，例如温度测量。"滤波"参数包括四个级别：无、弱、中和强。设备根据指定数量的模拟值生成平均值来实现滤波处理。滤波级别越高，对应生成平均值所基于的模块周期数越大，经过滤波处理的模拟值就越稳定，但获得滤波处理结果所需的时间也越长。

7. 中断/诊断功能

模拟量输入模块均具有通道级的中断/诊断功能。不同的模拟量输入模块，具有的诊断功能略有不同。测量类型不同时，对应可设置的诊断功能也不同。在"诊断"属性中，如图 5-17 所示，可激活的诊断功能包括：无电源电压 L+、上溢、下溢、共模、基准结、断路等，其中共模和基准结诊断是个别模块才具有的诊断功能。诊断功能的含义如下。

1）无电源电压 L+：在电源电压 L+缺失或不足时启用诊断。

2）上溢：测量值超出上限时启用诊断。

3）下溢：测量值超出下限，或未连接输入时电压测量范围是±50 mV～±2.5 V 时启用诊断。

4）共模：屏蔽层和信号线之间可能会产生共模干扰，在超过有效的共模电压时启用诊断（仅适用于电压、电流和热电偶输入信号）。

5）基准结：在温度补偿通道上启用错误诊断（如断路），若组态了动态参考温度补偿类型，但尚未将参考温度传输到模块中，也启用错误诊断（仅适用于热电偶输入信号）。

6）断路：在模块无电流或电流过小时，无法在所组态的相应输入处进行测量，或者所加的电压过低时，启用诊断（仅适用于测量范围大于 0 的输入信号）。

只有当测量信号为电流信号时，"用于断路诊断的电流限制"才激活，用于设定诊断断路时的电流阈值，该值只可设置为 1.185 mA 或 3.6 mA，具体取决于所用传感器。

模拟量输入模块均具有硬件中断功能，在检测到输入信号超出上限或超出下限时会触发硬件中断。

图 5-17　模拟量输入模块诊断功能

5.3.4　模拟量输出模块

模拟量输出模块，用于将 PLC 内部处理用的数字信号转换为标准的电压（0~10 V）或电流信号（4~20 mA），用于驱动电动调节阀、变频器等执行器。

S7-1500 的模拟量输出模块是指订货号起始为 "6ES7532" 的信号模块，共有四种产品，其技术数据对比见表 5-24。需要注意的是，S7-1500 的 AO 模块叫作 "AQ" 模块。

表 5-24　模拟量输出模块和模拟量混合模块技术数据对比表

模拟量输出模块	2AQ, U/I ST	4AQ, U/I ST	8AQ, U/I HS	4AQ, U/I HF	4AI, U/I/RTD/TC ST/2AQ, U/I ST	
订货号	6ES7532-5NB00-0AB0	6ES7532-5HD00-0AB0	6ES7532-5HF00-0AB0	6ES7532-5ND00-0AB0	6ES7534-7QE00-0AB0	
					输入	输出
输出通道数	2	4	8	4	4（用作电阻/热电阻测量时 2 通道）	2
输出信号类型	电流、电压	电流、电压	电流、电压	电流、电压	电流、电压、热电阻、热电偶、电阻	电流、电压
分辨率最高（包括符号位）	16 位	16 位	16 位	16 位	16 位	16 位
转换时间（每通道）	0.5 ms	0.5 ms	所有通道 50 μs	125 μs	9/23/27/107 ms	0.5 ms
电缆长度						
-屏蔽电缆长度（最长）	电流 800 m 电压 200 m	电流 800 m 电压 200 m	200 m	电流 800 m 电压 200 m	U/I 800 m R/RTD 200 m TC 50 m	电流 800m 电压 200 m
等时模式	—	—	✓	✓		
中断/诊断						
-硬件中断	—	—	—	—		
-诊断中断	✓	✓	✓	✓	✓	
-诊断功能	✓，通道级	✓，通道级	✓，通道级	✓，通道级	✓，通道级	
电气隔离						
-通道之间	—	—	—	✓	✓	
-通道之间，每组个数	2	4	8	1	4/2	
-通道和背板总线之间	✓	✓	✓	✓	✓	
-通道与电子元件的电源之间	✓	✓	✓	✓	✓	
模块宽度/mm	25	35	35	35	25	

说明：

2AQ、4AQ、8AQ 也可以分别称为 AQ2、AQ4、AQ8。

1. 模拟量输出模块的外部接线

S7-1500 的模拟量输出模块都可以连接电压和电流类型负载，只需要在博途软件中的硬件配置即可。模拟量输出模块的电源连接与模拟量输入模块相同。下面以模拟量输出模块 4AQ，U/I ST（6ES7532-5HD00-0AB0）为例介绍模拟量输出模块的接线。

（1）电压输出

电压输出的范围有：−10 V ~ +10 V，0 ~ 10 V 和 1 ~ 5 V。接线方式有两种，见表 5-25，在电压输出接线图中①是电压输出 2 线制接法，无电阻补偿，精度相对低。以通道 0（CH0）为例，1 号和 4 号端子接负载，即每个通道的第 1 号和第 4 号端子连接负载，第 1 号和第 2 端子需要短接，第 3 号和第 4 号端子需要短接。②是电压输出 4 线制接法，有电阻补偿，精度比 2 线制接法更高。以通道 2（CH2）为例，9 号和 10 号端子接负载一端，11 号和 12 号端子接负载另一端，即使用每个通道的第 1 号、第 2 号端子接负载一端，第 3 号、第 4 端子接负载另一端。

（2）电流输出

电流输出的范围有 4 ~ 20 mA，0 ~ 20 mA 和 −20 ~ +20 mA。电流输出的接线只有一种方式，如表所示，以通道 0（CH0）为例，1 号和 4 号端子接电流型负载，即使用每个通道的第 1 号和第 4 号端子连接负载。

表 5-25　4AQ，U/I ST（6ES7532-5HD00-0AB0）模块接线示例

电压输出接线	电流输出接线
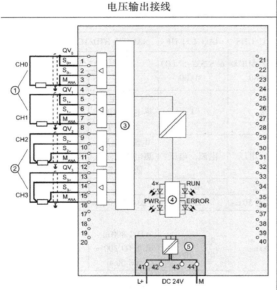	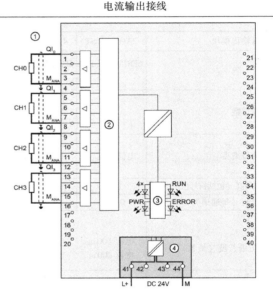
①2 线制连接 ②4 线制连接 ③数模转换器（DAC） ④背板总线接口⑤通过电源元件进行供电	①电流输出的负载 ②数模转换器（DAC）③背板总线接口 ④通过电源元件进行供电

2. 中断/诊断功能

模拟量输出模块均具有通道级的中断/诊断功能。不具有硬件中断功能。在"诊断"属性中，如图 5-18 所示，可通过勾选激活的诊断功能包括：无电源电压 L+、断路、接地短路、上溢、下溢等。各诊断功能的含义如下。

1）无电源电压 L+：对电源电压 L+ 缺失或不足的诊断。

2）断路：在执行器的线路断路时启用诊断（仅适用于电流型输出信号）。

3）接地短路：M_{ANA} 的输出短路时启用诊断（仅适用于电压型输出信号）。

4）上溢：测量值超出上限时启用诊断。

5）下溢：测量值超出下限时启用诊断。

3. CPU 停止后输出保持

与数字量输出模块相同，有些现场需要 PLC 在停止后仍保持动作，则需要设置"CPU STOP 响应"。如图 5-19 所示，在模拟量输出模块的"输出"中设置"对 CPU STOP 模式的响

应"，可以设置为"关断""保持上一个值"和"输出替换值"。

图 5-18　模拟量输出模块诊断功能

图 5-19　模拟量输出模块的 CPU STOP 响应

若选择"输出替换值"，则"替换值"参数设置有效，且模拟量模块输出通道在 CPU 进入 STOP 模式时输出在"替换值"参数所设置的值。

4. 模拟量输入/输出混合模块

S7-1500 的模拟量输入/输出模块只有一种产品——4AI，U/I/RTD/TC ST/2AQ，U/I ST。它有四个模拟量输入通道和两个模拟量输出通道，性能上是 4AI，U/I/RTD/TC ST 模块和 2AQ，U/I ST 模块的结合，其技术数据对比见表 5-24。

5.4　S7-1500 PLC 的工艺模块

工艺模块（TM）通常实现单一、特殊的功能，而这些特殊功能往往是单靠 CPU 无法实现的。例如使用 CPU 内部的计数器计数，计数的最高频率往往受到 CPU 扫描周期和输入信号转换时间的限制。信号变化时间若低于 CPU 的扫描周期，则可能不被 CPU 捕捉到。有些应用中使用高速的脉冲编码器测量速度值和位置值，这样对编码器信号的计数就不能使用 CPU 中的计数功能，而需要通过高速计数器模块来完成。S7-1500 的工艺模块（TM）包括高速计数模块（高速输入）、位置检测模块（高速输入）、时间戳模块、PTO 脉冲输出模块（高速输出）等。扫描二维码 5-11 可观看工艺模块的彩色图片。

5-11

1. 高速计数模块

高速计数模块中具有硬件级的信号处理功能，可对各种传感器进行快速计数、测量和位置记录，并能对快速信号进行预处理。它可以在西门子 PLC S7-1500 的 CPU 中进行集中操作，也能在 ET 200 分布式 I/O 中进行操作。

高速计数模块可以连接的编码器有：带和不带信号 N 的 24 V 增量编码器、带有或不带有方向信号的脉冲编码器、正向或反向脉冲编码器等。可以实现频率、周期、速度的测量。TM Count2×24 V 是双通道模块，每个计数通道有 3 个数字量输入，用来启动、停止、同步及捕获。每个通道有两个数字量输出用于计数比较值转换。其技术数据表见表 5-26。

2. 位置检测模块

位置检测模块中同样具有硬件级的信号处理功能，也可对各种传感器进行快速计数、测量和位置记录，并能对快速信号进行预处理。它同样可以在西门子 PLC S7-1500 的 CPU 中进行集中操作，也能在 ET 200 分布式 I/O 中进行操作。

位置检测模块可以连接的编码器有绝对值编码器、带和不带信号 N 的 RS422 增量编码器、带有或不带有方向信号的 RS422 脉冲编码器、正向或反向 RS422 脉冲编码器等。也可以实现频率、周期、速度的测量。TM PosInput2 也是双通道模块，每个计数通道有两个数字量输入，用来启动、停止、同步及捕获。每个通道有两个数字量输出用于计数比较值转换。其技术数据表见表 5-26。

表 5-26 高速计数模块及位置检测模块的技术数据对比表

模块类型	高速计数模块 TM Count2×24 V	位置检测模块 TM PosInput2
订货号	6ES7550-1AA00-0AB0	6ES7551-1AB00-0AB0
供电电压	DC 24 V（DC 20.4~28.8 V）	
可连接的编码器数量	2	
可连接的编码器种类	-带和不带信号 N 的 24 V 增量编码器 -具有方向信号的 24 V 脉冲编码器 -不具有方向信号的 24 V 脉冲编码器 -用于向上和向下计数脉冲的 24 V 脉冲编码器	-SSI 绝对值编码器 -带和不带信号 N 的 RS422/TTL 增量编码器 -具有方向信号的 RS422/TTL 脉冲编码器 -不具有方向信号的 RS422/TTL 脉冲编码器 -用于向上和向下计数脉冲的 RS422/TTL 脉冲编码器
最大计数频率	200 kHz；800 kHz（4 倍脉冲评估）	1 MHz；4 MHz（4 倍脉冲评估）
功能 -计数功能 -比较器 -测量功能 -位置检测	✓ 两个计数器；最大计数频率不同 ✓ ✓；频率，周期，速度 ✓；绝对位置和相对位置	
数字量输入 DI -输入通道数量 -功能	6；每个计数通道有 3 个 DI（双通道） 门控制，同步，捕捉，自由设定	4；每个通道有两个 DI（双通道）
数字量输出 DQ -输出通道数量 -功能	4；每个通道有 2 个 DQ（双通道） 比较值转换，自由设定	

3. 时间戳模块

许多控制系统的响应时间都需要相对的精确性和确定性。例如，按照工艺要求，将检测到的一个输入信号作为触发条件，要求经过 10 ms 后触发输出。这个过程包括 CPU 程序处理时间、总线（现场总线、背板总线）周期时间、I/O 模块的周期时间以及传感器/执行器的内部周期时间。但是由于各循环周期的不确定性，很难保证响应时间精确。使用基于时间的 I/O 模块（时间戳模块）可以很好地解决这个问题。

西门子提供的时间戳模块可以读取数字量输入信号的上升沿和下降沿，且标以高精度时间戳信息；数字量输出也可以基于精确的时间进行控制。此外，该模块还支持过采样、脉宽调制（PWM）和高速计数等功能。

数字量输入信号支持时间戳检测、计数、过采样等功能，使用 PROFINET IRT（等时同步）技术，可以将最多 8 通道进行时钟同步，各个站点接收到的时钟同步信号相差在 1 μs 内。数字量输出信号支持时间控制切换、脉冲宽度调制、过采样等功能，最多可有 16 通道带有时间戳信息。模块在检测到输入触发信号时开始计时，计时 10 ms 后输出，由于 I/O 都具有定时功能，输出与各个循环周期无关，因此可以大大提高控制精度。

时间戳模块可以适用于电子凸轮控制、长度检测、脉冲宽度调制、计数等多种应用。其技术数据表见表 5-27。

4. PTO 模块连接伺服和步进电动机驱动器

Pulse Train Output（PTO）脉冲序列输出模块是 SIMATIC 控制器与驱动装置间的一种简单的通用接口，用于驱动步进电动机和伺服驱动器，并大量应用于定位（如调整轴和给进轴等）。PTO 也称为脉冲/方向接口。脉冲/方向接口由两个信号组成，脉冲输出的频率代表速度，输出的脉冲数量代表行进距离，方向输出代表行进的方向。位置数据精确到一个增量之内。

表 5-27　时间戳模块的技术数据表

模块类型	Timer DIDQ 16×24 V
订货号	6ES7552-1AA00-0AB0
编程环境	STEP 7 TIA Portal V13 update3 以上
数字量输入 -输入通道数（最多） -输入带有时间戳（最多） -计数器（最多） -增量型计数器（最多） -输入过采样输入（最多）	8 通道（取决于参数设置） 8 通道 4 通道 4 通道 8 通道
数字量输出 -输出通道数（最多） -输出带有时间戳（最多） -PWM（最多） -输出过采样（最多）	16 通道（取决于参数设置） 16 通道 16 通道 16 通道
编码器 -增量编码器（非对称） -输入频率（最大） -计数频率（最大）	24 V 50 kHz 200 kHz（带有 4 倍评估）

4 通道的模块，可以连接最多 4 个步进电动机轴。支持 3 种通用接口：RS422、TTL（5 V）和 24 V 脉冲输出信号。每个通道输出的最大频率：对于 24 V/TTL（5 V）最大是 200 kHz；对于 RS422 最大为 1 MHz。除此之外，还集成了输入和输出，用于驱动器使能和测量输入等。其技术数据表见表 5-28。

表 5-28　PTO 模块的技术数据表

模块类型	TM PTO4
订货号	6ES7553-1AA00-0AB0
编程环境	STEP 7 TIA Portal V14 以上
通道数量	4
数字量输入 -输入通道数 -同步功能 -测量输入 -驱动使能 -输入过采样输入（最多）	12；每通道 3 个，包括一个 DI 和一个 DQ √ √ √ 8 通道
数字量输出 -输出通道数 -电流灌入 -电流输出 -可配置输出 -控制数字量输入	12；每通道 3 个，包括一个 DI 和一个 DQ √；推挽式 DQn.0 和 DQn.1 √ √ √
PTO 信号接口 -24 V 非对称 -RS422 对称 -TTL（5 V）非对称	√；200 kHz，DQn.0 和 DQn.1 √；1 MHz √；200 kHz
PTO 信号类型 -脉冲和方向 -向上计数，向下计数 -增量型编码器（A，B 相差） -增量型编码器（A，B 相差，4 倍评估）	√ √ √ √

5.5　S7-1500 PLC 的通信模块

SIMATIC S7-1500 PLC 的通信模块集成有各种接口，可与不同接口类型设备进行通信，而通过具有安全功能的工业以太网模块，可以极大提高连接的安全性。S7-1500 PLC 支持 4 种通信标准：点到点（RS232/RS485）、PROFINET IO、PROFIBUS DP、以太网（Industrial Ethernet）。扫描二维码 5-12 可观看通信模块的彩色图片。

5-12

1. 点到点通信模块

CM PtP 模块是通过点到点连接实现串行通信的。有 4 种产品：CM PtP RS422/485 BA（基本型）、CM PtP RS422/485 HF（高性能型）、CM PtP RS232 BA（基本型）和 CM PtP RS232 HF（高性能型），技术数据对比见表 5-29。具有如下特点。

1）可连接数据读卡器或特殊传感器。

2）可用于 S7-1500 集中式系统中，也可用于 ET 200MP I/O 系统中。

3）带有各种物理接口，如 RS232、RS422 或者 RS485。

4）可预定义各种协议，如 3964（R）、Modbus RTU 或 USS。

5）可使用基于自由口的协议。

6）诊断报警可用于简单故障修复。

表 5-29　点到点通信模块模块的技术数据表

通信模块	CM PtP RS422/485 BA	CM PtP RS422/485 HF	CM PtP RS232 BA	CM PtP RS232 HF
订货号	6ES7540-1AB00-0AA0	6ES7541-1AB00-0AB0	6ES7540-1AD00-0AA0	6ES7541-1AD00-0AB0
连接接口	RS422/RS485	RS422/RS485	RS232	RS232
接口数量	1	1	1	1
通信协议	自由口 3964（R）	自由口 3964（R） Modbus RTU 主/从	自由口 3964（R）	自由口 3964（R） Modbus RTU 主/从
通信速率/(kbit/s)	19.2	115.2	19.2	115.2
最大报文长度/KB	1	4	1	4
等时模式	无	无	无	无
屏蔽电缆长度（最大）/m	1200	1200	15	15
是否包含前连接器	否	否	否	否
中断/诊断 -硬件中断 -诊断中断 -诊断功能	无 有 有	无 有 有	无 有 有	无 有 有
通道和背板总线之间有无隔离	有	有	有	有
模块宽度/mm	35	35	35	35

2. PROFINET IO 通信模块

PROFINET IO 通信模块 CM 1542-1 功能强大，做 I/O 控制器时可以连接 128 个 I/O 设备。支持 PROFINET IO RT（实时通信）、IRT（等时同步实时）、MRP（介质冗余的环网）、等时实时等功能。支持开放式通信 OUC 和 S7 通信。支持电子邮件和使用 https 进行 Webserver 访问。支持 SNMP V1 代理和 NTP 时间同步功能。技术数据对比见表 5-30。

3. PROFIBUS DP 通信模块

PROFIBUS DP 通信模块有两种：CM 1542-5 和 CP 1542-5。

CM 1542-5 具有更高的性能。符合 IEC 61158/61784 标准，支持 PROFIBUS DP 主站和从站功能；使用附加的 PROFIBUS 电缆，可以实现系统快速扩展；可为单个自动化任务分隔不同的 PROFIBUS 子网；支持 S7 通信，可连接其他供应商提供的 PROFIBUS 从站。

CM 1542-5 支持数据记录路由功能，可以作为数据记录路由器发送路由记录到现场设备（DP 从站），可将未直接与 PROFIBUS 相连（因此不能直接访问 DP 从站）的设备的数据记录转发到 DP 从站。CM 1542-5 的组态数据始终保存在 CPU 上，甚至在 PLC 出现故障时也会保留。因此，在更换模板时无需从编程器中重新装载组态数据。在启动时 CPU 会将组态数据传送到通信处理器中。

CM 1542-5 可以带 125 个 DP 从站，所有从站的输入/输出字节大小可达 8 KB。CP 1542-5 最大可以带 32 个 DP 从站，所有从站输入/输出字节大小只有 2 KB。技术数据对比见表 5-30。

4. 以太网通信模块

以太网通信模块 CP 1543-1 是带有安全功能的工业以太网连接的模块。它的安全功能包括：支持基于防火墙的访问保护；支持安全 VPN 连接；支持 FTPS Sercer/Client 协议和网络管理协议 SNMP V1 及 SNMP V3。

支持 IPv6（同样支持 IPv4）、FTP Sercer/Client、FETCH/WRITE 访问（CP 作为服务器）等协议。支持电子邮件和 Webserver 访问（http/https）功能。支持 S7 通信和开放的用户通信。技术数据对比见表 5-30。

表 5-30　**PROFINET IO 通信模块、PROFIBUS DP 通信模块、以太网通信模块的技术数据表**

通信模块	PROFIBUS DP 模块		以太网模块	PROFINET IO 模块
	CM 1542-5	CP 1542-5	CP 1543-1	CM 1542-1
订货号	6GK7542-5DX00-0XE0	6GK7542-5FX00-0XE0	6GK7543-1AX00-0 XE0	6GK7542-1AX00-0 XE0
连接接口	RS485（母头）	RS485（母头）	RJ45	RJ45
接口数量	1	1	1	2
通信协议	DPV1 主/从 S7 通信 PG/OP 通信		开放式通信： -ISO 传输 -TCP、ISO-on-TCP、UDP -基于 UDP 连接组播 S7 通信 IT 功能 -FTP -SMTP -Webserver -NTP -SNMP -电子邮件等	PROFINET IO： -RT -IRT -MRP -设备更换无需可交换存储介质 -IO 控制器 -等时实时 开放式通信： -TCP、ISO-on-TCP、UDP -基于 UDP 连接组播 S7 通信 IT 功能 -Webserver -NTP -SNMP 等
通信速率	9.6 Kbit/s/12 Mbit/s	9.6 Kbit/s/12 Mbit/s	10/100/1000 Mbit/s	10/100 Mbit/s
最多连接从站数量	125	32	无	128
VPN	无	无	是	无
防火墙功能	无	无	是	无
模块宽度/mm	35	35	35	35

5.6　ET 200 分布式产品及 S7-1500 PLC 的分布式模块

ET 200 分布式系统在中大型工控现场极为常用，它属于现场层的产品，安装在设备附近。现场层的各个组件和相应的分布式设备通过 PROFINET 和 PROFIBUS 与上层的 PLC 实现快速的数据交换，是可编程控制器系统的重要组成部分。

目前，比较常用的 ET 200 分布式 I/O 产品主要有以下这些，根据安装环境分为：

1）用于控制柜内（防护等级 IP20）：ET 200SP、ET 200S、ET 200M、ET 200MP。

2）无需控制柜，现场安装（防护等级 IP65/67）：ET 200pro、ET 200AL、ET 200eco PN。

其中，ET 200S、ET 200SP、ET 200eco PN 和 ET 200AL 等产品尺寸比较小，适用于安装空间较小，I/O 点数比较分散的应用。而 ET 200M、ET 200MP 和 ET 200pro 是模块化安装的，尺寸比较大，适用于安装空间较大，I/O 点数比较集中且多的应用。扫描二维码 5-13 可观看 ET 200 分布式 I/O 的彩色图片。

5-13

1. 用于控制柜内的 ET 200 产品

用于控制柜内的 ET 200 产品，性能对比见表 5-31。在这些产品中，ET 200MP 使用的是 S7-1500 的 I/O 模块，ET 200M 使用的是 S7-300 的 I/O 模块，ET 200S 和 ET 200SP 使用的是自身的 I/O 模块。在安装上，ET 200MP 和 ET 200M 需要专用的安装导轨，ET 200S 和 ET 200SP 使用标准的 35 mm DIN 导轨即可。这四款产品中，目前只有 ET 200SP 具有支持 AS-Interface 通信接口模块，ET 200S 中有支持 CANopen、DeviceNet、Ethernet/IP 的通信接口模块。

表 5-31　用于控制柜内的 ET 200 产品性能对比表

产品	ET 200SP	ET 200S	ET 200M	ET 200MP
防护等级	IP20	IP20	IP20	IP20
I/O 模块	自身的 I/O 模块	自身的 I/O 模块	与 S7-300 相同，使用 S7-300 的 I/O 模块	与 S7-1500 相同，使用 S7-1500 的 I/O 模块
安装	35 mm DIN 导轨	35 mm DIN 导轨	专用的安装导轨	专用的安装导轨
温度范围	0~+60℃	0~+60℃	0~+60℃	0~+60℃
接口模块支持的通信协议	PROFINET PROFIBUS AS-Interface	PROFINET PROFIBUS CANopen, DeviceNet, Ethernet/IP	PROFINET PROFIBUS	PROFINET PROFIBUS
永久接线	支持	支持	支持（前连接器）	支持（前连接器）
热插拔	支持	支持	支持	不支持
等时模式、用于高速控制	支持	支持	支持	支持
运行中修改配置	支持	支持	支持	支持
高速模块	支持	支持	支持	支持
诊断（取决于模块）	通道级	通道级	通道级	通道级
数字量/开关量	支持	支持	支持	支持
模拟量	支持	支持	支持	支持
电动机起动器、气动接口	支持	支持	不支持	不支持
IO-Link	支持	支持	不支持	不支持
共享设备（PROFINET 型号支持）	支持	支持	支持	支持
MRP 介质冗余（PROFINET 型号支持）	支持	支持	支持	支持

由于 ET 200MP 不支持有源总线导轨和有源总线模块，所以目前只有 ET 200MP 不支持热插拔功能。ET 200S 和 ET 200SP 具有电动机起动器模块和气动接口模块，通过气动接口模块可以直接和费斯托品牌的阀岛安装在一起。ET 200S 和 ET 200SP 还支持 IO-Link 功能。

2. 无需控制柜的 ET 200 产品

高防护等级的 ET 200 产品防护等级可达到 IP67，可不用安装在控制柜内。无需控制柜的 ET 200 产品性能对比见表 5-32。其中 ET 200pro 体积比较大，需要专门的安装导轨。ET 200AL 和 ET 200eco PN 尺寸比较小，安装灵活，可直接在设备上钻孔进行安装。由于是高防护等级，现场的传感器和执行器连接时需要使用 M8、M12 或 M23 等类型的连接器。另外，这三款产品使用的温度范围也比 IP20 产品使用的温度范围要大，比如 ET 200eco PN 允许工作的最低环境温度为-40℃。ET 200eco PN 的 PROFIBUS 通信模块已经停产，目前只支持 PROFI-NET 通信。只有 ET 200pro 具有电动机起动器模块、气动接口模块和集成 CPU/智能设备等功能。ET 200AL 和 ET 200eco PN 后续也会推出专用的功能模块。

表 5-32　无需控制柜的 ET 200 产品性能对比表

产品	ET 200pro	ET 200AL	ET 200eco PN
防护等级	IP65/66/67	IP65/67	IP65/66/67
安装	专用安装导轨	直接安装	直接安装
传感器/执行器连接	M8, M12, M23	M8, M12	M12
温度范围	-25~+55℃（室内）变频器（0~+55℃）	-25~+55℃	-40~+60℃
接口模块支持的通信协议	PROFINET PROFIBUS	PROFINET PROFIBUS	PROFINET
永久接线	支持	不支持	不支持
热插拔	支持	不支持	不支持
等时模式、用于高速控制	不支持	支持	不支持
运行中修改配置	支持	不支持	不支持
高速模块	不支持	不支持	不支持
诊断（取决于模块）	通道级	通道级	通道级
数字量/开关量	支持	支持	支持
模拟量	支持	支持	支持
电动机起动器、气动接口、集成 CPU/智能设备	支持	不支持	不支持
IO-Link	支持	支持	支持
共享设备（PROFINET 型号支持）	支持	支持	不支持
MRP 介质冗余（PROFINET 型号支持）	支持	支持	支持

3. S7-1500 PLC 的分布式模块

S7-1500 支持的分布式模块分为 ET 200MP 和 ET 200SP，相较于 S7-300/400 的分布式模块 ET 200M 和 ET 200S，ET 200MP 和 ET 200SP 的功能更强大。

（1）ET 200MP 模块

ET 200MP 模块包含接口模块（IM）和 I/O 模块。ET 200MP 的 IM 接口模块将 ET 200MP 连接到 PROFINET 或 PROFIBUS 总线，与 S7-1500 通信，实现 S7-1500PLC 的扩展。ET 200MP 模块的 I/O 模块，和 S7-1500 本机采用相同的 I/O 模块。

ET 200MP 的接口模块有四种：IM 155-5 PN 基本型、IM 155-5 PN 标准型、IM 155-5 PN 高性能型、IM 155-5 DP 标准型。其技术数据表见表 5-33。

表 5-33　ET 200MP 的接口模块技术数据对比表

接口模块	IM 155-5 PN 基本型	IM 155-5 PN 标准型	IM 155-5 PN 高性能型	IM 155-5 DP 标准型
订货号	6ES7155-5AA00 -0AA0	6ES7155-5AA00 -0AB0	6ES7155-5AA00 -0AC0	6ES7155-5BA00 -0AB0
供电电压	DC 24 V（DC 20.4~28.8 V）			
通信方式	PROFINET IO			PROFIBUS DP
接口类型	2×RJ45（共享一个 IP 地址，集成交换机功能）			RS485，DP 接头
支持 I/O 模块数量	12	30	30	12
S7-400H 冗余系统	—	—	PROFINET 系统冗余	—
PROFINETIO 服务				
-支持等时同步模式	—	√（最短周期 250 μs）	√（最短周期 250 μs）	—
-IRT	—	√	√	—
-MRP	√	√	√	—
-MRPD	—	√	—	—
-优先化启动	—	√	√	—
-共享设备	√，2 个 I/O 控制器	√，2 个 I/O 控制器	√，4 个 I/O 控制器	—
开放式 IE 通信				
-TCP/IP	√	√	√	—
-SNMP	√	√	√	—
-LLDP	√	√	√	—
中断/诊断				
-硬件中断	√	√	√	√
-诊断中断	√	√	√	√
-诊断功能	√	√	√	√
模块宽度/mm	35	35	35	35

（2）ET 200SP 模块

ET 200SP 是新一代分布式 I/O 系统，具有体积小，使用灵活，性能突出的特点。它安装于标准 DIN 导轨，一个站点基本配置包括支持 PROFINET 或 PROFIBUS 的 IM 接口模块、各种 I/O 模块，功能模块以及所对应的基座单元和最右侧用于完成配置的服务模块（无需单独订购，随接口模块附带）。每个 ET 200SP 接口通信模块最多可以扩展 32 个或 64 个模块。ET 200SP 的接口模块的技术数据见表 5-34。

表 5-34　ET 200SP 的接口模块技术数据对比表

接口模块	IM 155-6 PN 基本型	IM 155-6 PN 标准型	IM 155-6 PN 高性能型	IM 155-6 DP 高性能型
供电电压	DC 24 V			
功耗（典型值）/W	1.7	1.9	2.4	1.5
通信方式	PROFINET IO			PROFIBUS DP
接口类型	2×RJ45	总线适配器	总线适配器	PROFIBUS DP 接头
编程环境 STEP 7 TIA Portal STEP 7 V5.5	V13 SP1 以上 SP4 以上	V12 以上 SP3 以上	V12 SP1 以上 SP3 以上	V12 以上 SP3 以上

（续）

接口模块	IM 155-6 PN 基本型	IM 155-6 PN 标准型	IM 155-6 PN 高性能型	IM 155-6 DP 高性能型
支持 I/O 模块数量	12	32	64	32
Profisafe 故障安全	—	✓	✓	—
S7-400H 冗余系统	—	—	PROFINET 系统冗余	可以通过 Y-link
扩展连接 ET 200AL	—	✓	✓	✓
PROFINET RT/IRT	✓/—	✓/✓	✓/✓	n. a.
PROFINET 共享设备	—	✓	✓	n. a.
状态显示	✓	✓	✓	✓
中断	✓	✓	✓	✓
诊断功能	✓	✓	✓	✓
尺寸（W×H×D)/mm	35×117×74	50×117×74	50×117×74	50×117×74

ET 200SP 的模块非常丰富，包括数字量输入模块、数字量输出模块、模拟量输入模块、模拟量输出模块、工艺模块和通信模块等。ET 200SP 的控制器在本章 5.2 节中进行了介绍。

思考题及练习题

1. S7-1500 PLC 硬件系统由哪些模块组成？S7-1500 PLC 中央机架的模块数量最大是多少？

2. 若系统的 CPU 为 1516-3 PN/DP，I/O 模块总功率为 19 W，电源模块如何选型，属性中"系统电源"如何设置？如果 I/O 模块总功率为 11.5 W，电源模块如何选型？

3. 简述冗余系统和故障安全系统，及两者的差异。

4. 数字量输入模块连接接近开关、光电开关和半导体开关时，如何确定选择 PNP 还是 NPN 型开关？

5. 数字量输出模块具有哪些输出类型？简述其特点。

6. 数字量输出模块接感性负载时，如何设计输出保护电路？

7. 模拟量输入/输出模块可以连接哪些类型的信号？现有一个 4 线制电流范围为 4~20 mA 的传感器，接在 AI 模块 0 通道上，试画出接线图。

8. S7-1500 PLC 的工艺模块有哪些？支持的通信标准有哪些？

9. ET 200 分布式模块分为哪几类，哪几个是 S7-1500 PLC 支持的分布式模块？

第6章

S7-1500 PLC 的博途软件

S7-1500 PLC 的操作软件是 TIA Portal，一般称为博途软件，它是当今国际上最先进的 PLC 操作软件之一。与其比肩的有罗克韦尔 PLC 的 Studio 5000 软件等。

6.1 博途软件概述

TIA Portal（Totally Integrated Automation Portal），简称博途，是面向工业自动化领域的新一代工程软件平台，它将全部的自动化组态设计工具完美地整合在一个开发环境之中，主要包括三个部分：博途 STEP 7、博途 WinCC、博途 StartDrive。用户不仅可以通过博途STEP 7 将组态和程序编辑应用于通用控制器（S7-300、S7-400、S7-1200 及 S7-1500 系列 PLC），也可以应用于具有 Safety 功能的安全控制器；还可将组态应用于可视化的 WinCC 的人机界面（HMI）操作系统和 SCADA 系统（数据采集与监视控制系统，一般表现形式为生产工艺的操作画面）；另外还可以通过博途 StartDrive 软件对 SINAMICS 系列驱动产品（变频器及伺服驱动器）进行配置和调试，实现电机的转速、转矩或位置的控制。

博途软件还具备一些特殊的功能：如支持智能拖拽功能，使操作更便捷；具有 Trace 功能，即变量数值的变化轨迹图功能；仿真器支持序列仿真功能，可以在顺序控制的仿真中，自动模拟外部信号的顺序出现，使工程师在仿真调试时将注意力由顺序地手动模拟外部信号，转向程序逻辑本身等；全新的库概念，可以反复使用已存在的指令及项目的现有组件，避免重复性开发，缩短项目开发周期；系统诊断功能集成在 SIMATIC S7-1500、SIMATIC S7-1200 等 CPU 中，不需要额外资源和程序编辑，以统一的方式将系统诊断信息和报警信息显示于博途、HMI、Web 浏览器或 CPU 显示屏中。

6.1.1 博途 STEP 7

博途 STEP 7 是用于组态 SIMATIC S7-1200、SIMATIC S7-1500、SIMATIC S7-300/400 系列的工程组态软件，包含两个版本：博途 STEP 7 基本版（TIA Portal STEP 7 Basic），用于组态 SIMATIC S7-1200 控制器；博途 STEP 7 专业版（TIA Portal STEP 7 Professional），用于组态 SIMATIC S7-1200、SIMATIC S7-1500 和 SIMATIC S7-300/400。

6.1.2 博途 WinCC

博途 WinCC 是用于 SIMATIC 面板、WinCC Runtime 高级版（Runtime 是指运行工程的软件）或 SCADA 系统 WinCC Runtime 专业版的可视化组态软件，还可组态 SIMATIC 工业 PC 以及标准 PC 等 PC 站系统，具体由博途 WinCC 的版本来确定。

博途 WinCC 包含以下 4 个版本。

博途 WinCC 基本版（WinCC Basic），用于组态精简系列面板。

博途 WinCC 精智版（WinCC Comfort），用于组态所有面板（包括精简面板、精智面板和移动面板）。

博途 WinCC 高级版（WinCC Advanced），用于组态所有面板及运行 WinCC Runtime 高级版的 PC。

博途 WinCC 专业版（WinCC Professional），用于组态所有面板及运行 WinCC Runtime 高级版或 SCADA 系统博途 WinCC Runtime 专业版的 PC。

博途 WinCC 高版本的软件包含低版本软件的所有功能。

6.1.3　博途 StartDrive

博途 StartDrive 软件是适用于驱动装置及其控制器的工程组态平台，能够直观地将 SINAMICS 变频器集成到自动化环境中，并使用博途对它们进行调试。

该软件平台能够直观地进行参数设置，可根据具体任务实现结构化变频器组态，可对配套 SIMOTICS 电机进行简便组态；所有强大的博途功能都可支持变频器的工程组态，无需附加工具即可实现高性能跟踪，可通过变频器消息进行集成系统诊断。

6.2　博途软件的获取、安装与升级

博途软件的获取最直接有效的方式当然是购买。除此之外，若要获取博途软件的试用版，可以访问西门子的官方网站去下载。

下面以博途 V15.1 为例，说明博途 STEP 7 软件的安装过程。其中图 6-1~6-3 分别为安装语言选择、解压路径选择及软件的安装语言选择，这几步较简单。

说明：

安装前建议关闭所有应用软件，特别是杀毒软件。

根据安装向导的提示，选择合适的语言，这里选择简体中文，然后单击"下一步"按钮。

将软件包解压到所选择的文件夹当中。

常规设置中，安装语言选择中文，然后单击"下一步"按钮。

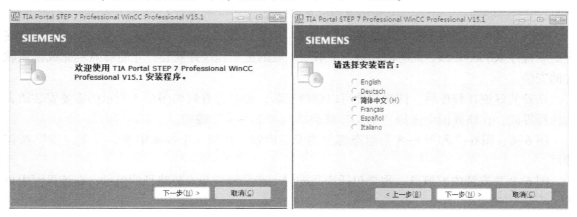

图 6-1　语言选择

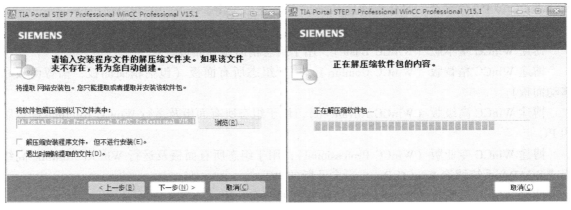

图 6-2　选择文件夹

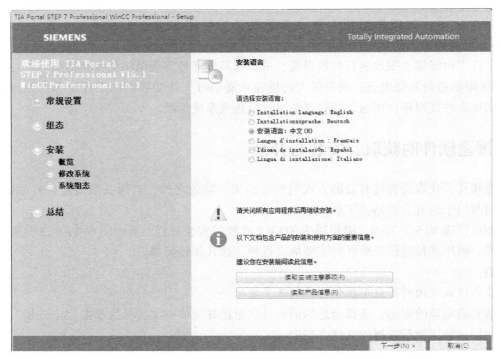

图 6-3　选择安装语言

如图 6-4 所示，是在进行安装的过程中很可能会遇到的问题，提示未在系统中找到微软安全更新程序 KB3033929。此时需要自行下载所需要的更新程序并安装，才能够顺利完成博途软件的安装。

在安装好更新程序后，博途软件可以继续安装，此时将看到如图 6-5 所示的需要安装语言的选择界面，在该界面中选择"中文"然后单击"下一步"按钮。

图 6-6、图 6-7 和图 6-8 为组态部分的安装内容，在每一个界面中单击"下一步"按钮即可。

图 6-9 为安装内容概览，主要包括产品配置、产品语言与安装路径的提示，在该界面中单击"安装"按钮。

在图 6-10 中提示安装估计的剩余时间。

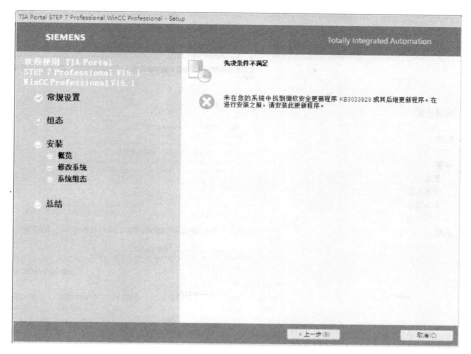

图 6-4　"先决条件不满足"提示

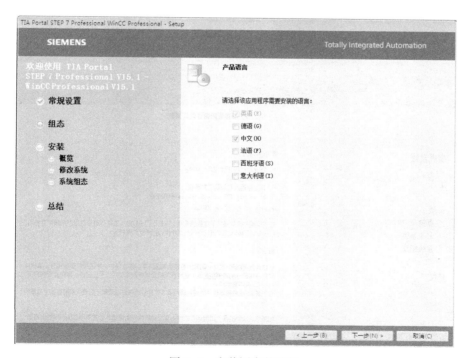

图 6-5　安装语言的选择

图 6-11 为设置成功完成提示，此时需要重新启动计算机。

博途的仿真软件 S7-PLCSIM 需要额外安装，其安装过程与博途 STEP 7 的安装过程几乎完全相同。

软件都安装好之后，如果没有软件的许可证密钥（软件授权），第一次使用博途软件时，

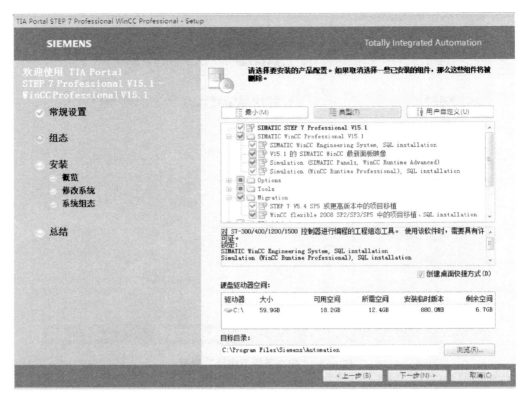

图 6-6　选择产品配置

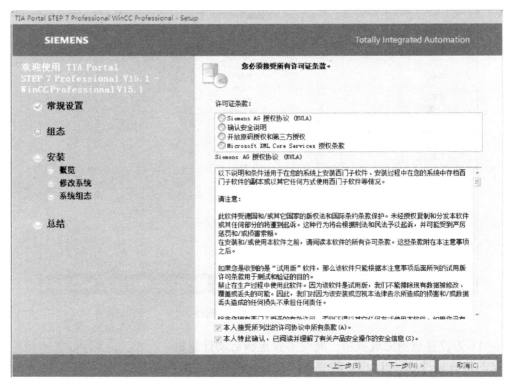

图 6-7　接受许可证条款

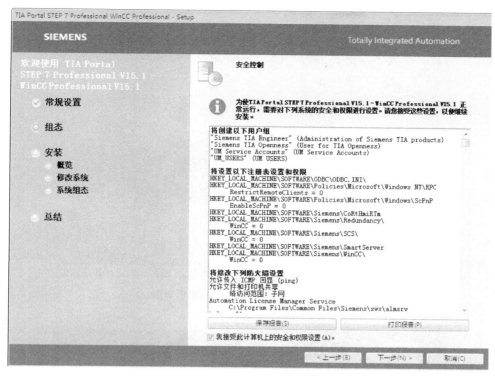

图 6-8　安全控制

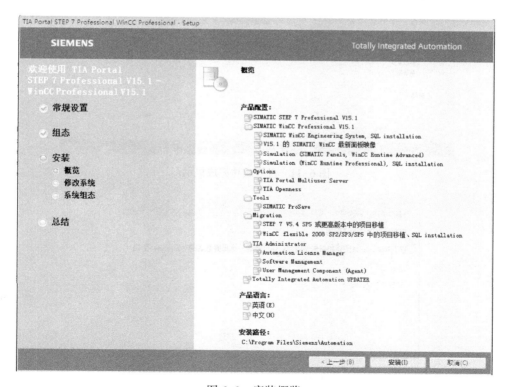

图 6-9　安装概览

将会出现如图 6-12 所示的对话框。选择其中的 STEP 7 Professional，然后单击"激活"按钮，可以激活试用版许可证密钥，获得 21 天的试用期。

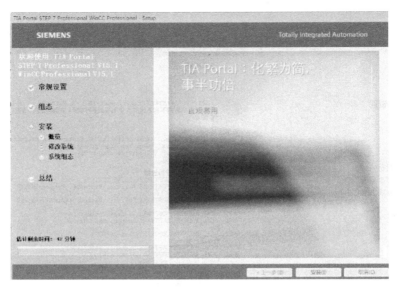

图 6-10　系统安装剩余时间提示界面

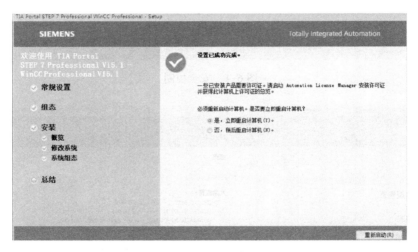

图 6-11　设置成功完成提示

图 6-12　激活试用版许可证密钥

　　博途软件本身有很多不同的版本，这些版本所支持的硬件版本也不同，一般是高版本的博途软件所支持硬件版本也高。所以实际使用中可能因为某些备件的版本较高，而需要升级博途软件。博途软件可通过升级工具"Totally Integrated Automation Updater"（"开始"→"Siemens

Automation")进行升级包的下载和安装,如图 6-13 所示。但是它仅支持版本内的升级,例如可将 V14 升级成 V14 SP1,但不能将 V14 升级成 V15。另外,该升级工具也可以进行硬件支持包的安装,如图 6-14 所示。如果某备件所需的博途软件版本高于当前版本,则该硬件支持包将不会出现在图 6-14 中的升级工具中。

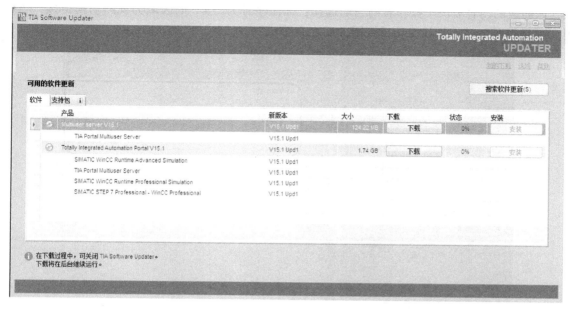

图 6-13　博途软件的升级

图 6-14　硬件支持包的升级

6.3　博途软件的常用功能

6.3.1　博途软件的视图结构

打开博途软件后看到的视图是 Portal 视图,其实博途软件是有两种视图结构的,分别为

Portal 视图与项目视图。

如图 6-15 所示，为 Portal 视图的界面结构示意图。标注序号为 "1" 的区域为登录选项，它为各个任务区提供基本功能；标注序号为 "2" 的区域为所选择登录选项对应的操作，可在每个登录选项中调用上下文相关的帮助功能；标注序号为 "3" 的区域为所选操作的选择面板，该面板的内容取决于操作者的当前选择；标注序号为 "4" 的区域为视图切换链接，可使用 "项目视图" 链接切换至项目视图，反之亦然。

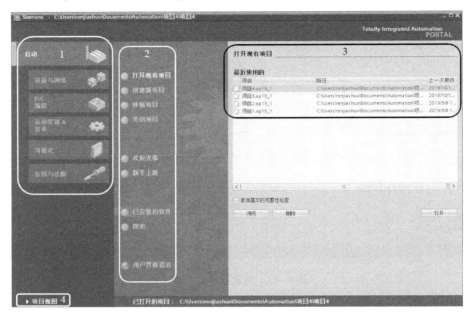

图 6-15　Portal 视图界面结构

如图 6-16 所示，为项目视图的界面结构示意图。标注序号为 "1" 的区域为菜单栏与工具栏，菜单栏包含工作所需的全部命令，工具栏提供常用命令的按钮，可以更方便地访问 "保

图 6-16　项目视图界面结构

存""编译""上传""下载"等命令；标注序号为"2"的区域为项目树，项目中所有对象通过树形逻辑结构，合理整合在项目树中，使用项目树功能，可以访问所有组件和项目数据，可以执行下面这些任务：添加新组件、编辑现有组件、扫描和修改现有组件的属性；标注序号为"3"的区域为详细视图，单击项目树中的对象，可以在详细视图中显示出所选对象的详细信息；标注序号为"4"的区域为工作区，双击项目树中的对象，可以在工作区打开该对象的编辑窗口，在工作区可以打开若干个对象，但每次工作中只能看到其中的一个，如果没有打开任何一个对象，则工作区是空的；标注序号为"5"的区域为资源卡，可以智能地根据编辑的元素选择当前所需的资源，例如组态时资源卡中会出现硬件选择目录，编程时会出现指令，制作 HMI 画面时会出现工艺操作画面所需的对象等；标注序号为"6"的区域为巡视窗口，对象或执行操作的附加信息均显示在巡视窗口中。

请扫描二维码 6-1 观看博途软件基本操作的讲解视频。

6-1

6.3.2　硬件组态

在编写程序之前，要进行硬件的组态。硬件组态的任务就是要通过软件的设置以及下载的方式"告诉"CPU，它都需要控制那些模块，这些模块都在哪个框架的哪些槽位上，以及这些模块有什么属性等信息。

如图 6-17 所示，可以在 Portal 视图中打开现有项目或创建新项目后，选择"组态设备"，之后添加新设备；也可在项目视图的项目树中双击"添加新设备"进行组态。

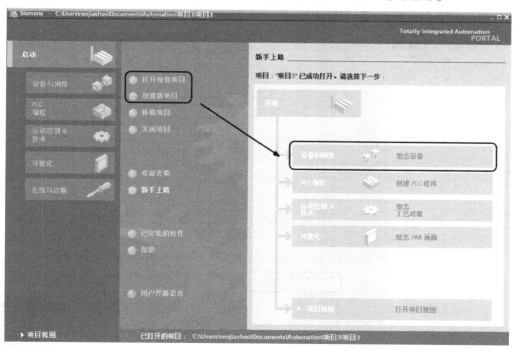

图 6-17　在 Portal 视图中选择"组态设备"

添加新设备首先要选择对应的控制器并添加，如图 6-18 所示。对于 S7-1500，可以像经典 STEP 7 软件的组态方式一样，根据实际硬件的类型、订货号和型号在硬件目录当中逐个添加；特别地，博途软件还有自动获取相连设备组态的功能，如图 6-19、图 6-20 所示，在添加控制器时，选择"非指定的 CPU 1500"，然后在项目视图的工作区单击"获取"，这时所连接设备实际硬件将被自动组态，这种方式既保证了组态的准确性，又很方便、快捷。

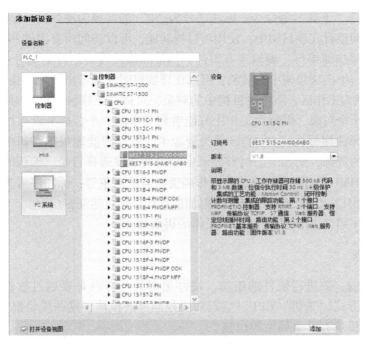

图 6-18　选择控制器

请扫描二维码 6-2 观看 S7-1500 PLC 自动组态的讲解视频。

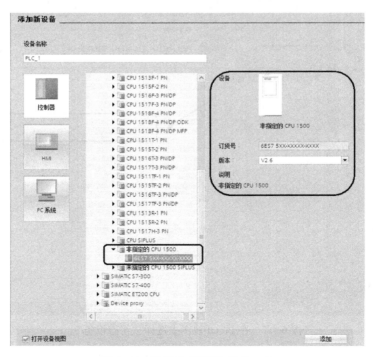

图 6-19　选择非指定的 CPU 1500

6-2

6.3.3　编程

在硬件组态完成后，需要根据项目的实际需要进行编程，如图 6-21 所示，在项目树中找到程序块，双击 Main[OB1]即可在主程序中进行编程，当然也可以通过添加新块，在其他"块"中编写相应的程序。

请扫描二维码 6-3 观看博途软件中梯形图编写时基本操作的讲解视频。

6-3

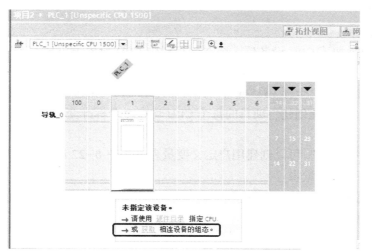

图 6-20　获取相连设备组态示意图

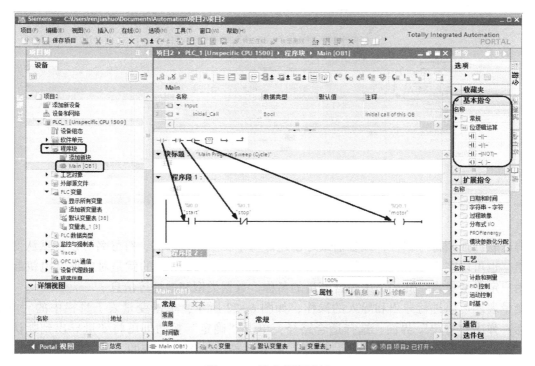

图 6-21　输入程序示例

1. 简单的编程举例

下面以一个简单的程序为例，说明程序的编写过程。项目所要完成的功能为由起动、停止两个开关去控制一台电机的起停。

编写"程序段 1"，可以先后用鼠标左键直接把常开触点（不取反）、常闭触点（取反）（关于指令的具体用法详见 7.4.1 节）和线圈拖拽到相应的位置；也可以在窗口右侧的基本指令——位逻辑运算当中选择所需要的这三个位指令。之后要给指令分配地址：I0.0、I0.1、Q0.1，博途软件将自动将其命名为 Tag_1、Tag_2、Tag_3，但是这样程序的可读性不强，可以通过选中指令并点击鼠标右键选择"重命名变量"来把变量名称改为符合项目需要的"start""stop"和"motor"。

2. 变量表的使用

在博途软件中添加了 CPU 设备后，会在项目树中 CPU 设备下出现一个"PLC 变量"文件夹，该文件夹中有三个选项：显示所有变量、添加新变量表和默认变量表，如图 6-22 所示。

"显示所有变量"包含全部 PLC 变量、用户常量和 CPU 系统常量，该表不能删除。

"默认变量表"是系统创建，项目的每个 CPU 均有一个标准变量表，该表不能删除、重命名或移动。

双击"添加新变量表"可以创建用户定义变量表，如图 6-22 所示。可以根据要求为每个 CPU 创建多个用户定义变量表。

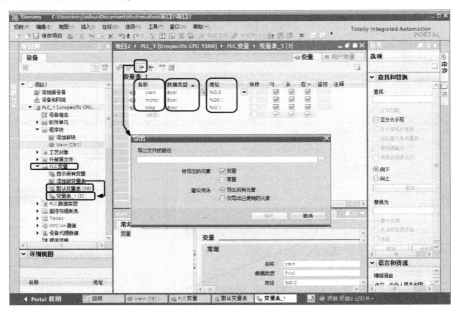

图 6-22　变量表说明图

博途软件强调符号编程，编程前最好创建好每个变量的符号名，符号名可以在默认变量表中创建，也可以在用户自行添加的新变量表中添加。图 6-22 所示的就是对应前文电机起停程序的用户定义变量表，此表当中包含变量的名称、数据类型和地址等信息。

变量表还可以进行导出和导入的操作，如图 6-22 所示，单击变量表工具栏中的"导出"图标，弹出"导出"界面，选择适合路径，单击"确定"按钮即可将变量导出到默认名为"PPLCTag. xlsx"的 Excel 文件当中；同样，单击"导出"图标右侧的"导入"图标，可将变量导入变量表。

变量使用过程中若绝对地址与变量的数据类型不一致，或绝对地址被分配了两次，变量表中地址那一列会在相应的地址处出现背景颜色提示错误；若符号名称被分配了两次及以上，将从第一个重复的符号名称开始，在其后面自动添加"（次数）"。

请扫描二维码 6-4 观看博途软件的变量表操作讲解视频。

6-4

3. 变量的拖拽

前文提到可以将指令直接拖拽到程序段上进行编程，而程序中的变量不仅可以输入进去，也可以直接拖拽，变量的自由拖拽是博途软件的一大特色。拖拽方式主要包括以下几种。

由变量表向程序拖拽，如图 6-23a 所示；由硬件组态界面向程序拖拽，如图 6-23b 所示，将硬件组态界面放大显示至可以显示出变量地址，然后直接从硬件组态界面下将该变量向程序中拖拽；由 DB 块向程序拖拽，如图 6-23c 所示；程序之间的拖拽，如图 6-23d 所示，同时打开多个程序块，程序之间可以自由拖拽变量。

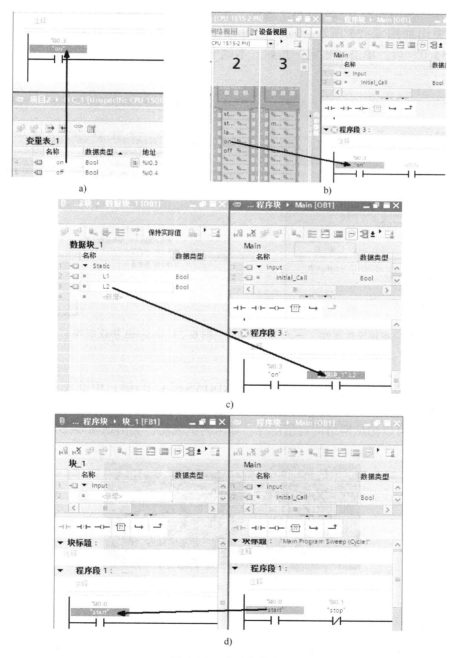

图 6-23　变量的拖拽

a）由变量表向程序拖拽　b）由硬件组态界面向程序拖拽　c）由 DB 块向程序拖拽　d）程序之间的拖拽

6.3.4　下载

硬件配置和程序编写完成后便可进行下载工作。

1. 修改安装博途软件的计算机的 IP 地址

一般新购买的 S7–1500 的 X1 接口的 IP 地址默认为"192.168.0.1",下载前必须保证安装了博途软件的计算机的 IP 地址与 S7–1500 的 IP 地址在同一网段。打开计算机的"控制面板"→"网络和 Internet"→"网络连接",选择"本地连接",单击鼠标右键后,选中"属性"命令,弹出界面如图 6–24 所示,选择"Internet 协议版本 4(TCP/IPv4)"并单击"属性"按钮,弹出如图 6–25 所示界面,把 IP 地址设为"192.168.0.10"、子网掩码设置为"255.255.255.0"后,单击"确定"按钮。本例中 IP 末尾的"10"可以被 2~255 中的任意一个整数替换。

图 6–24　本地连接属性

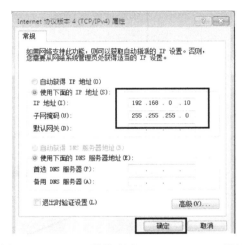

图 6–25　Internet 协议版本 4(TCP/IPv4)属性

2. 测试通信

在 Windows 系统的"运行"(或键盘的 WINDOWS 键+〈R〉键)中键入 CMD,进入 DOS 界面,使用"IPCONFIG"命令查询本机的 IP 地址。使用 PING+S7–1500 的 IP 地址,即"192.168.0.1",可以测试网络的通信情况。如果测试成功,会出现图 6–26 中的提示。

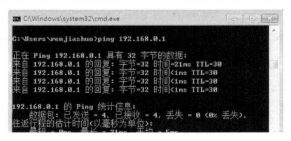

图 6–26　测试成功提示

3. 下载操作

在项目视图中,单击"下载到设备"按钮,弹出界面如图 6–27 所示,选择"PG/PC 接口的类型"为"PN/IE",选择"PG/PC 接口"为实际网卡的型号,不同的计算机可能不同,需要注意的是,初学者容易选择成无线网卡,容易造成通信失败。

单击"开始搜索"按钮,博途软件会搜索到可以连接的设备,选中找到的设备后,单击

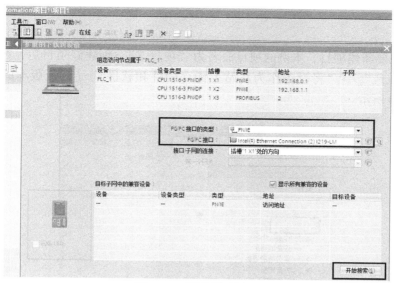

图 6-27　下载提示界面

"下载"按钮会弹出如图 6-28 所示界面，在此界面单击"装载"按钮会弹出如图 6-29 所示的界面，在此界面中单击"完成"按钮即可。

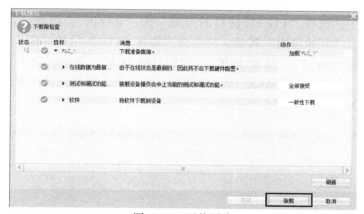

图 6-28　下载预览

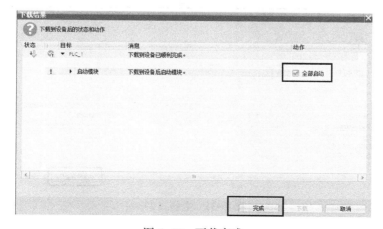

图 6-29　下载完成

6.3.5　上传

上传前首先要新建项目，本例的项目命名为"项目 X"，创建好项目后，在项目视图的菜单栏中选择"在线"→"将设备作为新站上传（硬件和软件）"（过低版本的博途没有该选项），如图 6-30 所示。

图 6-30　上传（1）

在弹出的界面中，选择"PG/PC 接口的类型"为"PN/IE"，选择"PG/PC 接口"为实际网卡的型号，单击"开始搜索"按钮，将会弹出如图 6-31 所示的界面。在该界面中可以看到搜索到可连接设备"plc_1"，其 IP 地址为"192.168.0.1"。单击界面中"从设备上传"按钮，当上传完成时，会弹出如图 6-32 所示的界面，界面下方的信息选项卡中显示"从设备上传已完成（错误：0；警告：0)"。

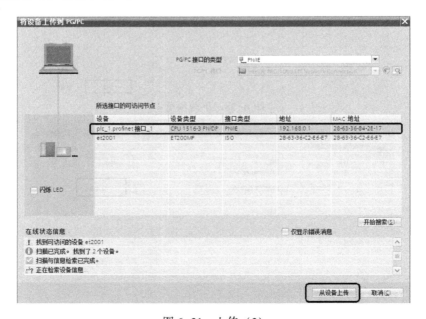

图 6-31　上传（2）

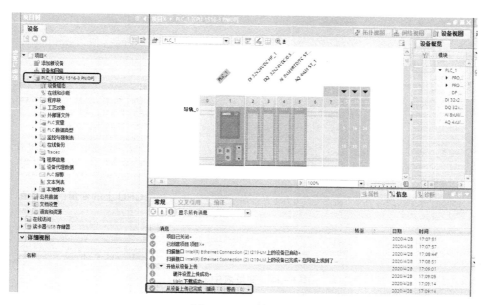

图 6-32　上传成功

6.3.6　监控

1. 一般程序块的监控

打开一个程序后，在程序编辑窗口的工具栏中单击"监控" ⌖ 图标，便可以打开监控，如图 6-33 所示。对于 DB 块，可以监控其中所有变量当前的值；对于 FC 块、FB 块和 OB 块，可以监控程序中变量的值及梯形图信号的通断状况。

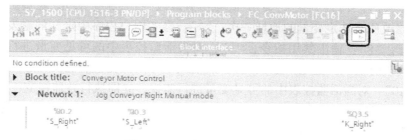

图 6-33　程序块中的监控按钮

2. 变量表中的监视

在变量表当中，同样可以通过单击变量表中的"监控" ⌖ 图标对变量的值进行监视。如图 6-34 所示，可以在监视值一列看到 CPU 上的变量当前值。

3. 监控表的使用

在调试的时候，有时需要监控某些变量的值，有时需要更改程序中某些变量的值，这就需要使用到监控表。监控表也称为监视表，可以显示用户程序所有变量的当前值，也可以将特定的值分配给用户程序中的各个变量。

当博途软件的项目中添加了 PLC 设备后，系统会自动为该 PLC 的 CPU 生成一个"监控与强制表"文件夹，如图 6-35 所示，双击"添加新监控表"选项，即可创建新的监控表，默认名称为"监控表_1"，需要在监控表中输入想要监控的变量。监控表的工具条中有 10 个按钮

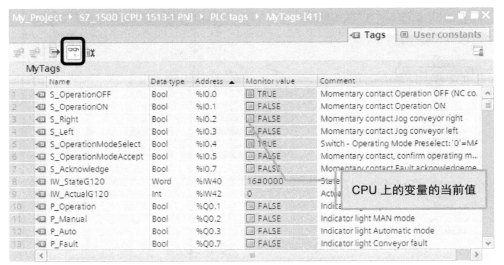

图 6-34 变量表中的监控

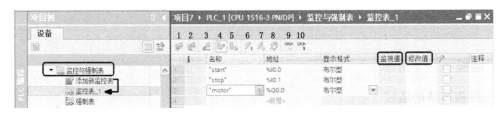

图 6-35 监控表示意图

（见图 6-35），它们的功能分别为"1"：在所选行之前插入一行；"2"：在所选行之后插入一行；"3"：插入一个注释行；"4"：显示/隐藏所有修改列；"5"：显示/隐藏扩展模式的所有列；"6"立即修改所有选定变量的地址一次；"7"：参考用户程序中定义的触发点，修改所有选定变量的地址；"8"：输出禁用指令；"9"：对激活监控表中的可见变量进行监视，在基本模式下，监视模式的默认设置是"永久"，扩展模式下可以为变量监视设置定义的触发点；"10"：对激活监控表中的可见变量进行监视，立即执行并监视变量一次。当单击监视按钮后，可以在监控表的监视值一列看到变量的当前值，也可以在修改值一列单击鼠标右键对值进行修改。

请扫描二维码 6-5 观看博途软件的上载、下载和在线操作的讲解视频。

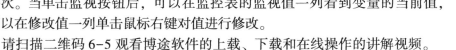

6-5

6.3.7 在线诊断

当 CPU 出现硬件或者软件故障时，可以通过博途软件进行在线诊断。比如当系统中存在硬件故障时，若项目处于在线状态，项目树中有故障的部分会显示出一个红色扳手 图标，直接双击此图标，或单击项目树中的"在线和诊断"按钮都可以打开诊断窗口，选择其中的"诊断缓冲区"就可以看到有关此故障的一些具体信息，还可以将这些信息保存。

若项目处于离线状态，可在项目树中较靠后的位置找到"在线访问" ▶ 在线访问 图标，将其展开找到实际使用的网卡后，双击"更新可访问的设备" 更新可访问的设备 图标，找到对应 PLC 站点，单击其旁边的三角图标将其展开，便会出现"在线和诊断"选项，双击它同样可以打开上述诊断窗口。

关于 PLC 诊断的详细介绍，请见第 10 章。

6.3.8　库功能

博途软件还具有强大的库功能，可以将需要重复使用的对象存储到库中。此对象可以是博途软件中的硬件组态、变量表、程序块、用户自定义数据类型、一个分布式 I/O 站或者是一整套 PLC 系统，还可以是 HMI 的画面或者是画面上的几个元素组合，几乎所有的对象都可以成为库元素。掌握库功能能够显著提高工程开发的效率。

在博途软件中，单击右侧工具栏的"库"，即可打开库界面，如图 6-36 所示。每个项目都连接一个项目库，项目库跟随着项目打开、关闭和保存。软件中还包含"全局库"，它独立于项目数据，一个项目可以访问多个全局库、一个全局库可以同时用于多个项目中。如果在一个项目中更改了某个库对象，则在所有打开该库的项目中，该库都会随之更改。如果项目库的库对象要用到其他对象中，可将该库对象移动或复制到全局库。

图 6-36　"库"任务栏

项目库和全局库中都包含以下两种不同类型的对象。

1. 模板副本

基本上所有对象都可保存为模板副本。模板副本是用于创建常用元素的标准副本。可以创建所需元素并将其插入到基于模板副本的项目中。这些元素都将具有模板副本的属性。模板副本既可以位于项目库中，也可以位于全局库中。项目库中的模板副本只能在本项目中使用，全局库中的模板副本可用于不同的项目中。

模板副本没有版本号，也不能进行二次开发。

2. 类型

运行用户程序所需的元素（例如程序块、PLC 数据类型和画面等）可作为类型。类型有版本号（修改时将自动更新版本号），可以进行二次开发。

6.3.9　Trace

Trace 即趋势图、曲线图、轨迹图或跟踪功能，可以捕捉快速变化的信号，也可以在没有操作画面的时候观察变量的变化曲线；可以实时记录每个扫描周期数据，并可保存、复制，帮助用户快速定位问题，提高调试效率。

变量的采样通过 OB 块触发，也就是说只有 CPU 能够采样的点才能被记录。

在项目树的"Traces"目录下通过"添加新 Trace"创建一个 Trace，其名称可自由定义。

打开该 Trace，在"组态"→"信号"标签栏中添加需要跟踪的变量，如图 6-37 所示。

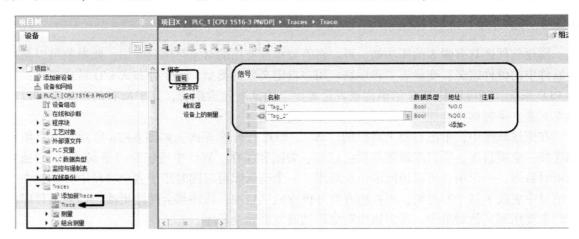

图 6-37　添加新 Trace 及配置 Trace 采样信号

在"记录条件"标签栏中设定采样和触发器参数，如图 6-38、图 6-39 所示。

图 6-38　配置采样信息

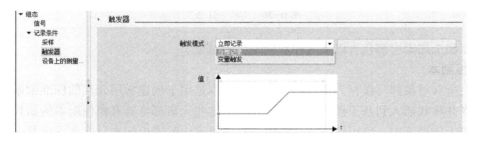

图 6-39　配置触发器信息

图 6-38、图 6-39 中，"测量点"：使用 OB 块触发采样，处理完用户程序后，在 OB 块的结尾处记录所测量的数值。通常情况下，信号在哪一个 OB 块处理就选择哪一个 OB 块，如果是多个信号，则选择扫描周期最短的 OB 块；"记录频率"：选择多少个采样点记录一次数据；"记录时长"：定义测量点的个数或使用的最大测量点，测量点的个数与变量的个数和数据类型有关；"触发模式"：分为立即触发（单击"记录"按钮后立即开始记录，到记录的测量点后停止并将轨迹保存），和变量触发（单击"记录"按钮后，直到触发的变量满足条件时才开始记录，到记录的测量点后停止并将轨迹保存）。

信息配置完成后，可通过 Trace 工具栏中的按钮进行操作，如图 6-40 所示，各按钮功能如下："1"为在设备上安装轨迹；"2"为上传到已设置的轨迹；"3"为观

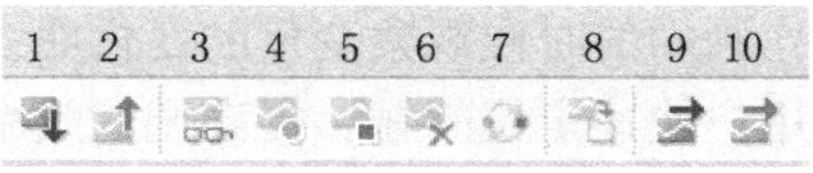

图 6-40　Trace 工具栏中的按钮

察开/关；"4"为激活记录；"5"为禁用记录；"6"为从设备中删除；"7"为自动重复记录；"8"为添加到测量；"9"为导出轨迹配置；"10"为导出具有当前可见设置的测量。

请扫描二维码 6-6 观看博途软件中 Trace 功能的讲解视频。

6.4　博途的仿真器

博途软件集成了 SIMATIC S7-300/400 PLC 的仿真器，但 S7-1200/1500 的仿真器需要单独安装，安装之后就可以在编程器上直接仿真 S7-1500 系列 PLC 的运行和测试程序。PLC 仿真器完全由软件实现，不需要任何硬件，所以基于硬件产生的报警和诊断不能仿真。

博途软件有不同类型的仿真器，例如 HMI 仿真器、SIMATIC S7-300/400 仿真器和 SIMATIC S7-1500 的仿真器，这些仿真器基于不同的对象。为了便于操作，在软件中有一个启动仿真的按钮，选择仿真的对象后则启动仿真器会与其自动匹配。

如图 6-41 所示，在项目树中通过鼠标选择 SIMATIC S7-1500 站点，然后再单击菜单栏中的启动仿真按钮，即可启动 SIMATIC S7-1500 仿真器并自动弹出下载窗口。在 "PG/PC 接口"栏中选择 "PLCSIM"，程序下载完成后，仿真器运行，这时可以看到仿真器的精简视图。

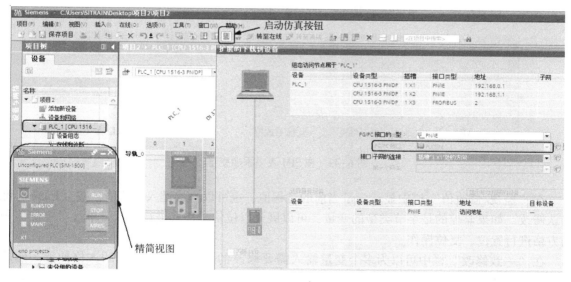

图 6-41　仿真器启用示意图

通过仿真器视图中的按钮可以切换仿真器的精简视图和项目视图，如图 6-42 所示为仿真器的项目视图，工具栏中框起来的即为切换按钮，在这里可以看到仿真器中包含了 SIM 表格（SIM tables）和序列（Sequences）。在博途软件中调试程序时可以切换到精简视图；对仿真器的操作，如增加序列时，则可以切换到项目视图。

请扫描二维码 6-7 观看 S7-1500 PLC 仿真器使用的讲解视频。

图 6-42 仿真器项目视图

6.4.1 仿真器的 SIM 表格

S7-PLCSIM 中的 SIM 表可用于修改仿真输入并能设置仿真输出，与 PLC 站点中的监视表功能类似。一个仿真项目可包含一个或多个 SIM 表格。鼠标双击打开项目视图中的 SIM 表格，在表格中输入要监控的变量，在"名称"栏可以查询变量名称。除优化的数据块外，也可以在"地址"栏直接键入变量的绝对地址，如图 6-43 所示。

图 6-43 在 SIM 表中添加变量

在"监视/修改值"栏中显示变量当前的过程值，也可以直接键入修改值，按〈Enter〉键确认修改。如果监控的是字节类型的变量，可以展开以位信号格式进行显示，单击对应位信号的方格进行置位、复位操作。

在"一致修改"栏中可以为多个变量输入需要修改的值，并单击后面的方格使能。然后单击 SIM 表格中工具栏的"修改所有选定值" 图标，批量修改这些变量，以便更好地对过程进行仿真。

SIM 表格可以通过工具栏中的按钮导出并以 Excel 格式保存，反之也可以从 Excel 文件导入。

请扫描二维码 6-8 观看博途软件中手动改变变量数值操作的讲解视频。 6-8

6.4.2 仿真器的序列

对于顺序控制，仿真时就需要按照一定的时间去处理一个或多个信号，通过 SIM 表格进行仿真就比较困难，仿真器的序列功能可以很好地解决这样的问题。

双击打开一个新创建的序列，按照控制要求添加修改的变量并定义设置变量的时间点，如

图 6-44 所示。

图 6-44　设定序列

在"时间"栏中设置修改变量的时间点，时间将以时：分：秒．小数秒（00：00：00.00）格式进行显示；在"名称"栏可以查询变量的名称，除优化的数据块外，也可以在"地址"栏直接键入变量的绝对地址，只能选择输入（%I：P）、输出（%Q 或%Q：P）、存储器（%M）和数据块（%DB）变量；在"操作参数"栏中填写变量修改值，如果是输入位（%I：P）信号还可以设置为频率信号。

6.4.3　仿真通信功能

到目前为止，通过仿真器最多可以仿真两个 PLC 站点间的通信功能，通信功能仅限于仿真 PUT/GET、BSEND/BRCV 和 USEND/URCV 指令。

选择一个站点，然后启动仿真器并下载程序，然后以相同的方式启动另外一个仿真器，必须保证仿真 CPU 的 IP 地址不能相同并且在同一台 PC（机）上进行仿真，通信的编程和测试详见第 9 章。

请扫描二维码 6-9、6-10 观看博途软件中 SCL 语言和 GRAPH 语言的讲解视频。

6-9　　　6-10

思考题及练习题

1. 请说明什么叫作硬件组态，组态有哪几种方法，并简述自动获取相连设备组态的过程。
2. 博途软件的一大特色是在编程时可以对变量进行拖拽，请说明变量的拖拽分为哪几种情况。
3. 请分析在什么情况下会使用到上传的功能，并简述上传的基本步骤。
4. 请简述博途软件中，实现监控功能的几种情况。
5. 若要使用博途软件的仿真器来仿真顺序控制，应采取什么方法？

第7章

S7-1500 PLC 的软件编程

7.1 S7-1500 PLC 的数据类型

7.1.1 基本数据类型

对于 S7-1500 PLC，基本数据类型主要有以下几种，详见表 7-1。

1）位数据类型：BOOL、BYTE、WORD、DWORD、LWORD。

2）算术数据类型：SINT、USINT、INT、UINT、DINT、UDINT、REAL、LINT、ULINT、LREAL。

3）字符类型：CHAR、WCHAR。

4）定时器及时间日期类型：S5TIME、TIME、DATE、TIME_OF_DAY、LTIME、LTIME_OF_DAY。

表 7-1 基本数据类型的名称、位数、常数范围及变量示例

类 型 名 称	符号名	位数	常 数 范 围	变量示例（绝对地址）
位/点/开关量/数字量/布尔量	BOOL	1	1 或 0（TRUE/FALSE）	I0.0、Q0.0、M0.0、DB1.DBX0.0（非优化）
字节	BYTE	8	16#00~16#FF	IB0、QB4、MB0、DB2.DBB6（非优化）
短整数	SINT		−128~127	
无符号短整数	USINT		0~255	
字符	CHAR		16#00~ 16#FF，如 'p' 'L' 或 'c'	
字	WORD	16	16#0~16#FFFF	IW0、QW0、MW0、DB3.DBW0（非优化）
整数	INT		−32768~32767	
无符号整数	UINT		0~65535	
SIMATIC 时间	S5#TIME		S5T#10MS~S5T#2H_46M_30S	
IEC 日期	DATE		D#1990−01−01~D#2169−06−06	
16 位宽字符	WCHAR		16#0~16#FFFF，如 WCHAR# '国'	
双字	DWORD	32	16#0000_0000~16#FFFF_FFFF	ID0、QD0、MD0、DB4.DBD0（非优化）
长整数（双整数）	DINT		−2147483648~2147483647	

（续）

类型名称	符号名	位数	常数范围	变量示例（绝对地址）
无符号长整数	UDINT		0~4294967295	
浮点数（实数）	REAL	32	$-3.402823×10^{38}$ ~ $-1.17549435×10^{-38}$， 0， $1.17549435×10^{-38}$ ~ $3.402823×10^{38}$	ID0、QD0、MD0、DB4. DBD0（非优化）
IEC 时间（32 位）	TIME		T#-24D_20H_31M_23S_648MS ~ T#24D_ 20H_31M_23S_647MS	
实时时间 TOD	TIME_OF_DAY		TOD#00：00：00.000~TOD#23：59：59.999	
长字	LWORD		16#0000_0000_0000_0000 ~ 16#FFFF_ FFFF_FFFF_FFFF	
64 位整数	LINT		-9223372036854775808~ 9223372036854775807	
无符号 64 位整数	ULINT		0~18446744073709551615	
长浮点数	LREAL	64	$-1.7976931348623158×10^{308}$ ~ $-2.2250738585072014×10^{-308}$， 0， $2.2250738585072014×10^{-308}$ ~ $1.7976931348623158×10^{308}$	见后文
IEC 时间（64 位）	LTIME		LT#-106751D_23H_47M_16S_854MS_ 775US_808NS~ LT#106751D_23H_47M_16S _854MS_775US_807NS	
LTOD	LTIME_OF_DAY		LTOD#00：00：00.000000000 ~ LTOD# 23：59：59.999999999	

1. 位数据类型

位数据类型有 BOOL、BYTE、WORD、DWORD 和 LWORD，其编码很简单，BOOL 是 1 位二进制的数据，BYTE 是 8 个 BOOL 排列到一起，WORD、DWORD 和 LWORD 分别是将 16、32 和 64 个 BOOL 排列到一起。因此当位数据以二进制显示时，几乎每一位都能解释出实际的意义。

【例 7-1】将 16 个电机的输出信号连接到一个 DQ16 模块上，如图 7-1 所示。假设为该模块分配的是 Q 区的 0 和 1 号字节，则这 16 个电机输出信号的地址分别为 Q0.0~Q0.7，Q1.0~Q1.7，I/O 模块地址的分配规则详见本章的 7.2.4 节。

Q0.0~Q0.7 这 8 位 BOOL 放到一起其实就是 QB0，Q1.0~Q1.7 这 8 位 BOOL 放到一起是 QB1，如图 7-2 所示。那么 QB0 和 QB1 显示成二进制时，或者说把它们分拆回 8 位的个体时，它的每一位都能解释出具体意义，都是某一台电机的输出信号，当某一位为 0 时，代表需要该电机停止；当某一位为 1 时，代表需要该电机起动。由于每一位都有实际意义，因此这里的 QB0 和 QB1 就是 BYTE，而不是 USINT 或者 SINT 等。

而将上述 16 个 BOOL 放到一起就是 QW0，同样当 QW0 显示成二进制时，它的每一位都能解释出具体意义，也都是某一台电机的输出信号，因此这里的 QW0 就是 WORD，而不是 UINT 或者 INT 等。

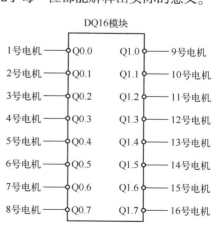

图 7-1　DQ16 模块输出信号连接示意图

32 位的 DWORD 和 64 位的 LWORD 同理。

在监控变量时，BYTE、WORD、DWORD 和 LWORD 也可以显示成其他格式的数值，比如十六进制或十进制，但这个数值的大或小是无法解释出实际意义的。

注意，图 7-2 中，QW0 右侧的最低位对应的是 9 号电机而非 1 号电机，左侧的最高位对应的是 8 号电机而非 16 号电机，即它并不是从右往左依次对应 1 号~16 号电机，这其实就是西门子 PLC 数据的底层存储规则，关于这个规则详见本章的 7.1.2 节。

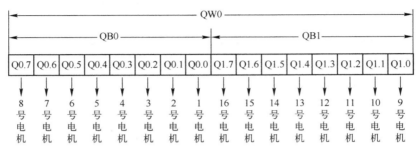

图 7-2　BOOL、WORD 与 DWORD 的组成与对应关系

【例 7-2】假设例 7-1 中 QW0 的数值来源于 MW0 或 DB1.DBW0，如图 7-3 所示，则 MW0 或 DB1.DBW0 就是位数据 WORD。

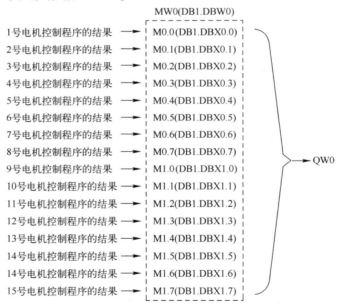

图 7-3　MW0/DB1.DBW0 对 QW0 的赋值示意图

本例还说明了另一个问题，就是除了 Q 区（I 区）以外，M 区和 DB 块也可以用作位数据类型。

2. 整数类型

整数类型有 USINT、SINT、UINT、INT、UDINT、DINT、ULINT 和 LINT。它们主要用来存储不带小数的整数数据，其中由字母"U"打头的都是无符号的，也就是都是 0 或正整数；不是由字母"U"打头的都是有符号的，除了存储 0 和正整数，还可以用来存储负整数。

整数的编码规则很简单。

　　无符号整数（USINT、UINT、UDINT、ULINT）的所有位都是数值位，其对应的十六进制和十进制数值，就是这些数值位直接进行二–十六进制及二–十进制转换而得到的数值，例如图 7-4 中的 USINT 的编码是"10101010"，直接转换成十六进制的数值是"16#AA"，直接转换成十进制的数值是"170"。

　　有符号整数（SINT、INT、DINT、LINT）的最左侧的位（最高位）是符号位，当为 0 及正整数时该位为 0，为负整数时该位为 1。除此之外的其余位均为数值位，当为正整数时，数值位直接进行二–十进制转换即可得到十进制的数值；当为负整数时，数值位的补码（数值位逐个位取反再加 1）进行二–十进制转换，再加上负号即可得到十进制的数值。

　　篇幅所限，64 位的 ULINT 和 LINT 未在图 7-4 中列出。

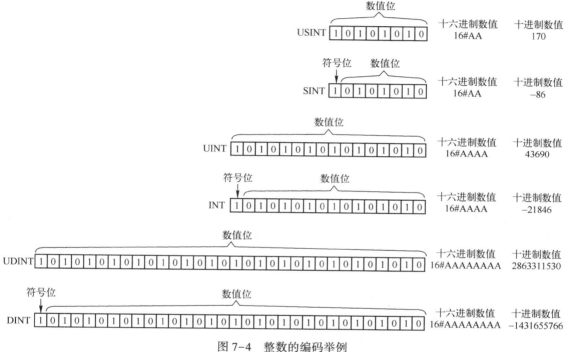

图 7-4　整数的编码举例

　　了解了位数据和整数后，可能会遇到这样的一个困惑，就是当使用绝对地址时，相同位数的位数据和整数会存储到类似名称的绝对地址中，即 IB0（QB0、MB0、DB1.DBB0 或该存储区的其他字节）中可能是 BYTE，也可能是 USINT 或 SINT；IW2（QW2、MW2、DB1.DBW2 或该存储区的其他字）中可能是 WORD，也可能是 UINT 或 INT；ID4（QD4、MD4、DB1.DBD4 或该存储区的其他双字）中可能是 DWORD，也可能是 UDINT、DINT 等。表 7-1 中也提到过，同是 8 位、16 位或 32 位的数据可以存储在同样的绝对地址中。

　　可通过以下内容判断一个绝对地址中的数据是位数据还是整数。

　　在介绍位数据类型时，提到它本质上是多个 BOOL 排列到一起，因此它显示成二进制时，每一位都有实际意义。

　　而整数显示成二进制时，除了符号位可以解释出实际意义外，其余数值位都不能按位来解释意义，整数的实际意义是按整体解释的。

　　【例 7-3】将 4 组量程为 0.0~5.5 m 的液位计信号接到一个 AI4 模块上，如图 7-5 所示。假设为该模块分配的是 I 区从 2 号开始的字节，则这 4 个液位计的地址分别为 IW2、IW4、IW6

以及 IW8, I/O 模块地址的分配规则详见本章的 7.2.4 节。

对于模拟量输入，4~20mA 的电流型信号（或 0~10V 的电压信号）将按比例转换为过程映像区对应地址的 0~27648。如图 7-6 所示，液位计的测量值、线路上的电信号以及 PLC 中相应过程映像区的数值是成比例的。当某液位计测量到的液位值增加的，线路上的电信号就会升高，其相应过程映像区 IW2、IW4、IW6 或者 IW8 中的数值就会变大，反之。因此，此处 IW2~IW8 这四个数据（范围均为 0~27648）是按整体解释实际意义的，即整体的数值变大说明了液位值在增加，整体的数值变小说明了液位值在减小。而如果把这四个数据显示成二进制，将无法按位解释实际意义。这样的数据就是整数，而不是位数据。

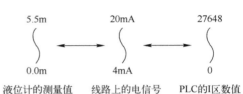

图 7-5　液位计与 AI 模块连接关系示意图　　　　图 7-6　成比例的 PLC 内外部数据

3. 浮点数类型

浮点数是带小数的数，它可以用很小的存储空间表示非常大和非常小的数值，因此其编码与整数有很大差异。32 位浮点数 REAL 在 IEEE754 标准中的格式表示为

$$32 \text{ 位浮点数} = (\text{符号位}) \times 1.\text{f} \times 2^{e-127}$$

32 位浮点数的最高位（第 31 位）是符号位，为 0 时为正数，为 1 时为负数；8 位指数 e 占第 23~30 位；23 位尾数的小数部分 f 占第 0~22 位。

【例 7-4】利用 REAL 的格式公式，验证常数 7 的 REAL 编码。

答：如图 7-7 所示为常数 "7" 的 REAL 编码。

其中，$f = 2^{-1} + 2^{-2} = 0.75$，$e = 2^0 + 2^7 = 129$，则 $1.75 \times 2^{129-127} = 1.75 \times 4 = 7$。

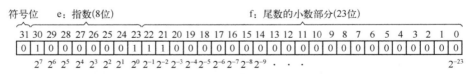

图 7-7　常数 "7" 的 REAL 编码

64 位浮点数 LREAL 在 IEEE754 标准中的格式表示为

$$64 \text{ 位浮点数} = (\text{符号位}) \times (1+f) \times 2^{e-1023}$$

64 位浮点数最高位（第 63 位）是符号位，为 0 时是正数，为 1 时是负数；11 位指数 e 占第 52~62 位；52 位尾数的小数部分 f 占第 0~51 位。

【例 7-5】利用 LREAL 的格式公式，验证常数 7 的 LREAL 编码。

图 7-8 为对某变量赋值常数 "7" 的程序，例 7-4 也可以用该方式得到数值为 7 的 REAL。

图 7-8　对某变量赋值常数 "7" 的程序

如图 7-9 所示为常数 "7" 的 LREAL 编码。

名称	地址	显示格式	监视值
"数据块_1".B	▣	二进制 ▾	2#0100_0000_0001_1100_0000_0000_0000_0000_0000_0000_0000_0000_0000_0000_0000_0000
<添加>			

图 7-9　常数 "7" 的 LREAL 编码

其中，$f = 2^{-1} + 2^{-2} = 0.75$，$e = 2^0 + 2^{10} = 1025$，则 $(1 + 0.75) \times 2^{1025-1023} = 1.75 \times 4 = 7$。

如果把数值为 7 的 REAL 显示成十进制的整数则为 1088421888，如果把数值为 7 的 LREAL 显示成十进制的整数则为 4619567317775286272。可见由于编码不同，浮点数如果显示成整数，会变成与实际数值毫无关系的数。

有的时候由于程序的需要，要把整数转变成浮点数（例如对模拟量输入的处理，见图 7-10）、把浮点数转变成整数等（例如对模拟量输出的处理，见图 7-11），这就需要用到数据类型的转换。

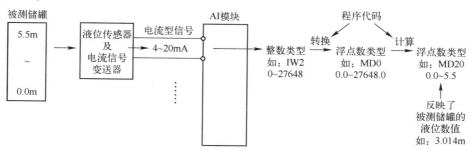

图 7-10　模拟量输入处理示意图

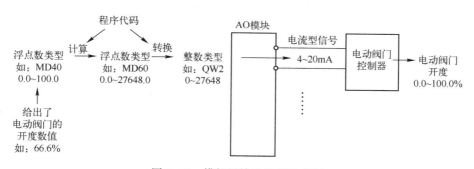

图 7-11　模拟量输出处理示意图

数据类型的转换有两种主要方式：显式转换和隐式转换。显式转换是指必须借助专门的转换指令实现的数据类型转换；而隐式转换是指无须借助专门的转换指令，其转换操作隐含在其他指令中。

例如对于整数转换成浮点数，S7-300/400 PLC 只能使用显式转换的方法，而 S7-1200/1500 PLC 可在加减乘除时隐式地完成该转换。

4. 定时器类型

定时器类型的数据是定时器指令专用的数据类型，定时器指令可以实现延时控制，在工程中很常用，关于定时器指令的讲解请详见本章 7.5 节，本节只介绍定时器的数据类型。

定时器类型主要有 S5TIME、TIME 和 LTIME。

S5TIME 是 SIMATIC 定时器专用的数据类型，SIMATIC 定时器是指西门子 PLC（S7-300/

400/1500，不含 S7-1200 及 S7-200）专用的定时器，图 7-12 为其编码示例。

其低 12 位为 BCD 格式的时间值，第 12、13 位为时基值。

S5TIME 时间值＝BCD 格式的时间值×时基值

所以，即使 BCD 格式的时间值相同，但设置的时基值不同时，S5TIME 时间值就会不相同，不同时基对应的时间范围见表 7-2。

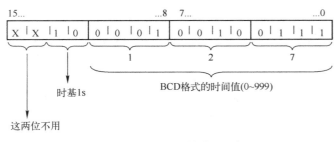

图 7-12　S5TIME 的编码示例

表 7-2　S5TIME 的不同时基对应的时间范围

时基值	时基编码	时间范围
10 ms	00	10 ms～9 s990 ms（9990 ms）
100 ms	01	100 ms～1 min39 s900 ms（99900 ms）
1 s	10	1 s～16 min39 s（999 s）
10 s	11	10 s～2h46 min30 s（9990 s）

时基值就是分辨率，例如在 10 ms 的时基值下，定时器的分辨率是 10 ms。而当时基值为 100 ms 时，定时器的分辨率就是 100 ms，此时就不能完成精度为 10 ms 的定时任务了。

TIME 和 LTIME 是 IEC 定时器的专用数据类型，IEC 定时器是国际标准定时器。

TIME 和 LTIME 的编码可以分别理解为 DINT 和 LINT 的编码。TIME 的单位是毫秒（ms），因此该类型的最大定时时间就是 DINT 最大值对应的毫秒时间。LTIME 的单位是纳秒（ns），因此该类型的最大定时时间就是 LINT 最大值对应的纳秒时间。

5. 时间日期类型

基本数据类型中的时间日期类型有 DATE、TIME_OF_DAY 和 LTIME_OF_DAY。

DATE 类型将包含年、月的日期，以无符号整数 UINT 的形式保存。当显示成无符号整数并且数值为 0 时，切换回 DATE 类型会显示 1990_01_01（1990 年 1 月 1 日），当数值为 1 时，DATE 的显示日期为 1990_01_02。因此 DATE 类型所能表达的日期范围就是 1990_01_01（0）至 2169_06_06（65535），即包含 1990 年 1 月 1 日在内的 65536 天内的任一天。

TIME_OF_DAY 是一天中的时间（32 位），又称 TOD，它将包括小时、分钟、秒及毫秒的时间，以无符号长整数 UDINT 的形式保存。由于最小单位是毫秒，因此 TOD 所能表达的时间范围是 0 小时 0 分 0 秒 0 毫秒（0）至 23 小时 59 分 59 秒 999 毫秒（86399999），即包含 0 小时 0 分 0 秒 0 毫秒在内的 86400000（一天内的毫秒数）毫秒内的任一毫秒。

LTIME_OF_DAY 也是一天中的时间（64 位），又称 LTOD，它将包括小时、分钟、秒及纳秒的时间，以 ULINT 的形式保存。由于最小单位是纳秒，因此 LTOD 所能表达的时间范围是 0 小时 0 分 0 秒 0 纳秒（0）至 23 小时 59 分 59 秒 999999999 纳秒（86399999999999），即包含 0 小时 0 分 0 秒 0 纳秒在内的 86400000000000（一天内的纳秒数）纳秒内的任一纳秒。

6. 字符类型

字符 CHAR 主要为 ASCII 中除控制字符以外的大小写字母、阿拉伯数字、标点符号及运算符号等字符，具体请自行查阅 ASCII 码表。

【例 7-6】表 7-1 中的 'p' 'L' 及 'c' 的数值分别为 16#70、16#4C 及 16#63，在 ASCII 码表中，是区分大小写字母的。

16 位宽字符 WCHAR 为全球文字统一编码 Unicode 字符，具体请自行查阅码表。

【例 7-7】表 7-1 中的 WCHAR# '国'，它的数值为 16#56FD。

7.1.2　绝对地址的访问

上文所述绝对地址的布尔量、字节、字（整数）、双字（长整数或浮点数）的地址之间是有组成关系的，如图 7-13 所示。可见，字节号、字号或双字号是从左至右由小变大的，即低地址在其左侧。而在每个字节中的布尔量地址从左至右却是由大变小的，即低地址在其右侧。西门子 S7 PLC，包括 S7-300/400/1200/1500/200/200 SMART PLC 的绝对地址组成都是这个规律。

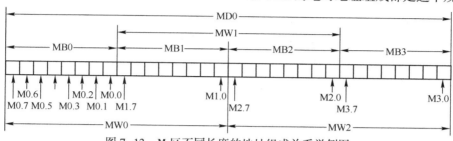

图 7-13　M 区不同长度的地址组成关系举例图

另外，图 7-13 中只是表达了位存储器 M 地址区的一小段，如果图 7-13 中表达的是 M 区的另外一段，例如四个字节分别是 MB40、MB41、MB42、MB43，上述组成关系仍然成立。如果是其他的地址区，比如输入过程映像区 I、输出过程映像区 Q、数据块 DB 等，其组成关系也是如此。

由图 7-13 可以这样理解，西门子 S7 PLC 中数据的基本单位是字节，当需要用到布尔量地址时，由于字节中包含了 8 个布尔量，所以 MB0 里的 8 个布尔量是 M0.0~M0.7，QB16 里的 8 个布尔量是 Q16.0~Q16.7。

当需要用到字或整数等的 16 位地址时，就需要用两个相邻的字节组合在一起，比如 MB0 和 MB1 组合成 MW0，MB2 和 MB3 组合成 MW2，由于字或整数在存储空间上是两个字节的组合，所以当使用了 MW0 这个字地址时，就相当于同时使用了 MB0 和 MB1 这两个字节地址，那么 M 区的下一个字或整数的地址就不要使用 MW1 了（除非相应的程序代码是对其进行"读"操作）。MW1 是 MB1 和 MB2 的组合（见图 7-13），其中 MB1 已经被前面的 MW0 用到了。如果同时编写了对 MW0 和 MW1 的"写"操作的程序，由于 CPU 在程序执行阶段，每个扫描周期内都会执行这两个"写"操作，所以两个"写"操作相当于同时作用在 MB1 上，这样的运算结果一定有误。I 区、Q 区、DB 块及局部数据区的数据也是一样。

当需要使用双字、长整数或浮点数等的 32 位绝对地址时，就需要将相邻的四个字节组合在一起，如果使用了 MD0，就相当于同时使用了 MB0、MB1、MB2 和 MB3，那么下一个可以使用的双字、长整数或浮点数地址便为 MD4 了。

7.1.3　复杂数据类型

S7-1500 PLC 的复杂数据类型包括 DT、LDT、DTL、STRING、WSTRING、ARRAY、STRUCT。

1. 日期和时间

DT、LDT 和 DTL（见表 7-3）是相对复杂的日期和时间类型，因此被划分到了复杂数据类型中。

表 7-3　DT、LDT 及 DTL 的位数及常数范围

类 型 名 称	位数	常 数 范 围
DT（DATE_AND_TIME）	64	DT#1990-01-01-00：00：00.000~DT#2089-12-31-23：59：59.999

（续）

类型名称	位数	常数范围
LDT（DATE_AND_LTIME）	64	LDT#1970-01-01-00：00：00.000000000 ~ LDT#2262-04-11-23:47:16 854775807
DTL	96	DTL#1970-01-01-00：00：00.0~DTL#2262-04-11-23:47:16 854775807

（1）DT 类型

DT（DATE_AND_TIME）以 BCD 的格式存储 1990 年 1 月 1 日 0 时 0 分 0 秒 0 毫秒的日期和时间信息。如图 7-14 所示，第 0~5 字节分别存储了年、月、日、小时、分钟和秒的信息；第 6 字节和第 7 字节的高 4 位存储了毫秒信息；第 7 字节的低 4 位存储了星期信息，为 1 时代表周日，为 2~7 依次代表周一~周六。

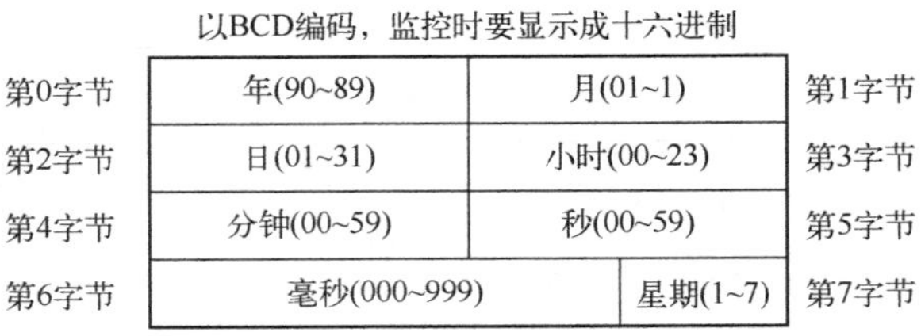
以BCD编码，监控时要显示成十六进制
第0字节
年(90~89)
月(01~1)
第1字节
第2字节
日(01~31)
小时(00~23)
第3字节
第4字节
分钟(00~59)
秒(00~59)
第5字节
第6字节
毫秒(000~999)
星期(1~7)
第7字节

图 7-14　DT 的存储格式

【例 7-8】 查看 DT 中的星期信息。

DT 不能在 M 区中创建，可以在优化及非优化的全局 DB 块中创建。

监控 DT 的整体数据时，星期信息无法直接读到，如图 7-15 所示的第 1 行变量，只能监控到 2020 年 10 月 15 日 9 时 43 分 58 秒 127 毫秒这些信息。如果需要监控星期信息，可单独取其第 7 字节的低 4 位，本例中第 7 字节是 DB2. DBB69，其低 4 位的数值 5，由前文可知 5 代表当日为星期四。

	i	名称	地址	显示格式	监视值
1		"数据块_2"."DT#1"	P#DB2.DBX62.0	DATE_AND_TIME	DT#2020-10-15-09:43:58.127
2			%DB2.DBB62	十六进制	16#20
3			%DB2.DBB63	十六进制	16#10
4			%DB2.DBB64	十六进制	16#15
5			%DB2.DBB65	十六进制	16#09
6			%DB2.DBB66	十六进制	16#43
7			%DB2.DBB67	十六进制	16#58
8			%DB2.DBB68	十六进制	16#12
9			%DB2.DBB69	十六进制	16#75

图 7-15　DT 的监控示例

另外，可以对照图 7-14 查看图 7-15 中的每个字节的十六进制数值。值得注意的是毫秒信息，它占用了一个半字节，因此 127 毫秒分别存储到 DB2. DBB68 和 DB2. DBB69 中。

说明：

图 7-15 中的 DB2. DBB62 至 DB2. DBB69 只是通过绝对地址直接进行监控，它们并不是独立的变量，因此没有变量名称。

（2）LDT 类型

LDT（DATE_AND_LTIME）是基于 ULINT 的日期和时间信息数据类型。

与 DT 不同的是，LDT 的结构十分简单，LDT 中存储的是 1970 年 1 月 1 日 0 时 0 分 0 秒 0 纳秒以来的纳秒值，因此 LDT 所能表达的最大时间就是 ULINT 的最大值所对应的日期时间的纳秒值，即 2554 年 07 月 21 日 23 点 34 分 33 秒 709551615 纳秒。但西门子官方定义该类型最大值时，使最高位为 0，因此为 2262 年 4 月 11 日 23 点 47 分 16 秒 854775807 纳秒。

可能会有人认为 LDT 与 LTIME 很相似，下面简单对比一下。

相同点：

1）都使用 64 位数据存储时间信息，表达的时间范围都很长。

2）都是以纳秒为单位。

不同点：

1）LTIME 基于 LINT 编码，LDT 基于 ULINT 编码。

2）LTIME 一般用于 IEC 定时器，表达的是相对的时间，LDT 表达的是绝对的时间。

（3）DTL 类型

DTL 是占用 12 字节的日期时间类型，它存储的是 1970 年 1 月 1 日 0 时 0 分 0 秒 0 纳秒以来的纳秒值，尽管 UINT 的最大值为 65535，但官方对其最大值定义参考了 LDT 类型，即与 LDT 的最大值相同。如图 7-16 所示，第 0、1 字节整体以 UINT 存储年信息；第 2~7 字节分别以 USINT 存储月、日、星期、小时、分钟及秒信息，其中星期信息中，为 1 时代表周日，为 2~7 依次代表周一~周六；第 8~11 字节整体以 UDINT 存储纳秒信息。

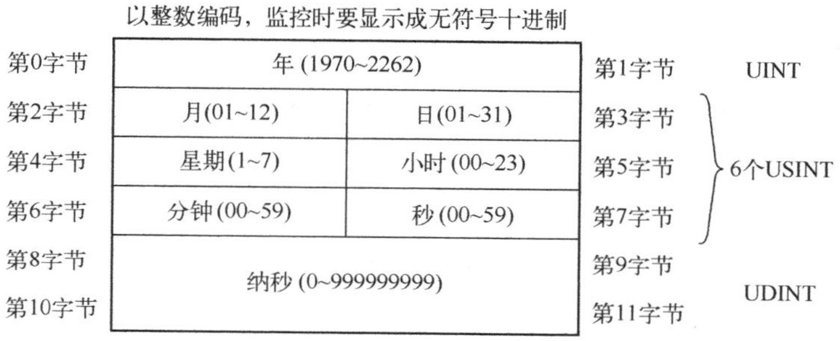

图 7-16　DTL 的存储格式

【例 7-9】 查看 DTL 中的各时间元素。

由图 7-17 可见，创建完 DTL 变量后，其各时间元素都会自动生成对应的变量（监控时仍需逐条添加），这一点 DT 是做不到的。DTL 的各时间元素都需要显示成无符号十进制，而不能显示成十六进制。

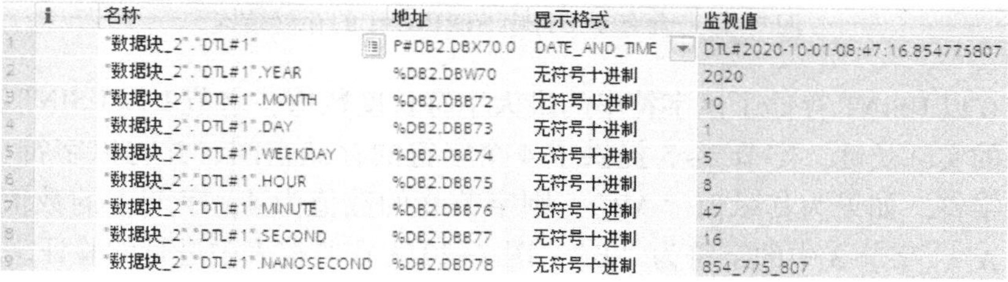

	i	名称	地址	显示格式	监视值
1		"数据块_2"."DTL#1"	P#DB2.DBX70.0	DATE_AND_TIME	DTL#2020-10-01-08:47:16.854775807
2		"数据块_2"."DTL#1".YEAR	%DB2.DBW70	无符号十进制	2020
3		"数据块_2"."DTL#1".MONTH	%DB2.DBB72	无符号十进制	10
4		"数据块_2"."DTL#1".DAY	%DB2.DBB73	无符号十进制	1
5		"数据块_2"."DTL#1".WEEKDAY	%DB2.DBB74	无符号十进制	5
6		"数据块_2"."DTL#1".HOUR	%DB2.DBB75	无符号十进制	8
7		"数据块_2"."DTL#1".MINUTE	%DB2.DBB76	无符号十进制	47
8		"数据块_2"."DTL#1".SECOND	%DB2.DBB77	无符号十进制	16
9		"数据块_2"."DTL#1".NANOSECOND	%DB2.DBD78	无符号十进制	854_775_807

图 7-17　DTL 的监控示例

本节中 DT 和 DTL 的两个例子中的时间值可以来自系统的时间，可以通过程序赋值，也可以在监控表中直接修改。

总结来看，DT 所能表达的时间日期范围较小，但能读到其中的各时间元素；LDT 无法读到其中的各时间元素，但结构简单，适合做两个绝对时间的差值；DTL 所能表达的时间日期范围大，而且读取其中各时间元素时最为容易。

2. 字符串

S7-1500 PLC 中的字符串共有 STRING 和 WSTRING 两种类型。

（1）STRING 类型

STRING 是指包含特殊字符的 ASCII 字符串，每个 STRING 中可存储 0~254 个 CHAR 字符，每个字符占 1 个字节。除了字符占用存储空间以外，每个 STRING 还需要额外占用两个字节，用来记录该 STRING 中的最大长度以及当前已使用的实际长度。

【例 7-10】 在全局 DB 块中创建 STRING 变量。

创建 STRING 时，如果只是将变量的数据类型选择为 "STRING"，博途软件则会为该变量预留出 256 个字节的空间。

如果在创建 STRING 时，在数据类型处加入最大字符数，则会为该变量预留出最大字符数 +2 个字节的空间。

如图 7-18 所示，变量 STRING#1 的数据类型为 String [4]，它占用 4+2＝6 个字节，因此下一个变量从该 DB 块的 6 号字节开始；变量 STRING#2 的数据类型为 String，它占用 254+2＝256 个字节，因此下一个变量从该 DB 块的 262 号字节开始；变量 STRING#3 的数据类型为 String [8]，它占用 8+2＝10 个字节。

		名称	数据类型	偏移量	起始值	保持
1	▼	Static				
2	■	STRING#1	String[4]	0.0	**占用4+2=6个字节**	
3	■	STRING#2	String	6.0	**占用254+2=256个字节**	
4	■	STRING#3	String[8]	262.0	**占用8+2-10个字节**	

图 7-18　在 DB 块中创建三个字符数不同的 STRING

本例及后文的 WSTRING 例子中均使用非优化 DB，目的是方便呈现字节的占用情况。

【例 7-11】 监控含有 4 字符串的 STRING#1。

首先看到 STRING#1 的存储结构占用了 6 个字节，如图 7-19 所示。

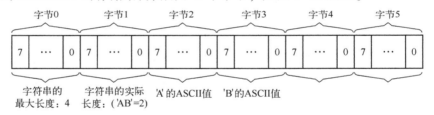

图 7-19　含有 4 字符串 STRING#1 的存储结构

其中字节 0 以 USINT 存储了该字符串的最大字符长度数值，字节 1 以 USINT 存储了该字符串当前已使用的实际长度，字节 2~5 提供了 4 个字符的存储空间，并将以字符串从左至右的顺序依次存储字符。如果为其赋值 'AB'，则字节 0 的数值为 4，字节 1 的数值为 2，字节 2 中的字符为 'A'，字节 3 中的字符为 'B'，图 7-20 为在监控表中进行的验证。

在监控表中添加 STRING#1 的整体时，应选择图 7-21 中 "无" 的那一行。添加某一个字符时，应选择该字符对应的 CHAR 变量，如添加第一个字符时，应选择 "STRING#1" [1]。

图 7-20　STRING#1 的赋值验证　　　　图 7-21　STRING#1 在监控表中的添加方法

（2）WSTRING 类型

WSTRING 是由多个数据类型为 WCHAR 的 Unicode 字符组成的字符串，每个 WSTRING 中可存储 0~254 个字符（特殊的应用中，最多可存储 16382 个字符）。

每个 WSTRING 的字符占 1 个字，除了字符占用存储空间以外，每个 WSTRING 还需要额外占用两个字，用来记录该 WSTRING 中的最大长度以及当前已使用的实际长度。

【例 7-12】在全局 DB 块中创建 WSTRING 变量。

与 STRING 类似，创建 WSTRING 时，如果只是将变量的数据类型选择为 "WSTRING"，博途软件则会为该变量预留出 256 个字（512 个字节）的空间。

如果在创建 WSTRING 时，在数据类型处加入最大字符数，则会为该变量预留出最大字符数+2 个字的空间。

如图 7-22 所示，变量 WSTRING#1 的数据类型为 WString ["FOUR"]，它占用 4+2=6 个字，因此下一个变量从该 DB 块的 284 号字节开始；变量 WSTRING#2 的数据类型为 WString，它占用 254+2 =256 个字，因此下一个变量从该 DB 块的 796 号字节开始；变量 WSTRING#3 的数据类型为 WString [8]，它占用 8+2=10 个字。

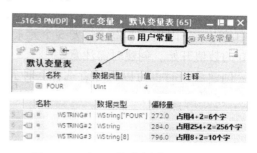

图 7-22　在 DB 块中创建三个字符数不同的 WSTRING

本例中的 WSTRING#1 的数据类型为 WString ["FOUR"]，这里是想说明最大字符数除了常数也可以使用常量，本例就是在定义 WSTRING#1 之前，先在变量表中定义了值为 "4" 的用户常量 FOUR。

【例 7-13】监控含有 4 字符串的 WSTRING#1。

WSTRING#1 的存储结构如图 7-23 所示，它占用了 12 个字节，由于篇幅所限，只画出了前 8 个字节。

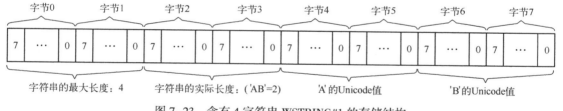

图 7-23　含有 4 字符串 WSTRING#1 的存储结构

其中字节 0 和 1 整体以 UINT 存储了该字符串的最大字符长度数值，字节 2 和 3 整体以 UINT 存储了该字符串当前已使用的实际长度，字节 4~字节 11 提供了 4 个字符的存储空间，并将以字符串从左至右的顺序依次存储字符。如果为其赋值 'AB'，则字节 0 和 1 的数值为 4，字节 2 和 3 的数值为 2，字节 4 和 5 中的字符为 'A'，字节 6 和 7 中的字符为 'B'，图 7-24 为在监控表中进行的验证。

	i	名称	地址	显示格式	监视值	修改值
1		"数据块_4"."WSTRING#1"	P#DB4.DBX272.0	Unicode 字符串	WSTRING#'AB'	WSTRING#'AB'
2			%DB4.DBW272	无符号十进制	4	
3			%DB4.DBW274	无符号十进制	2	
4		"数据块_4"."WSTRING#1"[1]	%DB4.DBW276	Unicode 字符	WCHAR#'A'	
5		"数据块_4"."WSTRING#1"[2]	%DB4.DBW278	Unicode 字符	WCHAR#'B'	
6		"数据块_4"."WSTRING#1"[3]	%DB4.DBW280	Unicode 字符	WCHAR#'$0000'	
7		"数据块_4"."WSTRING#1"[4]	%DB4.DBW282	Unicode 字符	WCHAR#'$0000'	

图 7-24　WSTRING#1 的赋值验证

3. 数组

数组 Array 是由一定数目的同种数据类型元素组成的复杂数据类型，它不可以使用 Array 类型作为数组元素，即数组的元素不能是一个数组。在编程中合理使用数组，可使程序的结构比较规整。

【例 7-14】创建一个包含 5 个 INT 元素的一维数组。

如图 7-25 所示，创建数组时可以直接在数据类型中选择"Array[0..1]of int"，再修改下标中的上、下限值。本例中需要 5 个元素，因此下标为[0..4]，有些情况下，会要求下标从非 0 的数值开始，创建时需注意。

创建数组时也可以先随意选择一种元素类型，然后再修改数据类型和下标的上下限，如图 7-25 的右上部分所示。

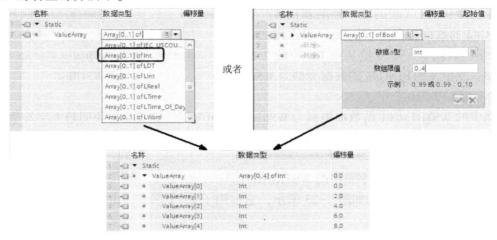

图 7-25　一维数组的创建

【例 7-15】创建一个包含 2×5 个 REAL 元素的二维数组。

二维数组的创建与一维数组的创建方法类似，只是二维数组的下标中有两组上下限范围，两组范围之间用逗号隔开，如图 7-26 所示。

数组的维数最多为 6。除常数外，数组的下标还可以用常量代替。

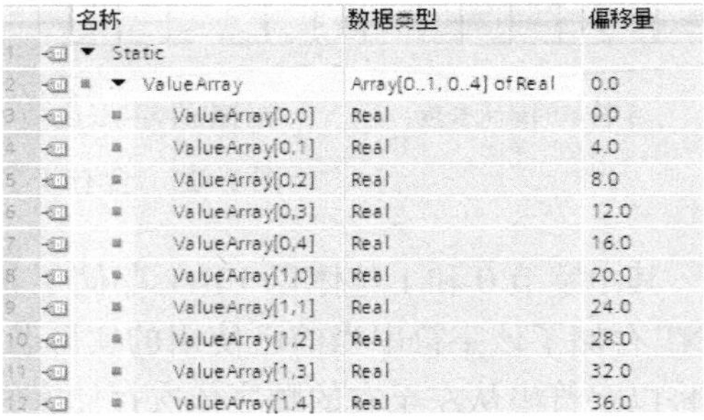

4. 结构

结构（Struct）是由固定数目的不同数据类型元素组成的复杂数据类型。在 Struct 中除基本数据类型外，还可嵌套 Struct 和 Array。

图 7-26　二维数组示例

在编写程序时，如果出现多个类似的不同数据类型的数据组合，而这些数据组合之间恰好有着同样类型及数目的数据，就可以把有关数据统一组织在一个 Struct 中，将它作为一个数据单元来使用，而不是使用大量的单个元素，这样就为统一处理不同类型的数据或参数提供了方便。

【例 7-16】假设程序中需要用到"联想""惠普"或"苹果"等品牌计算机的一些数据，且每种品牌都需要用到相同的数据元素，对比使用与不使用 Struct 时的区别。

按照本例条件中给出的情况，不使用 Struct 时在全局 DB 块中创建出的变量如图 7-27a 所示，可见创建出的变量十分零散。

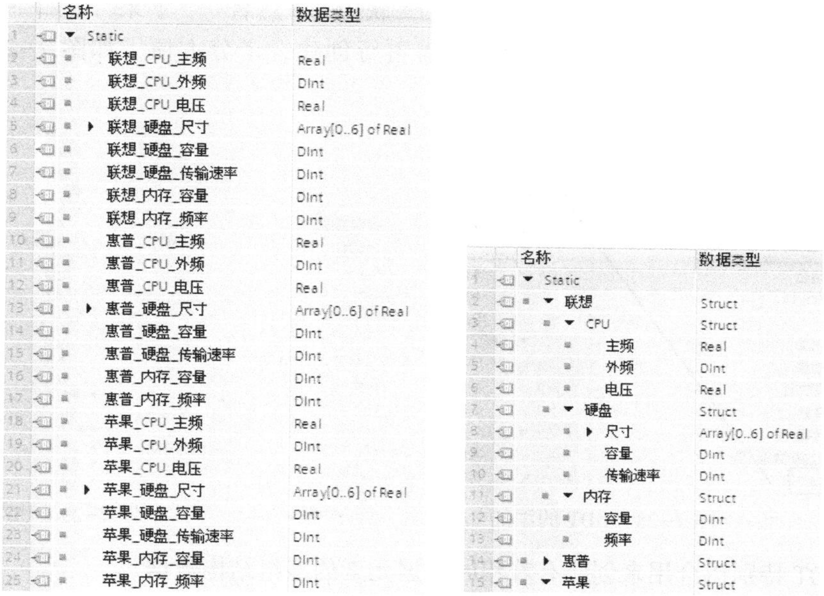

图 7-27　使用 Struct 与否的对比

由于本例中不同品牌计算机用到了相同的数据元素——CPU、硬盘和内存，而这些数据元素里面又包含了一些相同的数据元素，如 CPU 中又包含了主频、外频和电压。因此能够以电脑品牌为基础整合为一级 Struct，再以不同的电脑硬件再整合出一级 Struct。

图 7-27b 为 Struct 的使用示例，由于使用了 Struct，例子中的 CPU 的主频、外频、电压，硬盘的尺寸、容量、传输速率，内存的容量、频率等数据就能通过"联想""惠普"或"苹果"等这些 Struct 进行统一处理了。

但是 Struct 也有一定的局限，就是它不太适合进行太多组数据组合的整合。以图 7-27b 为例，创建"联想"这个 Struct 时，创建了 CPU、硬盘和内存三个 Struct。在创建"惠普"或"苹果"这几个 Struct 时，每个 Struct 中的 CPU、硬盘和内存三个 Struct 都需要手动再创建一遍（键入或复制粘贴），如果本例涉及的计算机品牌较多就很麻烦了（当然，如果用 7-27a 中的方式更麻烦）。

因此，可以理解为 Struct 虽然优化了类似本例中的情况，但是多个数据组合中的每个 Struct 都要单独创建。下一节提到的 PLC 数据类型 UDT 就完美地解决了这个问题。

7.1.4　PLC 数据类型 UDT

PLC 数据类型又称为用户自定义数据类型 UDT（User Data Type），它可以理解为一种可以用来快速创建 Struct 的数据模板。类似于 Struct，组成它的数据元素除了基本数据类型外，还可以是 Array、Struct 以及其他的 UDT，需要注意最大的嵌套深度为 8 级。

【例 7-17】将例 7-16 中的 Struct 改成 UDT。

如图 7-28 所示，添加新 PLC 数据类型，命名为"电脑"，并将 CPU、硬盘和内存这几个每个电脑品牌都要用到的 Struct 在里面创建好，但是在 UDT 中并没有涉及"联想""惠普"或"苹果"等品牌信息的数据。

在全局 DB 块中，创建"联想""惠普""苹果"这三个变量，数据类型为上一步创建的 UDT——"电脑"。选定该数据类型后，"联想""惠普""苹果"的下一级就会自动出现 CPU、硬盘和内存这几个的 Struct，无需再行创建，十分方便，如图 7-29 所示。

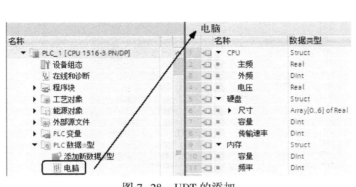

图 7-28　UDT 的添加　　　　　　　　　图 7-29　UDT 示例

因此，UDT 特别适合用来创建有着相同数据元素的多组结构数据。

当 UDT 中某个变量需要修改时，只需在 UDT 模板中进行修改，然后再进行编译，即可自动更新程序中所有类似数据组合中的该数据元素。添加和删除 UDT 中的变量时亦是如此。

7.1.5　指针类型

指针是一个内存中的数据，它仅包含地址指向信息，而没有实际的数值。改变指针的指向，就相当于指向了另一个变量，因此可以通过它灵活地访问变量。

S7-1500 PLC 的常用指针类型主要有 POINTER 指针、ANY 指针和 VARIANT 指针。

1. POINTER 指针

POINTER 指针类型的参数是一个指向特定变量的指针，写法是"P#地址"，它在存储区中占用 6 个字节，如图 7-30 所示为其存储结构。

图 7-30　POINTER 指针类型的存储结构

其中字节 0 和 1 存储 DB 块的编号，如果该指针不是用于 DB 块，则编号为 0；字节 2 用来存储代表 S7-1500 PLC 各内部存储资源的编码，具体的编码及含义见表 7-4；字节 3~5 中的 16 位的 b 用来存储变量的字节地址，3 位 x 用来存储变量的位地址。

POINTER 指针一般在 FC 或 FB 的输入/输出接口中创建。

表 7-4　POINTER 指针类型中存储区的编码

十六进制代码	存储区	说　　　明	十六进制代码	存储区	说　　　明
16#1	P	S7-1500 PLC 的外设输入	B#16#84	DBX	全局 DB 块
16#2	P	S7-1500 PLC 的外设输出	B#16#85	DLX	背景 DB 块
B#16#81	I	过程映像输入	B#16#86	L	局部数据
B#16#82	Q	过程映像输出	B#16#87	V	主调块的局部数据
B#16#83	M	位存储区			

【例 7-18】对 POINTER 指针赋值 P#DB13. DBX14. 5，监控其存储区的数值。

创建 POINTER 指针 POINTER#1，将“P#DB13. DBX14. 5”直接赋值给它。

将 POINTER#1 的 0 和 1 字节赋值给 POINTER#1_BYTE0&1（MW200），并将 2~5 字节赋值给 POINTER#1_BYTE2_TO_5（MD204），即可进行监控，赋值关系示意图如图 7-31 所示。

P#DB13.DB×14.5
直接赋值
POINTER#1
0和1字节赋值
POINTER#1_BYTE0&1(MW200)
13
2~5字节赋值
POINTER#1_BYTE2_TO_5(MD204)
2#1000010000000000
0000000001110101

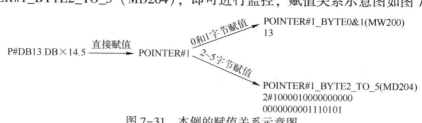

图 7-31　本例的赋值关系示意图

在监控表中监控 MW200 和 MD204，如图 7-32 所示，可按图 7-31 和表 7-4 进行解读。

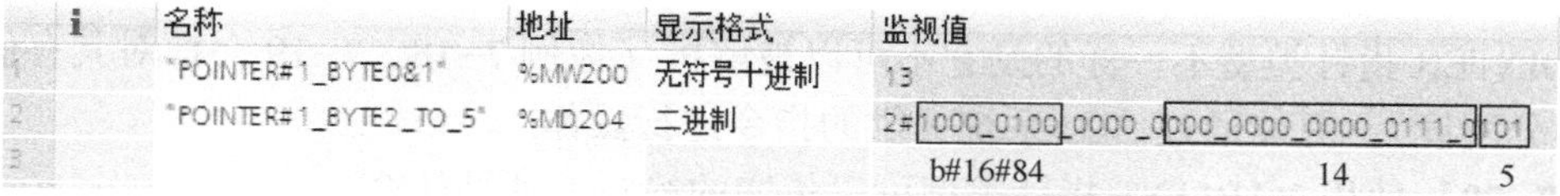

i
名称
地址
显示格式
监视值
1
"POINTER#1_BYTE0&1"
%MW200
无符号十进制
13
2
"POINTER#1_BYTE2_TO_5"
%MD204
二进制
2#1000_0100_0000_0000_0000_0000_0111_0101
3
b#16#84
14
5

图 7-32　监控表中的 POINTER 内部数值

2. ANY 指针

ANY 指针类型指向数据区的起始位置，并指定其数据类型和长度，写法是“P#地址+数据类型+长度”。它在存储器中占用 10 个字节，图 7-33 为其存储结构。

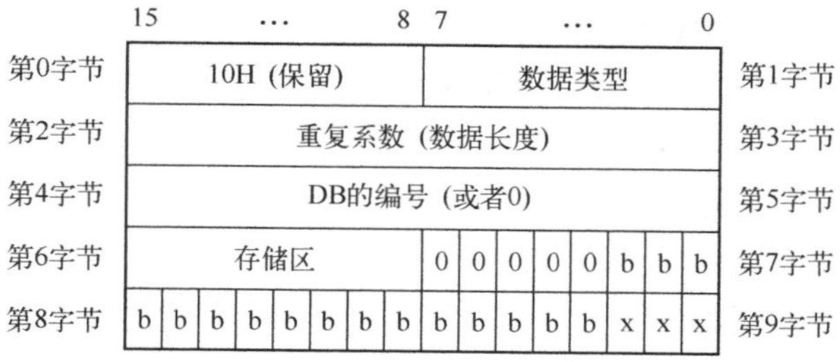

15 … 8 7 … 0
第0字节
10H（保留）
数据类型
第1字节
第2字节
重复系数（数据长度）
第3字节
第4字节
DB的编号（或者0）
第5字节
第6字节
存储区
0 0 0 0 0 b b b
第7字节
第8字节
b b b b b b b b b b b b b x x x
第9字节

图 7-33　ANY 指针类型的存储结构

其中字节 0 保留，字节 1 存储代表数据类型信息的编码，具体的编码及含义见表 7-5；字节 2 和 3 存储数据长度信息；字节 4~9 的含义与 POINTER 指针的字节 0~5 相同。

表 7-5　ANY 指针类型中数据类型信息的编码

十六进制代码	存储区	说　明	十六进制代码	存储区	说　明
B#16#00	Null	空指针	B#16#08	REAL	浮点数（32 位）
B#16#01	BOOL	位	B#16#09	DATE	日期（16 位）
B#16#02	BYTE	字节（8 位）	B#16#0A	TOD	实时时间（32 位）
B#16#03	CHAR	字符（8 位）	B#16#0B	TIME	IEC 时间（32 位）
B#16#04	WORD	字（16 位）	B#16#0C	S5TIME	SIMATIC 时间（16 位）
B#16#05	INT	整数（16 位）	B#16#0E	DT	日期和时间（64 位）
B#16#06	DWORD	双字（32 位）	B#16#13	String	字符串
B#16#07	DINT	双整数（32 位）			

ANY 指针类型一般用来表达连续的一片数据区，在通信指令中很常用。

【例 7-19】 指出 ANY 指针 P#M26.0 BYTE 6 的含义及各主要存储字节中的数值。

P#M26.0 BYTE 6 表示 MB26～MB31 这 6 个字节。

数据类型的代码为 B#16#02（BYTE），重复系数（数据长度）为 6，DB 的编号为 0，存储区代码为 B#16#83（位存储区），字节 7 为 0，字节 8 和 9 的编码为 "2#0000000011010000"。

程序验证及监控的方法与 POINTER 指针的例子类似，此处不再赘述。

3. VARIANT 指针

VARIANT 指针类型是一种全新的数据类型，仅适用于 S7-1200/1500 PLC，它被设计用来取代 ANY、POINTER 指针类型。VARIANT 指针类型是一种安全的类型，它不会出现运行时指向一个不存在的内存区域的情况。

和 ANY、POINTER 指针类型一样，VARIANT 指针类型的意义在于作为块的接口传递参数（在 FC 和 FB 的形参和实参之间），这几种类型的引入极大地提高了 PLC 编程的灵活性。和 ANY、POINTER 指针类型不一样的是它不可以被解析（像例 7-18、7-19 一样对其存储结构直接进行拆分解读），只能通过 PLC 系统提供的指令进行操作。

【例 7-20】 使用 VARIANT 指针类型可以传递的绝对地址是什么。

P#DB8.DBX6.0 INT 10。

这种表达方式相当于 ANY 指针类型，VARIANT 指针类型可以传递这种连续区域的地址。P#DB8.DBX6.0 INT 10 表达的是从 DB8.DBW6 开始的 10 个 INT 变量。

另外，由于 VARIANT 指针类型很灵活，使用普通的绝对地址表达方式用来传递单一的一个变量是可行的，因此例如 %MW8 这样的绝对地址也可以被传递。

【例 7-21】 使用 VARIANT 指针类型可以传递的符号地址是什么。

配方数据块 1. 联想 . CPU. 主频

"配方数据块 1" 是数据块的符号地址，"联想 . CPU" 是一个带嵌套的 Struct 的符号地址，"主频" 是 Struct 元素的符号地址。

了解了指针类型，就可以学习前文留下的问题——64 位绝对地址的表达方式了。64 位的变量在定义好数据类型后，在程序中会表达为 "P#地址" 的形式。

【例 7-22】 在变量表中，以 M100.0 为起始地址，创建一个 LWORD 变量。

在变量表中以 "X" 为符号名创建一个 LWORD 变量，将地址修改为 "M100.0"，它在程序中使用时会显示成 "P#M100.0"，如图 7-34 所示。

图 7-34　64 位变量的创建与调用示例

除上述数据类型外，还有一些不常用的数据类型，感兴趣的读者可以查阅相关手册。

7.1.6　变量的解析访问

变量的解析访问是指为了程序的需要去访问某一个变量内的一部分。

如果一个变量是 Array 和 Struct，或者一些类似 Struct 的类型，例如复杂数据类型中的时间日期类型 DTL。那么它们内部的一部分可能就是另一个独立的变量，因此读取它内部的一部分是很简单的。

本节内容讨论的是，除 Array 和 Struct 以外的数据类型的解析访问。下面分几种情况进行讨论。

1. 基本数据类型的绝对地址解析访问

基本数据类型的绝对地址解析访问，需要掌握 32 位及以内的基本数据类型的绝对地址组成关系，可以参考 7.1.2 节的图 7-13。

7.1.3 中例 7-8 复杂数据类型 DT 的例子就是利用绝对地址直接进行的内部解析。

【例 7-23】 如果程序需要使用**非优化 DB 块**中的变量 "DB3. DBD6" 的最高位、最低位和最低字节，它们分别是什么？

最高位是 DB3. DBX6.7，最低位是 DB3. DBX9.0，最低字节是 DB3. DBB9，如图 7-35 所示。

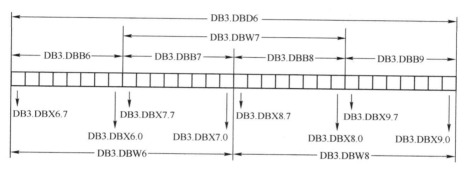

图 7-35　非优化 DB 块中双字的组成结构示例

【例 7-24】 如果程序需要使用变量 MD0 的最高和最低字节，它们分别是什么？

最高字节是 MB0，最低字节是 MB3。

2. 符号地址解析访问——片段访问

在博途软件中，有一些变量仅有符号地址，例如优化 DB 块中的变量，如果要访问这些变量内部的一部分，需要使用片段访问（Slice Access）的方法。

片段访问的方法很简单，如图 7-36 所示。

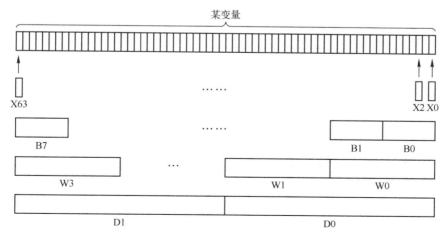

图 7-36　片段访问示意图

当需要访问某变量内部的一个布尔量时，就在变量名后加上 ".X0"，代表访问它的第 0 位（最低位）。若加上 ".X63"，代表访问它的第 63 位（64 位变量的最高位）。

当需要访问某变量内部的一个字节时，就在变量名后加上 ".B0"，代表访问它的第 0 字节（最低字节）。若加上 ".B7"，代表访问它的第 7 字节（64 位变量的最高字节）。

当需要访问某变量内部的一个字时，就在变量名后加上 ".W0"，代表访问它的第 0 字（最低字）。若加上 ".W3"，代表访问它的第 3 字（64 位变量的最高字）。

当需要访问某变量内部的一个双字时，就在变量名后加上 ".D0"，代表访问它的第 0 双字（最低双字）。若加上 ".D1"，代表访问它的第 1 双字（64 位变量的最高双字）。

【例 7-25】 假设**优化 DB 块**的名称为 "Motor_Control_DB"，如果程序需要使用其中的 DWORD 变量 "Motor_Status" 的最高位、最低位和最低字节，它们分别是什么？

最高位是 "Motor_Control_DB". Motor_Status. %X31；

最低位是 "Motor_Control_DB". Motor_Status. %X0；

最低字节是 "Motor_Control_DB". Motor_Status. %B0。

其中，"%" 会自动生成，所以为了看起来简洁，图 7-36 中并没有加上这个 "%"。

注意：

片段访问地址不是一个独立的变量，虽然可以在程序中直接使用，但不能直接在监控表中监控。

3. 复杂或指针等数据类型的解析访问

对于一些复杂数据类型或指针数据类型的变量，无法使用片段访问的方式读取它内部的一部分，这个时候需要用到 "AT" 的功能。

7.1.5 节的例 7-18，即 POINTER 指针类型的例子就是用 AT 的方式进行的内部解析，使用 AT 功能将会生成一个与原变量数值相等的 Struct，该 Struct 的组成元素需要根据程序需要自行定义，如图 7-37 所示。请扫描二维码 7-1 观看 AT 功能的操作演示视频。

7-1

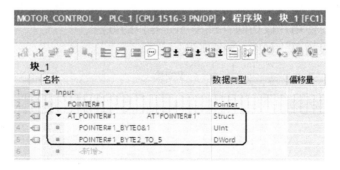

图 7-37　使用 AT 功能重构 POINTER 指针类型的例子

7.2　S7-1500 PLC 的存储区

因为组成结构相似，PLC 是一种特殊的计算机。普通计算机（单机版）的数据都是存储在硬盘中，在需要执行某个程序时，计算机会把它复制到内存中执行。

PLC 也类似，也有"硬盘"和"内存"之分。在 S7-1500 PLC 中的物理存储区主要有装载存储器、工作存储器、保持性存储器和系统存储器。

7.2.1　装载存储器

装载存储器相当于计算机的"硬盘"。

S7-1500 PLC 的装载存储器是一张特制的 SD 存储卡（SIMATIC 存储卡），它是非易失性存储器，如图 7-38 所示。该卡需要单独采购，并在使用 PLC 之前插入到 CPU 的卡槽中（此时不能设置成写保护状态）。如果没有此卡，S7-1500 PLC 将无法工作。

S7-1500 PLC 的装载存储器主要用来存储：

1）程序块，包括 OB、FB 以及 FC。

2）数据块，即 DB 块。

3）变量符号与注释。

4）硬件组态信息。

5）模块的工艺对象信息。

图 7-38　SIMATIC 存储卡

6）网页，通过计算机的浏览器可以访问存储在 S7-1500 CPU 中的网页，该功能称为 Web 服务器。

7）各种文件，SIMATIC 存储卡的空间较大，因此可以用来存储使用手册等文件。

8）过程值的归档，如果激活此功能，需要连续对存储卡写入操作，这样会对卡的使用寿命有很大影响。官方提供的数据为："环境温度不超过 60℃ 的情况下，SIMATIC 存储卡可以进行至少 500000 次删除/写入操作"。

9）Linux 系统（与 PLC 操作系统并行运行）、C/C++ 运行程序及函数库等。仅 MFP 型 CPU 有该项内容，如 CPU 1518-4PN/DP MFP 或 CPU 1518F-4PN/DP MFP。

S7-1500 与 S7-1200 PLC 的存储卡是通用的，使用前需要插入到 CPU 中，并利用博途软件将其格式化。

S7-1500 PLC 的装载存储器的大小，即 SIMATIC 存储卡的容量大小分为下列几种：4MB、12MB、24MB、256MB、2GB 及 32GB。

注意：

1）SIMACTIC 存储卡可以插入到计算机的 SD 插槽，并使用 Windows 浏览其文件，但是千万不能在 Windows 中对其进行格式化。

2）仅当 CPU 处于断电或 STOP 模式时，才能取出 SIMATIC 存储卡。并请确保在 STOP 模式中或断电前，未对该卡执行任何写操作，否则卡中的数据可能会损坏。

7.2.2　工作存储器

工作存储器相当于计算机的"内存"。

S7-1500 PLC 的工作存储器是易失性存储器 RAM，它集成在 CPU 模块中，无法进行扩展。

S7-1500 PLC 的工作存储器被划分成以下两个区域。

1）代码工作存储器：存储运行时相关的程序（OB、FB 及 FC）代码。

2）数据工作存储器：存储运行时相关的数据块的当前值，以及工艺对象的数据。

S7-1500 PLC 的代码工作存储器的大小为 100 KB~6 MB，数据工作存储器的大小为 750 KB~20 MB，CPU 的型号越高存储器的存储空间就越大。

7.2.3　保持性存储器

S7-1500 PLC 的保持性存储器是非易失性存储器（使用 NAND 闪存，因此无需备用电池），用于在失去电源供电时（如电源故障）保存有限的数据，因此该存储器又可称作断电保持存储器或掉电保持存储器。

S7-1500 PLC 的保持性存储器可以用来保存位存储器 M、计数器 C、定时器 T、全局及背景数据块以及工艺对象的数据。

在 CPU 上电启动或由 STOP 模式启动时，全局数据块、背景数据块和工艺对象的数据都将使用初始值来初始化。保持性变量将接收保存在保持性存储器中的实际值。

高性能型的 PS 电源 PS 60W 24/48/60V DC HF，可用作保持性存储器的扩展。

7.2.4　系统存储器

S7-1500 PLC 系统存储器的资源主要有：I 区（输入过程映像区）、Q 区（输出过程映像区）、M 区（位存储区）、DB 区（数据块区）、T 区（定时器区）、C 区（计数器区）以及临时数据区。

1. 输入/输出过程映像区 I/Q

回顾一下第 4 章 4.5 节提到的关于输入/输出的工作原理：在输入采样阶段，输入的电信号通过输入模块转变成数值存储到输入过程映像区——I 区中，并在本次工作循环内保持该数值，直至下次执行输入采样；在输出刷新阶段，输出过程映像区——Q 区的数值通过输出模块转变成电信号，并在本次工作循环内保持输出状态，直至下次执行输出刷新。

通过工作原理可以发现，PLC 的输入/输出信号，或者说 PLC 的信号模块是离不开它们的存储区的。

对于数字量输入地址来讲，写法为：I$x.y$，对于数字量输出来讲，写法为：Q$x.y$。其中，x 指存储区（输入或输出过程映像区）的字节号，y 指在该字节中的位编号。例如：I0.0 是指输入过程映像区中，0 号字节的第 0 位；Q3.7 是指输出过程映像区中，3 号字节的第 7 位。

注意：

在西门子 PLC 中，y 的范围只能是 0~7，因此像 Q3.8 这种写法就是错误的。

对于模拟量输入而言，写法为：IWx，对于模拟量输出而言，写法为 QWx，其中 x 为存储区的起始字节号。例如 IW12 是一个模拟量输入的地址，QW20 是一个模拟量输出的地址。

以上提到的仅是 I/O 地址的写法，那么如何确定某 I/O 模块上某通道的地址呢，这就要查看硬件组态中的 I/O 地址设置了。

如图 7-39 所示，为一套 S7-1500 PLC 系统，除了电源及 CPU 模块，它还有 10 个 I/O 模块，这套 PLC 的 I/O 地址范围明细如图 7-40 所示，其 2 号槽 32 通道的 DI 模块对应的 I 地址为 0~3 号字节（或称为字节 IB0~IB3），3 号槽 32 通道的 DQ 模块对应的 Q 地址为 0~3 字节（或称为字节 QB0~QB3）。本例 S7-1500 PLC 与过程映像区的对应存储（占用）关系如图 7-41 所示。

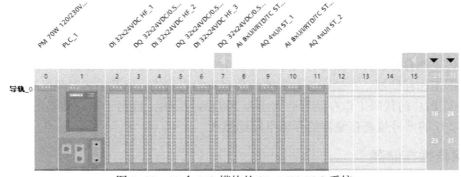

图 7-39　10 个 I/O 模块的 S7-1500 PLC 系统

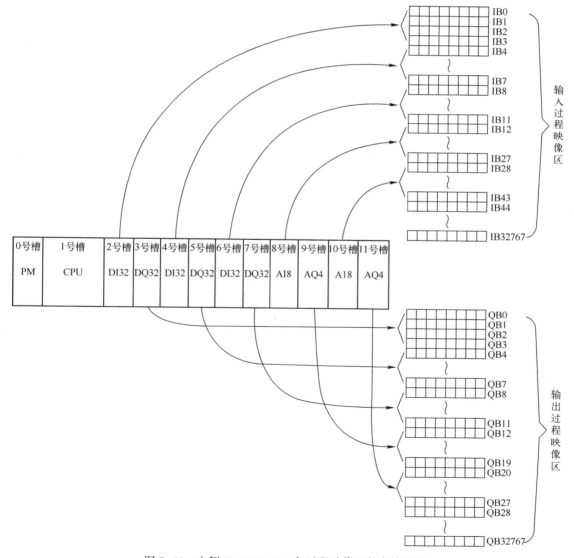

图 7-40　I/O 地址范围明细

综合图 7-40 及图 7-41，可以看到所有的输入模块一共占用了输入过程映像区中的 44 个字节，即 IB0~IB43；所有的输出模块一共占用了 28 个字节，即 QB0~QB27。

图 7-41　本例 S7-1500 PLC 与过程映像区的存储关系

本例中 IB44~IB32767，QB28~QB32767 并没有被占用，这些区域可以给将来增加的 I/O

模块预留，还可以用作部分种类通信（如 PROFIBUS-DP 通信中主站与智能从站之间的通信，或 PROFINET IO 通信中 I/O 控制器和智能设备 I-DEVICE 之间的通信）的数据发送或接收区。

除此之外，剩余的 I/Q 区也可以用作程序的中间变量，暂存程序中的一些数值，但并不建议这么做，因为这并不规范，很容易引起混淆，将来增加 I/O 模块时还容易出现地址的冲突，程序的中间变量建议使用 M 区、DB 区。

说明：

西门子不同系列 PLC 的输入/输出过程映像区的大小不同，S7-1500 PLC 是 32 KB，S7-1200 PLC 是 1 KB，S7-300 PLC 是 1~8 KB，S7-400 PLC 是 4~16 KB。不同型号的S7-1500/1200 PLC 的过程映像区大小相同，而不同型号的S7-300/400 PLC 的过程映像区大小不同。

通过组态查看到了各个 I/O 模块的存储字节号后，根据前文提到的写法 $Ix.y$（$Qx.y$），这些模块每个通道的地址其实就可以确定了。

对于数字量输入模块，例如 2 号槽的 DI32，它的 x 为 0~3，因此它的 32 通道的地址分别为 I0.0~I0.7（左上），I1.0~I1.7（左下），I2.0~I2.7（右上），I3.0~I3.7（右下），如图7-42 所示。再例如 4 号槽的 DI32，它的 x 为 4~7，因此它的 32 通道的地址分别为 I4.0~I4.7（左上），I5.0~I5.7（左下），I6.0~I6.7（右上），I7.0~I7.7（右下）。

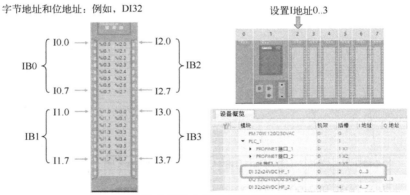

图 7-42　数字量输入模块各通道地址的确定

对于数字量输出模块，例如 3 号槽的 DQ32，它的 x 为 0~3，因此它的 32 通道的地址分别为 Q0.0~Q0.7（左上），Q1.0~Q1.7（左下），Q2.0~Q2.7（右上），Q3.0~Q3.7（右下），如图 7-43 所示。再例如 7 号槽的 DI32，它的 x 为 8~11，因此它的 32 通道的地址分别为 Q8.0~Q8.7（左上），Q9.0~Q9.7（左下），Q10.0~Q10.7（右上），Q11.0~Q11.7（右下）。

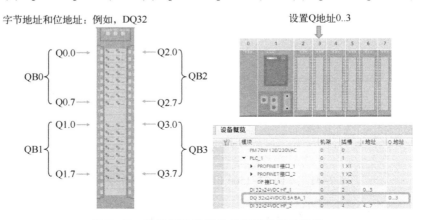

图 7-43　数字量输出模块各通道地址的确定

对于模拟量输入模块，例如 8 号槽的 AI8，它的 x 为 12，其 8 通道的地址分别为 IW12、IW14、IW16、IW18、IW20、IW22、IW24 和 IW26，如图 7-44 所示。再例如 10 号槽的 AI8，它的 x 为 28，其他的 8 通道地址分别为 IW28、IW30、IW32、IW34、IW36、IW38、IW40 和 IW42。

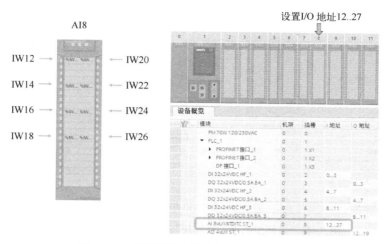

图 7-44　模拟量输入模块各通道地址的确定

对于模拟量输出模块，例如 9 号槽的 AQ4，它的 x 为 12，因此它的 4 通道的地址分别为 QW12、QW14、QW16 和 QW18，如图 7-45 所示。再例如 11 号槽的 AQ4，它的 x 为 20，因此它的 4 通道的地址分别为 QW20、QW22、QW24 和 QW26。

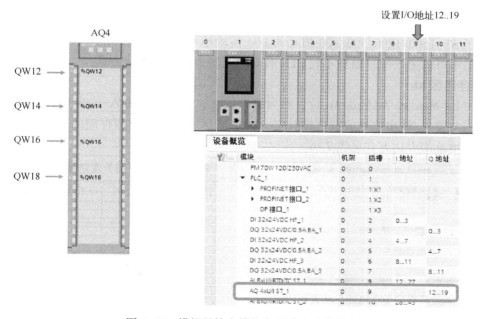

图 7-45　模拟量输出模块各通道地址的确定

西门子 S7-1500 PLC 的 I/O 模块的 I 地址和 Q 地址是可以修改的，具体的操作方法就是直接在 I 地址或 Q 地址对应的字节号处双击鼠标，即可使用键盘输入新的起始字节号。在同一 CPU 下，要保证字节号的唯一性，即若 0~3 的字节号被 2 号槽占用了，4 号槽的 I 地址的字节号就不能修改到 0~3 的范围内了，修改 Q 地址时同理。

可以这样理解，I/O 模块地址的起始字节号的改变，就是该 I/O 模块存储区的改变，相当于 I/O 模块和过程映像区的对应关系发生了改变，如图 7-46 所示。

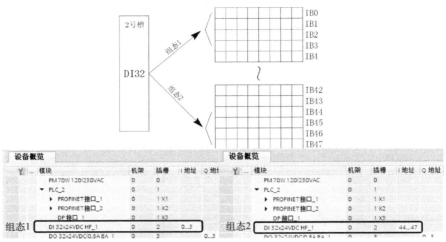

图 7-46　不同组态下 I/O 模块与过程映像区的对应关系

如果 I/O 模块的地址被修改，该模块的 x 就改变了，所以每个通道的地址都改变了，程序中为了与其对应，就要把这些地址都进行修改。例如图 7-46 中组态 1 修改为组态 2 后，程序中所有的 I0.0~I3.7，就应该改变为 I44.0~I47.7。这时如果去程序中一个个查找地址并修改，是很麻烦且容易遗漏的。对于博途软件来说，I/O 模块地址更改时，会出现如图 7-47 所示的提示，如果选择了"使用新模块地址重新连接变量。"，程序中的相关地址都会自动更新，这样就无需人工一个个地查找并修改了。

西门子 S7-1500/1200/300/400 PLC 的 I/O 模块地址能够更改，其实很多品牌 PLC 的 I/O 模块地址是不可以更改的，而且不同 PLC 有着不同的 I/O 地址表达方式。

2. 位存储区 M

M 区（Bit Memory Address Area），称为位存储区，它不能像输入/输出过程映像区那样可以通过组态与输入/输出信号通道直接对应，因此 M 区一般作为中间存储区来使用。该区域不同长度绝对地址的表达方式见表 7-6。

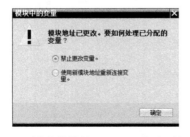

图 7-47　博途软件的 I/O 地址自动更新功能

表 7-6　M 区不同长度绝对地址的表达方式

长　度	地址举例	可用范围（S7-1500 PLC）
1 位	M0.0	M0.0 - M65535.7
8 位	MB4	MB0 - MB65535
16 位	MW10	MW0 - MW65534
32 位	MD22	MD0 - MD65532

说明：

1）表 7-6 中 16 位的可用范围至 MW65534，是因为 MW65534 是由 MB65534、MB65535 组成，同理 32 位的可用范围至 MD65532，是因为 MD65532 是由 MB65532、MB65533、MB65534 及 MB65535 组成。

2）超过 32 位的表达方式请见 7.1.5 节的例 7-22。

3）西门子 S7 系列其他 PLC 的 M 区没有 S7-1500 的大，具体请参阅相关手册。

M 区的优点是可以很方便地使用，它可以先在变量表中创建，然后再使用到程序中，这种方式 M 区的地址需要手动指定，如图 7-48 所示。由于博途软件的变量表支持 EXCEL 导入，因此这种创建方式也可以在 EXCEL 中完成。

默认变量表

	名称	数据类型	地址
◄□	status_01	Bool	%M0.0

图 7-48　在变量表中创建"status_01"并占用 M0.0

另外，M 区也可以在编程时直接定义，即在编程时先输入一个期望的变量名（不能是系统的关键字），然后右击选择"定义变量"，再选择存储区"Global Memory"，软件会自动分配出地址 M0.1，如图 7-49 所示。

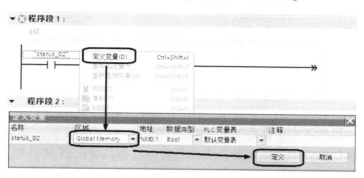

图 7-49　在编程时直接定义"status_02"并占用 M0.1

因为软件自动指定 M 区地址的话，就能帮助用户避免出现新地址意外与旧地址冲突使用的情况，所以使用 M 区时更加推荐使用后一种方法。特殊情况是，当使用了包含指针类型的复杂地址时，软件就可能无法避免与旧地址出现冲突。例如"P#M1.0 BYTE 4"，它是指从 M1.0 开始的 4 个字节。此时使用软件自动指定 M 区的 BOOL 地址时，软件可能会分配 M1.1。所以使用此类地址时，应格外注意可能出现的地址冲突。

如果在未创建变量的情况下，在程序中直接输入 M 区的绝对地址，软件也会自动为该地址分配变量名，如"Tag_1"。

M 区是可以设置断电保持的，在变量表中设定。

除了作为程序的中间存储区之外，M 区还可用作系统存储器位和时钟存储器位。如需使用，要在 CPU 的属性中启用该项功能（默认为不启用），如图 7-50 所示。启用时需要指定分配给这两种特殊存储器位的 M 区字节号，可分配的范围是 0～16383，本例中对系统存储器位分配了 MB1，对时钟存储器位分配了 MB0。某字节若被该功能占用，则不能再用作程序的中间存储区，否则将出现地址冲突。

如图 7-50 所示，如果启用了系统存储器位并分配 MB1 为其存储区，则 M1.0 仅在 CPU 启动后第一个程序循环中变为 1，当诊断状态变化时 M1.1 为 1，M1.2 始终为 1，M1.3 则始终为 0。

如果启用了时钟存储器位并分配 MB0 为其存储区，则 M0.0～M0.7 的每一位都将按特定的频率闪烁，见表 7-7。

表 7-7　时钟存储器各位的周期及频率

位	7	6	5	4	3	2	1	0
周期/s	2	1.6	1	0.8	0.5	0.4	0.2	0.1
频率/Hz	0.5	0.625	1	1.25	2	2.5	5	10

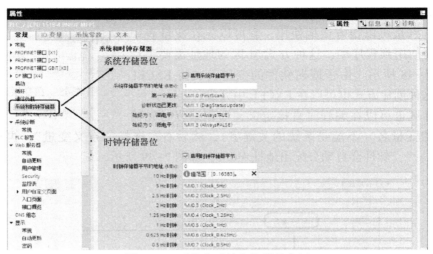

图 7-50   系统和时钟存储器的启用

时钟存储器每一位的占空比都是 1:1，例如周期为 0.8 s 的第 4 位，通 0.4 s，断 0.4 s。

时钟存储器中各位的频率是固定的，无法更改。若将其分配到 M 区的 "16" 号字节，则周期为 1 s 的位为 "M16.5"。

如果使用系统或时钟存储器的功能，必须在设置后重新将组态信息编译并下载，这样程序中使用到的相应功能位才能生效。

除了能便利地作为程序的中间变量，以及系统和时钟存储器这些优点外，M 区也是有缺点的，由于它不支持数组和结构体，因此不适合在较大规模程序中作为多组同类结构数据的存储区，例如多组加工配方的数据。这种场合需要用到 S7-1500 PLC 的另一个中间存储区——DB 块。关于 DB 块内容的介绍，请见第 8 章的 8.4 节。

7.3   博途软件梯形图的新特征

在博途软件中，梯形图的画法及指令的使用和选择变得更加灵活，程序的编辑更加方便高效，具体主要体现在以下几个方面。

7.3.1   灵活的梯形图表达

博途软件（仅 S7-1200/1500 PLC 支持）中在一个程序段下支持多个独立分支的结构（这在之前的编程软件中是不允许的），如图 7-51 所示。这种结构的用法，可以使得程序更加紧凑。

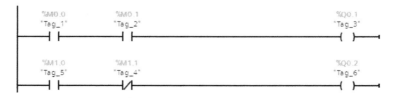

图 7-51   一个程序段下多个独立分支的结构

在输出指令（线圈）后，程序还可继续进行编辑，即输出指令的出现，不再是一条信号分支结束的标志，信号可继续向后方传递，该节点的信号可继续在同一条通路上使用，如图 7-52 所示。

图 7-52　输出指令后继续编辑的结构

图 7-52 中，M2.1 的值即为 M2.0 的值；M2.3 的值是 M2.0 和 M2.2 相"与"的值；M2.5 的值是 M2.0、M2.2 和 M2.4 相"与"的值。这种结构的出现，说明梯形图这种编程语言来源于电路触点逻辑，又超越了电路逻辑。

7.3.2　灵活的指令选择和参数配置

博途软件中，所有的指令都可以在该指令显示的地方就地替换选择其他类似的指令。如图 7-53 所示，选择需要更改的指令，在这个指令的右上角会出现一个橙色三角形，用鼠标单击这个小三角形，就会出现一个可替换指令的选择列表。

不仅指令本身可以就地选择和替换，指令内的参数的数据类型也可以进行选择和切换。如图 7-54 所示为标定指令，当加入该指令后，指令上就会出现两个橙色三角形。只要是橙色三角形都是供用户单击选择的标志，单击左侧三角形选择原变量的类型，单击右侧三角形选择目的变量的类型。

还有一些指令通过其本身参数的选择完成指令的转换，例如计算器指令，可以选择"加""减""乘""除"等运算，然后指令会变为相应的运算指令。

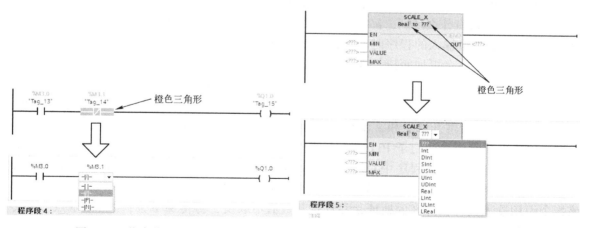

图 7-53　指令就地更改选择

图 7-54　指令内的参数数据类型选择

7.4　位逻辑运算指令

7.4.1　常开、常闭、取反、线圈和"与""或"逻辑

图 7-55 中分别出现了常开触点、常闭触点和输出线圈。依照电气元件的叫法，程序段中左边第一个指令在项目视图的右侧的资源卡中（如图 7-56 所示）可以看到，它依然叫作常开触点。在程序中该符号的上方需要标注一个布尔量作为操作数，表示是哪个变量的常开触点，在程序运行该指令时，当变量为"1"时，这个触点为导通状态（信号可通过）。当变量变为"0"时，这个触点为断开状态（信号不可通过）。

名称	描述
▶ 🗀 常规	
▼ 🔧 位逻辑运算	
⊣⊢ ⊣/⊢	常开触点 [Shift+F2]
⊣⊢ ⊣/⊢	常闭触点 [Shift+F3]

图 7-55 常开、常闭触点和"与"逻辑的梯形图　　　　图 7-56 资源卡中的描述

程序段中的第二个指令在资源卡中被叫作常闭触点，逻辑上与常开触点相反。在程序中该符号的上方需要标注一个布尔量作为操作数，表示是哪个变量的常闭触点，在程序运行该指令时，当变量为"1"时，这个触点为断开状态。当变量变为"0"时，这个触点为闭合状态。

从图 7-55 来看，当 M3.0 为"1"时，信号通过 M3.0，当 M3.1 为"0"时，信号会通过 M3.1 信号抵达 Q1.0，此时线圈 Q1.0 赋值为"1"，也就是说这段梯形图的逻辑是：仅当 M3.0 为"1"，M3.1 为"0"时，Q1.0 为"1"，否则均为"0"，Q1.0 是 M3.0 和 M3.1 的取反值两个量的"与"结果，这种串联结构相当于"与"运算。

在上述内容的基础上，需要搞清楚 PLC 数字量输入信号与常开/常闭触点指令的关系。PLC 的数字量输入模块可以外接按钮、开关、或者继电器、接触器、时间继电器等的辅助触点以及其他 PLC 或变频器等设备的数字量输出信号。这些外部器件都可以等效为触点，图 7-57 是 DI 模块的接线示意图的一部分，可见 DI 模块外部连接的都是触点。

图 7-57 中所画的都是常开触点，其实也可以外接常闭触点。常开触点因为动作而闭合和常闭触点未动作时的闭合，对于 PLC 来说并没有什么区别，都是使该输入通道通电。所以当编写有关数字量输入的程序时，考虑某输入通道在某些情况下是否通电，将会更加便捷与准确（某输入通道若外接常开触点，未动作时断电，动作时通电；若外接常闭触点，未动作时通电，动作时断电）。

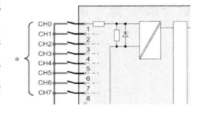

图 7-57 6ES7 521-1BL10-0AA0 的接线示意图

图 7-56 所示的常开触点和常闭触点，是梯形图中最基本的两个指令，然而在西门子 PLC 中，它们的名称很容易让初学者产生这样的理解——输入模块外接常开触点时，程序中对应地选用"常开触点"指令；外接常闭触点时，程序中对应地选用"常闭触点"指令。这样的理解是错误的，其实"常开触点"指令可以理解为：该指令引用输入过程映像区的地址，并且对其数值不取反，再传递下去；"常闭触点"指令可以理解为：该指令引用输入过程映像区的地址，然后对其数值取反，再传递下去。

因此，输入模块外接常开触点，程序中可能会选用"常开触点"指令，也可能会选用"常闭触点"指令，外接常闭触点时亦是如此。主要还是要看是否需要对所引用的输入过程映像区的地址的数值进行取反处理。

如图 7-58 所示，黑框中的指令为专门的取反指令，在程序运行时，当取反符号左侧有信号时，其右侧的输出无信号；当取反符号左侧无信号时，其右侧的输出有信号。

图 7-58 包含"取反"和"或"逻辑的梯形图

如图 7-58 所示这段程序运行的逻辑是：若 M4.0 和 M4.1 两个变量任意一个为 "1"，则信号可以流通到 "NOT" 指令之前的 A 点。A 点处是否有信号就是变量 M4.0 和 M4.1 做 "或" 逻辑运算的结果。通过 "NOT" 指令后，将这个结果进行取反，然后将结果赋值给 Q1.1。由这段程序可以看出在梯形图中的并联结构就是在做 "或" 运算。

不过在这里要注意把 |NOT| 指令与 |/| 指令加以区分，|NOT| 是把前面得到的结果进行取反，而 |/| 是把它所对应的变量（布尔量）进行取反。

在博途软件中，输出指令其实有两种，一种为上文提到过的线圈—( )—，另一种为取反线圈指令（赋值取反）—(/)—，取反线圈指令是将逻辑运算的结果进行取反，然后将其赋值给指定操作数。

7.4.2　置位与复位类型指令

置位指令和复位指令在梯形图中的图标如图 7-59 所示。

置位指令：在程序中，该指令上方需要标注一个布尔型变量作为操作数。在程序运行该指令时，当置位指令左侧有信号时，将该变量赋值为 "1"，该过程称为对这个变量的置位；当置位指令左侧没有信号时，不对该变量进行任何操作。

复位指令：在程序中，该指令上方需要标注一个布尔型变量作为操作数。在程序运行该指令时，当复位指令左侧

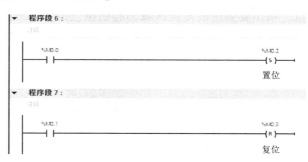

图 7-59　包含置位和复位的梯形图

有信号时，将该变量赋值为 "0"，该过程称为对这个变量的复位；当复位指令左侧没有信号时，不对该变量进行任何操作。

在程序中，通常一个变量的置位指令和复位指令会成对出现（不一定写在一个程序段中或两个相邻的程序段中）。

变量置位和复位的逻辑类似于数字电子电路中 RS 触发器的逻辑，在 PLC 程序中其实也有类似的触发器——置位优先触发器（RS）和复位优先触发器（SR）。

置位优先触发器（RS）如图 7-60 所示。该指令有两个入口参数 R 和 S1，这两个入口参数各自均需要连接一个布尔型变量，在指令上方需要填写一个布尔型变量作为操作数。根据输入 R 和 S1 的信号状态，复位或置位指定操作数的位。如果输入 R 的信号状态为 "1"，且输入 S1 的信号状态为 "0"，则指定的操作数将复位为 "0"。如果输入 R 的信号状态为 "0" 且输入 S1 的信号状态为 "1"，则将指定的操作数置位为 "1"。当输入 R 和 S1 的信号状态均为 "1" 时，将指定操作数的信号状态置位为 "1"，输入 S1 的优先级高于输入 R。如果两个输入 R 和 S1 的信号状态都为 "0"，则不会执行该指令。因此操作数的信号状态保持不变。操作数的当前信号状态被传送到输出 Q。

图 7-60　包含置位优先触发器的梯形图

复位优先触发器（SR）如图 7-61 所示。该指令逻辑上与置位优先触发器类似，只是当入口参数 S 和 R1 端状态均为"1"时，将指定操作数的信号状态复位为"0"，输入 R1 的优先级高于输入 S。

图 7-61　包含复位优先触发器的梯形图

在置位/复位类型指令中，还有置位位域指令和复位位域指令，对于置位位域指令，当输入条件为"1"时，将连续多位置位；对于复位位域指令，当输入条件为"1"时，将连续多位复位。

如图 7-62 所示，这两种指令的上方和下方都要有相应的操作数，指令上方的操作数为位变量，指出要置位或复位区域的起始位，指令下方的操作数为 UINT 类型常数，指出置位或复位的区域长度（位的个数）。例如程序段 1 中，当 I0.0 为"1"时，将 Q0.0~Q0.7 及 Q1.0 这连续 9 个位均置位为"1"并保持；程序段 2 中，当 I0.1 为"1"时，将 Q2.0~Q2.4 这连续 5 个位均复位为"0"并保持。

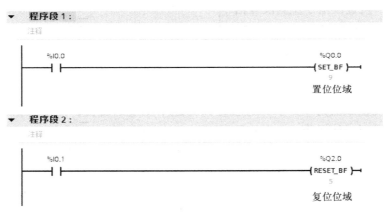

图 7-62　置位位域与复位位域指令的使用

7.4.3　边沿检测指令

边沿检测指令（上升沿检测与下降沿检测）包含了扫描操作数的信号边沿指令，如扫描操作数的信号上升沿指令 -|P|- 和扫描操作数的信号下降沿指令 -|N|- ；还包含扫描 RLO（逻辑运算结果，当前序逻辑都导通时或者能流都通过时，RLO = 1，否则为 0）的信号上升沿指令 P_TRIG 和扫描 RLO 的信号下降沿指令 N_TRIG ；还包括检测信号上升沿指令 R_TRIG 和检测信号下降沿指令 F_TRIG ；在信号上升沿置位操作数指令 -(P)- 以及在信号下降沿置位操作数指令 -(N)- 。

如图 7-63 所示，-|P|- 指令的上方和下方各有一个操作数，在这里分别为 I0.0 和 M0.0，该指令将比较 I0.0 的当前信号状态与上一次扫描信号状态（上一次扫描的信号状态保存在边沿存储器位 M0.0 中），若 I0.0 从"0"变为"1"，则说明出现了一个上升沿，该指令输出为"1"，并且只保持一个周期（监视时肉眼观测不到），即 CPU 下次扫描到该指令时，由于 I0.0 不再是上升沿状态，故该指令输出值变为"0"，图 7-65 为上升沿的时序图示意。

图 7-63　扫描操作数信号上升沿

如图 7-64 所示，-|N|- 指令功能与 -|P|- 指令类似，区别在于该指令将比较 I1.0 的当前信号状态与上一次扫描的信号状态（保存在 M1.0 中），若 I1.0 由 "1" 变为 "0"，则说明出现了一个下降沿，此时输出值为 "1"，并且只保持一个循环扫描周期，图 7-66 为下降沿的时序示意图。

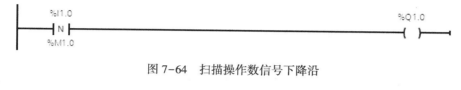

图 7-64　扫描操作数信号下降沿

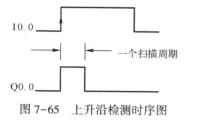

图 7-65　上升沿检测时序图

图 7-66　下降沿检测时序图

如图 7-67 所示，P_TRIG 指令的下方有一个操作数（M2.0），为边沿存储位，还有一个 CLK 输入端和一个 Q 输出端。该指令比较 CLK 输入端的 RLO 的当前信号状态与保存在边沿存储位中上一次查询的信号状态，如果该指令检测到 RLO 从 "0" 变为 "1"，则说明出现了一个信号上升沿，该指令的输出 Q 值变为 "1"，且只保持一个循环扫描周期。

图 7-67　扫描 RLO 的信号上升沿指令的使用方法

图 7-67 中的梯形图说明，当 I0.0 与 I1.0 同时为 "1" 时，该指令会检测到 RLO 从 "0" 变为 "1"，则输出为 "1"。

N_TRIG 指令与 P_TRIG 指令类似，不同的是该指令检测的是 RLO 的下降沿，当 RLO 出现下降沿时，该指令的输出 Q 值变为 "1"，且只保持一个循环扫描周期。

检测信号上升沿指令 R_TRIG 和检测信号下降沿指令 F_TRIG，与 P_TRIG 和 N_TRIG 指令类似，不同的是前者使用背景数据块（因为该指令本质上是功能块 FB，FB 调用时需要分配背景数据块，IEC 定时器与计数器也是这种情况）存储上一次扫描的 RLO 的值及输出值。使用时，要将 R_TRIG 指令插入程序，将自动打开 "调用选项" 对话框，如图 7-68 所示。

图 7-68　"调用选项" 对话框

如图 7-69 所示，R_TRIG 指令有一个 CLK 输入端和一个 Q 输出端，将输入 CLK 处的当前 RLO 与保存在指定背景数据块中上次查询的 RLO 进行比较，如果 I0.0 和 I1.0 有一个值变为"1"，则该指令会检测到 RLO 从"0"变为"1"，则说明出现了一个信号上升沿，背景数据块中变量的信号状态将置位为"1"，同时输出 Q 端输出"1"，且只保持一个循环扫描周期。

图 7-69   检测信号上升沿指令的使用方法

F_TRIG 指令与 R_TRIG 指令相似，不同的是当检测到 RLO 从"1"变为"0"，即出现了一个信号下降沿时，背景数据块中的变量将置位为"1"，同时输出 Q 端输出"1"。

如图 7-70 所示，-(P)- 指令的上下各有一个操作数，该指令将当前 RLO 的状态与保存在边沿存储位 M2.2 中的上一周期的 RLO 结果进行比较，如果 RLO 从"0"变为"1"，则说明出现了一个信号上升沿，此时 Q3.1 的信号状态将置位为"1"，并保持一个循环扫描周期。

图 7-70   信号上升沿置位操作数指令的使用方法

-(N)- 指令与 -(P)- 相似，不同的是当 RLO 出现下降沿时，指令上方操作数的信号状态将置位为"1"。

在使用边沿检测指令时，用于存储边沿的存储器位的地址在程序中最多只能使用一次，否则该存储器位的内容被覆盖，将影响到边沿检测，从而导致结果不准确。

7.5   定时器/计数器操作指令

定时器操作指令分为 IEC 定时器指令和 SIMATIC 定时器指令两大类。在经典 STEP 7 软件中，SIMATIC 定时器放在指令树下的定时器指令中，IEC 定时器放在函数库中。在博途软件中，则把这两类指令都放在了"基本指令"目录的"定时器操作"指令中，如图 7-71 所示。

计数器操作指令也类似，如图 7-72 所示。

7.5.1   SIMATIC 定时器指令

对于 SIMATIC 定时器而言，在 CPU 系统存储器中有专门的存储区域，每个定时器均占用一个 16 位的字单元存储定时时间，还占用一个位单元存储定时器的状态。SIMATIC 定时器开始定时时，定时器的当前值从预设时间值每隔一个时基减"1"，减至"0"时认为定时时间到。

SIMATIC 定时器指令均有 S、TV、R、BI、BCD、Q 参数，启动时还需要为其指定一个定时器编号。图 7-73 为 S_PULSE 定时器在梯形图中的使用。其中，S 为定时器启动端，TV 为预设时间值输入端，R 为定时器复位端，BI 和 BCD 为剩余时间常数值输出端的两种数据格式，定时器计时时，在输出 BI 处以二进制码格式（无时基信息）输出，在输出 BCD 处以 BCD 编码格式（含时基信息，格式同 S5TIME）输出，Q 为定时器状态输出端。

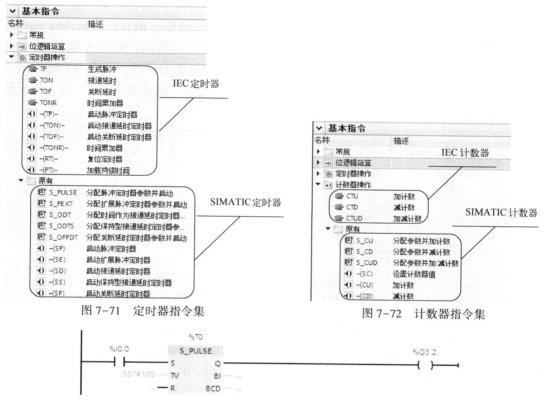

图 7-71　定时器指令集

图 7-72　计数器指令集

图 7-73　S_PULSE 定时器的使用

1. 脉冲定时器（S_PULSE）与扩展脉冲定时器（S_PEXT）

脉冲定时器（S_PULSE）用于产生一个脉冲，脉宽由预设时间决定。当输入 S 的逻辑运算结果（RLO）的信号状态从 "0" 变为 "1"（信号上升沿）并保持时，启动定时器开始计时，同时 Q 输出 "1"。这时定时器从预设时间（TV）起开始倒计时，当倒计时到 0 时计时结束。如果输入 S 的信号状态在已设定的持续时间计时结束前就变为 "0"，则定时器停止计时，Q 输出信号状态变为 "0"。如果定时器正在计时且输入端 R 的信号变为 "1"，则当前时间值和时间输出 Q 将被设置为 "0"。如果不使用定时器复位功能，R 端可以不连接任何变量。定时器相关逻辑详见图 7-74 的时序图。

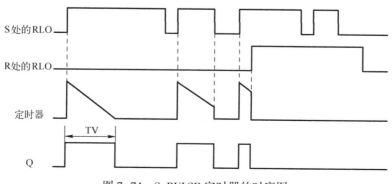

图 7-74　S_PULSE 定时器的时序图

　　图 7-73 中程序所实现的功能为：当输入 I0.0 从"0"变为"1"并保持时，启动定时器开始计时，输出线圈 Q3.2 输出为"1"，10 s 后计时结束，Q3.2 输出由"1"变为"0"。

　　扩展脉冲定时器（S_PEXT）功能与脉冲定时器（S_PULSE）类似，可以输出一个脉冲，脉宽由预设时间决定。其区别在于该指令在 S 端的逻辑运算结果（RLO）的信号状态由"0"变为"1"（信号上升沿）时，启动定时器开始计时，在计时期间，如果 S 端的 RLO 变为"0"，不影响该定时器的定时状态，即它总会产生一个完整脉宽的脉冲，不会因为输入信号变为"0"而提前结束计时，关断脉冲的输出。当复位端 R 的信号状态变为"1"时，将复位定时器的当前值和输出 Q 的信号状态，其逻辑时序如图 7-75 所示。

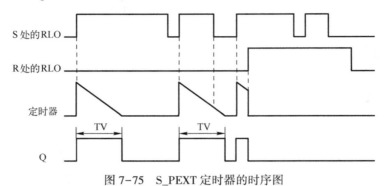

图 7-75　S_PEXT 定时器的时序图

2. 接通延时定时器（S_ODT）与保持型接通延时定时器（S_ODTS）

　　接通延时定时器（S_ODT）指令能够实现当输入条件 S 从"0"变为"1"，并保持为"1"时启动定时器，定时器开始倒计时，但此时定时器的输出为"0"。如果定时器正常计时结束且输入 S 的信号状态仍为"1"，定时器的输出将变为"1"并一直持续，直到 S 端变为"0"，定时器输出也同时变为"0"；如果在计时期间，S 端的信号状态变为"0"，定时器将停止；若 R 端的信号变为"1"，则当前时间值和时间输出 Q 将被设置为"0"，其逻辑时序如图 7-76 所示。

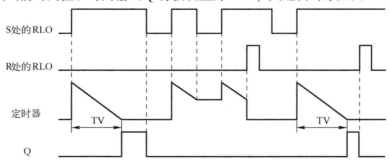

图 7-76　S_ODT 定时器的时序图

　　【例 7-26】使用 SIMATIC 定时器指令实现顺序控制。

　　顺序控制是指多个被控对象相隔一定时间，有次序地依次启动或停止。实现这种控制的程序有很多种，图 7-77 为利用多个 S_ODT 定时器完成控制要求的梯形图。

　　由图 7-77 可知，当输入 I0.0 从"0"变为"1"并保持时，T1 开始计时，10 s 后 T1 计时结束，T2 开始计时，同时输出 Q4.0 变为"1"；又过了 10 s，T2 计时结束，T3 开始计时，同时输出 Q4.1 变为"1"；再过 10 s，T3 计时结束，Q4.2 变为"1"（图 7-77 中程序段 2 中梯形图的画法即用到了博途软件指令的新特性，在之前版本的编程软件中，这种形式是不存在的）。

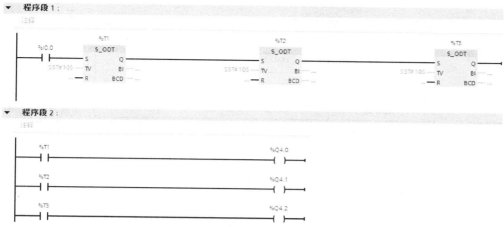

图 7-77　利用多个 S_ODT 定时器实现顺序接通控制

S_ODTS 指令功能与 S_ODT 指令类似，不同之处在于，在 S 端的逻辑运算结果信号状态从"0"变为"1"时，启动定时器开始计时，在计时期间如果 S 端的 RLO 变为"0"，将不会影响定时器的定时状态。只要定时器计时结束，输出 Q 都将变为"1"。如果定时器计时期间输入 S 的信号状态从"0"变为"1"，定时器将会从预设值开始重新启动。若 R 端的信号变为"1"，则当前时间值和时间输出 Q 将被设置为"0"。

3. 关断延时定时器（S_OFFDT）

S_OFFDT 指令能够实现当输入 S 端的 RLO 从"0"变为"1"时，其 Q 输出为"1"，当 S 端从"1"变为"0"后，开始计时，计时结束后复位输出 Q。如果定时器运行期间输入 S 的信号状态从"0"变为"1"，定时器将停止计时，只有在检测到输入 S 的信号下降沿后才会重新启动定时器。若 R 端的信号变为"1"，则当前时间值和时间输出 Q 将被设置为"0"。S_OFFDT 定时器的时序图如图 7-78 所示。

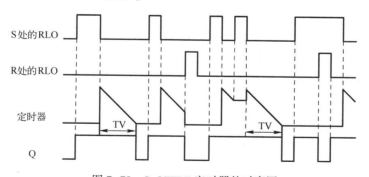

图 7-78　S_OFFDT 定时器的时序图

4. SIMATIC 定时器启动指令

SIMATIC 定时器也有直接启动指令的形式（或称为定时器输出指令），具体参数和说明见表 7-8。

表 7-8　SIMATIC 定时器启动指令相关说明

LAD	操作数	数据类型	存储区	说明
操作数1 —(SP)— 操作数2	1：定时器号	TIMER	T	功能与脉冲定时器（S_PULSE）相同
	2：定时器时间值	S5TIME，WORD	I、Q、M、D、L 或常数	

（续）

LAD	操 作 数	数 据 类 型	存 储 区	说 明
操作数1 —(SE)— 操作数2	1：定时器号	TIMER	T	功能与扩展脉冲定时器 （S_PEXT）相同
	2：定时器时间值	S5TIME，WORD	I、Q、M、D、L 或常数	
操作数1 —(SD)— 操作数2	1：定时器号	TIMER	T	功能与接通延时定时器 （S_ODT）相同
	2：定时器时间值	S5TIME，WORD	I、Q、M、D、L 或常数	
操作数1 —(SS)— 操作数2	1：定时器号	TIMER	T	功能与保持型接通延时 定时器（S_ODTS）相同
	2：定时器时间值	S5TIME，WORD	I、Q、M、D、L 或常数	
操作数1 —(SF)— 操作数2	1：定时器号	TIMER	T	功能与关断延时定时器 （S_OFFDT）相同
	2：定时器时间值	S5TIME，WORD	I、Q、M、D、L 或常数	

7.5.2　IEC 定时器指令

IEC 标准定时器与 S5 定时器相比，具有如下几个主要优点：第一，使用 IEC 时间类型的变量。相较于 S5 时间类型，可以表示更长和更精准的时间。第二，每次使用 IEC 定时器，系统自行分配背景数据块，用户不必考虑系统定时器资源分配的问题。第三，IEC 定时器采用正向计时的方式，而 S5 定时器是采用倒计时的方式。

1. 生成脉冲定时器（TP）

IEC 定时器是一个具有特殊数据类型（IEC_TIMER、IEC_LTIMER、TP_TIME、TP_LTIME）的结构，可声明一个系统数据类型为 IEC_TIMER 或 IEC_LTIMER 的数据块，或声明块中"Static"部分的 TP_TIME、TP_LTIME、IEC_TIMER 或 IEC_LTIMER 类型的局部变量。

在程序中插入该指令时，将打开"调用选项"对话框，类似图 7-68。

TP 指令为"生成脉冲"指令，可以输出一个脉冲，脉宽由预设时间决定。该指令有 IN、PT、ET 和 Q 参数，当输入端 IN 的逻辑运算结果（RLO）从"0"变为"1"时，启动该指令，开始计时，计时时间由预设时间参数 PT 设定，同时输出 Q 的状态在预设时间内保持为"1"，即 Q 输出一个宽度为预设时间参数 PT 的脉冲，达到预设时间后，输出端 Q 将停止输出。在计时时间内，即使检测到 RLO 新的信号上升沿，输出 Q 的信号状态也不会受影响，或者说 IN 端信号的振荡不影响定时器 Q 端的输出。但如果 IN 端在脉冲输出过程中提前变为无信号状态"0"，定时器在脉冲输出完成后会立刻将计时恢复为 0。TP 指令的时序图如图 7-79 所示。

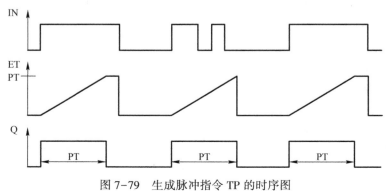

图 7-79　生成脉冲指令 TP 的时序图

可以在输出参数 ET 处查询到当前时间值，该时间值从 T#0S 开始，在达到持续时间 PT 后保持不变；如果已达预设时间 PT 且输入 IN 变为 "0"，则输出 ET 将复位为 "0"。

【例 7-27】使用 IEC 定时器实现顺序循环控制。

顺序循环控制程序是指在控制过程中，被控对象按照动作顺序完成起动、停止等动作，且往复循环。如图 7-80 所示，如果想要 Q0.0、Q0.1、Q0.2 执行顺序循环控制程序，可以借助多个定时器来完成。

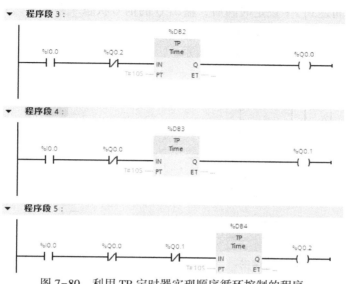

图 7-80　利用 TP 定时器实现顺序循环控制的程序

2. 接通延时定时器（TON）

接通延时定时器指令有 IN、PT、ET 和 Q 参数，当输入端 IN 的逻辑运算结果（RLO）从 "0" 变为 "1" 时，启动该指令，开始计时，计时时间由预设时间参数 PT 设定，当计时时间到达后，输出 Q 的信号状态为 "1"。此时只要输入 IN 仍为 "1"，输出 Q 就保持为 "1"，直到输入 IN 的信号状态从 "1" 变为 "0"，将复位输出 Q。当输入 IN 检测到新的信号上升沿时，该定时器将再次启动。工作原理类似于 S_ODT 指令。

可以在输出参数 ET 处查询到当前时间值，该时间值从 T#0S 开始，在达到持续时间 PT 后保持不变，只要输入 IN 的信号状态变为 "0"，输出 ET 就复位。其时序图如图 7-81 所示。

3. 关断延时定时器（TOF）

关断延时定时器指令有 IN、PT、ET 和 Q 参数，当输入端 IN 的逻辑运算结果（RLO）从 "0" 变为 "1" 时，输出 Q 变为 "1"；当输入 IN 处的信号状态变回 "0" 时，开始计时，计时时间由预设时间参数 PT 设定，当计

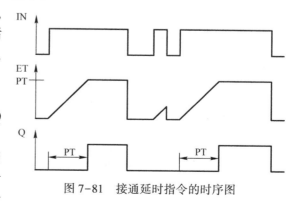

图 7-81　接通延时指令的时序图

时时间到达后，输出 Q 的信号状态变为 "0"。如果输入 IN 的信号状态在计时结束之前再次变为 "1"，则复位定时器，而输出 Q 的信号状态仍将为 "1"。工作原理类似于 S_OFFDT 指令。

可以在输出参数 ET 处查询到当前时间值，该时间值从 T#0S 开始，达到 PT 时间值时结束。当持续时间 PT 计时结束后，输入 IN 变回 "1" 前，ET 输出仍保持置位为当前值。在持

续时间 PT 计时结束之前如果输入 IN 的信号状态切换为 "1"，则将 ET 输出复位为值T#0S。该定时器时序图如图 7-82 所示。

4. 时间累加器（TONR）

时间累加器能够实现累计定时功能，该指令有 IN、PT、ET、Q 和 R 参数，当输入端 IN 的逻辑运算结果（RLO）从 "0" 变为 "1" 时，将执行该指令，同时开始计时（计时时间由 PT 设定）。在计时过程中，累加的是 IN 输入信号状态为 "1" 时所持续的时间值，累加的时间由 ET 输出。当持续时间达到 PT 设定时间后，输出 Q 的信号状态才会变为 "1"。即使 IN 参数的信号状态从 "1" 变为 "0"，Q 仍将保持为 "1"。输入 R（复位）端信号为 "1" 时，将复位输出 ET 和 Q。该指令的时序图如图 7-83 所示。

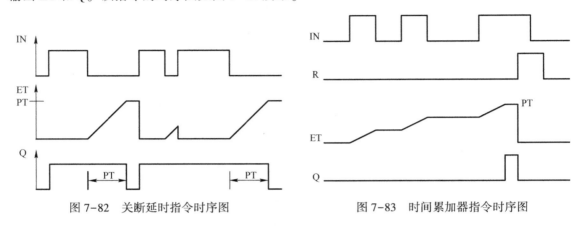

图 7-82　关断延时指令时序图　　　　图 7-83　时间累加器指令时序图

5. 定时器直接启动、复位和加载持续时间指令

对于 IEC 定时器指令，还有简单的指令形式，具体相关参数说明见表 7-9。

表 7-9　IEC 定时器简单指令形式列表

LAD	操作数	数据类型	存储区	说　　明
操作数1 —(TP ???)— 操作数2	1：IEC 定时器	IEC_TIMER、IEC_LTIMER、TP_TIME、TP_LTIME	D、L	要启动的 IEC 定时器
	2：持续时间	TIME、LTIME	I、Q、M、D、L 或常数	IEC 定时器运行的持续时间
操作数1 —(TON ???)— 操作数2	1：IEC 定时器	IEC_TIMER、IEC_LTIMER、TON_TIME、TON_LTIME	D、L	要启动的 IEC 定时器
	2：持续时间	TIME、LTIME	I、Q、M、D、L 或常数	IEC 定时器运行的持续时间
操作数1 —(TOF ???)— 操作数2	1：IEC 定时器	IEC_TIMER、IEC_LTIMER、TOF_TIME、TOF_LTIME	D、L	要启动的 IEC 定时器
	2：持续时间	TIME、LTIME	I、Q、M、D、L 或常数	IEC 定时器运行的持续时间
操作数1 —(TONR ???)— 操作数2	1：IEC 定时器	IEC_TIMER、IEC_LTIMER、TONR_TIME、TONR_LTIME	D、L	要启动的 IEC 定时器
	2：持续时间	TIME、LTIME	I、Q、M、D、L 或常数	IEC 定时器运行的持续时间
操作数 —(RT)—	IEC 定时器	IEC_TIMER、IEC_LTIMER、TP_TIME、TP_LTIME、TON_TIME、TON_LTIME、TOF_TIME、TOF_LTIME、TONR_TIME、TONR_LTIME	D、L	要复位的 IEC 定时器

（续）

LAD	操作数	数据类型	存储区	说　明
操作数1 ??? —(PT)— 操作数2	1：IEC 定时器	IEC_TIMER、IEC_LTIMER、TP_TIME、TP_LTIME、TON_TIME、TON_LTIME、TOF_TIME、TOF_LTIME、TONR_TIME、TONR_LTIME	D、L	设置了持续时间的 IEC 定时器
	2：持续时间	TIME、LTIME	I、Q、M、D、L 或常数	IEC 定时器运行的持续时间

表 7-9 中的前四个指令与生成脉冲定时器（TP）、接通延时定时器（TON）、关断延时定时器（TOF）和时间累加器（TONR）相对应，每个指令括号里的"???"位置可选择是"TIME"或者"LTIME"。

表 7-9 中的第 5 个指令（RT）为复位定时器指令，可将 IEC 定时器复位为"0"。仅当输入的逻辑运算结果（RLO）为"1"时，才执行该指令。

表 7-9 中的第 6 个指令（PT）为加载持续时间指令，可为 IEC 定时器设置时间。如果该指令输入的 RLO 的信号状态为"1"，则每个周期都执行该指令。该指令将指定时间写入指定 IEC 定时器的结构中。如果在该指令执行时指定 IEC 定时器正在计时，指令将覆盖该指定 IEC 定时器的当前值，从而更改 IEC 定时器的定时状态。

7.5.3　SIMATIC 计数器指令

对于 SIMATIC 计数器而言，在 CPU 的系统存储器中有专门的存储区域，每个计时器均占用一个 16 位的字单元存储计时器当前值，还占用一个位单元存储计数器的状态。SIMATIC 计数器的计数范围是 0~+999。

1. 加计数器（S_CU）

加计数器 S_CU 指令（具体显示形式见图 7-84）的输入端 CU 每检测到一次上升沿时，当前计数值 CV 加 1（十六进制格式，小于 999），计数器值达到上限 999 后停止递增，即使再出现上升沿也不再计数；在计数初始值预置 S 端上有上升沿时，PV 端将装入预置值，用于给计数器赋初值，计数器的值在此初值的基础上进行加计数；当前计数值大于 0 时，Q 输出为高电平"1"，如果计数值等于 0，则输出 Q 信号状态为"0"；当 R 端子的状态为"1"时，计数器复位，当前计数值 CV 为"0"，输出也为"0"；CV_BCD 端为当前计数值（BCD 码格式）输出端，可以直接接到数码管显示。

【例 7-28】某自动灌装生产线中，利用两个接近开关分别对空瓶和成品进行检测，请使用 SIMATIC 计数器指令实现数量的统计。

应用 S_CU 指令实现该功能的梯形图程序如图 7-84 所示。

图中程序段 6 对空瓶数量进行统计，程序段 7 对成品数量进行统计，I2.0 和 I2.1 分别为检测空瓶和成品的接近开关。

2. 减计数器（S_CD）与加/减计数器（S_CUD）

在掌握了加计数器（S_CU）的用法后，减计数器（S_CD）与加/减计数器（S_CUD）的用法就很容易理解了，其具体的参数及说明见表 7-10。

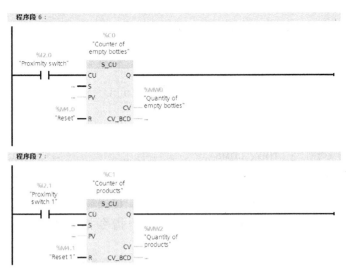

图 7-84　空瓶与成品统计程序

表 7-10　减计数器与加/减计数器指令

LAD	参数	数据类型	说　明
	C No.	Counter	要启动的计数器号
	CD	BOOL	减计数输入
	S	BOOL	计数初始值预置输入端
	PV	WORD	初始值的 BCD 码
	R	BOOL	复位输入端
	Q	BOOL	计数器的状态输出
	CV	WORD、S5TIME、DATE	当前计数值（整数格式）
	CV_BCD		当前计数值（BCD 码格式）
	C No.	Counter	要启动的计数器号
	CD	BOOL	减计数输入
	CU	BOOL	加计数输入
	S	BOOL	计数初始值预置输入端
	PV	WORD	初始值的 BCD 码
	R	BOOL	复位输入端
	Q	BOOL	计数器的状态输出
	CV	WORD、S5TIME、DATE	当前计数值（整数格式）
	CV_BCD		当前计数值（BCD 码格式）

　　减计数器（S_CD）：当 CD 端检测到上升沿时，计时器在 PV 预置值的基础上进行减计数（已装入预置值），计数值达到下限 0 时，将停止递减。如果达到下限，即使出现上升沿信号，计数器也不再递减。如果计数值大于 0，则 Q 输出为高电平"1"，如果计数值等于 0，则输出 Q 信号状态为"0"。

　　加/减计数器（S_CUD）：输入端 CU 每检测到一次上升沿时，当前计数值 CV 加 1，CD 端每检测到一个上升沿时，计时器减 1。如果一个程序周期内输入 CU 和 CD 都出现上升沿信号，则计数器值将保持不变。

3. SIMATIC 计数器的简单指令形式

SIMATIC 计数器也有简单的指令形式，包括设置计数器值 SC、加计数 CU 和减计数 CD，指令的具体使用方法如图 7-85 所示。

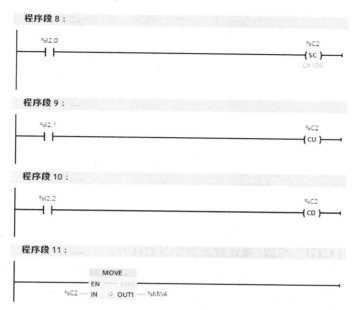

图 7-85 几种计数器简单指令的使用方法

图 7-85 中，程序段 8 可为计数器 C2 设定预设值，指令下方的操作数即为预设的数值，需为 BCD 码格式；程序段 9 可对 C2 进行加计数，程序段 10 可对 C2 进行减计数；程序段 11 中用到了移动操作指令（详见 7.8 节），能够将计数器的当前值转存到 MW4 中。

7.5.4 IEC 计数器指令

西门子 PLC 的计数器值有限，如果应用于大型项目中，计数器不够时，可以使用 IEC 计数器。IEC 计数器集成在 CPU 的操作系统中。IEC 计数器最大可支持 64 位无符号整数 ULINT 型变量作为计数值。

在程序中插入 IEC 计数器指令时，将打开"调用选项"对话框，类似图 7-68。可以使用其背景数据块进行状态记录，用户可以选择让博途软件自行创建和分配背景数据块，免去管理系统计数器资源的工作。

1. 加计数指令（CTU）

如图 7-86 所示，可以选择这个计数器是基于何种类型的整型变量进行计数的，图中选择的是"Int"字样。根据指令所选择的整型变量类型，在 PV 和 CV 端填写相应类型的变量，调用该指令时，PV 端需要填写的变量用于该计数器的预设值（此处必须要填写，否则程序是错误的），在 CV 端需要填写的变量用于显示当前的计数值。

在程序运行且该指令输入端 R 为"0"时，每当 CU 端出现一次上升沿，该指令就将其计数值加 1，当计数值大于等于预设值时，指令 Q 端开始输出信号；当 R 端为"1"时，计数器停止工作，计数值回复为"0"。

在 IEC 计数器变量内部（或背景数据块内），"QU"和"QD"值得关注，两者均为布尔量，如图 7-87 所示。

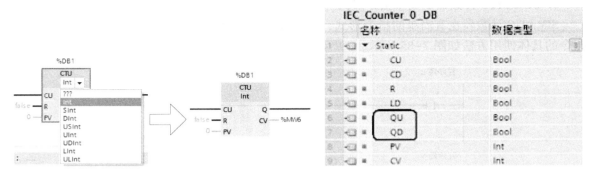

图 7-86　CTU 指令的梯形图形式　　　　图 7-87　IEC 计数器的背景数据块截取

"IEC_Counter_0_DB". QU：当计数器的计数值大于等于预设值时为 "1"，否则为 "0"。可见其输出逻辑与 Q 端是一致的。在程序任意地方引用变量 "IEC_Counter_0_DB". QU，就可以将该计数器的 "Q" 端输出信号引到任意地方。

"IEC_Counter_0_DB". QD：当计数器的计数值小于等于 0 时为 "1"，否则为 "0"。

2. 减计数指令（CTD）与加/减计数器指令（CTUD）

减计数指令（CTD）与加/减计数器指令（CTUD）的参数和相关说明见表 7-11。

表 7-11　减计数指令（CTD）、加/减计数器指令（CTUD）

LAD	参　数	数据类型	说　明
%DB7 CTD Int CD — Q false — LD — CV 0 — PV	CD	BOOL	计数器输入
	LD	BOOL	装载输入
	PV	INT	预设值，使用 LD=1 置位输出 CV 的目标值
	Q	BOOL	计数器状态
	CV	整数、CHAR、 WCHAR、DATE	当前计数值
%DB8 CTUD Int CU — QU false — CD — QD false — R — CV false — LD <???> — PV	CU	BOOL	加计数器输入
	CD	BOOL	减计数器输入
	R	BOOL	复位输入
	LD	BOOL	装载输入
	PV	INT	预设值
	QU	BOOL	加计数器状态
	QD	BOOL	减计数器状态
	CV	整数、CHAR、 WCHAR、DATE	当前计数值

参数中与加计数器相同的部分在这里不再赘述。

减计数指令（CTD）：当 LD 端无信号时，若 CD 端出现上升沿，则计数器减 1（初始为 0，取决于背景数据块中的相关变量值）。如果计数值小于等于 0，则输出 Q 为 "1"；当 LD 端有信号时，将预设值（PV 端）载入计数器作为当前计数值。它同样也有计数器变量内部（或背景数据块内）的两个变量——"QU" 和 "QD"，其输出逻辑与加计数器一致，显然，QD 的状态与减计数器的 Q 端逻辑一致。

加/减计数器指令（CTUD）：当 LD 端和 R 端均无信号时，若 CU 端出现上升沿，则该指令就将其计数值加 1（计数初始值为 0），若 CD 端出现上升沿，则计数器减 1（初始值为 0，它取决于背景数据块中的相关变量值）；当 LD 端有信号时，将预设值（PV 端）载入计数器作为当前计数值；当 R 端有信号时，重置计数器，计数值清零；当 LD 端和 R 端都有信号时，按重置计数器进行操作。如果计数值大于等于预设值，则 QU 端输出信号；如果计数值小于等于 0，则 QU 端输出信号。它同样也有计数器变量内部（或背景数据块内）的两个变量——"QU"和"QD"，变量"QD"等同于 QD 端的输出，变量"QU"等同于 QU 端的输出。

7.6　比较器操作指令

博途软件提供了丰富的比较器指令，可以满足用户的各种需要，列表如图 7-88 所示。

7.6.1　普通比较指令

普通的比较指令包括等于"＝＝"、不等于"＜＞"、大于等于"＞＝"、小于等于"＜＝"、大于"＞"及小于"＜"。下面以等于指令为例，说明普通比较指令的具体用法，其余指令的用法都类似，不再赘述。

如图 7-89 所示，A 处为指令上方的操作数 1，D 处为指令下方的操作数 2，B 处说明所选择的比较类型，C 处选择参与比较的两个变量的类型，当用户连接完成两个操作数后，软件会自动填写这个类型，如果参与比较的两个变量类型相同，C 处即填写此种变量类型，若两个变量的类型不同，那么此处填写（或软件自动填写）较复杂一方的类型。

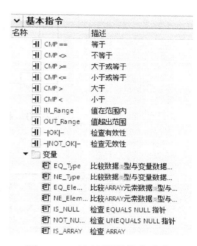

图 7-88　比较器操作指令集

图 7-89　普通比较指令说明图

在该指令运行时永远是操作数 1 与操作数 2 作比较（操作数 1 是否等于操作数 2），若比较结果成立，则指令后方有信号输出，否则没有。

【例 7-29】使用计数器和比较器实现在例 7-27 中的顺序循环控制。

如图 7-90 所示，当 I0.0 每次产生上升沿时，切换 Q0.0、Q0.1、Q0.2。

7.6.2　范围比较

范围比较包括"值在范围内（IN_RANGE）"和"值超出范围（OUT_RANGE）"指令，梯形图形式如图 7-91a、b 所示。

"IN_RANGE"是比较某一个变量的值是否在某一个范围内的指令，如图 7-91a 所示。当 VAL（指连接在指令 VAL 端的变量）小于等于 MAX（指连接在指令 MAX 端的变量），且大于等于 MIN（指连接在指令 MIN 端的变量）时，指令后方有信号输出。

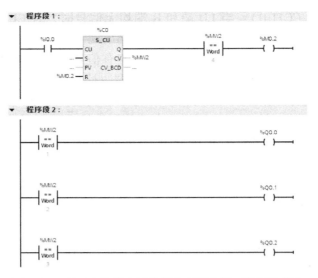

图 7-90　利用比较器和计数器实现顺序循环控制的程序

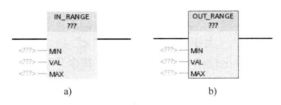

图 7-91　范围比较指令

"OUT_RANGE"指令是比较某一个变量的值是否在某一个范围之外的指令，如图 7-91b 所示。当 VAL（指连接在指令 VAL 端的变量）大于 MAX（指连接在指令 MAX 端的变量），或者小于 MIN（指连接在指令 MIN 端的变量）时，指令后方有信号输出。

7.6.3　检查有效性及检查无效性指令

"检查有效性（OK）"指令和"检查无效性（NOT_OK）"指令的梯形图形式如图 7-92a、b 所示。指令上方的<???>需要指定操作数。这两条指令可用来检查操作数的值为有效或无效的浮点数。

对于"检查有效性（OK）"指令，如果该指令输入的信号状态为"1"，且操作数的值是有效浮点数，则该指令输出的信号为"1"，否则为"0"。

图 7-92　检查有效性及检查无效性指令

对于"检查无效性（NOT_OK）"指令，如果该指令输入的信号状态为"1"，且操作数的值是无效浮点数，则该指令输出的信号为"1"，否则为"0"。

除上述比较器之外，还有针对 VARIANT 对象的比较指令，当 FC/FB 块引入了 VARIANT 对象后，可以在该程序块内添加这一类判断指令，用于判断当前连接的这个 VARIANT 对象是否满足一定的条件。关于 VARIANT 的知识可参考本章的 7.1.5 节。

7.7　数学函数指令

数学函数指令所包含的指令如图 7-93 所示，主要包括加、减、乘、除、计算平方、计算平方根、计算自然对数、计算指数、取幂、求三角函数等运算类指令，以及返回除法的余数、返回小数求二进制补码、递增、递减、计算绝对值、获取最值、设置限值等其他数学函数指令。这些数学函数指令大部分都支持数据类型的隐式转换，这样就可以满足类似整数运算而得到浮点数的结果，或通过浮点数运算而得到整数结果的需求了。

图 7-93　数学函数
指令集

数学函数指令很多，本节只介绍一个复合的计算指令，它非常适合复杂的函数运算，且运算中无需考虑中间变量。

"计算"（CALCULATE）指令的梯形图形式如图 7-94 所示。可以从"计算"指令框内"CALCULATE"指令名称下方的"<???>"下拉列表中选择该指令的数据类型。根据所选数据类型，可以组合特定指令的功能，依据表达式执行复杂计算。

在初始状态下，指令框包含两个输入（IN1 和 IN2），通过鼠标单击指令框内左下角的星号"＊"，可以扩展输入数目。在指令框中按升序对插入的输入编号。单击指令框内右上角的"计算器"图标可打开表达式对话框，如图 7-95 所示。在"OUT:="的编辑框中输入表达式，表达式可以包含输入参数的名称和允许使用的指令，但不允许指定操作数名称或操作数地址。该表达式的计算结果将传送至"计算"指令的输出 OUT 中。

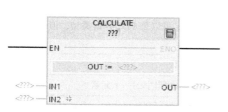

图 7-94　CALCULATE 指令

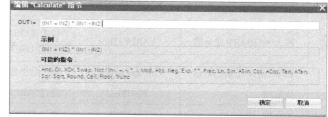

图 7-95　Calculate 指令的表达式对话框

7.8　其他指令

基本指令集合中除了上述指令外，还包括移动操作指令、转换操作指令、移位与循环指令、字逻辑运算指令和程序控制操作指令等。

7.8.1　移动操作指令

移动操作指令用于将输入端（源区域）的值复制到输出端（目的区域）指定的地址中，与 S7-300/400 PLC 相比，S7-1500 PLC 的移动操作指令更加丰富。指令的详细说明见表 7-12。

表 7-12 移动操作指令功能说明

名 称		LAD	说 明
移动操作指令	传送值	MOVE	将输入变量的值传送给输出变量
	序列化	Serialize	可以将 PLC 数据类型（UDT）转换为顺序表示，而不会丢失部分结构。例如将设备以及设备的属性（不同数据类型）按顺序堆栈到一个数据块中
	反序列化	Deserialize	与 Serialize 功能相反
	存储区移动	MOV_BLK	将一段存储区（源区域）的数据移动到另一段存储区（目标区域）中，这里只定义源区域和目标区域的首地址，然后定义复制的个数
	移动块	MOV_BLK_VARIANT	与 MOV_BLK 相比，定义源区域和目标区域的首地址可以变化
	非中断存储区移动	UMOV_BLK	与 MOV_BLK 相比，此移动操作不会被操作系统的其他任务打断
	填充存储区	FILL_BLK	块填充，将一个变量复制到其他数组中
	非中断的存储区填充	UFILL_BLK	与 FILL_BLK 相比，此移动操作不会被操作系统的其他任务打断
	交换	SWAP	交换一个 WORD、DWORD 或 L WORD 变量字节的次序
数组 DB	从 Array 数据块读取	ReadFromArrayDB	通过 INDEX 的指示读出数据块数组中的一个元素
	写入 Array 数据块	WritetoArrayDB	通过 INDEX 的指示将变量写到数据块数组中的一个元素
	从装载存储器的 Array 数据块中读取	ReadFromArrayDBL	通过 INDEX 的指示读出数据块数组中的一个元素，与指令 ReadFromArrayDB 相比，该指令是读取数据块在装载存储器中的值
	向装载存储器的 Array 数据块写入	WriteFromArrayDBL	通过 INDEX 的指示将变量写到数据块数组中的一个元素。与指令 WritetoArrayDB 相比，该指令是修改数据块在装载存储器中的值
变量类型操作	读出 VARIANT 变量值	VARIANTGet	读出 VARIANT 变量值，可以是 PLC 数据类型，但是不可以对数组进行操作
	写入 VARIANT 变量值	VARIANTPut	写入 VARIANT 变量值，可以是 PLC 数据类型，但是不可以对数组进行操作
	获取 Array 元素的数量	CountofElements	读出数组变量元素的个数
原有指令	读取域	FieldRead	通过 INDEX 的指示读出数组中的一个元素
	写入域	FieldWrite	通过 INDEX 的指示将变量写到数组中的一个元素
	块移动	BLKMOV	将一段存储区（源区域）的数据移动到另一段存储区（目标区域）中
	不可中断的存储区移动	UBLKMOV	将一段存储区（源区域）的数据移动到另一段存储区（目标区域），此复制操作不会被操作系统的其他任务打断
	填充块	FILL	将源区域的数据移动到目标区域，直到目标区域写满为止

注意：指令中所指的数据块为数组数据块，在创建时选择"数组 DB"。S7-300/400 原有的一些指令可以被更简单、方便的指令替代，考虑到兼容和继承的原因，这些指令在新系统中仍然可以使用。

7.8.2 转换操作指令

转换操作指令是将一种数据格式转换为另一种格式进行存储。例如要让一个整型数据和双整型数据进行数学运算，一定要将整型数据转换成双整型数据。指令的详细说明见表 7-13。

表 7-13　转换操作指令功能说明

名称		LAD	说明
转换操作	转换值	CONVERT	可以选择不同的数据类型进行转换
	取整	ROUND	以四舍五入方式对浮点值取整，输出可以是 32 或 64 位整数和浮点数
	浮点数向上取整	CELL	浮点数向上取整，输出可以是 32 或 64 位整数和浮点数
	浮点数向下取整	FLOOR	浮点数向下取整，输出可以是 32 或 64 位整数和浮点数
	截尾取整	TRUNC	舍去小数取整，输出可以是 32 或 64 位整数和浮点数
	标定	SCALE_X	按公式 OUT = ［VALUE * （MAX-MIN）］+MIN 进行缩放，并进行格式转换
	标准化	NORM_X	按公式 OUT = （VALUE-MIN）/ （MAX-MIN）进行标准化，并进行格式转换
原有	缩放	SCALE	将整数转换为介于上下限物理量间的浮点数
	取消缩放	UNSCALE	将介于上下限间的物理量转换为整数

7.8.3　移位与循环指令

移位指令可以将输入参数 IN 中的内容向左或向右逐位移动；循环指令可以将输入参数 IN 中的全部内容循环地逐位左移或右移，空出的位用输入 IN 移出位的信号状态填充。指令的详细说明见表 7-14。

表 7-14　移位与循环指令功能说明

名称	LAD	说明
右移	SHR	将输入 IN 中操作数的内容按位向右移位，参数 N 用于指定将 IN 中操作数移位的位数，移位后的结果存储在输出 OUT 中。对于无符号值，移位时操作数左边区域中空出的位置将用零填充。如果指定值有符号，则用符号位的信号状态填充空出的位
左移	SHL	将输入 IN 中操作数的内容按位向左移位，用零填充操作数右侧部分因移位空出的位，输入参数 N 用于指定将 IN 中操作数移位的位数，移位后的结果存储在输出 OUT 中
循环右移	ROR	将输入 IN 中操作数的内容按位向右循环移位，即用右侧挤出的位填充左侧因循环移位空出的位，其中输入参数 N 用于指定将 IN 中操作数循环移位的位数，移位结果存储在输出 OUT 中
循环左移	ROL	将输入 IN 中操作数的内容按位向左循环移位，用左侧挤出的位填充右侧因循环移位空出的位，其中输入参数 N 用于指定将 IN 操作数循环移位的位数，移位结果存储在输出 OUT 中

另外，对于右移和左移指令，当参数 N 的值为"0"时，输入 IN 的值将复制到输出 OUT 的操作数中。如果参数 N 的值大于可用位数，则输入 IN 中的操作数值将向右/左移动可用位数个位。

对于循环右移和循环左移指令，当输入 N 的值为"0"时，则输入 IN 的值将按原样复制到输出 OUT 的操作数中；如果参数 N 的值大于可用位数，则输入 IN 中的操作数值仍会循环移动指定位数个位。

7.8.4　字逻辑运算指令

字逻辑运算指令主要包括"与"运算、"或"运算、"异或"运算、求反码、解码、编码、选择、多路复用和多路分用指令。指令的详细说明见表 7-15。

表 7-15　字逻辑运算指令的功能说明

名　　称	LAD	说　　明
"与"运算	AND	将输入 IN1 的值和输入 IN2 的值按位进行"与"运算，结果存储在输出 OUT 中
"或"运算	OR	将输入 IN1 的值和输入 IN2 的值按位进行"或"运算，结果存储在输出 OUT 中
"异或"运算	XOR	将输入 IN1 的值和输入 IN2 的值按位进行"异或"运算，结果存储在输出 OUT 中
求反码	INVERT	将输入 IN 中各个位的信号状态取反，并将结果存储在输出 OUT 中
解码	DECO	读取输入 IN 的值，并将输出 OUT 的中数据位号（第几位）与读取值对应的那个位置位，输出值中的其他位以零填充
编码	ENCO	读取输入值 IN 值中最低有效位，并将其位号存储在输出 OUT 中。一个变量的值从第 0 位开始向上数，最先出现"1"的位就是最低有效位
选择	SEL	入口参数"G"处连接一个布尔量，当该布尔量为"0"时，将入口参数"IN0"处输入的值赋值到出口参数"OUT"所连接的变量上；而当该布尔量为"1"时，将入口参数"IN1"处输入的值赋值到出口参数"OUT"所连接的变量上
多路复用	MUX	根据入口参数 K（指定输入 IN 的编号），将选定输入的内容复制到输出 OUT。可增加输入参数，最多可声明 32 个输入。如果参数 K 的值大于可用输入数，则参数 ELSE 的值将复制到输出 OUT 中
多路分用	DEMUX	将输入 IN 的内容复制到参数 K 所指定的输出中，其他输出则保持不变，可增加输出参数，如果参数 K 的值大于可用输出数，输入 IN 的内容将复制给参数 ELSE

对于选择、多路复用和多路分用指令，只有当所有输入和输出参数中变量的数据类型都相同时（参数 K 除外），才能执行该指令。

7.8.5　程序控制操作指令

程序控制操作指令包括跳转指令与运行时控制指令，具体功能见表 7-16。

表 7-16　程序控制指令的功能说明

名　　称		LAD	说　　明
跳转指令	若 RLO = "1"则跳转	—（JMP）	与跳转标签配合使用，当该指令前方有信号时，程序会直接跳转到该指令上方所标注的标签处运行
	若 RLO = "0"则跳转	—（JMPN）	与跳转标签配合使用，当该指令前方 RLO = "0"时，程序会直接跳转到该指令上方所标注的标签处运行
	跳转标签	LABEL	与—（JMP）和—（JMPN）指令配合使用的标签
	定义跳转列表	JMP_LIST	用户可以在指令中添加若干个出口参数作为跳转目标。每个跳转目标都必须连接一个标签（LABEL）。对于这些跳转目标，每一个都有一个编号，编号从 0 开始。在指令的入口参数"K"处连接一个 UINT（无符号整型）型变量。该指令运行时，"K"端输入的值去对应相应的跳转目标编号，程序会跳转到该目标编号所连接的标签处。如果 K 输入的值没有对应的跳转目标编号，那么程序不会跳转而是继续向下执行
	跳转分配器	SWITCH	可以在其入口参数部分输入若干个"条件表达式"，符合条件的程序就进行相应的跳转。该指令左侧配置条件表达式，右侧填写跳转标签
	返回	—（RET）	在某个 FC 块或 FB 块中可以使用该指令。使用该指令时，在指令上方需要输入一个布尔量。若该指令执行，则立刻结束该 FC 或 FB 块的调用，返回至调用上一级程序中。如果该指令上方布尔量为"1"，那么返回上一级程序后，该 FC 块后方的使能输出有信号；如果该指令上方布尔量为"0"，那么返回上一级程序后，该 FC 块后方的使能输出没有信号

（续）

名　称		LAD	说　明
运行时控制指令	限时和启用密码验证	ENDIS_PW	指定是否可以为 CPU 合法化组态的密码。甚至在密码正确的情况下，也可以阻止正常连接。当调用该指令且 REQ 参数具有信号状态 "0" 时，在输出参数处仅显示当前设置状态。如果更改了输入参数，这些更改将不会传送到输出参数。如果调用该指令且 REQ 参数的信号状态为 "1"，则从输入参数（F_PWD、FULL_PWD、R_PWD、HMI_PWD）中读取该信号状态
	重置循环周期监视时间	RE_TRIGR	如果 CPU 的循环时间大于设置的监视时间，此时可以调用重置循环周期监视时间指令来复位监控定时器，延长扫描时间
	退出系统	STP	当该指令的 EN 端前程序的条件满足时，CPU 将切换为 STOP 模式，且结束程序运行，而不检测该指令输出的信号状态
	获取本地错误信息	GET_ERROR	用输出参数 ERROR（错误）显示程序块内发生的错误，该错误通常为访问错误。如果块内存在多处错误，更正了第一个错误后，该指令输出下一个错误的错误信息
	获取本地错误 ID	GET_ERR_ID	用来报告错误的 ID（标识符）。如果块执行时出现错误，且指令的 EN 输入为 "1" 状态，出现的第一个错误的标识符保存在指令的输出参数 "ID" 中，ID 的数据类型为 WORD。第一个错误消失时，指令输出下一个错误的 ID
运行时控制指令	初始化所有保持性数据	INIT_RD	可以使用该指令同时复位所有数据块、位存储器以及 SIMATIC 定时器和计数器中的保持性数据。由于该指令的执行时间超出程序周期的持续时间，因此只能在启动 OB 中执行
	设置等待时间	WAIT	指令用于将程序的执行过程暂停一段特定的时间。在该指令的参数 WT 中时间段的单位为微秒。可以组态的延时为 −32768 ~ +32767 微秒（μs）。允许的最短延时时间取决于 CPU 并且与指令的执行时间一致。优先级更高的事件可中断该指令的执行且不返回任何错误信息
	测量程序运行时间	RUNTIME	指令用于测量整个程序、单个块或命令序列的运行时间。使用时需要调用两次该指令，第一次调用用于记录开始值，第二次调用可在返回值中得到实际的运行时间值，使用时注意指令中两个操作数的数据类型为 LREAL，两个指令中的 MEM 引脚为统一地址，时间单位为秒（s）

注：表格中对于运行时控制指令的描述均为概述，想要进一步了解这些指令可借助软件的帮助功能。

【例 7-30】跳转指令示例。如图 7-96 所示，当 M1.0 为 "1" 时，程序会直接在运行完程序段 1 后，直接运行程序段 3，不会运行程序段 2，而当 M1.0 为 "0" 时，程序会按顺序从程序段 1 运行到程序段 3。

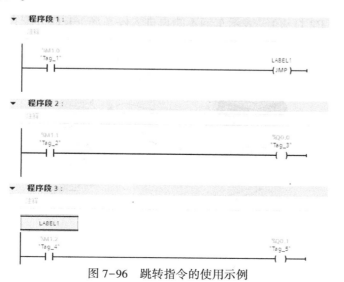

图 7-96　跳转指令的使用示例

【例 7-31】 跳转分配器（SWITCH）指令示例。如图 7-97 所示，如果"K"处的输入值等于 6.6，那么跳转至 LABEL1 处（DEST0 对应 == 表达式）；如果"K"处的输入值小于等于 2.0，那么跳转至标签 LABEL2 处（DEST1 对应 <= 表达式）；如果"K"处的输入值不满足任何一个条件表达式，那么程序跳转至标签 LABEL3 处（ELSE 对应不满足任何表达式的情况）。

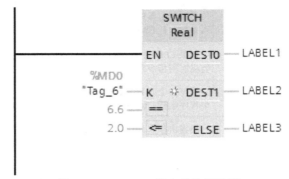

图 7-97　SWITCH 指令的使用示例

请扫描二维码 7-2 观看 PLC 编程中重复写入的讲解视频。

7-2

思考题及练习题

1. 请编写程序实现以下功能：为了确保操作人员双手的安全，有时候需设计"双手按钮"，即操作人员必须用两只手都按下安装在一定距离的两个按钮（"一定距离"是指两个按钮不能用一只手按，而必须用两只手按），这样他的手就不会出现在危险的工作区域。两个按钮必须同步按下（0.5 s 内），机器才可以起动。请注意，是"同步按下"，而不仅仅是"都被按下"。另外，松开按钮设备立即停止（I/O 分配自行设定即可）。

2. 本章 7.5.2 节中例 7-27 是利用 TP 定时器完成了顺序循环控制程序，请参考该例，利用 TON 定时器改写程序，完成与例题当中相同的控制功能。

3. 请为图 7-98 中某停车场的门禁装置编写控制程序，完成以下功能：当车辆进入停车场的瞬间，车辆进入检测器导通一次。当车辆离开停车场的瞬间，车辆驶出检测器导通一次。若此停车场有 20 个停车位，那么当仍有车位时，LP2 灯亮（LP1 灯灭），表示可以进入；当车位已满时，LP1 灯亮（LP2 灯灭），表示车辆不能再进入停车场（I/O 分配自行设定即可）。

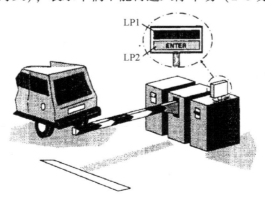

图 7-98　某停车场门禁装置

4. 编程求浮点数 $y = 3.5(5.8x + 3.14) - 6$ 的值。

第8章

S7-1500 PLC 的程序结构

8.1 用户程序的基本结构

在 PLC 中，程序的结构一般分为三种：线性化、模块化和结构化。

下面举例说明，现假设某工厂的原料经过 5 个工艺段的处理会变成产品，如图 8-1 所示。

图 8-1　5 个工艺段示意图

如果按照线性化进行程序结构的设计，则 5 个工艺段的程序都会挤到主程序（在西门子的 PLC 中，OB1 是主程序）中，如图 8-2 所示。线性化程序结构不太适合较大程序量的程序，想象一下，如果只有主程序，而且主程序中的代码有上万行是一种什么体验。这样的程序不但编写起来费力，查找 BUG 以及其他人来读程序时会更加费力。

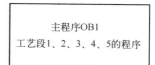

图 8-2　线性化程序
结构示意图

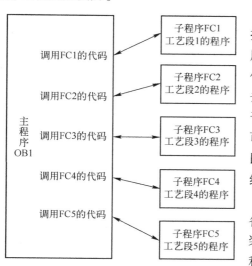

图 8-3　模块化程序结构示意图

如果按照模块化进行程序结构的设计，则可以把 5 个工艺段的程序分别模块化成 5 个不同的子程序（在西门子 S7-300/400/1200/1500 PLC 中，模块化子程序一般编写在函数 FC 中），然后再由主程序去调用它们，如图 8-3 所示。模块化程序结构相当于将主程序按照一定的规律分割成多个子程序，也可以理解成把一个大问题分割成多个小问题。这样即使总程序量有几万行，但是有了清晰的程序结构，编写和阅读起来就容易多了。

如果在每个工艺段中都存在几组相同功能的设备，如图 8-4 所示，那么可以将这种功能结构化封装起来（在西门子 S7-300/400/1200/1500 PLC 中，程序的结构化封装一般编写在函数——FC，或者函数块——FB 中），并多次被上一级程序调用，如图 8-5 所示。这样相同功能的程序仅需编写一遍，程序得到了一定程度的简化（该功能中的代码越多，简化的程度就越高），程序结构更加清晰，可读性更好。

图 8-4　5 个工艺段各带相同功能设备的示意图

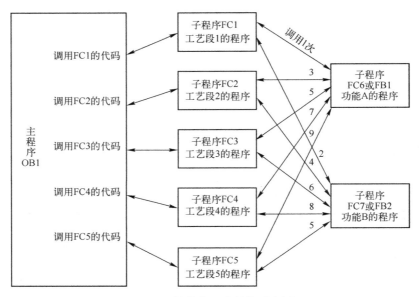

图 8-5　结构化程序结构示意图

图 8-5 中 FC1~FC5 中调用了 FC 或者 FB, 这种被调用的块又调用了其他的块的使用方式叫作嵌套调用。例如工艺段 1~5 中还可以细分出多个不相同的功能, 也可以将这些功能细分成多个不同的 FC, 就像之前将 5 个工艺段分成 FC1~FC5 那样。但要注意的是嵌套调用的深度是有限制的, S7-1500 PLC 的嵌套深度为 24。

说明:

1) 可以通过免费下载、购买等方式, 获取他人编写的经过验证的类似功能的 FB 或 FC, 以提升自己项目的实施效率和可靠性。

2) 一些大公司会有自己程序结构的标准, 例如必须使用哪些 OB 实现一些功能, 甚至某某编号的 FB 或 FC 必须用来编写什么程序都会有所规定。

8.2　组织块 OB

8.2.1　组织块与中断事件概述

组织块 (Organization Black, OB) 是操作系统与用户程序之间的接口。当出现可启动某组织块的事件时, 由操作系统调用对应的组织块, 并执行编写在组织块中的用户程序。

组织块代表着 CPU 的系统功能, 不同类型的组织块完成不同的系统功能。有的用来在CPU 的启动 (STARTUP) 阶段对程序赋初始值, 有的可以用来在相等的周期中进行运算, 有的可以用来实现精确的延时, 有的可以用来对外部信号进行快速响应, 有的可以用来对故障进行处理等。各 OB 的名称、类型及启动事件等信息见表 8-1。

表 8-1　各 OB 的名称、类型、启动事件、优先级等基本信息

OB 名称	OB 类型及启动事件	优先级（默认）	可能的 OB 编号	最大数量
Startup	启动	1	100，≥123	100
Program cycle	程序循环	1	1，≥123	100
Time of day	时间中断	2~24（2）	10~17，≥123	20
Time delay interrupt	延时中断	2~24（3）	20~23，≥123	20
Cyclic interrupt	循环中断	2~24（8~17）	30~38，≥123	20
Hardware interrupt	硬件中断	2~26（16）	40~47，≥123	50
Status	状态中断	2~24（4）	55	1
Update	更新中断	2~24（4）	56	1
Profile	制造商或配置文件特定中断	2~24（4）	57	1
Synchronous Cycle	等时同步模式中断	16~26（21）	61~64，≥123	20
Time error interrupt	时间错误 超出循环监视时间一次	22	80	1
Diagnostic error interrupt	诊断中断	2~26（5）	82	1
Pull or plug of modules	模块拔出/插入中断	2~26（6）	83	1
Rack or station failure	机架错误	2~26（6）	86	1
MC-Servo	MC 伺服中断	17~26（26）	91	1
MC-interpolator	MC 插补器中断	16~26（24）	92	1
Programming error	编程错误	2~26（7）	121	1
IO access error	I/O 访问错误	2~26（7）	122	1

　　不同类型的 S7-1500 CPU 支持的组织块数量不同，组织块内可编写的最大程序量也不同，具体可查看各 CPU 的技术数据。

　　既然 OB 有多种，就可能同时出现多个 OB 请求，这时 PLC 将按优先级执行 OB，先执行优先级高的，后执行优先级低的。

　　如果新出现事件的优先级高于当前执行的 OB，则会中断当前 OB 的执行。优先级相同的事件按发生的时间顺序进行处理。

　　OB 之间不能互相调用，也不能被 FC 或 FB 调用，它们只能根据其属性，由 PLC 的操作系统自动调用。

　　OB 的添加方法如图 8-6 所示，其中方框部分可以自动或手动为 OB 进行编号。

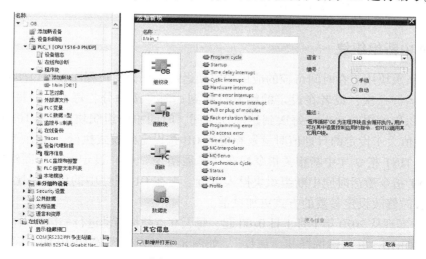

图 8-6　OB 的添加方法

8.2.2　启动组织块

操作系统从"停止"切换到"运行"模式时,将调用启动组织块(启动 OB)。如果有多个启动 OB,则按照 OB 编号大小依次调用,即从最小编号的 OB 开始执行。用户可以在启动 OB 中编写初始化程序。程序中也可以不创建任何启动 OB。

【例 8-1】假设有 8 台水泵,同一时间只有 4 台在运行,每过一段时间会自动切换到另外 4 台。1~8 号水泵的地址分别为 Q0.0~Q0.7。请编写初始化程序使每次 PLC 重新上电后水泵都是从 1~4 号开始运行。

OB100 中的程序就是初始化程序,OB100 中的程序在 PLC 启动后只执行一次,因此里面的程序不会跟 OB1 中的程序产生冲突。本例的初始化程序如图 8-7 所示,其中将 16#0f 赋值给 QB0 就是对 Q0.0~Q0.3(对应 1~4 号水泵)赋值 1,OB1 中的水泵切换运行程序略。

8.2.3　程序循环组织块

主程序 OB1 就是程序循环组织块,在 RUN 模式时,PLC 的操作系统每个周期调用程序循环组织块一次。在 S7-1500 PLC 中,可以使用多个程序循环组织块(OB 编号≥123),并且按照序号由小到大的顺序依次执行。所有的程序循环组织块执行完成后,操作系统重新调用程序循环组织块。在各个程序循环组织块中调用 FB、FC 等用户程序使之循环执行。程序循环组织块的优先级为 1 且不能修改,这意味着优先级是最低的,可以被其他的 OB 中断。多个程序循环组织块的执行如图 8-8 所示。

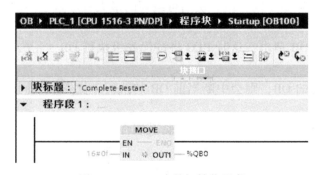

图 8-7　OB100 中的初始化程序

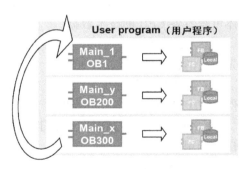

图 8-8　多个程序循环组织块的执行

8.2.4　时间中断组织块

时间中断组织块用于在时间可控的应用中定期运行一部分用户程序,可以实现在某个预定时间达到时只运行一次,或者在设定的触发日期到达时,按每分、每小时、每日、每周、每月、每月底或每年的周期运行(每次到达周期时间,时间中断组织块中的程序都执行一次)。当 CPU 的日期值大于设定的日期值时触发相应的 OB 按设定的模式执行。在用户程序中也可以通过调用 SET_TINT 指令(中断相关指令均在"扩展指令"中)设定时间中断组织块的参数,调用 ACT_TINT 指令激活时间中断组织块投入运行。与在 OB 属性中的设置相比,通过用户程序在 CPU 运行时修改设定参数的方式更加灵活。

【例 8-2】实现从 2020 年 1 月 1 日 0:00 起,每天 0 点整都自动进行一次当天产量的记录。

首先创建 OB10,并右键选择其"属性",如图 8-9 所示,设置 OB10 的时间中断属性。然后在 OB10 中编写记录当天产量的程序即可(程序略)。

图 8-9　OB10 的时间中断属性设定

8.2.5　延时中断组织块

普通定时器的工作过程与扫描工作方式有关，定时精度较差。如果需要高精度的延时，一般使用延时中断来实现。在指令 SRT_DINT 的 EN 端输入上升沿，便会启动延时过程。该指令的延迟时间为 1~60000 ms，精度为 1 ms，其精度高于普通的定时器。到达延时时间时会触发延时中断，调用指定的延时中断组织块。可以使用 CAN_DINT 指令取消已经启动的延时中断。

【例 8-3】使用延时中断实现 I0.0 接通时，Q0.0 即被置位，10 s 后自动复位。

首先在 OB1 里面编写如图 8-10 所示的 OB20 的激活及取消程序。指令 SRT_DINT/CAN_DINT 在指令库的扩展指令的"中断"文件夹中，其中 OB_NR 为延时中断 OB 的编号，DTIME 为延时时间。

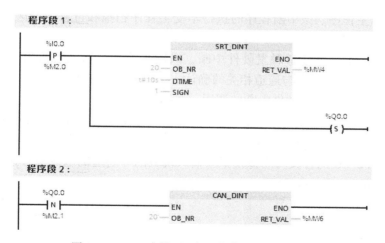

图 8-10　OB1 中关于 OB20 的激活及取消程序

OB20 中的程序如图 8-11 所示，本例使用了 CPU 的系统存储器。

图 8-11　OB20 中的程序

8.2.6　循环中断组织块

循环中断组织块按设定的时间间隔循环执行，循环中断的间隔时间通过时间基数和相位偏移量来指定。

在 OB 属性中，每一个 OB 默认的时间间隔可以由用户设置。如果使用了多个循环中断 OB，当这些循环中断 OB 的时间基数有公倍数时，可以使用相位偏移量来防止同时启动。不同类型的 S7-1500 CPU 所支持的最短时间间隔不同，例如 CPU 1516 支持最短 $250\mu s$ 的时间间隔，而 CPU 1518 支持最短 $100\mu s$ 的时间间隔。在循环中断组织块中的用户程序将按照固定的间隔时间执行一次。OB 中的用户程序执行时间必须小于设定的时间间隔。如果间隔时间较短，会造成循环中断 OB 没有完成程序扫描而再次被调用的情况，从而造成 CPU 循环时间故障，触发 OB80 报错。如果程序中没有创建 OB80，则 CPU 会进入停机模式。通过调用 DIS_IRT，DIS_AIRT，EN_IRT 系统指令可以禁用、延迟、使能循环中断的调用。循环中断组织块通常处理需要固定扫描周期的用户程序，例如 P1D 函数块通常需要在循环中断中调用，以保证微积分运算周期的恒定。

8.2.7 硬件中断组织块

硬件中断用于处理具有硬件中断能力的设备（如信号模块）需要快速响应的过程事件。例如，可使用具有硬件中断的数字量输入模块触发中断响应，然后为每一个中断响应分配相应的中断 OB，多个中断响应可以触发一个相同的硬件中断 OB。S7-1500 CPU 支持多达 50 个硬件中断组织块，可以为最多 50 个不同的中断事件分配独立的硬件中断组织块，方便用户对每个中断事件独立编程。

如果设定的中断事件出现，则中断当前主程序，执行中断 OB 中的用户程序一次，然后跳回中断处继续运行主程序。该中断程序的执行不受主程序扫描和过程映像区更新时间的影响，适合需要快速响应的应用。

如果输入模块中的一个通道触发硬件中断，操作系统将识别该模块的槽号，并触发相应的 OB，执行中断 OB 之后发送与通道相关的确认。通过调用 DIS_IRT、DIS_AIRT、EN_IRT 系统函数可以禁用、延迟、使能硬件中断的调用。

如图 8-12、图 8-13 所示分别为数字量输入模块和模拟量输入模块的硬件中断事件设定界面。其中图 8-12 的含义为当该数字量输入模块的 0 通道出现上升沿时，触发中断程序"Hardware interrupt"，图 8-13 的含义为当该模拟量输入模块的 0 通道的电流信号达到 18 mA 时，触发中断程序"Hardware interrupt"。

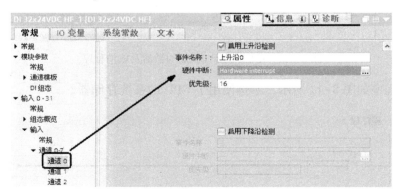

图 8-12　数字量输入信号上升/下降沿的硬件中断设定

8.2.8 错误处理组织块

S7-1500 PLC 具有很强的内部软硬件错误（而不是外部设备的故障）的检测和处理能力。

CPU 检测到错误后，操作系统会调用对应的组织块，用户可以在这些组织块中提前编好程序，以对可能发生的错误采取相应的措施。对于 S7-1500 PLC，当发生时间错误和编程错误事件时，如果程序中没有提前添加并下载相应的错误组织块，CPU 将进入 STOP 模式；对于其他事件，即使没有提前添加并下载相应的组织块，CPU 也不会停机（在 S7-300/400 PLC，对于大多数错误，如果没有提前添加并下载相应的组织块，则出现错误时 CPU 将进入 STOP 模式）。

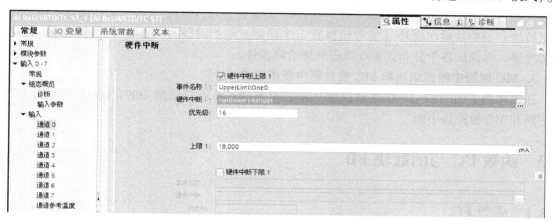

图 8-13　模拟量输入信号上/下限的硬件中断设定

1. 时间错误组织块 OB80

OB80 用于处理 CPU 的执行时间错误。当在一个循环内程序执行第一次超出设置的最大循环时间时，CPU 会自动调用 OB80。如果程序中没有创建 OB80，CPU 将进入 STOP 模式，如果已经提前添加并下载了 OB80，但是在同一次循环内程序执行超出设置的最大循环时间两倍，CPU 也将进入停机模式。

2. 诊断中断组织块 OB82

S7-1500 PLC 的操作系统将会调用诊断中断组织块的情况为：激活诊断功能的模块检测到其诊断状态发生变化（诊断事件到来或事件离开）时；向 CPU 发送诊断中断请求时。

3. 拔出/插入中断组织块 OB83

如果拔出或者插入了已组态且未禁用的分布式 I/O 模块或子模块时，S7-1500 PLC 的操作系统将调用拔出/插入的中断组织块。

4. 机架错误组织块 OB86

S7-1500 PLC 的操作系统会在下列情况下调用机架错误组织块：检测到 PFOFIBUS-DP 网络或 PROFINET IO 网络发生站点故障等事件（事件到来或事件离开）；检测到 PFOFINET 智能设备的部分子模块发生故障时。

5. 编程错误组织块 OB121

只要发生与程序处理有关的错误所导致的事件，PLC 的操作系统就会调用 OB121。例如，如果用户程序调用了尚未下（装）载到 CPU 中的块，则会调用 OB121。

6. I/O 访问错误组织块 OB122

只要在访问模块中的数据时出错，PLC 的操作系统就会调用 OB122。

8.2.9　其他组织块

1. DPV1 中断组织块 OB55~OB57

CPU 响应 PROFIBUS-DP V1 从站触发的中断信息。

2. 等时同步中断组织块

用于处理 PROFIBUS-DP 或 PROFINET 的等时同步用户程序。在等时模式下，从各个从站/设备采集输入信号，到输出逻辑结果，需要以下几个过程：从站/设备输入信号采样（信号转换）→从站/设备背板总线循环（转换的信号从模块传递到接口模块）→总线循环（信号从分布式 I/O 传递到 CPU）→程序执行循环（信号的程序处理，即等时同步中断组织块）→总线循环（信号从 PLC 传递到分布式 I/O）→从站/设备背板总线循环（信号从站接口模块传递到输出模块）→模块输出循环（信号转换）七个循环。同步时钟将同步以上七个循环，优化数据的传递，并保证各个分布式 I/O 数据处理的同步性。

3. MC 伺服中断组织块和 MC 插补器中断组织块

在添加相关的"S7-1500 运动控制"工艺对象后，系统自动将 OB91/OB92 分配到 MC 伺服中断和 MC 插补器中断。

8.3　函数 FC 与函数块 FB

8.3.1　函数 FC

函数 FC 是不带专用存储区的代码块，编写在 FC 中的程序，需要在其他代码块调用该 FC 时才会执行。

FC 的添加方法类似于 OB，在项目树中选择"程序块"→"添加新块"，并选择函数 FC 即可（见图 8-14）。FC 的语言可选 LAD（梯形图）、FBD（功能块）、STL（语句表）和 SCL（结构化控制语言），FC 的编号可以自动分配也可以手动调整。

FC 有两个作用：

1）作为子程序使用。

2）可以在程序的不同位置多次调用同一个 FC，以实现对功能类似设备的统一编程和控制。

S7-1500 PLC 可创建的 FC 的编号范围为1~65535。一个 FC 的最大程序容量与具体的PLC 型号有关，可参考 CPU 技术数据。

图 8-14　FC 块的添加

1. FC 的接口区

每个 FC 都带有形式参数的接口区，参数类型分为输入参数、输出参数、输入/输出参数和返回值。局部数据包括临时变量及常量。

Input：输入参数，FC 调用时将用户程序数据传递到函数中，实参可以为常数。

Output：输出参数，FC 调用时将 FC 执行结果传递到用户程序中，实参不能为常数。

InOut：输入/输出参数，调用时由 FC 读取其值后进行运算，执行后将结果返回，实参不能为常数。

Temp：用于存储临时中间结果的变量，只能用于 FC 内部的中间变量（局部数据区 L）。临时变量仅在 FC 调用时生效，FC 执行完成后临时变量区会被释放，所以临时变量不能存储需要随时读取的中间数据。对于非优化的 FC，临时变量的初始值为随机数；对于优化的 FC，临时变量的初始值为 0。

Constant：声明常量符号名后，程序中可以使用符号代替常量，这使得程序更具有可读性且易于维护。符号常量由名称、数据类型和常量值三个元素组成。局部常量仅在块内适用。

2. 无形式参数的 FC

作为子程序使用的 FC 可以不带形参变量，即调用程序与 FC 之间没有数据交换，只是运行 FC 中的程序。使用子程序可将相互独立的控制设备分开编写，统一由 OB 调用，这样就实现了对整体程序的模块化划分（见图 8-3），便于程序调试及修改，使整个程序的条理性和易读性增强。

作为子程序使用的 FC 只能在主程序中被调用一次。

对整体程序的模块化划分，也可以使用多个程序循环 OB 来实现，区别是 FC 可以由上一级的块通过程序逻辑来决定是否调用，而多个程序循环 OB 都会被执行。

3. 带形式参数的 FC

需要多次调用的 FC 一般要制作成带形式参数的 FC，以实现结构化编程。

【例 8-4】将模拟量滤波程序编写在带形式参数的 FC 中，并在程序中多次调用，以实现对多组模拟量的滤波。要求采用算术平均滤波算法，即将最新三次的输入数值相加并取平均值。

1）创建 FC4，并在它的接口区定义各形式参数及所需的临时数据。接口区在 FC 工作区的上方，通过 ▲ 按钮打开，如图 8-15 所示。

定义完接口后，在 FC4 中编写模拟量滤波程序，如图 8-16 所示。

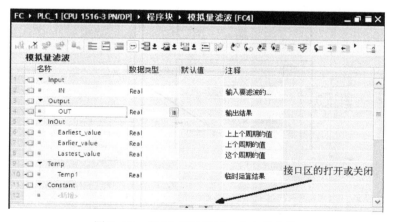

图 8-15　在 FC 接口的接口中定义参数

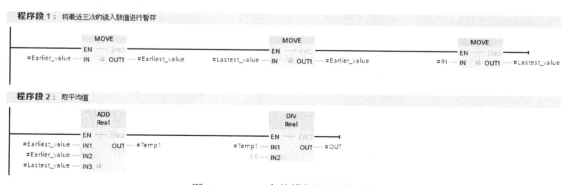

图 8-16　FC4 中的模拟量滤波程序

注意:

1) FC 的形参和临时变量前都带有 "#",其中形参只能用符号名寻址,不能用绝对地址。另外需要多次调用的 FC 中不要使用全局变量作为中间变量暂存数据。

2) FC 的输入形参用作只读操作,输出形参用作只写操作。如果对输入进行写入操作,或对输出进行读取操作,博途软件在编译时会给出语法警告,相应的调用指令会被标注成警告颜色(橘黄色)。这种编程方式可能引起意外的结果,不推荐使用。

2) 调用 FC4。将 FC4 在 FC3 中调用(嵌套调用),并且调用多次。FC3 又在 OB30 中调用,该程序的调用关系如图 8-17 所示。

在博途软件的项目树中,OB、FC 及 DB 是 "平铺" 的,看不出彼此之间的调用关系(可以在项目树的 "程序块" 上点击右键选择 "调用结构" 来观察)。在本例中,OB1 调用了 FC1 和 FC2,OB30 中调用了 FC3 和 FC5,这四个 FC 都是作为子程序用的无形参的 FC,都只被调用一次。FC4(带形参的 FC)在 FC3 中被调用 2 次,对两个通道的模拟量进行了滤波处理。

如图 8-17 所示,本例程序的执行顺序为:OB1→FC1→FC2→循环执行 OB1 直至到达 OB30 的循环时间→OB30→FC5→FC3→FC4(第一次调用)→FC4(第二次调用)→OB1→…。

请扫描二维码 8-1 观看监控 FC4 时的动图,以增强对 FC 的认识。

8-1

图 8-17　本例的程序块调用关系

8.3.2　函数块 FB

函数块 FB 是有专用存储区(背景数据块)的代码块,编写在 FB 中的程序,需要在其他代码块调用该 FB 时才会执行。每次调用 FB 时,都需要分配一个背景数据块。FB 的输入参数、输出参数、输入/输出参数及静态变量(Static)均存储在背景数据块中,在执行完 FB 后,这些值依然有效。FB 也可以使用临时变量(Temp),但临时变量并不存储在背景数据块中(FB 的 Temp 与 FC 的 Temp 相同)。

每次调用 FB 时都需要分配一个新的背景数据块，多次调用时，背景数据块不能相同，否则会出现地址冲突。

FB 的添加方法类似于 OB 和 FC，在项目树中选择"程序块"→"添加新块"，并选择函数块 FB 即可。FB 的语言可选 LAD（梯形图）、FBD（功能块）、STL（语句表）、SCL（结构化控制语言）及 GRAPH（顺序功能图）等，FB 的编号可以自动分配也可以手动调整。

S7-1500 PLC 中一个 FB 的最大程序容量与 CPU 的类型有关。例如 CPU 1516 为 512KB，其他类型 CPU 可参考相关技术数据。

【例 8-5】使用 FB 实现例 8-4 中的模拟量滤波功能，对模拟量的 CH0 和 CH1 通道进行滤波。

1）创建 FB1，并定义接口区（打开方式同 FC）。由于 FB 的静态变量也会存放在其背景数据块中，因此最近三个周期的数值就不必设计成 IN/OUT 参数了，加法的结果也不必设计在临时变量中了。上述的四个变量都设计到了静态变量 Static 中，如图 8-18 所示。在 FB 的接口区中，各接口参数及静态变量可以选择几个与 HMI（触摸屏，用来监控生产过程）或 OPC UA（一种用于工业物联网的通信协议）有关的复选框。

		名称	数据类型	默认值	保持	可从 HMI/OPC UA 访问	从 HMI/OPC UA 可写	在 HMI 工程组态中可见	设定值	监控	注释
1		▼ Input									
2		IN	Real	0.0	非保持	☐					输入要滤波的数据
3		▼ Output									
4		OUT	Real	0.0	非保持	☑	☐	☑			输出结果
5		▶ InOut									
6		▼ Static									
7		Earliest_value	Real	0.0	非保持	☐					上上个周期的值
8		Earlier_value	Real	0.0	非保持					☑	上个周期的值
9		Lastest_value	Real	0.0	非保持						这个周期的值
10		result_of_add	Real	0.0	非保持						
11		▶ Temp									
12		▶ Constant									

图 8-18　FB 的接口区

FB1 中的程序与例 8-4 中 FC4 的程序基本相同，图略。

2）调用 FB1。调用 FB 时会自动弹出背景数据块的创建窗口，其中背景数据块的名称和编号都可以修改，如图 8-19 所示。调用两次 FB，分别生成 DB2 和 DB3 两个背景数据块。

FB 与背景数据块的关系如图 8-20 所示，在 DB2、DB3 中分别存储 FB1 的接口数据区（Temp 临时变量区除外），数据输入的流向为：赋值的实参→背景数据块→FB 的接口输入数据区；数据输出的流向为：FB 的接口输出数据区→背景数据块→赋值的实参。所以调用函数块时，可以不对形参赋值，而直接对背景数据块赋值，或直接从背景数据块读出 FB 的输出数值（带形参的 FC 不允许这样做）。

如果在调试过程中更改了接口信息，如将"OUT"的名称更改为"OUT_Smoothed"，则其在上一级代码块的调用处

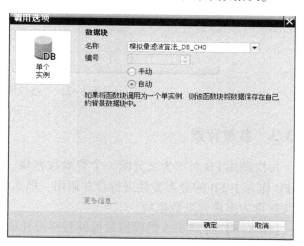

图 8-19　FB 背景数据块的调用

将变成红色。更新的方法为：在红色的 FB 处点击鼠标右键，选择"更新块调用"后，便出现如图 8-21 所示的"接口同步"对话框，单击"确定"按钮即可更新。

请扫描二维码 8-2 观看监控 FB1 时的动图，以加深对该算法和 FB 块本身的理解。

8-2

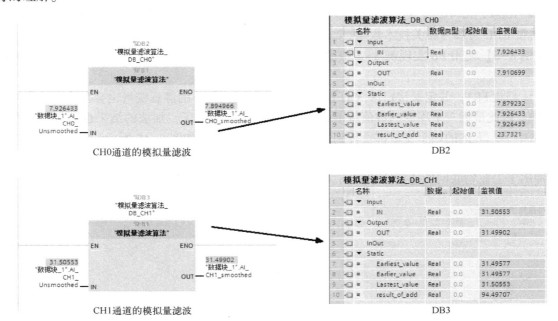

图 8-20 FB 与背景数据块的关系

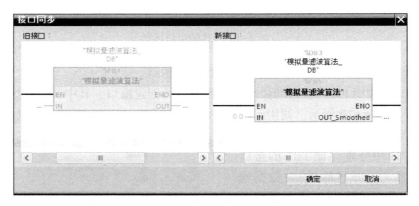

图 8-21 "接口同步"对话框

8.3.3 多重背景

每次调用 FB 时都为之分配一个背景数据块，这将影响数据块 DB 的使用资源。如果将多个 FB 作为主 FB 的静态变量进行合并调用，那么多个 FB 就可以共用一个背景数据块，这个数据块就称为多重背景数据块。

【例 8-6】将例 8-5 的模拟量滤波程序设计成多重背景功能。

1) 创建一个新的 FB，如 FB2，并定义好 FB2 的接口参数（CH0_IN、CH1_IN、CH0_OUT、CH1_OUT）。

2）在 FB2 中调用 FB1（在例 8-5 中已经做好的 FB），调用时会自动弹出如图 8-22 所示的背景数据块创建窗口，选择"多重实例"。这个"多重实例"是多重背景数据块的一个实例（Instance），可以理解为多重背景数据块中内部 FB（如 FB1）对应的数据接口区。

在 FB2 中调用两次 FB1，生成两个"多重实例"。

在 OB30 中调用 FB2（见图 8-23），生成的背景数据块 DB2 即为多重背景数据块，在本例中 DB2 同时作为 FB2 和两个 FB1 的背景数据块，如图 8-24 所示。

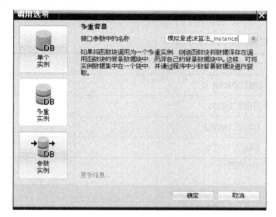

图 8-22　多重实例的创建

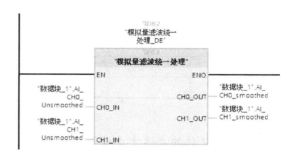

图 8-23　OB30 中调用的 FB2

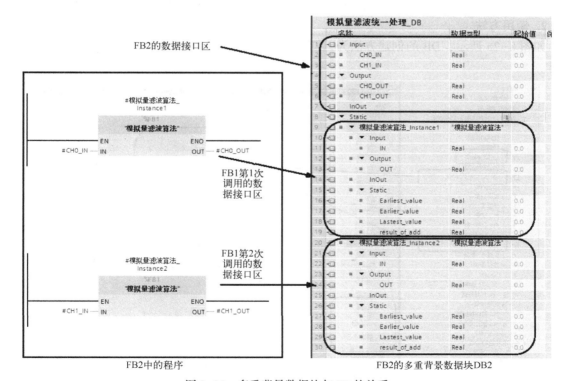

图 8-24　多重背景数据块与 FB 的关系

S7-1500 PLC 的 IEC 定时器及 IEC 计数器实际上也是 FB，多次调用时会生成多个背景数据块。因此可以将相关程序编写在一个 FB 中，然后调用定时器或计数器时选择"多重实例"，这样多个定时器或计数器的背景数据块就被包含在它们所在 FB 的背景数据块中，从而更加合理地利用了存储空间。

8.4　数据块 DB

1. 基本介绍

西门子 S7-1500 PLC 中非常有特色的一种存储区是数据块，也叫 DB（Data Block），与 M 区相似的是，DB 也是主要用作中间存储区。该区域不同长度绝对地址的表达方式见表 8-2。

表 8-2　DB 不同长度绝对地址的表达方式

长　　度	地 址 举 例
1 位	DB1. DBX0. 0
8 位	DB2. DBB4
16 位	DB10. DBW2
32 位	DB20. DBD8

说明：

1）超过 32 位的表达方式请见第 7 章 7.1.5 节的例 7-22。

2）该表为非优化的 DB 地址表达方式，优化的 DB 中无绝对地址的表达方式。

S7-300/400/1200 PLC 也可以使用 DB（S7-200/S7-200 SMART PLC 中不能使用 DB）。

2. 使用方法

如图 8-25 所示，DB 的创建方法为，双击 A 处的"添加新块"，再选择 B 处的"数据块"即可。

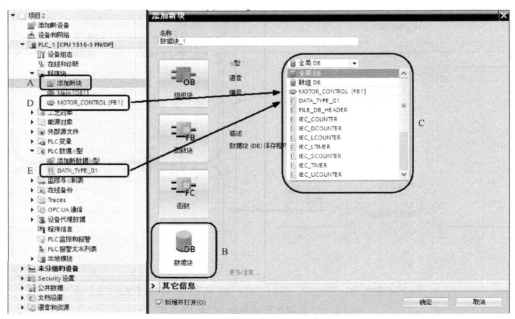

图 8-25　DB 的添加

博途软件中可以创建 4 种类型的 DB（见图 8-25 的 C 处），如下所示。

1）全局 DB，又可称作共享 DB，是一种在某一个 PLC 站点下任何程序块都可以对其进行读写操作的数据块。

2）数组 DB，仅 S7-1500 PLC 可用。

3）功能块 FB 的背景数据块，背景数据块是 FB 的专用数据块，即仅允许调用该背景数据块的 FB 程序对其进行读写操作，其他程序对该背景数据块仅能进行读操作。

4）以某模板为基础创建的数据块，在博途软件中，这些模板称为"PLC 数据类型"，如图 8-25 中的 E 处，创建了"DATA_TYPE_01"的模板后，添加 DB 时就可以选择这种模板了。

【例 8-7】创建全局 DB，并添加一个布尔量和一个整数。

过程如图 8-26 所示。

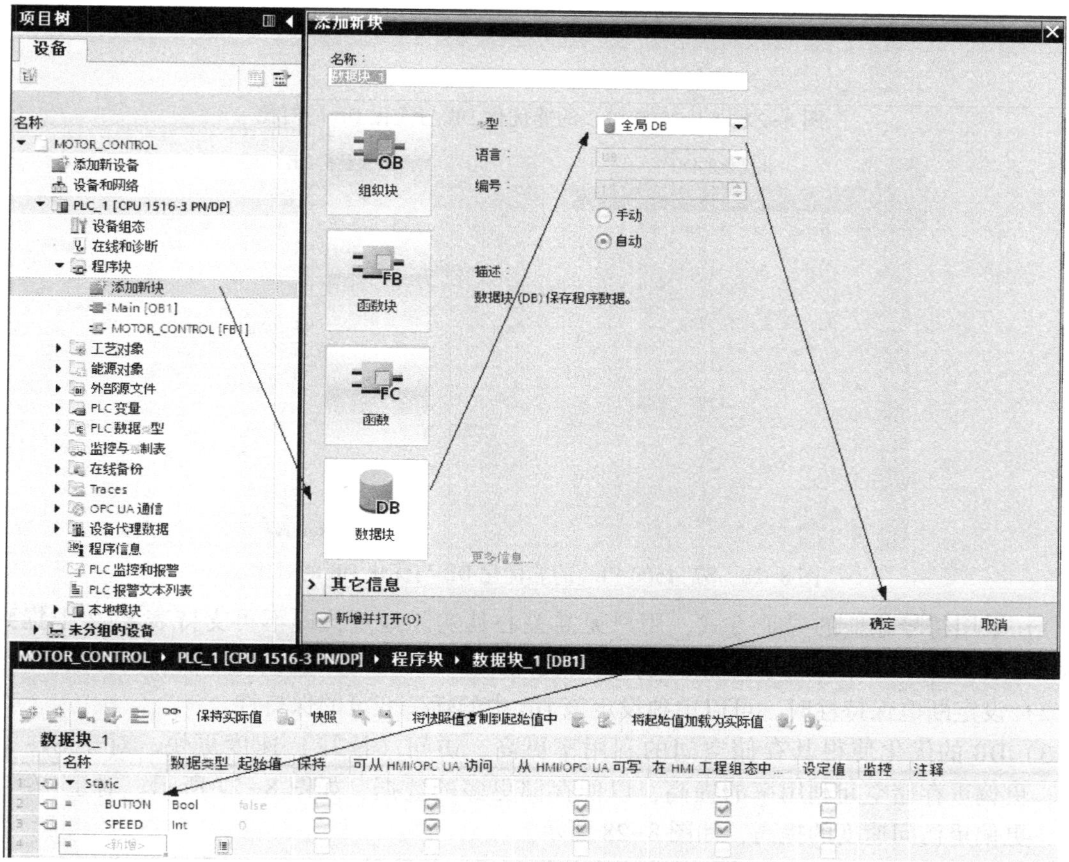

图 8-26　全局 DB 的添加示例

3. 优化的 DB

在 S7-1200/1500 PLC 问世之前，S7-300/400 PLC 中就有 DB 了，这个 DB 是非优化的 DB，它主要具有如下特点。

1）采用绝对地址寻址方式，即表 8-2 中提到的 DB1. DBX0. 0、DB2. DBB4 等表达方式。

2）设定断电保持性时，无法单独设定该 DB 中某一个变量的保持性，要么全部被设定，要么全部都取消设定。

3）不同长度的变量无法在存储空间上做到"紧挨着"，即会有一些间隙，如图 8-27、图 8-28 所示。

S7-1200/1500 PLC 也可以使用非优化的 DB，比如某些一定要用到绝对地址的时候。除此之外，推荐使用优化的 DB，它主要具有如下特点。

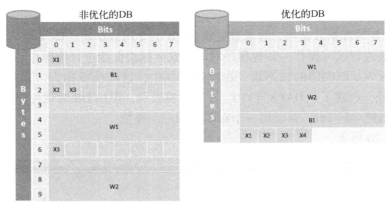

图 8-27　S7-1200 PLC 的非优化 DB 与优化 DB 的对比

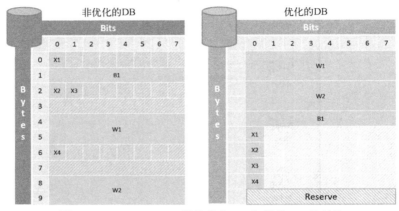

图 8-28　S7-1500 PLC 的非优化 DB 与优化 DB 的对比

1）采用符号地址的寻址方式，用户无需关心其实际地址，即不再支持表 8-2 中提到的 DB1. DBX0.0、DB2. DBB4 等表达方式，但可使用第 7 章 7.1.6 节提到的片段访问方法。

2）设定断电保持性时，可以单独设定该 DB 中的任一变量的保持性。

3）DB 的优化使得其存储空间的利用率更高、访问（读写）速度更快。对于 S7-1200 PLC，更偏重存储空间利用率的提高，以便存储更多的数据，如图 8-27 所示。对于 S7-1500 PLC，更偏重访问速度的提高，如图 8-28 所示。

4）下载而不重新初始化。在经过适当的设置后，优化的 DB 在一定限度内增加变量并下载时，不会因为重新初始化而丢失当前数值。

DB 是 S7-1500 PLC 中最重要的内部存储资源，它和 M 区作为中间地址存储了程序中大部分的数据。图 8-29 是从外部输入信号到外部输出信号之间的一般的逻辑关系（数据流）示意图，一般来说从 PLC 内部看，**数据的数值都是来自于 I 地址，经过中间地址，最终流向 Q 地址**。

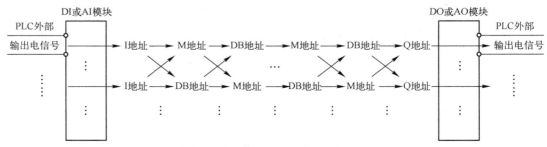

图 8-29　由输入信号到输出信号的一般数据流

4. 数组 DB

数组 DB 是一种特殊类型的全局数据块，它包含一个任意数据类型的数组。例如可以是基本数据类型，也可以是 UDT 类型的数组，但这种数据块不能包含除数组之外的其他元素。创建数组 DB 时需要输入数组的数据类型和数组的上限，但是无法更改数据类型。数组 DB 必须是优化的 DB，并且为非保持性属性，不能修改为保持性属性。

【例 8-8】 创建一个数组 DB，包含 10 个 LREAL 变量。

答：添加一个数据块，将"类型"选择为"数组 DB"，将"ARRAY 数据类型"选择为"LReal"，因为需要包含 10 个变量，因此"数组限值"填写"9"，如图 8-30 所示。

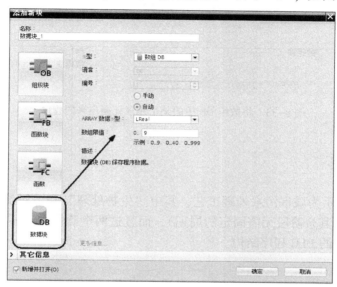

图 8-30　数组 DB 的创建

图 8-31 中为本例的数组 DB 的内容。

【例 8-9】 创建一个数组 DB，包含 3 组结构数据。

答：数组 DB 在创建时不能直接选择 Struct，因此只能先创建 PLC 数据类型，如 UDT_1。然后在创建数组 DB 时，"ARRAY 数据类型"便可选"UDT_1"，创建好的数组 DB 如图 8-32 所示。

		数据块_2			
		名称	数据类型	起始值	
1		▼ 数据块_2	Array[0..2] of "UDT_1"		
2		▼ 数据块_2[0]	"UDT_1"		
3		DATA1	Bool	false	
4		DATA2	Real	0.0	
5		▼ DATA3	Struct		
6		Element1	Word	16#0	
7		Element2	LReal	0.0	
8		▼ 数据块_2[1]	"UDT_1"		
9		DATA1	Bool	false	
10		DATA2	Real	0.0	
11		▼ DATA3	Struct		
12		Element1	Word	16#0	
13		Element2	LReal	0.0	
14		▼ 数据块_2[2]	"UDT_1"		
15		DATA1	Bool	false	
16		DATA2	Real	0.0	
17		▼ DATA3	Struct		
18		Element1	Word	16#0	
19		Element2	LReal	0.0	

		数据块_1			
		名称	数据类型	起始值	保持
1		▼ 数据块_1	Array[0..9] of LReal		
2		数据块_1[0]	LReal	0.0	
3		数据块_1[1]	LReal	0.0	
4		数据块_1[2]	LReal	0.0	
5		数据块_1[3]	LReal	0.0	
6		数据块_1[4]	LReal	0.0	
7		数据块_1[5]	LReal	0.0	
8		数据块_1[6]	LReal	0.0	
9		数据块_1[7]	LReal	0.0	
10		数据块_1[8]	LReal	0.0	
11		数据块_1[9]	LReal	0.0	

图 8-31　例 8-8 中的 DB 内容　　　　图 8-32　数组元素的类型为结构数据的数值 DB

例 8-8 和例 8-9 的数组 DB 从表面上看似乎使用普通的全局 DB 也可以创建出，但是区别是数组 DB 有专用的指令可用，如 "ReadFromArrayDB" 和 "WriteToArrayDB" 等，而添加了数组的全局 DB 却不能用这些指令。

上述指令可对数组 DB 进行类似间接寻址的访问。如图 8-33 所示的程序，"index" 的值等于几，就会把数组 DB 中第几个元素复制到 "value" 的实参中。这个功能可以用作配方数据的管理，将不同的配方以结构数据的形式制作到数组 DB 中，并且利用类似图 8-33 的程序将所需的配方数据取出使用。

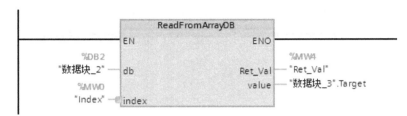

图 8-33　将数组 DB 中的某个元素复制出来的程序

思考题及练习题

1. 如图 8-34 所示为城市污水处理工艺，其中 "生物处理" 和 "过滤消毒" 阶段需要固定周期的扫描时间（其余阶段无需固定的周期），而且这两个阶段中有不少相同程序的设备，请为该工艺设计合适的 PLC 程序结构。

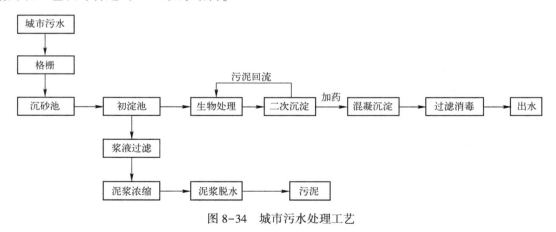

图 8-34　城市污水处理工艺

2. 请使用适当的 OB 编程，并仿真完成：从某一时刻起，每分钟某变量的数值加 1。

3. 请使用适当的 OB 编程，并仿真完成：从 CPU 由 STOP 到 RUN 起，每 25 s 某变量的数值加 1。

4. 请使用适当的 OB 编程（不使用定时器指令），并仿真完成：I0.0 闭合 20 s 后，Q0.0 为 1。

5. 生产线故障报警程序的编写：故障信号到来时，对应的故障指示灯以 2 Hz 的频率闪烁。按下故障应答按钮 I1.6 以后，如果故障已经消失，则故障指示灯熄灭；如果故障依然存在，则故障指示灯常亮。

1）添加并编写故障报警函数 FC21 和故障处理程序 FC11，在 FC11 中三次调用 FC21，FC21 的实参可见表 8-3。

表 8-3　FC21 的实参

故　障　源	故　障　记　录	上升沿记录	故障指示灯
I1. 1	M11. 1	M12. 1	Q2. 1
I1. 2	M11. 2	M12. 2	Q2. 2
I1. 3	M11. 3	M12. 3	Q2. 3

2）添加并编写故障报警函数块 FB22 和故障处理程序 FC12，在 FC12 中三次调用 FB22，FB22 的实参可见表 8-4。

表 8-4　FB22 的实参

故　障　源	背景数据块	故障指示灯
I1. 1	DB41	Q2. 1
I1. 2	DB42	Q2. 2
I1. 3	DB43	Q2. 3

6. 请添加一个全局 DB，并在里面创建 3 个 BOOL，2 个 WORD，1 个 TIME，以及 1 个带有 10 个 REAL 的数组。

7. 算术运算。

要求：1）创建一个全局 DB，在其中添加四个浮点型变量。（其余中间变量随意定义）

2）编程实现从这四个浮点数中取出最大值，四个浮点数的数值在监控表中手动任意输入。

第9章

S7-1500 PLC 的通信

9.1 网络通信概述

PLC 的通信包括 PLC 之间的通信、PLC 与上位计算机之间的通信以及和其他智能设备之间的通信。在控制领域中，PLC 的通信使得众多独立的控制孤岛构成一个控制工程的整体。

9.1.1 网络通信国际标准模型 （OSI 模型）

国际标准化组织 ISO 提出了开放系统互联模型 OSI，作为通信网络国际标准化的参考模型，它详细描述了通信功能的 7 个层次（见图 9-1）。

发送方传送给接收方的数据，实际上是经过发送方各层从上到下传递到物理层，通过物理媒体（介质）传输到接收方后，再经过各层从下到上的传递，最后到达接收方的。发送方的每一层协议都要在数据报文前增加一个报文头，报文头包含完成数据传输所需的控制信息，只能被接收方的同一层识别和使用。接收方的每一层只阅读本层的报文头的控制信息，并进行相应的协议操作，然后删除本层的报文头，最后得到发送方发送的数据。下面介绍各层的功能。

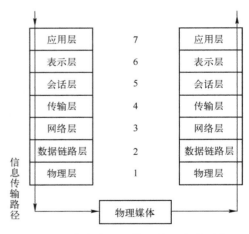

图 9-1 信息在 OSI 模型中的流动形式

1）物理层的下面是物理媒体，例如双绞线、同轴电缆和光纤等。物理层为用户提供建立、保持和断开物理连接的功能，定义了传输媒体接口的机械、电气、功能和规程的特性。RS232C、RS422 和 RS485 等就是物理层标准的例子。

2）数据链路层的数据以帧（Frame）为单位传送，每一帧包含一定数量的数据和必要的控制信息，例如同步信息、地址信息和流量控制信息。通过校验、确认和要求重发等方法实现差错控制。数据链路层负责在两个相邻节点间的链路上，实现差错控制、数据成帧和同步控制等。

3）网络层的主要功能是报文包的分段、报文包阻塞的处理和通信子网中路径的选择。

4）传输层的信息传送单位是报文，它的主要功能是流量控制、差错控制、连接支持，传输层向上一层提供一个可靠的端到端的数据传送服务。

5）会话层的功能是支持通信管理和实现最终用户应用进程之间的同步，按正确的顺序收发数据，进行各种会话。

6）表示层用于应用层信息内容的形式变换，例如数据加密/解密、信息压缩/解压和数据兼容，把应用层提供的信息变成能够共同理解的形式。

7）应用层为用户的应用服务提供信息交换，并为应用接口提供操作标准。

对于工业通信网络，一般仅使用 7 层中部分层次的功能。

9.1.2　调试工业通信网络的一般方法

调试工业通信网络的一般方法如下。

1. 确保网络的物理媒体连接正常

不论是有线连接还是无线连续，物理媒体连接都是网络的基础，所以调试的第一步就是要保证它的连接正常。

物理连接是否正常一般包括：网络模块的硬件是否正常、线路是否连接正确、接头是否接触良好、屏蔽措施是否到位等。对于无线连接，还要确定无线信号是否覆盖。

2. 确保网络上各设备使用相同的网络协议

有一些工业通信网络的底层电气标准是相同的，即它们使用的物理接口及网线可以是相同的。例如 RS485 网络，在这种标准之上运行不同的网络协议形成了不同的工业通信网络，PPI、MPI、PROFIBUS-DP、Modbus-RTU、CC-LINK 以及自由协议等都是基于 RS485 的网络。除此之外，RS232 以及以太网也有这种情况。

因此，在调试工业通信网络时，同一条网络上的几个设备可能会由于疏忽而使用了不同的网络协议，这时尽管设备间可能会互发相同电平的信号，但无法解码。这就好比我们和某个语言互不相通的外国人说话一样，互相都可以听到声音，意思却互不理解。如果有一位翻译在场，互相就能理解了。这个翻译相当于网络中的网关，网关的两边是不同的网络。

因此，可以使用相同网络协议的设备就一定要选用相同的协议，协议不同的设备间要有网关。

3. 确保网络上各设备的通信速率相同

设备间通信时如果速率不同，会有数据丢失的现象发生。例如如果 A 设备每秒向 B 设备发送 40 个数据包，而 B 设备由于速率低于 A 设备，每秒只能收到来自 A 的 20 个数据包，即每秒都会丢失 20 个数据包。若 A 和 B 都是固定速率的设备，则丢包率就是 50%。

工业通信网络中数据的丢失可能会导致控制的失误或系统的报错停机。

另外，通信速率的设定值与传输距离有关。传输线越长，通信速率应设定得越低，反之传输线很短时，通信速率才可以设定得较高。

实际项目中，即使只有一个站点的距离较远，整个网络的速率也要同步降低。

如图 9-2 所示，原本车间 1~4 通信速率为 500 Kbit/s，但是后来由于新建了一个距离较远的"车间 5"，因而整个网络所有站点的速率都需要降低到 187.5 Kbit/s。

4. 确保网络上各设备的站点地址号不同

设备的站点地址号（如 IP 地址）是设备在网络上的重要标识，它就像手机号或家庭的通信地址一样。想象一下，如果我们的手机号和家庭通信地址都跟某个人一样，那么我们网购的东西可能就会被送到别人那里。

同样，如果网络上出现了两个设备站点地址号相同的情况，则可能会出现数据包时而被一个设备收到，时而被另一个收到的情况，或出现系统报错停机的情况。

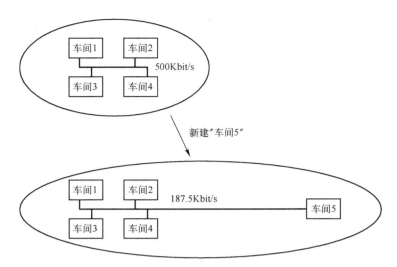

图 9-2　车间位置分布及网络连接关系示意图

有些设备的站点地址以及上一条原则提到的通信速率，需要在硬件上通过拨码开关等器件进行设定。S7-1500 PLC 通过组态设定即可。

5. 关键要分配好设备间数据的发送与接收区

前面几条原则都是通信的准备工作，通信根本上还是要发送和接收数据，因此要对设备间数据的发送和接收区进行合理的分配。

一般的做法是，将需要通信的零散的变量汇总在一起进行发送和接收。例如 PLC01 需要将变量 IW0、MD4、DB2. DBD12、M13.4 等发送给 PLC02，可将这些变量先通过程序赋值给一个连续的数据区（如 DB4 中），再统一进行发送。接收端亦是如此，统一接收到数据以后，再分配到逐个零散的变量中，如图 9-3 所示。本例中 PLC02 也可向 PLC01 发送数据，处理方式类似，不再赘述。

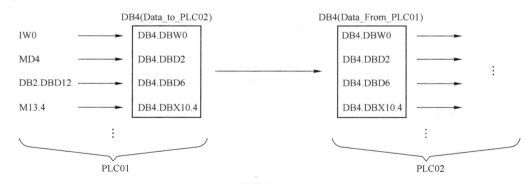

图 9-3　通信数据集中发送示意图

若需要通信的变量较多，也可以将变量集中到多个连续的数据区中。

对于维护 PLC 系统的工程师而言，需要弄清楚各 PLC 通信数据的发送和接收区，以便搞清楚涉及多个 PLC 的程序联锁关系。

上述原则只是调试工业通信网络时的一些主要原则，不同的网络可能还会有一些特殊的参数设置，具体内容详见相关手册。

一般如果通信的各设备都使用同一种编程软件并且都在同一个项目文件中，则通信的实现最简单，因为很多编程软件都会帮助避免出现协议不一致、通信速率不一致以及站点地址号重复等错误。但是如果各设备不在同一个项目文件中甚至不在同一种编程软件中时，就得需要格外注意上述调试原则了。

说明：

应用于生产现场，在现场设备之间、现场设备与控制装置之间的工业通信网络又叫现场总线，请扫描二维码 9-1 查看现场总线相关知识介绍。

9-1

9.1.3 S7-1500 PLC 的通信方式

S7-1500 PLC 的通信方式主要有 PROFIBUS 通信、工业以太网/PROFINET 通信和串行通信等。

1. PROFIBUS

PROFIBUS 是开放式的现场总线（IEC 61158 的类型 3）。传输速率最高 12Mbit/s，使用屏蔽双绞线电缆或光缆作为传输介质。

PROFIBUS-DP 是 PROFIBUS 协议中使用得最多的，用于 PLC 与现场分布式 I/O 设备之间的通信。

S7-1500 PLC 的部分 CPU 集成了 PROFIBUS-DP 的接口，除此之外，通信模块 CM 1542-5 和 CP 1542-5 也提供了 PROFIBUS-DP 的接口。

2. 工业以太网/PROFINET

工业以太网是基于国际标准 IEEE 802.3 的开放式网络，可以集成到互联网。

PROFINET（简称 PN）是基于工业以太网的现场总线（IEC 61158 的类型 10），它是实时以太网，主要用于连接现场分布式 I/O 设备，有逐步取代 PROFIBUS-DP 的趋势。

S7-1500 PLC 的 CPU 都集成了工业以太网/PROFINET 接口，除此之外，通信模块 CP 1543-1 和 CM 1542-1 也提供了上述接口。

利用网关 IE/PB Link PN IO 可与 PROFIBUS-DP 网络相通信。

3. 串行通信

通过串行通信模块，使用 Freeport（自由口）、3964（R）、USS 或 Modbus 协议，通过点到点连接进行数据交换。串行通信一般基于 RS232 或 RS485 接口标准，有关 RS232、RS485 的知识，请扫描二维码 9-2 查看。

9-2

上述通信的实现大致可以简单地分为以下两种方式。

1. 通过组态实现

通过组态实现意味着无需编写专门的发送接收程序即可实现的通信，9.1.2 节提到的通信协议选择、通信速率指定、通信地址及数据发送与接收区的分配均在组态中完成。

对于 S7-1500 PLC 而言，PROFIBUS-DP 的主站与标准从站或智能从站的通信，PROFINET 的 I/O 控制器与 I/O 设备或智能设备的通信等，均可仅通过组态方式实现通信。上述通信根据需要也可进行数据打包（一致性数据传输）通信，这种通信就需要编写程序了，详见后文。

2. 通过组态及编写程序实现

通过组态及编写程序的方式实现时，一般通过组态实现通信协议选择、通信速率指定、通信地址的分配，通过指令主要实现数据的发送与接收区的分配。

对于 S7-1500 PLC 来说，CPU 之间的对等通信一般都需要采用组态加编程的方式实现，如 S7、开放式用户通信等。

9.2 PROFIBUS-DP 通信

9.2.1 PROFIBUS 概述

PROFIBUS（Process Field Bus）是西门子的现场总线通信协议，它作为工厂数字通信网络的基础，建立了生产过程现场与控制设备之间、生产过程现场与更高控制管理层之间的联系。主要用于制造自动化、过程自动化和楼宇自动化等领域的现场设备之间中小数据量的实时通信。

1. PROFIBUS 的三种协议类型

PROFIBUS 有三种通信协议类型：PROFIBUS-DP、PROFIBUS-PA 和 PROFIBUS-FMS。

（1）PROFIBUS-DP

PROFIBUS-DP（Distributed Peripheral，分布式外设），简称 DP。它使用了 ISO/OSI 通信标准模型的第一层和第二层，这种精简的结构保证了数据的高速传输，特别适用于 PLC 与现场分布式 I/O 设备之间的实时、循环数据通信。

PROFIBUS-DP 符合 IEC 61158 标准，采用混合访问协议令牌总线和主站/从站架构，主站之间的通信为令牌方式（多主站时，确保同一时刻只有一个起作用），主站与从站之间为主从方式（MS），以及这两种方式的混合。

PROFIBUS-DP 通过二线制屏蔽双绞线或光缆进行联网，可实现 9.6 kbit/s~12 Mbit/s 的数据传速率。

在三种通信协议类型中，PROFIBUS-DP 的应用最为广泛。

（2）PROFIBUS-PA

PROFIBUS-PA（Process Automation，过程自动化）使用扩展的 PROFIBUS-DP 协议进行数据传输，主要用于面向过程自动化系统中本质安全要求的防爆场合。

（3）PROFIBUS-FMS

PROFIBUS-FMS（Field Message Specification，现场总线报文规范）使用了 ISO/OSI 通信标准模型的第一层、第二层和第七层，用于车间级（PLC 和 PC）的数据通信，也可以实现不同供应商的自动化系统之间的数据传输，但目前 PROFIBUS-FMS 已经很少使用了。

2. PROFIBUS 总线连接器及电缆

PROFIBUS 总线符合 EIA RS485 标准，传输介质可以是光缆或屏蔽双绞线。使用屏蔽双绞线传输时，应使用专用的总线连接器。在总线连接器中配有终端电阻（见图 9-4），在网络两个端点的设备需要将终端电阻接入（将总线连接器上的开关拨到 ON），以消除在线路终端由于信号反射而造成的干扰。

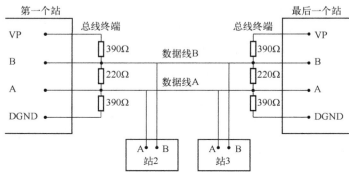

图 9-4 总线连接器及终端电阻结构

西门子标准 PROFIBUS 电缆（见图 9-5）为屏蔽双绞电缆，它有两根数据线：A 绿色和 B 红色，分别连接 DP 接口的引脚 3（B）和 8（A），电缆的外部包裹着编织网和铝箔两层屏蔽，最外面是紫色的外皮。电缆采用编织网和铝箔层双重屏蔽，非常适合在电磁干扰严重的工业环境中敷设。

3. PROFIBUS-DP 网络主要组件

图 9-6 为 PROFIBUS-DP 网络主要组件的示意图，其中各组件的名称及含义见表 9-1。

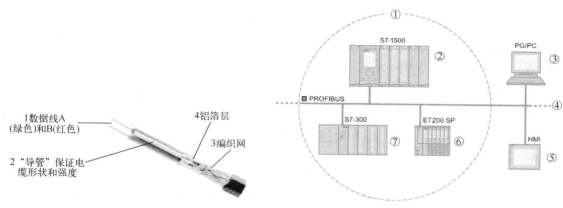

图 9-5　标准 PROFIBUS 电缆　　　　图 9-6　PROFIBUS-DP 网络主要组件

表 9-1　PROFIBUS-DP 网络组件名称表

编 号	组件名称	功 能 说 明
①	DP 主站系统	DP 主站系统
②	DP 主站	用于对连接的 DP 从站进行寻址的设备；DP 主站与现场设备交换输入和输出信号；DP 主站通常是运行自动化程序的控制器（如 PLC），属于一类主站
③	PG/PC	PG/PC 设备可用于调试和诊断以及对生产过程的监视和操作，属于二类主站
④	PROFIBUS	PROFIBUS-DP 网络通信基础结构
⑤	HMI	用于对生产过程的监视和操作，属于二类主站
⑥	DP 从站	分配给 DP 主站的分布式现场 I/O 设备，如 ET 200、变频器等，属于标准从站
⑦	智能从站	智能 DP 从站

由表 9-1 可知，PROFIBUS-DP 网络的站点类型主要有：一类主站、二类主站、标准从站和智能从站四类。

（1）一类主站

一类主站是系统的中央控制器，它可以主动地、周期地与所组态的从站进行数据交换，同时也可以被动地与二类主站进行通信。下列设备可以作为一类主站。

1）集成了 DP 接口的 PLC，例如 CPU 1516-3PN/DP。

2）没有集成 DP 接口的 CPU 配上支持 DP 主站功能的通信处理器（CP）。

3）插有 PROFIBUS 网卡的 PC，例如 WinAC 控制器，由于它是基于 PC 的软 PLC，因此既可作为一类主站也可作为编程监控用的二类主站。

（2）二类主站

二类主站是 DP 网络中的编程、诊断和管理设备，可以非周期性地与其他主站和 DP 从站进行组态、诊断、参数化和数据交换。PC 加 PROFIBUS 网卡、操作员面板 OP 和触摸屏 TP 都可以作为二类 DP 主站。

（3）智能从站

PLC 作为 DP 从站即为智能从站。

（4）标准从站

PLC 以外的 ET 200、变频器（包括第三方品牌的）等从站。

9.2.2 S7-1500 PLC 与标准从站的通信

S7-1500 PLC 与标准从站的 PROFIBUS-DP 通信可以通过简单的组态方式实现。

【例 9-1】实现 S7-1500 PLC（地址为 2）与标准从站 ET 200SP（地址为 3）的 PROFIBUS-DP 通信，通信速率为 1.5 Mbit/s。

S7-1500 PLC 的配置见表 9-2（本章中使用到的 S7-1500 PLC 均为该配置），ET 200SP 的配置见表 9-3。

表 9-2　S7-1500 的配置清单

槽　位	模 块 名 称	订 货 号
0	PM 70W 120/230V	6EP1332-4BA00
1	CPU1516-3PN/DP	6ES7 516-3AN00-0AB0
2	DI 32×24VDC HF	6ES7 521-1BL00-0AB0
3	DQ 32×24VDC/0.5A ST	6ES7 522-1BL00-0AB0
4	AI 8×U/I/RTD/TC ST	6ES7 531-7KF00-0AB0
5	AQ 4×U/I ST	6ES7 532-5HD00-0AB0

表 9-3　ET 200SP 的配置清单

槽　位	模 块 名 称	订 货 号
0	IM155-6 DP HF	6ES7 155-6BU00-0CN0
1	DI 8×24VDC ST	6ES7 131-6BF00-0BA0
2	DI 8×24VDC ST	6ES7 131-6BF00-0BA0
3	DQ 16×24VDC/0.5A ST	6ES7 132-6BH00-0BA0
4	AI 4×U/I 2-wire ST	6ES7 134-6HD00-0BA1
5	AQ 4×U/I ST	6ES7 135-6HD00-0BA1
6	服务器模块	6ES7 193-6PA00-0AA0

实现本例通信的主要步骤如下。

（1）完成 S7-1500 PLC 的基本硬件组态

可以使用离线手动或在线自动的方式进行组态，完成后如图 9-7 所示。

（2）完成 ET 200SP 的基本硬件组态

按照表 9-3 的配置清单进行离线手动组态，完成后如图 9-8 所示。

说明：

ET 200SP 的浅色基座是具有供电能力

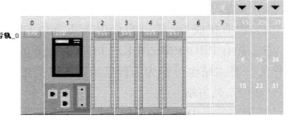

图 9-7　组态完成的 S7-1500 PLC（主站）

的基座。图 9-8 中槽 1 和槽 4 使用了浅色基座，这使得槽 4、5 的模块与槽 1、2、3 实现了电位的隔离，其中槽 2、3 的电源来自于槽 1，槽 5 的电源来自于槽 4。原则上每个浅色基座所能承受的最大负载电流为 10 A。

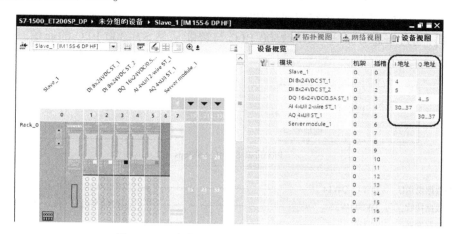

图 9-8　组态完成的 ET 200SP（标准从站）

（3）完成通信组态

如图 9-9 所示，将组态工作区切换至"网络视图"（图中 A 处），再单击 PROFIBUS-DP 接口图标并通过拖拽操作建立 PROFIBUS 连接（图中 B 处），即可完成通信的组态。

完成 B 处的建立连接的操作后，两个站点的协议和速率就自动相同了，并且自动设置了不同的地址号，如图 9-9 中的 C 处和 D 处所示。至此，通信协议、通信速率与地址号都已满足设计要求。

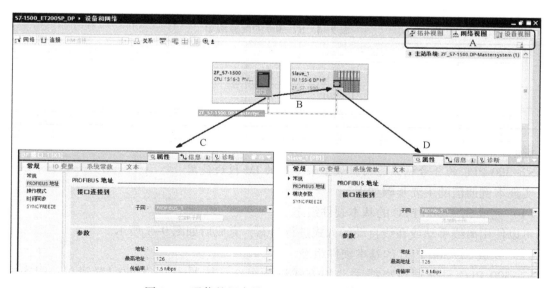

图 9-9　通信的组态及 PROFIBUS-DP 接口的属性

S7-1500 PLC 与标准从站通信的数据交换很好理解，在本例中标准从站 ET 200SP 的数据发送接收区就是它的 IO 地址，如图 9-8 中右上角的画框部分所示。例如：S7-1500 PLC 要读取 ET 200SP 的 2 号槽的 0 通道时，读取 I5.0 即可；要向 ET 200SP 的 5 号槽的最后一个通道写入数据时，向 QW36 赋值即可。

9.2.3　S7-1500 PLC 与智能从站的通信

S7-1500 PLC 与智能从站的 PROFIBUS-DP 通信可以通过组态方式实现，这种方式的 PLC 间通信由于不需要通过编写程序实现通信功能，因此又称为组态方式通信。

【例 9-2】通过组态方式实现 S7-1500 PLC 与智能从站 S7-300 PLC 的通信，具体要求如图 9-10 所示。

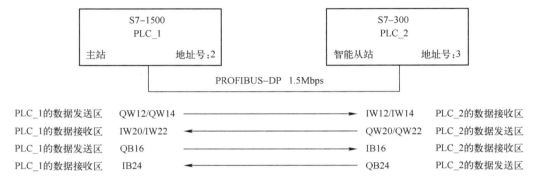

图 9-10　S7-1500 PLC 与智能从站 S7-300 PLC 的通信要求示意图

PROFIBUS-DP 的组态方式通信需要使用输入/输出过程映像区 I 和 Q 作为通信数据区。

S7-1500 CPU 集成的 PROFIBUS-DP 接口仅支持主站，不可作为从站。因此本节选用 S7-300 CPU 作为智能从站（S7-1500 的 PROFIBUS 通信模块 CM1542-5 可以作为主站和从站，大多数 S7-300 的集成 PROFIBUS-DP 接口都支持主站和从站）。

S7-1500 PLC 的配置同表 9-2，S7-300 PLC 的配置见表 9-4。

表 9-4　S7-300 的配置清单

槽　　位	模 块 名 称	订 货 号
1	PS 307 10A	6ES7 307-1KA01-0AA0
2	CPU 315-2DP	6ES7 315-2AG10-0AB0 V2.6
4	DI8/DO8	6ES7 323-1BH01-0AA0

说明：

S7-300 PLC 的 3 号槽只能由扩展框架专用的 IM 模块使用。

实现本例通信的主要步骤如下。

（1）完成 S7-1500 PLC 的基本硬件组态

可以使用离线手动或在线自动的方式进行组态，完成后如图 9-7 所示。

（2）完成 S7-300 PLC 的基本硬件组态

S7-300 PLC 只能通过离线手动的方式进行组态，按照表 9-4 的配置清单，组态后如图 9-11 所示。

（3）完成通信组态

如图 9-12 所示，为 PROFIBUS-DP 智能从站通信的配置界面，具体步骤如下。

1）将组态工作区中的"设备视图"切换至"网络视图"，如图 9-12 中 A 处所示。

2）单击 PROFIBUS-DP 接口图标并通过拖拽操作建立 PROFIBUS 连接，如图 9-12 中 B 处所示。

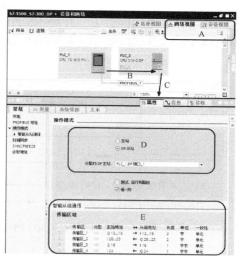

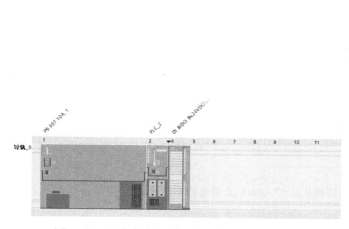

图 9-11　组态完成的 S7-300 PLC（智能从站）

图 9-12　PROFIBUS-DP 智能从
站通信的配置界面

3）打开从站的 PROFIBUS-DP 接口属性窗口，如图 9-12 中 C 处所示。属性窗口的打开方法：右击图标再选择"属性"。

4）如图 9-12 中 D 处所示，打开"操作模式"属性，将"主站"切换为"DP 从站"（此处默认为主站）。切换后，在"分配的 DP 主站"的下拉菜单中选择"PLC_1. DP 接口_1"，该接口名称为 S7-1500 PLC 的 PROFIBUS-DP 接口，若未先进行图 9-12 中 B 处的连接，则此处的下拉菜单中将不会有"PLC_1. DP 接口_1"的选项。

5）如图 9-12 中 E 处所示，在"智能从站通信"属性中，参照图 9-10 中的通信要求，配置通信的数据发送与接收区。其中数据的传输区可以是多个，每个传输区可以以"字"或"字节"为"单位"，"长度"最大为 32（字节）。

9.2.4　PROFIBUS-DP 的一致性数据传输

数据的一致性（Consistency）又称为连续性。通信指令块被执行、通信数据被传输的过程如果被一个更高优先级的 OB 中断，将会使传送的数据不一致。即被传输的数据一部分来自中断之前，一部分来自中断之后，因此这些数据是不一致或不连续的。

在通信中，有的从站用来实现复杂的控制功能，例如模拟量闭环控制或电气传动等。从站与主站之间需要同步传输（一个周期内传输）比字节、字和双字更大的数据区，这样的数据称为一致性数据。需要绝对一致性传输的数据量越大，系统的中断反应时间越长。

可以用指令 DPWR_DAT 和 DPRD_DAT 来传输要求具有一致性的数据，它们被广泛应用于传输要求具有一致性数据的场合，这两条指令对应于经典 STEP 7 库中的 SFC14 和 SFC15。

【例 9-3】S7-1500 PLC 与智能从站 S7-300 PLC 要求一致性数据传输，其他要求如图 9-13 所示。

实现本例通信的主要步骤如下。

（1）完成各 PLC 的基本组态及通信组态

S7-1500 PLC 与 S7-300 PLC 的模块组成同例 9-2，一致性数据传输的基本硬件与通信组态基本相同。区别在于传输区中的参数"一致性"需要被组态为"总长度"（见图 9-14）。此外还需要在通信双方的 OB1 中调用"将一致性数据写入 DP 标准从站"指令 DPWR_DAT，将数据

"打包"后发送；再调用"读取 DP 标准从站的一致性数据"指令 DPRD_DAT，将接收到的数据"解包"后保存到指定的地址区，这样就可以保证 DP 主站和智能从站之间的一致性数据传输了。

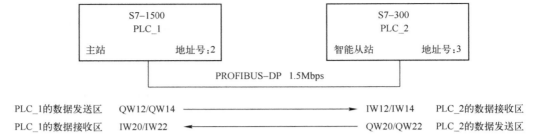

图 9-13　S7-1500 PLC 与智能从站 S7-300 PLC 的通信要求示意图

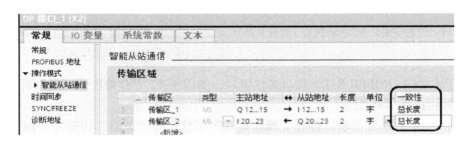

图 9-14　一致性数据传输时的通信区组态

尽管 DPWR_DAT 和 DPRD_DAT 指令的名字中提到的都是 DP 标准从站，DP 的智能从站通信同样适用。另外，它们也可以用于 PROFINET IO 控制和 IO 设备之间的一致性数据传输。

（2）生成数据块

双击项目树 PLC1（主站）的"程序块"文件夹中的"添加新块"，生成全局数据块 Send-Data（DB1）。打开 DB1，创建一个有两个 INT 类型元素的数组。再生成另一个全局数据块 ReceiveData（DB2），并在其中创建一个有两个 INT 类型元素的数组，如图 9-15 所示。

图 9-15　本例 PLC1 中的 DB1 和 DB2

用同样的方法在 PLC2 中创建相应的发送/接收数据的 DB，图略。

（3）编写通信程序

将 DPWR_DAT 和 DPRD_DAT 指令从指令库中拖拽到主站的 OB1 中（见图 9-16）。指令 DPWR_DAT 将 DB1 中的数据"打包"后发送，指令 DPRD_DAT 将接收到的数据"解包"后存放到 DB2 中，图 9-17 给出了通信双方的数据关系图。

指令 DPWR_DAT、DPRD_DAT 的参数 LADDR 需要填写通信的 I、Q 区的起始地址。参数 RECORD 的数据类型为 VARIANT，它指定的 DB1 和 DB2 中的数组的长度应与图 9-14 的"传输区"中组态的参数一致。

DP 主站和智能从站的 OB1 中的通信程序基本上相同。

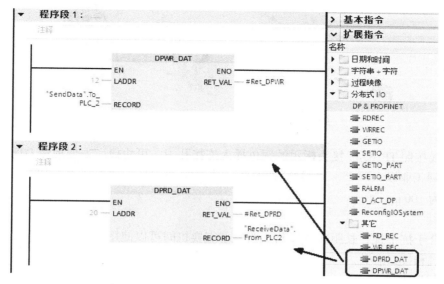

图 9-16　主站读写 DP 从站一致性数据的程序

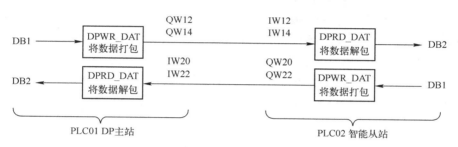

图 9-17　DP 主站与智能从站数据关系示意图

9.3　工业以太网通信

9.3.1　工业以太网通信概述

工业以太网应用于单元级、管理级的网络，通信数据量大、距离长。工业以太网的通信服务一般用于主站间的大数据量通信，例如 PLC 之间，PLC 与 HMI、PC 之间的通信。通信的方式为对等的发送和接收，不能保证实时性。

基于工业以太网开发的 PROFINET 是实时以太网，具有很好的实时性，主要用于连接现场设备，通信为主从方式。

1. 西门子工业以太网的通信介质

西门子工业以太网可以使用双绞线、光纤和无线以太网进行数据通信。

（1）双绞线

尽管在实验室环境下，带有 RJ45 接口的普通民用双绞线也能用于工业以太网，但在工业环境下，一定要使用工业级的双绞线。西门子常用的双绞线为 IE FC TP（Industry Ethernet Fast Connection Twisted Pair，工业快速连接双绞线），配合西门子 FC TP RJ45 接头使用，连接如图 9-18 所示。

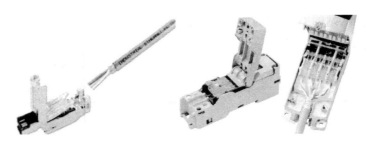

图 9-18　西门子的工业双绞线与快接头

将双绞线按照 TP RJ45 接头标示的颜色插入连接孔中，可快捷、方便地将 DTE（数据终端设备）连接到工业以太网上。使用 FC 双绞线，从 DTE 到 DTE，DTE 到交换机、交换机之间最长通信距离为 100 m。

（2）光纤

光纤适合于抗干扰、长距离的通信。西门子交换机间可以使用多模光纤或单模光纤。通信距离与交换机和接口有关。

（3）无线以太网

使用无线以太网收发器相互连接。通信距离与通信标准及天线有关。

2. 西门子工业以太网的拓扑结构

使用西门子工业交换机可以组成总线型、星形、树形及环形等网络拓扑结构。环形网络拓扑结构是总线型网络的一个特例，即将总线型的头尾两段连接便形成环形网络结构。环形网络可以使用光纤和双绞线构成。在环形网络中必须有一个交换机作为管理器，例如西门子 SCALANCE X208 或 SCALANCE X204-2 等，由交换机组成的冗余环形网络参考图 9-19。

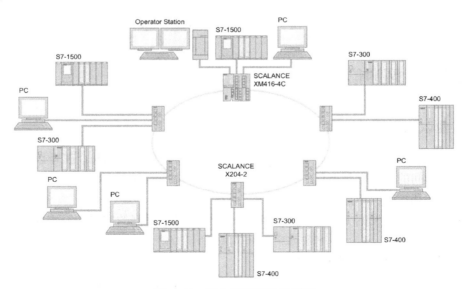

图 9-19　冗余环形网络示意图

3. S7-1500 PLC 以太网接口支持的通信服务

S7-1500 PLC 之间实时通信只有 PROFINET IO，非实时通信有 OUC（开放式用户通信）和 S7 通信两种。各接口支持的具体通信服务详见表 9-5。

表 9-5　S7-1500 PLC 以太网接口支持的通信服务

接口类型	实 时 通 信		非实时通信	
	PROFINET IO 控制器	智能设备	OUC 通信	S7 通信
CPU 集成的接口 X1	√	√	√	√
CPU 集成的接口 X2	×	×	√	√
CPU 集成的接口 X3	×	×	√	√
CM1542-1	√	×	√	√
CP1543-1	×	×	√	√

9.3.2　PROFINET IO 通信

使用 PROFINET IO, 现场设备可以直接连接到以太网, 与 PLC 进行高速数据交换。如图 9-20 所示, 在 PROFINET IO 网络中, PLC 是 PROFINET 的 **IO 控制器**, 相当于网络的主站; 上位机和 HMI 可通过 PROFINET IO 对生产过程进行可视化监控, 因此是 **IO 监视器**; ET 200 分布式 I/O、变频器、调节阀、变送器等分布式现场设备都可以用作 PROFINET 的 **IO 设备**, 相当于网络的从站; 此外, PLC 也可以作为"从站", 叫作**智能设备** (I-DEVICE)。

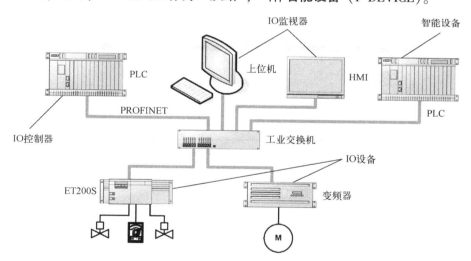

图 9-20　PROFINET IO 网络的基本组成

PROFINET IO 通信为全双工点到点方式。一个 IO 控制器最多可以和 512 个 IO 设备进行点到点通信, 按设定的更新时间双方对等发送数据。在共享 IO 设备模式下, 一个 IO 站点上不同的 I/O 模块、甚至同一 I/O 模块中的通道都可以被最多 4 个 IO 控制器共享, 但是输出模块只能被一个 IO 控制器控制, 其他 IO 控制器可以共享信号状态信息。由于访问机制为点到点方式, S7-1500 PLC 集成的以太网接口既可以作为 IO 控制器连接现场的 IO 设备, 又可同时作为智能设备被上一级 IO 控制器控制。

PROFINET IO 提供了三种执行水平。

1) 非实时数据传输 (NRT): 用于项目的上位机监控和非实时要求的数据传输 (例如诊断等), 典型的通信响应时间约为 100 ms。

2) 实时通信 (RT): 用于要求实时通信的现场过程数据, 通过提高实时数据的优先级和优化数据堆栈, 使用标准网络元件可以执行高性能的数据传输, 典型通信响应时间为 1～10 ms。

3）等时实时（IRT）：用于高精度的位置控制，等时实时可以确保数据在相等的时间间隔进行传输，普通交换机不支持等时实时通信，其通信响应时间为 0.25～1 ms。

1. S7-1500 与 IO 设备的 PROFINET IO 通信

S7-1500 PLC 作为 IO 控制器，ET 200MP 作为 IO 设备，类似于 PROFIBUS-DP 的主站与标准从站的通信，IO 控制器与 IO 设备的通信也是只需简单的组态就可以实现。

（1）完成 S7-1500 PLC 的基本硬件组态

可以使用离线手动或在线自动的方式进行组态，完成后如图 9-7 所示。

（2）完成 ET 200MP 的基本硬件组态

对于 ET 200 等 IO 设备，可以离线手动组态也可以使用如图 9-21、图 9-22 所示的方式进行硬件检测（在线自动组态）。低版本的博途软件不支持硬件检测功能。

（3）完成通信组态

图 9-21　进行 IO 设备的在线硬件检测

检测完成后，类似于 PROFIBUS-DP 标准从站的组态（见图 9-9），在 S7-1500 PLC 和 ET 200MP 之间通过拖拽建立连接。

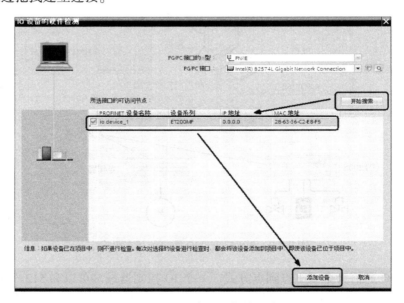

图 9-22　IO 设备的硬件检测步骤

PROFINET IO 通信中除了要注意 MAC 地址和 IP 地址以外（地址号不能相同），还要注意 IO 设备的离线和在线名称，因为 IO 控制器是通过名称寻找 IO 设备的，名称的查看方法如图 9-23 所示。

S7-1500 PLC 与 IO 设备通信的数据交换很好理解，类似于 PROFIBUS-DP，IO 设备 ET 200MP 的数据发送/接收区就是它的 IO 地址。如果 IO 设备是变频器等设备时也是如此。

2. S7-1500 PLC 之间的 PROFINET IO 通信

S7-1500 PLC 之间的 PROFINET IO 通信实际上是 IO 控制器和智能设备之间的通信。通信的组态方法类似于 PROFIFUS-DP 的智能从站通信。

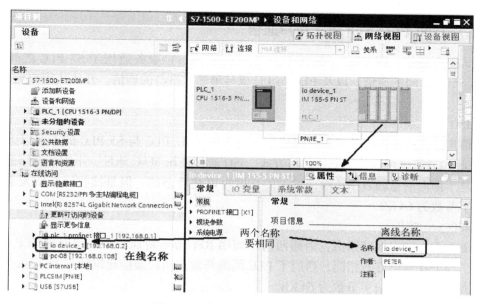

图 9-23　在线及离线名称的查看

例如，将 PLC_1 作为 IO 控制器，PLC_2 作为智能设备。IO 控制器的发送区是从 QB100 开始的 16 个字节，对应的智能设备的接收区是从 IB100 开始的 16 个字节；智能设备的发送区也是从 QB100 开始的 16 个字节，对应的 IO 控制器的接收区是从 IB100 开始的 16 个字节。其通信组态的窗口如图 9-24 所示。

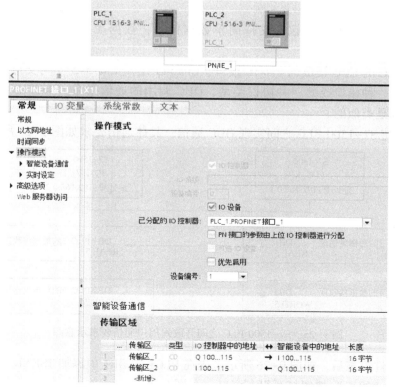

图 9-24　PROFINET 智能设备通信的组态界面

PROFINET IO 通信也可以使用 DPWR_DAT 和 DPRD_DAT 指令进行一致性数据传输。

9.3.3　S7-1500 PLC 的开放式用户通信

开放式用户通信，即 OUC（Open User Communication）服务适用于 S7 PLC 之间的通信、S7 PLC 与 S5 PLC 间的通信，以及 PLC 与 PC 或与第三方设备的通信。开放式用户通信有下列通信连接。

（1）ISO

该通信连接支持第四层开放的数据通信，主要用于 S7 PLC 与 S5 PLC 的工业以太网通信。S7 PLC 之间的通信也可以使用 ISO 通信方式。ISO 通信使用 MAC 地址，不支持网络路由。ISO 通信方式基于面向消息的数据传输，发送的长度可以是动态的，但是接收区必须大于发送区。最大通信字节数为 64 KB。

（2）ISO_on_TCP

由于 ISO 不支持以太网路由，因而西门子应用 RFC1006 协议将 ISO 映射到 TCP 上，实现网络路由，与 ISO 通信方式相同。西门子 PLC 间的开放式用户通信建议使用 ISO_on_TCP 通信方式，该方式的最大通信字节数为 64 KB。

（3）TCP/IP

该通信连接支持 TCP/IP 开放的数据通信，用于连接 S7 PLC 和 PC 以及非西门子的第三方设备。PC 可以通过 VB、VC SOCKET 等控件直接读写 PLC 数据。TCP/IP 采用面向数据流的数据传送，发送的长度最好是固定的。如果长度发生了变化，在接收区需要判断数据流的开始和结束位置，比较烦琐，并且需要考虑发送和接收的时序问题。所以，在西门子 PLC 间进行通信时，不建议采用 TCP/IP 通信方式。该方式的最大通信字节数为 64 KB。

（4）UDP

该通信连接属于第四层协议，支持简单数据传输，数据无须确认，最大通信字节数为 1472 字节。

S7-1500 PLC 的 CPU 集成的 PN/IE 接口、CP1543-1 及 CM1542-1 均支持 OUC。

无论使用哪一种接口或哪一种协议类型，OUC 调用的通信指令（TSEND_C 与 TRCV_C）和建立的过程都是类似的。

【例 9-4】使 S7-1500 PLC 之间实现 OUC 通信，具体通信要求如图 9-25 所示。

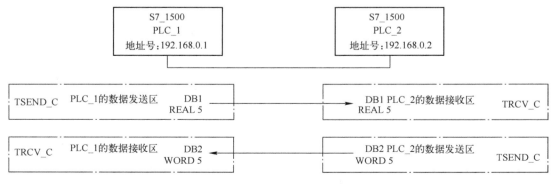

图 9-25　S7-1500 PLC 之间开放式用户通信要求示意图

完成基础硬件组态后，如图 9-26 所示，先在 PLC1 的 OB1 中添加 TSEND_C 指令，并单击该指令右上方的"组态"按钮打开组态窗口（见图 9-27）。

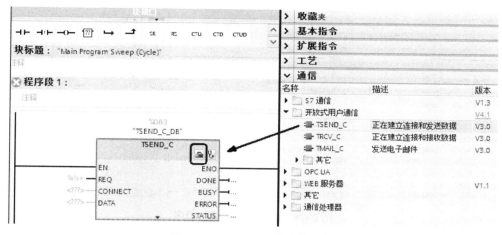

图 9-26　TSEND_C 指令的添加

在如图 9-27 所示的组态窗口中，首先在 A 处选择"伙伴"设备，如果这两个 PLC 分处在两个不同的项目文件中，或者选择 UDP 等情况时，A 处则需选择"未指定"；然后确认 B 处的网线连接接口和 IP 地址；C 处的"连接类型"中可选 TCP、UDP、ISO_on_TCP 及 ISO 协议类型，本例中选择 ISO_on_TCP。"组态模式"中可以选择"使用组态的连接"或"使用程序块"。如果选择"使用组态的连接"模式，两个 PLC 的通信连接将固定地占用一个连接资源（通过程序控制可以断开连接）；如果选择"使用程序块"的模式，两个 PLC 的通信连接需要通过编程建立（程序在通信函数内部已经调用了建立通信连接的其他指令，并在用户接口中设置了一个位信号用于使能），这种连接可以释放，这样就可以分批次地实现与更多的设备通信。

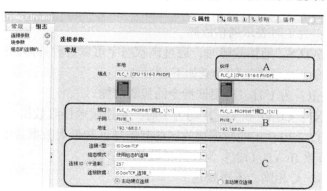

图 9-27　TSEND_C 指令的组态窗口

本例中选择"使用组态的连接"模式，因为 SIMATIC S7-1500 CPU 的通信资源非常多。在"连接数据"中选择"新建"后，两个 PLC 的通信连接就建立了。

可以在 TSEND_C 指令的组态窗口中选择"组态"→"块参数"，并在里面配置通信的数据区参数、输入和输出参数等，也可以在该指令外部的参数引脚上直接输入上述参数。再用同样的方法组态好 TRCV_C 指令，完成后的 PLC_1 中的通信程序如图 9-28 所示。

对于 TSEND_C 指令，主要参数的含义如下。

1）启动请求 REQ：每产生一次上升沿，将发送一次数据，本例中使用了 CPU 的时钟存储器位，发送频率为 1 Hz。

2）连接状态 CONT：为 0 时，断开通信连接，为 1 时，建立连接并保持，此参数为隐藏参数，在 TSEND_C 指令完全展开时才显示。

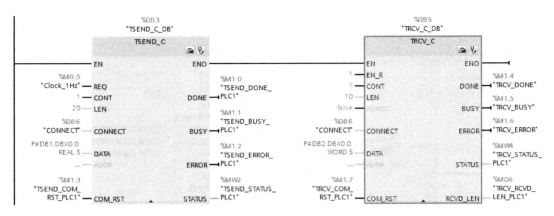

图 9-28   PLC_1 中的通信程序

3）发送长度 LEN：设定实际发送的字节长度，本例中为 20，表示将发送数据区中 20 个字节（5 个 REAL 是 20 个字节）都发送出去。该参数也可以是变量。

4）相关的连接指针 CONNECT：该项为系统自动生成的通信数据块，用于存储连接信息。

5）发送区域 DATA：本例中 PLC_1 的发送区为 DB1 的 5 个 REAL 变量。图 9-28 的写法 DB1. DBX0.0 即表示从 DB1 开始的地址作为发送数据区的起始地址。其长度为 5，类型为 RE-AL。本例的通信数据区使用的是非优化的 DB，如果是优化的 DB，则不需要指定 DATA 的长度，只需在起始地址中使用符号名称方式定义即可。

6）重新启动块 COM_RST：为 1 时将重新启动该连接。

7）请求完成 DONE：如果数据发送完成，该参数将产生一个上升沿。

8）请求处理 BUSY：为 1 时表示发送未能完成，此时不能开始新的发送。

9）错误 ERROR：为 1 时表示通信故障。

10）错误信息 STATUS：通信故障时，通过该状态字可以查看具体的故障信息。

对于 TRCV_C 指令，主要参数的含义如下。

1）启用请求 EN_R：为 1 时，启用该指令的接收功能。

2）连接状态 CONT：CONT 和 EN_R 均为 1 时，将连续地接收数据。

3）接收区域 DATA：PLC_1 的数据接收区的起始地址和最大数据长度。

4）接收到的字节数 RCVD_LEN：为实际接收的字节数。

其余参数与 TSEND_C 相同，不再赘述。

用同样的方法配置好 PLC_2 中的通信指令，然后分别对 PLC_1 和 PLC_2 进行下载。

对于 PLC 之间的通信，可以用下面的方法进行验证：同时打开两个 PLC 的通信数据区（可以通过监控表监控部分通信数据，或者打开通信数据的 DB），垂直拆分显示工作区，以便能同时监视两个 PLC 相关的通信数据区。在本例中，由于发送请求信号 REQ（时钟存储器 M0.5）的作用，PLC_1 的 TSEND_C 每 1 s 发送 5 个 REAL 数据，PLC_2 的 TSEND_C 每 1 s 发送 5 个 WORD 数据。本例的 PLC_1 至 PLC_2 的数据通信验证如图 9-29 所示。

名称		数据类型	偏移量	起始值	监视值		名称		数据类型	偏移量	起始值	监视值
▼ Static							▼ Static					
▼ Data_to_PLC2		Array[0..4] of Real	0.0				▼ Data_From_PLC1		Array[0..4] of Real	0.0		
	Data_to_PLC2[0]	Real	0.0	0.0	9.9			Data_From_PLC1[0]	Real	0.0	0.0	9.9
	Data_to_PLC2[1]	Real	4.0	0.0	666.5			Data_From_PLC1[1]	Real	4.0	0.0	666.5
	Data_to_PLC2[2]	Real	8.0	0.0	3.3			Data_From_PLC1[2]	Real	8.0	0.0	3.3
	Data_to_PLC2[3]	Real	12.0	0.0	4.4			Data_From_PLC1[3]	Real	12.0	0.0	4.4
	Data_to_PLC2[4]	Real	16.0	0.0	5.5			Data_From_PLC1[4]	Real	16.0	0.0	5.5

图 9-29   PLC_1 至 PLC_2 的数据通信验证

PLC_1 与 PLC_2 之间的连接状态可以用如下的方法进行诊断，单击 TSEND_C 或 TRCV_C 右上方的 按钮，即可打开如图 9-30 所示的连接状态诊断窗口。

该通信可以进行仿真，从博途 V14 开始，S7-1500 PLC 的 TSEND_C 和 TRCV_C 指令可以进行仿真。仿真方法并不难，编辑好项目之后，选中项目树中的 PLC_1，单击工具栏中的"开始仿真"按钮，并下载；再选中项目树中的 PLC_2，同样单击工具栏中的"开始仿真"按钮，并下载。这样其实是打开了两个 S7-1500 仿真器，接下来就可以像真实 PLC 一样进行通信测试了。

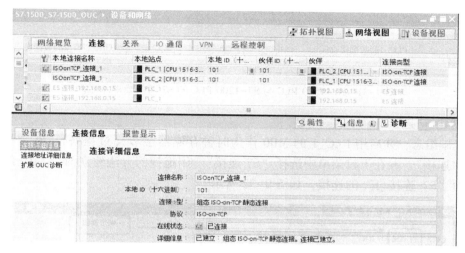

图 9-30　连接状态诊断窗口

9.3.4　S7-1500 PLC 的 S7 通信

S7 通信是基于 PROFIBUS 和工业以太网的一种优化的通信协议，特别适用于 S7-1500/1200/300/400 PLC 与 HMI（PC）和编程器之间的通信，也适合 S7-1500/1200/300/400 PLC 之间通信。早先 S7 通信主要是 S7-400 PLC 间的通信，由于通信连接资源的限制，推荐使用 S5 兼容通信也就是现在的 OUC。随着通信资源的大幅增加和 PN 接口的支持，S7 通信在 S7-1500/1200/300/400 PLC 之间应用越来越广泛。S7-1500 所有以太网接口都支持 S7 通信。S7 通信使用了 ISO/OSI 网络模型第七层通信协议，可以直接在用户程序中得到发送和接收的状态信息。

S7-1500 PLC 的 S7 通信有三组通信指令，分别是 PUT/GET、USEND/URCV 和 BSEND/BRCV，这些通信函数有不同的应用场合。

PUT/GET：用于单方编程，一个 PLC 作为服务器，另一个 PLC 作为客户端，客户端可以对服务器进行读写操作，在服务器侧不需要编写通信程序。

USEND/URCV：用于双方编程的通信方式，一方发送数据，另一方接收数据。通信方式为异步方式。

BSEND/BRCV：用于双方编程的通信方式，一方发送数据，另一方接收数据。通信方式为同步方式，发送方将数据发送到接收方的接收缓冲区，并且接收方调用接收指令，再将数据复制到已经组态的接收区内才认为发送成功。简单地说，相当于发送邮件，接收方必须读了该邮件才认为发送成功。

1. S7-1500 和 S7-1200 PLC 之间的单方编程 S7 通信

【例 9-5】实现 S7-1500 PLC 与 S7-1200 PLC 的单方编程 S7 通信，具体要求如图 9-31

所示。

实现本例通信的主要步骤如下。

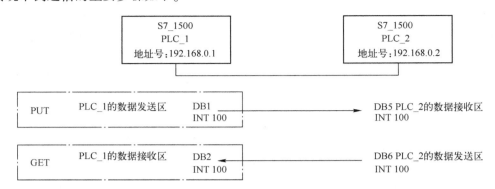

图 9-31　S7-1500 PLC 与 S7-1200 PLC 的 S7 通信要求示意图

（1）创建 S7 连接

完成基础组态，并启用 PLC_1 的 MB0 作为时钟存储器字节（过程略），在 "网络视图"
中，选择 "连接"，并在下拉菜单中选择 "S7 连接"。用拖拽的方法建立两个 CPU 的 PN 接口
之间的名为 "S7_连接_1" 的连接，如图 9-32 所示。

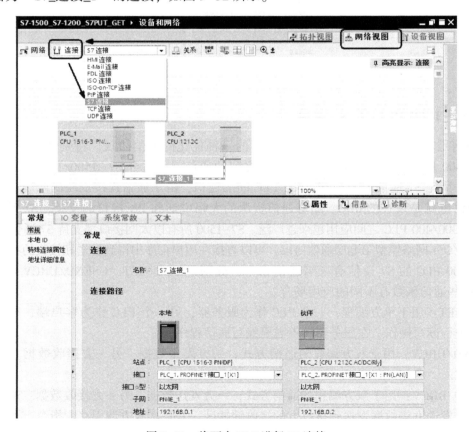

图 9-32　将两个 PLC 进行 S7 连接

选中 "S7_连接_1"，再选中下面的巡视窗口的 "属性" → "常规"，可以看到 S7 连接的
常规属性。选中左边窗口的 "特殊连接属性"（见图 9-33），在右边窗口中勾选复选框 "主动

建立连接"，由本地站点（PLC_1）主动建立连接。

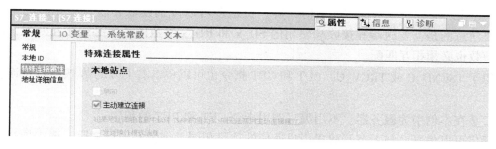

图 9-33　组态 S7 连接属性

在网络视图中，打开"连接"选项卡（见图 9-34），可以看到生成的 S7 连接的详细信息，连接的 ID 为 100。

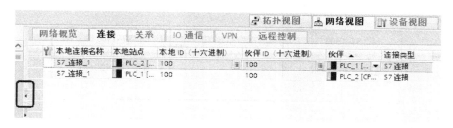

图 9-34　网络视图中的"连接"选项卡

使用固件版本为 V4.0 及以上的 S7-1200 PLC 作为 S7 通信的服务器，需要勾选"允许从远程伙伴（PLC、HMI、OPC、…）使用 PUT/GET 通信访问"，才能保证 S7 通信正常。位置为巡视窗口中的"属性"→"常规"→"防护与安全"，在"连接机制"区中设置。

（2）编写通信程序

为 PLC_1 生成 DB1 和 DB2，为 PLC_2 生成 DB5 和 DB6，在这些数据块（非优化的 DB）中生成由 100 个整数组成的数组。

在本例中，PLC_1（S7-1500 PLC）作为通信的客户机，因此仅在它的程序块中编写通信程序即可，如图 9-35 所示。在时钟存储位 M0.5 的上升沿，GET 指令每 1 s 读取 PLC_2 的 DB6 的 100 个整数，并存储到 PLC_1（客户机）的 DB2 中。PUT 指令每 1 s 将 PLC_1（客户机）的 DB1 中的 100 个整数写入到 PLC_2 的 DB5 中。

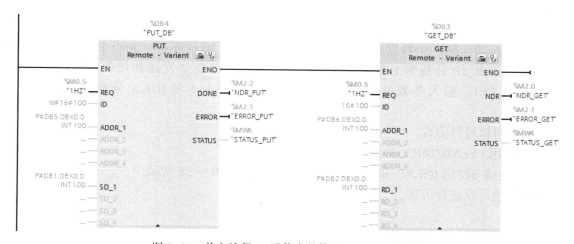

图 9-35　单方编程 S7 通信中的使用 PUT/GET 指令

单击指令框下边沿的三角形符号▼或▲，可以显示或隐藏图 9-35 的 "ADDR_2" "RD_2" "SD_2" 等输入参数。显示这些参数时，客户机最多可以分别读取和改写服务器的 4 个数据区。需要注意的是，发送端和接收端使用的 SD_x 和 RD_x 参数的个数必须相互匹配，数据类型和字节数也必须相互匹配。

类似于 TSEND_C 或 TRCV_C，PUT 和 GET 指令也可以单击右上方的 ▮ 按钮进行连接状态的诊断。

PLC_2 在本例中为服务器，不用编写调用指令 GET 和 PUT 的程序。

该通信可以仿真，与上节开放式用户通信的项目相同，编辑好项目之后，选中项目树中的 PLC_1，单击工具栏中的"开始仿真"按钮，并下载；再选中项目树中的 PLC_2，同样单击工具栏中的"开始仿真"按钮，并下载，即可仿真。

2. S7-1500 之间的双向 S7 通信

【例 9-6】实现 S7-1500 PLC 之间的双向 S7 通信，具体要求如图 9-36 所示。

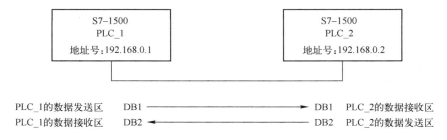

图 9-36　S7-1500 PLC 之间的双向 S7 通信要求示意图

双向 S7 通信可以使用指令 BSEND/BRCV，也可以使用指令 USEND/URCV 实现。

（1）使用 BSEND/BRCV 的双向 S7 通信

使用指令 BSEND/BRCV 的双向 S7 通信需要通信双方都编程，它可以进行快速、可靠的数据传送。通信方式为同步方式，发送方调用 BSEND 指令，将数据块安全地发送到通信伙伴的接收缓冲区。接收方调用 BRCV 指令，将数据复制到指定的接收区，数据传输才结束。

使用与例 9-5 中相同的方法建立两个 CPU 的 PN 接口之间的名为 "S7_连接_1" 的 S7 连接，连接 ID 为 16#100。

为了实现周期性的数据传输，组态时启用双方的 MB0 为时钟存储器字节。用 M0.5 为 BSEND 提供发送请求信号 REQ。

BSEND/BRCV 的输入参数 ID 为连接的标识符，R_ID 用于区分同一个连接中不同批次的数据包传送。同一个数据包的发送方与接收方的 R_ID 应相同。站点 PLC_1 发送和接收的数据包的 R_ID 分别为 1 和 2（见图 9-37），站点 PLC_2 发送和接收的数据包的 R_ID 分别为 2 和 1。输入参数 R 为 1 时停止发送任务，SD_1 和 RD_1 分别是发送区和接收区。

该通信可以进行仿真。

（2）使用 USEND/URCV 的双向 S7 通信

其 S7 连接与使用 BSEND/BRCV 指令时相同，程序如图 9-38 所示。

该通信也可以进行仿真。

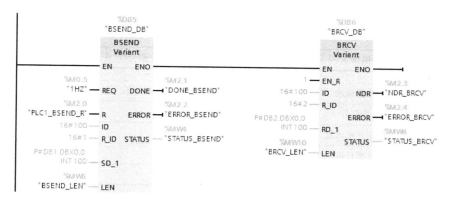

图 9-37　使用 BSEND 和 BRCV 指令的双方编程 S7 通信

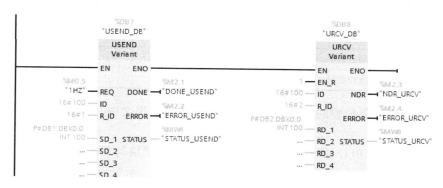

图 9-38　使用 USEND 和 URCV 指令的双方编程 S7 通信

9.4　串行通信

　　串行通信是以二进制的位（bit）为单位的数据传输方式，每次只传送一位。串行通信最少只需要两根线就可以连接多台设备，组成控制网络，可用于传输距离较远的场合。

　　串行通信主要用于连接调制解调器、扫描仪、条码阅读器等带有串行通信接口的设备。S7-1500 PLC 的串行通信有使用自由口协议的点到点（Point-to-Point，PtP）通信和 MODBUS RTU 通信。

　　S7-1500 PLC 的串行通信模块以及支持的通信协议见第 5 章的表 5-29。3964R 是西门子定义的一种全双工通信协议，目前已很少使用。HF 类型的串行通信模块支持 Modbus RTU 主站、从站，不需要额外的协议转换设备。

9.4.1　基于自由口协议的点到点通信

　　大多数串行通信的应用都是基于自由口协议的，例如与仪表、变频器、条形码扫描仪等设备的通信。通常将这些设备作为数据的服务器，由设备方提供自由口通信的报文格式，因此需要知道该报文格式。例如，在 PLC 从一个串口仪表读取测量数据的应用中，串口仪表通常是被动发送数据，即接收到数据请求报文后返回数据报文。数据请求报文和返回的数据应答报文的通常格式见表 9-6。

表 9-6   数据请求与应答报文的通常格式

	报文格式	数据请求	站点号	数据开始地址	数据长度	异或校验码
数据请求报文	报文解释	数据请求	1 个字节，11（HEX）为读请求标识			
		站点号	1 个字节，1~200（HEX）			
		数据开始地址	1 个字节，1~80（HEX）			
		数据长度	1 个字节，1~80（HEX）			
		异或校验码	1 个字节，字节校验（HEX）			
	报文格式	数据请求应答	站点号	返回的数据		异或校验码
数据应答报文	报文解释	数据请求应答	1 个字节，22（HEX）为读请求的应答标识			
		站点号	1 个字节，1~200（HEX）			
		返回的数据	每个数据占用 1 个字节（HEX）			
		异或校验码	1 个字节，字节校验（HEX）			

异或运算是实现奇偶校验的基本运算，异或校验码是将报文中其余数据全部进行异或运算而得出的。

【例 9-7】 S7-1500 PLC 通过 CM PtP RS-422/485 HF 模块与某串口设备进行 RS485 通信，需要从其 100 开始的地址读取 5 个数据（即地址 100~104），示意图如图 9-39 所示。

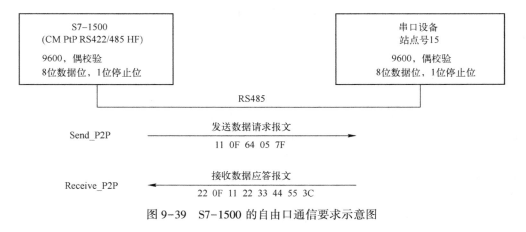

图 9-39   S7-1500 的自由口通信要求示意图

根据表 9-6，S7-1500 PLC 发送到串口设备的数据请求报文的 5 个字节为 11、0F、64、05、7F。

返回的数据应答报文为 8 个字节，分别为 22、0F、11、22、33、44、55、3C。其中所需要读取的数据为 11、22、33、44、55，在实际使用中，这 5 个数据可能会实时变化。

实现本例通信的主要步骤如下。

（1）完成基础组态及通信模块的参数设置

S7-1500 PLC 的自由口协议通信需要先对通信模块进行参数设置，再编写通信程序，其主要参数如图 9-40、图 9-41 所示。首先是"操作模式"的选择，需要按照实际的物理介质选择 RS422 或 RS485。

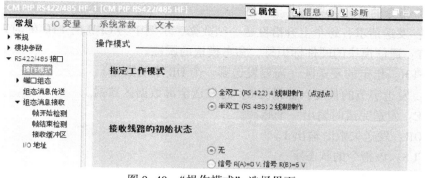

图 9-40　"操作模式"选择界面

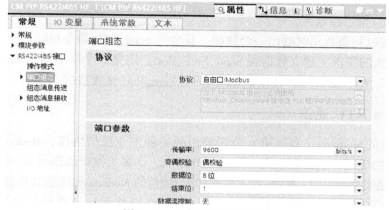

图 9-41　"端口组态"界面

然后是"端口组态",其中协议选择"自由口 Modbus","Modbus RTU 通信也是基于自由口通信而开发的一种通信协议。因此如果使用 Modbus 协议,需要在程序中使用相关指令进行 Modbus 的组态;如果使用普通的自由口协议,程序中使用点到点通信指令而不使用 Modbus 相关指令。

对于"端口参数",除了"传输率",其他参数都可以采用默认值。

"奇偶校验"的默认值是无奇偶校验,还可以选择偶校验、奇校验、Mark 校验(将奇偶校验位置"1")和 Space 校验(将奇偶校验位置"0")。

(2)编写通信程序

通信程序如图 9-42 所示,其中数据请求使用指令 Send_P2P,接收应答使用指令 Receive_P2P,指令的位置为"指令"→"通信"→"通信处理器"→"PtP Communication"。

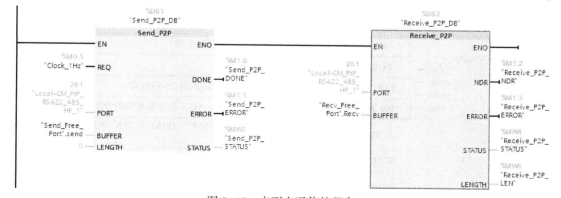

图 9-42　点到点通信的程序

Send_P2P 指令的参数含义如下。

1）REQ：发送请求，每个上升沿发送一帧数据，示例中为 CPU 的 1 Hz 的时钟脉冲。

2）PORT：通信模块的硬件标识符，参考模块的属性。

3）BUFFER：指定的发送区（需要发送哪一个 DB 中的数据）。

4）LEN：发送字节的长度，如果为 0，将发送全部数据区数据。

5）DONE：发送完成时输出一个脉冲。

6）ERROR：发送失败时输出 1。

7）STATUS：该指令的状态字。

Receive_P2P 指令的参数含义如下。

1）EN：接收使能。

2）BUFFER：指定接收区。

3）NDR：接收到新数据时输出一个脉冲。其余与 Send_P2P 指令相同。

根据报文格式的需求，建立数据块 Send_Free_Port，定义 5 个字节的数组，然后在程序中分别赋值 11、0F、64、05、7F；使用数据块 Recv_Free_Port 接收数据。

9.4.2　Modbus RTU 通信

Modbus 协议是 Modicon（莫迪康）公司提出的一种工业通信协议，Modbus 协议在工业控制中得到了广泛的应用，它已经成为一种通用的标准，许多工控产品都有 Modbus 通信功能。

根据传输网络类型的不同，Modbus 分为基于串行通信的 Modbus 和基于 TCP/IP 的 Modbus。

基于串行通信的 Modbus 有 ASCII 和 RTU（远程终端单元）这两种报文传输模式。其中 Modbus RTU 由于报文简单、开发成本较低，许多现场仪表仍然使用这种通信。Modbus RTU 通信以主从的方式进行数据传输，主站发送数据请求报文到从站，从站返回相应报文。从站没有收到来自主站的请求时，不会发送数据，从站之间也不会互相通信。

S7-1500 PLC 的 CM PtP RS-232 HF 和 CM PtP RS-422/485 HF 模块均可作为 Modbus RTU 的主站和从站。

Modbus RTU 通信也是需要先对通信模块进行参数设置，再编写通信程序的，其中通信模块的参数设置与基于自由口协议的点到点通信几乎相同，不再赘述。下面介绍 Modbus RTU 的指令。

（1）Modbus_Comm_Load 指令

该指令用于 Modbus 端口的初始化，主站和从站都要调用此指令，其各参数见表 9-7。

表 9-7　Modbus_Comm_Load 指令的参数说明

指　　令	参　数	说　　　　明
Modbus_Comm_Load — EN　　　　　ENO — — REQ　　　　DONE — — PORT　　　ERROR — — BAUD　　　STATUS — — PARITY — FLOW_CTRL — RTS_ON_DLY — RTS_OFF_DLY — RESP_TO — MB_DB	REQ	信号上升沿时，进行端口的初始化
	PORT	通信模块的硬件标识符
	PARITY	奇偶校验选择：0-无；1-奇校验；2-偶校验
	MB_DB	对 Modbus_Master 或 Modbus_Slave 指令所使用的背景数据块的引用
	DONE	上一请求已完成且没有出错后，DONE 位将保持为 TRUE 一个周期的时间
	STATUS	故障代码
	ERROR	如果上一个请求出错，则 ERROR 位将变为 TRUE，并保持一个周期的时间

（2）Modbus_Master 指令

该指令是 Modbus 主站指令，在执行此指令之前，要先执行 Modbus_Comm_Load 指令组态端口。该指令的各参数见表 9-8。

表 9-8　Modbus_Master 指令的参数说明

指　　令	参　数	说　　明
Modbus_Master — EN　　　　ENO — — REQ　　　DONE — — MB_ADDR　BUSY — — MODE　　ERROR — — DATA_ADDR STATUS — — DATA_LEN — DATA_PTR	MB_ADDR	Modbus 从站的站地址
	MODE	模式选择：0-读；1-写
	DATA_ADDR	从站中的起始地址，详见表 9-10
	DATA_LEN	数据长度
	DATA_PTR	指向数据缓冲区（主站的数据发送与接收区）的指针；该缓冲区（M 或非优化的 DB 地址）用于存储从 Modbus 从站读取或写入 Modbus 从站的数据
	DONE	上一请求已完成且没有出错后，DONE 位将保持为 TRUE 一个周期的时间
	BUSY	0-Modbus_Master 无激活命令 1-Modbus_Master 命令执行中
	STATUS	故障代码
	ERROR	如果上一个请求出错，则 ERROR 位将变为 TRUE，并保持一个周期的时间

（3）Modbus_Slave 指令

该指令是 Modbus 从站指令，同样在执行此指令之前，要先执行 Modbus_Comm_Load 指令组态从站的端口。该指令的各参数见表 9-9。

表 9-9　Modbus_Slave 指令的参数说明

指　　令	参　数	说　　明
Modbus_Slave — EN　　　　ENO — — MB_ADDR　　NDR — — MB_HOLD_REG　DR — 　　　　　　ERROR — 　　　　　　STATUS —	MB_ADDR	Modbus 从站的站地址
	MB_HOLD_REG	将 PLC 中全局 DB 或 M 区的地址映射到 Modbus 从站的保持寄存器区（4xxxx）
	NDR	0-无新数据写入；1-有新数据写入
	DR	0-没有数据被 Modbus 主站读取；1-有数据被 Modbus 主站读取
	STATUS	故障代码
	ERROR	0-无错误；1-有错误

Modbus 通信对应的功能码及地址见表 9-10。

表 9-10　Modbus 通信的功能码和地址

MODE	Modbus 功能	（主站对从站的）操作	Modbus 地址（DATA_ADDR）
0	01	读取输出位（位）	1~9999
0	02	读取输入位（位）	10001~19999
0	03	读取保持寄存器（字）	40001~49999 或 400001~465535
0	04	读取输入字（字）	30001~39999
1	05	写入一个输出位（位）	1~9999
1	06	写入一个保持寄存器（字）	40001~49999 或 400001~465535
1	15	写入多个输出位（位）	1~9999
1	16	写入多个保持寄存器（字）	40001~49999 或 400001~465535
2	15	写一个或多个输出位（位）	1~9999
2	16	写一个或多个保持寄存器（字）	40001~49999 或 400001~465535

更多 PLC 的通信知识，请扫描二维码 9-3 查看。

9-3

思考题及练习题

1. OSI 模型分为哪几层？各层的作用是什么？
2. CPU 1516 之间可以采用哪些通信方式进行数据交换？
3. 相距 150 m 的两个 PROFINET 站点是否可以直接使用双绞线进行物理连接？
4. 请实现（或简述）两个 S7-1500 PLC 之间的通信，要求如下：

1）PLC_1 的 X1 口连接至 PLC_2 的 X1 口。

2）PLC_1 的 IP 地址设置为 192.168.0.10，PLC_2 的 IP 地址设置为 192.168.0.11。

3）两个 PLC 的需要通信的数据如图 9-43 所示。

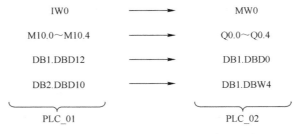

图 9-43 本题中两个 PLC 需要通信的数据

5. S7-1500 PLC 与变频器通信时，变频器是网络中的标准从站（PROFIBUS-DP）或 IO 设备（PROFINET IO）。

西门子的 SINAMICS G120/S120 变频器的 PROFIBUS、PROFINET 通信统称为 PROFIdrive 通信。PROFIdrive 报文分为三类：标准报文、制造商报文和自由报文。标准报文和制造商报文是预先定义好的，用户不能对其发送与接收区中每个数据的含义随意发挥，自由报文则可以随意发挥。图 9-44 为 S7-1500 PLC 与其通信时选用的报文，该报文的含义见表 9-11。

		拓扑视图	网络视图	设备视图

设备概览

模块	...	机架	插槽	I 地址	Q 地址	类型
▼ SINAMICS-S120-CU320-2PN		0	0			SINAMICS S120/S150 CU320-2 PN V4.7
▶ PN-IO		0	0 X150			SINAMICS-S120-CU320-2PN
▼ DO 矢量_1		0				DO 矢量
模块访问点		0	1 1			模块访问点
		0	1 2			
标准报文1, PZD-2/2		0	1 3	20...23	12...15	标准报文1, PZD-2/2

图 9-44 组态了标准报文 1 的变频器（IO 设备）

表 9-11 标准报文 1 的通信字含义

通信字名称	含 义	类 型	单 位
STW1	（变频器起动、停止等的）控制字	变频器的接收区	字
NSOLL_A	速度设定字	变频器的接收区	字
ZSW1	（变频器运行的）状态字	变频器的发送区	字
NIST_A	速度反馈字	变频器的发送区	字

问：1）对于 S7-1500 PLC 来说，对哪个地址写入数据就是设定变频器的控制信号？从哪个地址读取的数据是变频器的运行状态？从哪个地址读取的数据是变频器的速度反馈？

2）速度设定字与变频器频率的对应关系为 0~4000（HEX）对应 0~50Hz，若需要 35Hz，应该从 PLC 的哪个地址写入变频器的速度设定字？数值应为多少？

3）如果要对该通信进行一致性数据传输，应该使用什么指令？

6. 在假设已实现例 9-5 中通信的基础上，简述图 9-45 中程序所实现的功能。

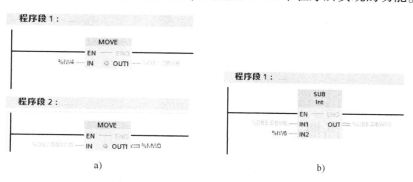

图 9-45　PLC_1 和 PLC_2 中的程序

a）PLC_1 中的程序　b）PLC_2 中的程序

第10章
S7-1500 PLC 的故障诊断

10.1 PLC 故障诊断概述

10.1.1 PLC 故障分类

  PLC 控制系统在运行过程中由于各种原因不可避免地要出现各种各样的故障，故障分类如图 10-1 所示。控制系统故障通常可分为两类：PLC 系统故障和过程故障。

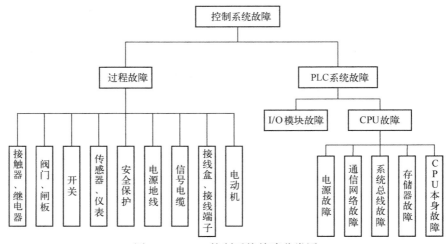

图 10-1   PLC 控制系统故障分类图

  （1）PLC 系统故障

  PLC 系统故障可被 PLC 操作系统识别并可能使 CPU 进入停机状态，通常的 PLC 系统故障有（电源故障、硬件模块故障、扫描时间超时故障、程序错误故障、通信故障）等。

  PLC 的可靠性远高于其他的外部设备，因此 PLC 系统本身的故障所占比例很小，远远小于过程故障。PLC 系统故障中很大部分是用户使用不当造成的。PLC 系统故障中又可分为 CPU 故障和 I/O 模块故障。CPU 故障中包括 CPU 本身故障、存储器故障、系统总线故障、通信网络故障、电源故障等，若非使用不当，CPU 的故障率较低。I/O 模块包括信号模块、通信模块和工艺模块等，I/O 模块故障是 PLC 系统故障的主要来源。对于输入设备，故障主要反映在主令开关、行程开关、接近开关和各种类型的传感器中；对于输出设备，故障主要集中在接触器、电磁阀等控制执行器件上。

（2）过程故障

过程故障通常指工业过程或被控对象发生的故障，例如传感器和执行器故障、电缆故障、信号电缆及连接故障、运动障碍、联锁故障等。

过程故障和 PLC 系统故障往往密不可分，因为过程故障有时会导致 PLC 系统故障，例如行程开关损坏，导致检测出"断路"的系统故障；反过来，系统检测出 PLC 系统故障，根源可能会追溯到过程故障，例如检测出丢失 I/O 从站这个 PLC 系统故障，是由于 PROFINET 通信连接断开这个过程故障造成的。两者结合分析才能够更迅速更准确地排除故障，尽快恢复系统的正常运行，减少故障造成的损失。

10.1.2　PLC 故障诊断的机理

PLC 的诊断是对 PLC 系统故障进行诊断，是 CPU 内部集成的识别和记录功能。系统诊断功能集成在 CPU 的操作系统和其他具有诊断功能的模块（如 I/O 模块，见 10.7 节）中，S7-1500 CPU 系统诊断会自动激活且无法取消，而 S7-300/400 CPU 必须对系统诊断进行设置，才能将错误信息传送到系统诊断视图。由系统诊断查询诊断数据时，不需要编程就可以直接查看（如查看诊断缓冲区）。

记录错误信息的区域称为诊断缓冲区。这个区的大小由 CPU 型号决定（例如 CPU 1516-3PN/DP 具有 3200 条诊断信息，其中 500 条具有保持功能）。CPU 在诊断缓冲区存储的信息让维护人员能够迅速地掌握故障信息，帮助排除故障。

当操作系统识别出一个错误时，操作系统将做出如下处理。

1）操作系统将引起错误的原因和错误信息记录到诊断缓冲区中，并带有日期和时间标签。通过系统诊断可以直接查看，无需编程。最新的信息保存在诊断缓冲区起始位置，如果缓冲区已满，将覆盖最旧的信息。

2）操作系统将详细的诊断信息记录下来，作为系统的状态信息。

在 S7-300/400 中，诊断信息存入系统状态列表中，可以通过"RDSYSST"指令进行访问。而 S7-1500 CPU 中不再有系统状态列表，但仍可以通过扩展指令中的"LED""DeviceStates""ModuleStates""RALRM"等指令访问系统的状态信息。这些指令在后续的 10.6 节中将会介绍。

3）如有必要，PLC 操作系统将激活一个与错误相关的 OB 中断，供用户编写相应的错误中断服务程序，如果用户程序中没有插入激活的错误相关 OB 中断块，PLC 操作系统将使 PLC 进入 STOP 模式（S7-1500 CPU 除时间错误和编程错误事件之外，CPU 不会进入 STOP 模式）。

10.1.3　S7-1500 PLC 的故障诊断方法

在 SIMATIC 系统中，将设备和模块的诊断统称为系统诊断。所有 SIMATIC CPU 产品都集成有诊断功能，用于检测和排除故障，如设备故障、移出/插入故障、模块故障、I/O 访问错误、通道故障、参数分配错误和外部辅助电源故障等。通过硬件组态，可自动执行监视上述故障。系统诊断可自动确定错误源，并以纯文本格式自动输出错误原因，也可进行归档和记录报警。

与 S7-300/400 PLC 不同，S7-1500 PLC 的系统诊断功能已经作为 PLC 操作系统的一部分，集成在 CPU 的固件中，无需单独激活，也不需要生成和调用相关的程序块。S7-1500 PLC 的系统诊断与用户程序的执行无关，也就是说，在 CPU 处于 STOP 模式时也可以进行系统诊断。

　　S7-1500 PLC 采用统一的显示理念，以统一的形式显示工厂范围的系统状态（如模块和网络状态、系统错误报警等），如图 10-2 所示。当设备检测到一个故障时，将诊断数据发送给指定的 CPU，CPU 通知所连接的显示设备，更新所显示的系统诊断信息。系统的诊断信息可以通过设备本身（如模块上的 LED 指示灯和 CPU 自带的显示屏）、安装了博途软件的计算机、HMI 设备和 Web 服务器这四种方式直接进行显示。这样可以确保系统诊断与工厂的实际状态始终保持一致。无论采用什么显示设备，显示的诊断信息均相同。

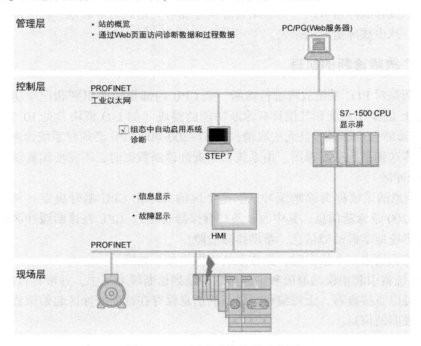

图 10-2　工厂内系统诊断示意图

　　S7-1500 PLC 系统可以通过以下方法进行故障诊断。

1）通过模块或通道的 LED 灯诊断故障。

2）通过 CPU 自带显示屏诊断故障。

3）通过博途软件 PG/PC 诊断故障。

4）通过 PLC 内置的 Web 服务器诊断故障。

5）通过 HMI 或上位机软件诊断故障。

6）通过用户程序诊断故障。

7）通过模块自带的诊断功能诊断故障。

　　其中方法 1）~5），在不需要编写程序的情况下，就可以直接了解故障信息。方法 2）~5）均可直接显示诊断缓冲区和报警消息等。S7-1500 PLC 还提供了一些用户诊断程序（方法 6）），如错误处理组织块、诊断专用指令、值状态功能和用户自定义报警等，便于用户在程序中对某个或某些诊断信息进行判断，进一步编写故障处理程序或发出报警消息，使得在发生故障时系统能够及时根据用户程序做出正确的判断和响应。

　　S7-1500 PLC 的部分信号模块自带诊断功能（方法 7）），激活诊断功能后，可以诊断出信号模块相关的故障（如断路、短路、上溢、下溢等），并通过方法 1）~5）显示出故障信息。

　　若想更好地解决故障，需要充分熟悉所有故障诊断的方法，并综合运用。在后续章节中将以实例的形式详细介绍上述 7 种故障诊断的方法。

10.2　使用 LED 及 CPU 显示屏诊断故障的方法

1. 使用 LED 指示灯诊断故障

S7-1500 PLC 的所有模块顶端都有 3 个 LED 指示灯，用于指示当前模块的工作状态和诊断状态。对于不同类型的模块，LED 指示的状态可能略有不同。模块无故障正常工作时，运行 LED 指示灯为绿色常亮，其余 LED 指示灯熄灭。

以 CPU 1516-3PN/DP 模块为例，其顶部的 3 个 LED 状态指示灯的含义分别是 RUN/STOP（运行/停止）、ERROR（错误）和 MAINT（维护），这 3 个 LED 状态的不同组合表示不同含义，见表 10-1。

表 10-1　CPU1516-3PN/DP 模块的 LED 故障指示表

LED 指示灯			含　义
RUN/STOP（绿色/黄色）	ERROR（红色）	MAINT（黄色）	
灭	灭	灭	CPU 电源电压过小或不存在
灭	闪烁	灭	发生错误
绿色亮	灭	灭	CPU 处于 RUN 模式
绿色亮	闪烁	灭	诊断事件不确定
绿色亮	灭	亮	设备需要维护，必须在短时间内检查/更换故障硬件
			激活了强制作业
			PROFIenergy 暂停
绿色亮	灭	闪烁	设备需要维护，必须在短时间内检查/更换故障硬件
			组态错误
黄色亮	灭	闪烁	固件更新已成功完成
黄色亮	灭	灭	CPU 处于 STOP 模式
黄色亮	闪烁	闪烁	SIMATIC 存储卡上的程序出错
			CPU 故障
黄色闪烁	灭	灭	CPU 在 STOP 期间执行内部活动，如 STOP 之后启动
			从 SIMATIC 存储卡下载用户程序
黄/绿闪烁	灭	灭	启动（从 STOP 转为 RUN）
黄/绿闪烁	闪烁	闪烁	启动（CPU 正在启动）
			启动、插入模块时测试 LED 指示灯
			LED 指示灯闪烁测试

以 32DI，DC 24 V HF（6ES7521-1BL00-0AB0）模块为例，该模块是带有通道级诊断功能的数字量输入模块。模块的 3 个 LED 指示灯中只有两个有实际功能，分别是 RUN（运行）和 ERROR（错误）。模块的 LED 指示灯含义见表 10-2。由于其具有通道级诊断功能，所以各个通道的 LED 指示灯都是双色的（红色或绿色），不同的颜色对应该通道不同的工作状态，通道的 LED 指示灯含义见表 10-3。模拟量输入和模拟量输出模块都具有通道级诊断功能，所以其 LED 指示灯含义均与表 10-2 和表 10-3 相同。

表 10-2　模块 LED 指示灯故障指示表

模块的 LED 指示灯		含　义	解　决　方　案
RUN（绿色）	ERROR（红色）		
灭	灭	背板总线上电压缺失或过低	接通 CPU 或系统电源模块
			验证是否插入 U 型连接器
			检查插入的模块是否过多
闪烁	灭	模块启动并在设置有效参数分配之前持续闪烁	无
亮	灭	模块已组态	
亮	闪烁	表示模块错误（至少一个通道上存在故障，如断路）	判断诊断数据并消除该错误（如断路）
闪烁	闪烁	硬件故障	更换模块

表 10-3　通道 LED 指示灯故障指示表

通道 LED 指示灯（绿色/红色）	含　义	解　决　方　案
灭	输入信号的状态 = 0	无
绿色亮	输入信号的状态 = 1	无
红色亮	断路	检查接线。使用简单开关输入时，可以禁用诊断或者在编码器触点上连接一个 25 kΩ 到 45 kΩ 的电阻
	电源电压 L+过低或缺失	检查电源电压 L+

　　通过 LED 指示灯进行故障诊断虽简单方便，但在工程实践中还要配合使用其他的故障诊断方法，以确定故障点从而排除故障。

2. 使用 CPU 自带显示屏诊断故障

　　每个标准的 S7-1500 CPU 均带有一块彩色的显示屏，借助该显示屏，可以快速、直接地读取 PLC 的诊断缓冲区，同时还可以查看模块和分布式 I/O 的当前状态和诊断信息。这也是 S7-1500 系列与原有的 S7-300/400 CPU 相比，在诊断与维护方面取得的突破，有经验的维护工程师通过 LED 指示灯和显示屏上的诊断信息就能够定位到具体的故障点，而非必须联机通过编程器才能查看 CPU 的详细信息。

　　首先，介绍显示屏面板上的 5 个主菜单图标，其功能见表 10-4。

表 10-4　显示屏的主菜单功能

主菜单图标	含　义	功　　能
	概述	CPU 的订货号、序列号、硬件版本以及固件版本等信息
		程序保护信息（是否有专有技术保护）
		所插入 SIMATIC 存储卡属性有关信息
	诊断	错误与报警信息显示（可以定位到一个通道）
		CPU 诊断缓冲区显示
		监控表和强制表的读/写或只读访问
		循环时间显示
		CPU 存储器使用情况显示
	设置	以太网接口的地址
		CPU 日期和时间
		运行/停止

（续）

主菜单图标	含　义	功　　能
	设置	存储器复位、恢复出厂设置
		访问保护
		显示屏锁定/解锁
		固件更新
	模块	包含组态中集中式和分布式模块的信息
		外围部署的模块可通过 PROFINET 和/或 PROFIBUS 连接到 CPU
		可设置 CPU 或 CP/CM 的 IP 地址
		可现实 F 模块的故障安全参数
	显示	显示屏亮度设置
		显示屏菜单语言设置
		显示屏序列号、硬件版本及固件版本等信息

　　用户创建的项目下载到 CPU 之后，可以通过 S7-1500 CPU 的显示屏查看诊断信息，如图 10-3 所示。在显示屏的菜单中，通过"▶"按钮切换至"诊断"（Diagnostics）菜单，单击"OK"按钮进入，如图 10-4 所示，可以查看"报警"（Alarms）、"诊断缓冲区"（Diagnostics buffer）和"监控表"（Watchtables）信息。可通过"显示"菜单下"诊断信息刷新"（"Display"→"Diagnostics refresh"），来设置自动更新诊断信息的时间，默认是 5 s。见表 10-5。

表 10-5　诊断信息的查看及更新时间设定

"报警"信息显示	"诊断缓冲区"信息显示	"监控表"信息显示	更新诊断信息的时间设定
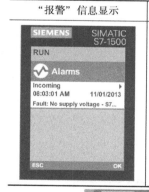	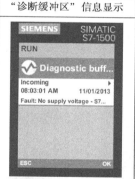		

图 10-3　S7-1500 CPU 的显示屏　　　图 10-4　"诊断"菜单详情　　　10-1

　　请扫描二维码 10-1 观看显示屏的操作演示视频。

10.3 使用博途软件诊断故障的方法

当 PLC 出现故障后，可以通过博途软件中的 PG/PC 进行在线诊断，快速访问详细的诊断信息。使用博途软件进行在线诊断有两种方法。

1）没有离线项目时，可通过"可访问设备"进行在线诊断，查看诊断信息。

2）有离线项目时，将离线项目转成"在线"，在项目中可查看 PLC 及本地模块的诊断信息及所有的项目程序及硬件相关设置，以便更准确地排除故障。

【例 10-1】以模拟量输入模块 8AI，U/I/RTD/TC ST（6ES7531-7KF00-0AB0）为例，使用博途软件在线诊断，诊断第 0 号通道的断路故障。模拟量输入信号是来自 4 线制变送器的 4~20 mA 电流信号。

首先模拟量输入模块的 CH0 通道必须已经激活了断路诊断功能，且已经将组态下载到 CPU 中。只有激活了断路诊断功能，才能在发生该故障时被检测到，并采用各种方式进行错误提示（如 CPU 及 AI 模块 LED 的 ERROR 指示灯红色闪烁、博途软件项目树中出现红色的 ⓘ 和 图标等）和相关诊断信息的显示。

如图 10-5 所示，双击 AI 模块，在"属性"窗口中，通道的默认"参数设置"均是"来自模板"，若想单独修改某一通道参数，需将"参数设置"设置为"手动"。测量信号的类型和范围按照实际变送器进行设置。4~20 mA 的电流信号具有断路诊断功能，勾选"断路"，可以设置"用于断路诊断的电流限制"，表示该通道的电流小于 1.185 mA 时，认为发生断路。

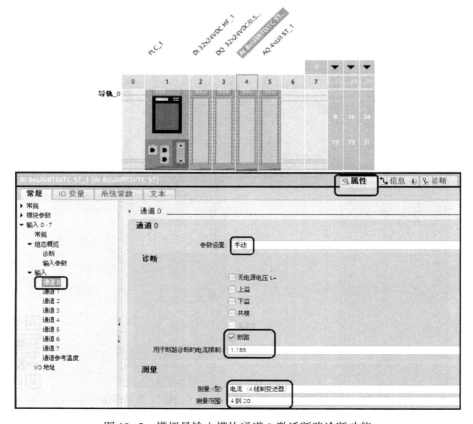

图 10-5 模拟量输入模块通道 0 激活断路诊断功能

下面进行在线诊断。

1）没有离线项目时，通过"可访问的设备"查看诊断信息。

对于没有离线项目的情况，打开博途软件界面如图 10-6 所示。如图 10-7 所示，在"在线"菜单中选择"可访问的设备"，在"可访问的设备"对话框中，选中 PN/IE 接口类型（实际设备采用 PROFINET 连接），单击"开始搜索"按钮，在"所选接口的可访问节点"中可以看到实际连接在一个网络中的 3 个设备均已显示出来，它们是本地电脑（pc-09）、PLC 设备（plc_1）和 ET 200MP（et200）。选中 plc_1，单击"显示"按钮，会显示出该设备的相关程序和数据信息，如图 10-8 所示。

图 10-6　无离线项目界面

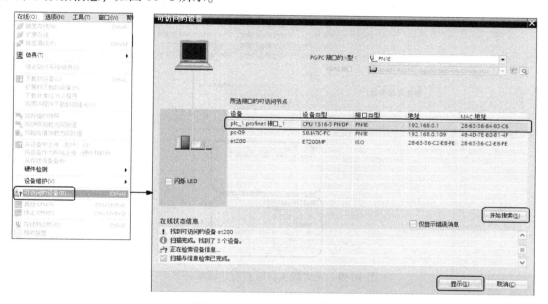

图 10-7　可访问的设备的搜索

上述过程也可以直接在项目树的"在线访问"中执行，在对应的网卡下，双击"更新可访问的设备"，可以看到所有通过接口直接连接或通过子网连接到 PG/PC 上的所有接通电源的设备，将 plc_1. profinet 接口_1［192. 168. 0. 1］设备展开得到图 10-8。

说明：本例采用虚拟机，所以网卡为 Inter（R）82574L Gigabit Network Connection。

在 plc_1. profinet 接口_1［192. 168. 0. 1］下，双击"在线和诊断"，在工作区出现"在线和诊断"视图，在"诊断"项中可以查看诊断状态、诊断缓冲区、循环时间和存储器等信息，如图 10-9 所示。

图 10-9 所示的诊断缓冲区的"事件"表中包含模块上的内部和外部错误、CPU 中的系统错误、操作模式的转换（如 CPU 从 RUN 切换到 STOP）、用户程序中的错误和移除/插入模块等诊断信息。最上面的信息为最新产生的诊

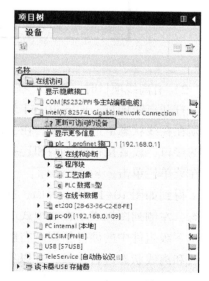

图 10-8　可访问设备的显示

断信息（即编号为 1），可以看到显示发生了断路，📛 图标表示是一个错误，↰ 图标表示错误事件的到来。选中断路事件，在"事件详细信息"中可以看到出现的断路是发生在硬件标识符（HW_ID）为 259 的模块的 0 号输入通道上的，且分析了可能产生断路错误的原因，帮助排除故障。硬件标识符可以在模块的"属性"→"系统常数"中查看到，如图 10-10 所示。

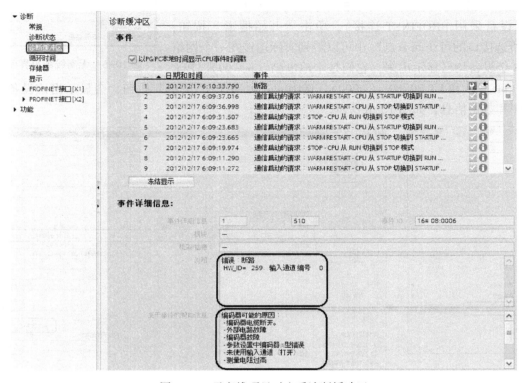

图 10-9　无离线项目时查看诊断缓冲区

图 10-10　AI 模块硬件标识符

2）有离线项目时，转至"在线"后，通过项目中的"在线和诊断"可直接查看诊断信息。

打开离线项目，如图 10-11 所示，在 PLC_1 下单击"在线和诊断"，此时处于离线状态，必须在在线状态下进行诊断。在工作区建立 PG/PC 与 S7-1500 之间的在线连接，根据实际设备的接口，设置接口的类型和连接的 PROFINET 插槽号，单击"转到在线"按钮。也可以直接在菜单栏单击 ↗ 转至在线 图标。

得到如图 10-12 所示界面，在项目树右侧出现了两列图标用于表示硬件和软件对象的诊断状态，左侧列图标表示在线模式下硬件对象的诊断状态，✅ 图标表示无故障，⊘ 图标和 🔧 图标表示下级组件中的硬件错误。右侧列图标表示在线模式下软件对象的诊断状态，系统将自动对在线和离线状态进行比较，并以符号形式显示在线和离线对象的不同之处，● （绿色）图标表示在线和离线软件对象相同。将鼠标放在图标处，会出现图标含义的提示。在工作区中可查看诊断缓冲区。

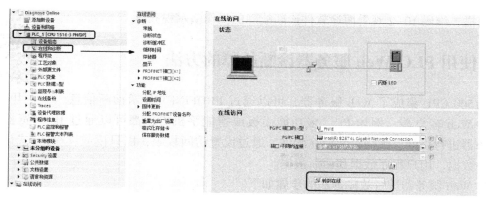

图 10-11　离线项目转至在线

有离线项目时与没有离线项目时的诊断相比有以下两点不同。

1）断路事件的"事件详细信息"说明中明确了断路位于"PLC_1/AI 8×U/I/RTD/TC ST_1"模块的通道 0 上。另外，双击错误图标，也会直接跳转到图 10-12 所示的诊断页面。

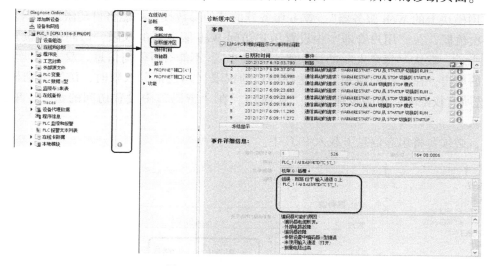

图 10-12　有离线项目在线诊断

2）如图 10-13 所示，在本地模块中可以明确看到 AI 模块出现了"错误"图标的提示。双击"错误"图标，在"通道诊断"中同样可以看到诊断信息，以及比诊断缓冲区更详细的诊断原因分析。

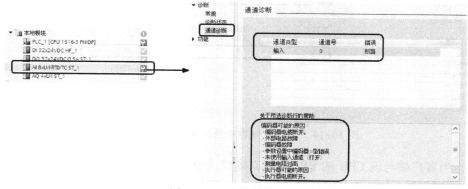

图 10-13　本地模块诊断

请扫描二维码 10-2 观看博途软件诊断故障的操作演示视频。

10.4　使用 PLC Web 服务器诊断故障的方法

S7-1500 CPU 集成了 Web 服务器，可以通过 PROFINET 显示诊断信息。　　10-2
任何一种 Web 客户端，例如 PC、多功能面板或智能手机等，都可以通过 IE 浏览器对 PLC
Web 服务器进行访问，无需安装博途软件，通过设置访问权限，以只读或读/写方式访问 CPU
上的模块数据、用户程序数据和诊断数据。

通过 Web 服务器进行故障诊断的步骤如下。

1）激活 Web 服务器。

2）将组态下载入 PLC 中。

3）打开 IE 浏览器，访问 Web 服务器。

【例 10-2】使用 Web 服务器诊断方法，诊断例 10-1 中给出的模拟量断路故障。

首先要激活 Web 服务器功能。如图 10-14 所示，在 CPU 属性窗口中，"Web 服务器"下，
勾选"启用模块上的 Web 服务器"，Web 服务器的其他参数设置功能将自动激活，默认 10 s 自
动更新一次数据。在"用户管理"中设置用户访问 Web 服务器的权限，访问级别设置页面如
图 10-15 所示。默认"每个人"的访问级别"最小"，不能查看任何信息。双击<新增用户>创
建一个新的用户，在"访问级别"中选择用户的权限（勾选部分权限时，访问级别显示"受
限"；勾选所有权限时，访问级别显示"管理"），在"密码"中设置访问的密码，单击✔图
标进行确认。

接着，必须要将组态信息下载入 PLC 中。

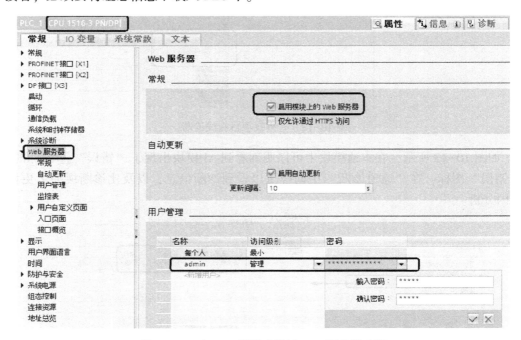

图 10-14　在 CPU 属性中激活 Web 服务器功能

最后，当客户端与该 CPU 的 PROFINET 接口或通信处理器（例如 CP1543-1）建立连接
后，打开 IE 浏览器，输入 http://192.168.0.1，即可打开登录界面，如图 10-16 所示。

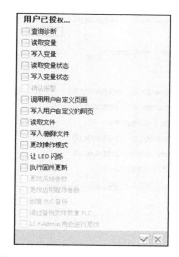

图 10-15　Web 服务器访问级别设置

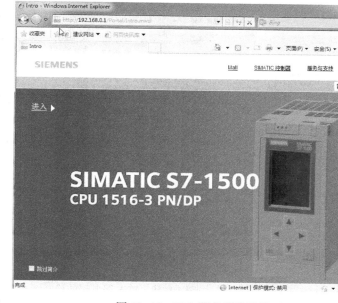

图 10-16　Web 服务器登录界面

说明：192. 168. 0. 1 是本例 CPU 的实际 IP 地址。

单击"进入"，得到如图 10-17 所示的起始页面，在该页面上可以看到 CPU 面板，页面上 CPU 的 LED 指示灯跟实际设备一样，ERROR 指示灯呈红色闪烁状态，"状态"中也显示"错误"。由于在 CPU 属性中设置了登录 Web 服务器的用户名称和密码，在左上角的"登录"区域进行登录后，在左侧导航区中才会显示访问级别为"管理"的可访问内容，即为最全面的可访问内容。

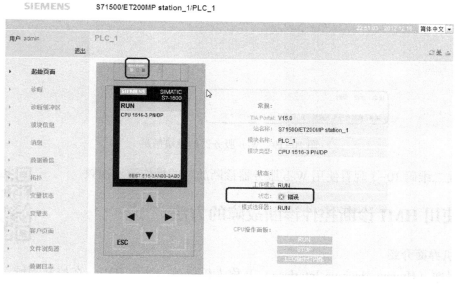

图 10-17　Web 服务器起始页面

单击左侧导航区的"诊断缓冲区"，网页上将显示诊断缓冲区的内容，如图 10-18 所示。

同样，进入"模块信息"的页面，如图 10-19 所示，在"名称"栏中带有链接，可以按层级顺序浏览故障模块，单击"详细信息"，在下方会出现详细的诊断信息。

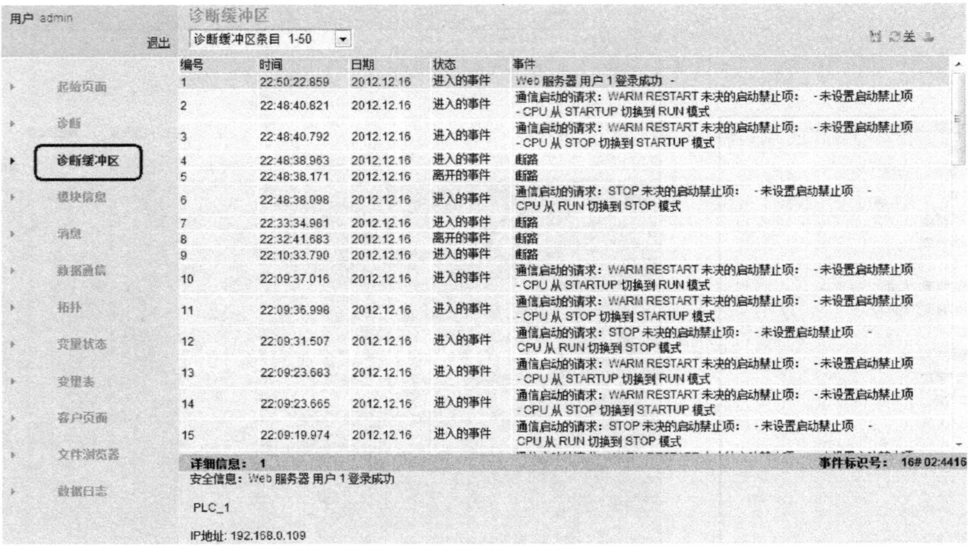

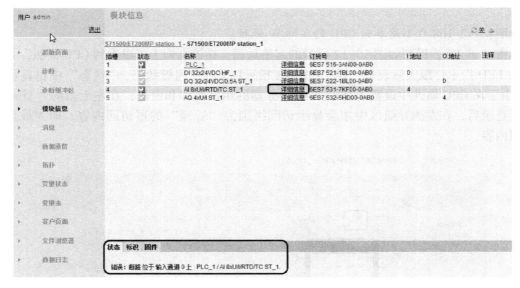

图 10-18　Web 服务器的诊断缓冲区

图 10-19　Web 服务器的模块信息

请扫描二维码 10-3 观看使用 Web 服务器诊断故障的操作演示视频。

10.5　使用 HMI 诊断控件诊断故障的方法

1. 人机界面介绍

10-3

人机界面（Human Machine Interface）又称人机接口，简称 HMI，在控制领域，HMI 一般特指用于操作员与控制系统之间进行对话和相互作用的专用设备，中文名叫作触摸屏。利用触摸屏技术，用户只需轻轻触碰计算机显示屏上的文字或图符就可以实现对主机的操作，部分取代或完全取代键盘和鼠标，使用直观方便，易于操作。它作为一种新的计算机输入设备，是目前最简单、自然和方便的一种人机交互方式。目前，触摸屏已经在消费电子（如手机、平板电脑）、银行、税务、电力、电信和工业控制等领域得到了广泛的应用。

2. 人机界面的工作原理

首先需要用计算机上运行的组态软件对人机界面进行组态。组态软件中提供了许多文字和图形控件，可以很容易地生成满足用户要求的人机界面的画面。然后将画面中的文字、图形对象与 PLC 中的变量联系起来，画面上就可以动态地显示 PLC 中位变量的状态和数字量的数值。反过来，操作人员在画面上设置的位变量指令和数字设定值也可传送到 PLC，这样就实现了 PLC 与人机界面之间的自动数据交换。

组态结束后将画面和组态信息编译成人机界面可以执行的文件。编译成功后，再将可执行文件下载到人机界面的存储器中。

3. 使用 HMI 诊断控件诊断故障的方法

PLC 的诊断信息和报警消息可以直观地在 HMI 上显示。在使用此功能时，要求在同一项目中配置 PLC 和 HMI，并建立连接。非西门子公司的 HMI 不能实现以上功能。下面以诊断控件的使用为例介绍在 HMI 上查看诊断缓冲区的方法。

【例 10-3】使用 HMI 诊断控件诊断的方法，诊断例 10-1 中给出的模拟量断路故障。

首先在 PLC 项目中快速创建 HMI。在项目中选择"添加新设备"→"HMI"→"SIMATIC 精智面板"→"7″显示屏"→"TP700 Comfort"，如图 10-20 所示，勾选"启动设备向导"，可以通过启动设备向导快速完成 HMI 的 PLC 连接、画面布局、报警、画面、系统画面、按钮等内容的初始化设置，如图 10-21 所示。

图 10-20　添加新设备 HMI 并启动设备向导

在画面中添加控件。将"工具栏"→"控件"目录下的"系统诊断视图"控件拖入到相应的 HMI 画面中，PLC 的系统诊断信息即可通过 HMI 显示。

HMI 运行后，通过该诊断控件就可以分层级查看到 PLC 系统的模块状态、分布式 I/O 工作状态及 HMI 的诊断缓冲区，查看到的内容与通过 PG/PC 查看到的完全一致。如图 10-22 所示，在 PLC 的诊断概览画面中选择错误模块，单击 图标，可以查看 HMI 的诊断缓冲区视图，如图 10-23 所示。

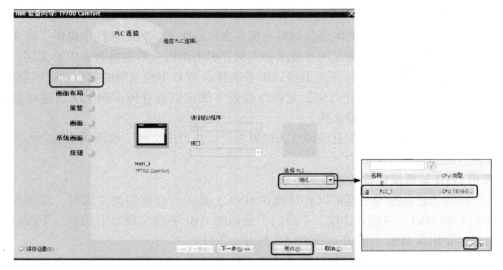

图 10-21　通过 HMI 设备向导进行初始化设置

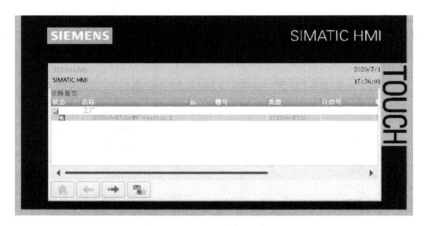

图 10-22　HMI 诊断概览画面

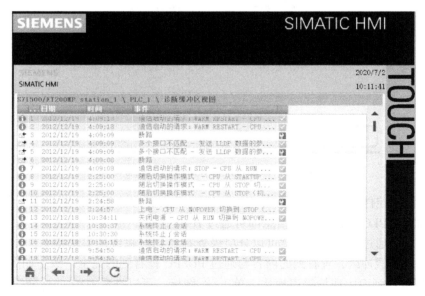

图 10-23　HMI 诊断缓冲区视图

在图 10-22 的 PLC 诊断概览画面中，单击 ➡ 图标，可以查看模块故障，如图 10-24 所示，双击有错误图标的 AI 模块，可以进一步查看模块的详细诊断信息，如图 10-25 所示。

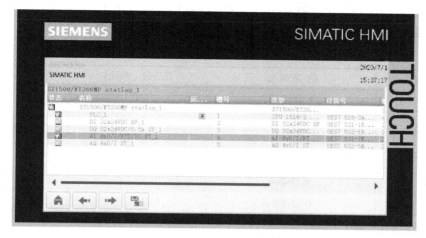

图 10-24　模块故障显示画面

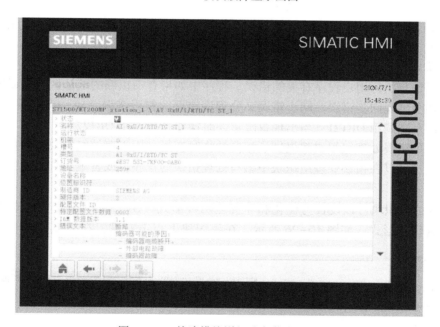

图 10-25　故障模块详细诊断信息界面

10.6　使用用户诊断程序诊断故障的方法

S7-1500 PLC 也支持通过编写用户程序实现对系统故障的诊断。用户可以通过错误处理组织块、诊断专用指令、值状态等方式获取故障的诊断信息，可以对诊断信息进行记录和显示，也可以通过诊断信息进一步编写故障处理的程序。

除了系统自带的诊断功能之外，用户也可以自定义诊断条件，"Program_Alarm"指令可实现：当发生自定义故障或错误时发出报警，并进行报警信息的显示。

10.6.1　基于错误处理组织块的诊断程序设计

在 8.2 节中介绍了当一个故障发生时，S7-1500 CPU 中的错误处理组织块 OB 会被调用，见表 10-6。这些错误处理组织块可分为两类：异步错误和同步错误。

表 10-6　错误处理组织块

组织块 OB 编号	错 误 类 型	优先级 （默认）	错 误 分 类
OB80	时间错误	22	
OB82	诊断中断	2~26 （5）	异步错误
OB83	插入/取出模块中断	2~26 （6）	
OB86	机架故障或分布式 I/O 站故障	2~26 （6）	
OB121	编程错误	2~26 （7）	同步错误
OB122	I/O 访问错误	2~26 （7）	

（1）异步错误 （OB80、OB82、OB83 和 OB86）

异步错误是与 PLC 的硬件或操作系统密切相关的错误，与程序执行无关，后果严重。异步错误 OB 具有最高等级的优先级，其他 OB 不能中断它们。同时有多个相同优先级的异步错误 OB 出现时，将按出现的先后顺序处理。

（2）同步错误 （OB121 和 OB122）

同步错误是与执行用户程序有关的错误。程序中如果有不正确的地址区、错误的编号或错误的地址，都会出现同步错误。同步错误又分程序错误和权限错误 （或访问错误），当出现程序错误时操作系统调用 OB121，当出现权限错误时操作系统调用 OB122。

系统为每种错误处理组织块都提供了相应的临时变量，用于存储组织块被调用时的启动和诊断信息。用户可以在错误处理组织块中编写处理错误的程序，或者编写查看相关诊断信息的程序。

S7-1500 的组织块可以设置为优化和非优化两种形式 （S7-300/400 中只有非优化形式），默认情况下为优化形式。如图 10-26 所示，在组织块上点击右键，在 "属性" 中，可以设置

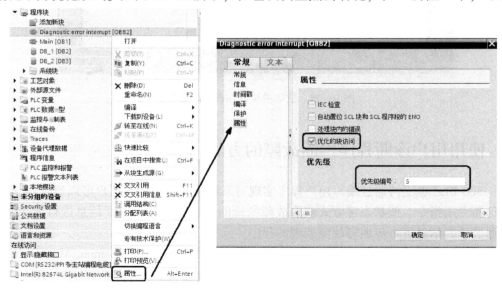

图 10-26　OB 块的优化和优先级设置

是否优化和优先级。以 OB82 为例，非优化存储时系统自动生成了 33 个临时变量（Temp），而对于优化的存储方式，系统仅提供 4 个输入变量（Input）供用户使用（具体变量个数与组织块类型有关）。无论优化还是非优化，用户均可通过全局变量访问这 33 个临时变量。各临时变量的具体含义见表 10-7。

表 10-7　OB82 的临时变量表

序号	变　量	类型	描　述
1	OB82_EV_CLASS	BYTE	事件类别和标识：B#16#38，离去事件（故障已更正）B#16#39，到达事件（模块有故障或保持故障状态）
2	OB82_FLT_ID	BYTE	错误代码（B#16#42）
3	OB82_PRIORITY	BYTE	优先级：可通过硬件组态进行设置 S7-1500 CPU 默认优先级为 5
4	OB82_OB_NUMBR	BYTE	OB 编号（82，即 B#16#52）
5	OB82_RESERVED_1	BYTE	预留
6	OB82_IO_FLAG	BYTE	对于 S7-300/400：输入模块为 B#16#54 输出模块为 B#16#55 对于 S7-1500：0
7	OB82_MDL_ADDR	WORD	对于 S7-300/400：发生故障模块的逻辑起始地址 对于 S7-1500：触发诊断中断的硬件对象的硬件标识
8	OB82_MDL_DEFECT	BOOL	模块发生故障
9	OB82_INT_FAULT	BOOL	内部故障
10	OB82_EXT_FAULT	BOOL	外部故障
11	OB82_PNT_INFO	BOOL	通道故障
12	OB82_EXT_VOLTAGE	BOOL	丢失外部辅助电压
13	OB82_FLD_CONNCTR	BOOL	未插入前面板连接器
14	OB82_NO_CONFIG	BOOL	未分配模块参数
15	OB82_CONFIG_ERR	BOOL	模块中的参数不正确
16	OB82_MDL_TYPE	BYTE	位 0~3：模块类别；位 4：通道信息存在；位 5：用户信息存在；位 6：来自替换模块的诊断中断；位 7：备用
17	OB82_SUB_MDL_ERR	BOOL	应用模块丢失或存在错误
18	OB82_COMM_FAULT	BOOL	通信问题
19	OB82_MDL_STOP	BOOL	操作模式（0：RUN，1：STOP）
20	OB82_WTCH_DOG_FLT	BOOL	看门狗定时器响应
21	OB82_INT_PS_FLT	BOOL	内部电源故障
22	OB82_PRIM_BATT_FLT	BOOL	电池耗尽
23	OB82_BCKUP_BATT_FLT	BOOL	整体备份失败
24	OB82_RESERVED_2	BOOL	预留
25	OB82_RACK_FLT	BOOL	扩展机架故障
26	OB82_PROC_FLT	BOOL	处理器故障
27	OB82_EPROM_FLT	BOOL	EPROM 故障
28	OB82_RAM_FLT	BOOL	RAM 故障
29	OB82_ADU_FLT	BOOL	ADC/DAC 错误
30	OB82_FUSE_FLT	BOOL	熔丝脱落

(续)

序号	变 量	类型	描 述
31	OB82_HW_INTR_FLT	BOOL	硬件中断丢失
32	OB82_RESERVED_3	BOOL	预留
33	OB82_DATE_TIME	DATE_AND_TIME	调用 OB 的日期和时间

为了减少 OB 块的响应时间，优化的 OB 块只有很少的启动信息，因为有些启动信息很少使用。如果需要可以使用函数 "RD_SINFO" 将当前执行的组织块中的启动信息读出，也可以使用函数 "RALRM" 接收报警，得到报警的通道号及报警类型等更详细的诊断信息。

以诊断中断为例，介绍 OB82 组织块在发生诊断中断时，如何编程查询相关诊断信息。当 S7-1500 PLC 的信号模块激活了诊断功能，且信号模块检测到其诊断状态发生变化（诊断事件到来或事件离开）时，会向 CPU 发送诊断中断请求，若添加并下载了组织块 OB82，系统会调用诊断中断 OB82，并将启动信息和部分诊断信息写入 OB82 的临时变量中，这些变量可以供用户直接使用。

【例 10-4】 用错误处理组织块 OB82 对 AI 模块通道 1 的断路故障进行诊断，采用 "RD_SINFO" 指令查看 OB82 调用的启动信息，采用 "RALRM" 指令查看详细的诊断信息。

OB82 组织块被调用的前提条件是，信号模块具有诊断功能，且发生已激活的故障。首先，按照例 10-1 中的方法，激活 AI 模块通道 1 的 "断路" 诊断功能。

（1）"RD_SINFO" 指令的调用

新建组织块 OB82（默认为优化），在 "扩展指令" → "诊断" 中调用 "RD_SINFO" 指令。"RD_SINFO" 指令的参数表见表 10-8。

表 10-8 RD_SINFO 指令的参数表

参 数	声 明	数据类型	说 明
RET_VAL	Return	INT	错误信息
TOP_SI	Output	VARIANT	当前 OB 的启动信息
START_UP_SI	Output	VARIANT	最后启动的启动 OB 的启动信息

"TOP_SI" 变量用于读取当前 OB 的启动信息，其数据类型有 21 种可以选择，如 "SI_classic" 适用于任何类型的组织块，"SI_ProgramCycle" 适用于程序循环组织块，"SI_Delay" 适用于延时中断组织块等。只有 "SI_classic" 数据类型会显示该组织块全部的临时变量，其他的数据类型显示的信息较少。本例中使用的是 "SI_classic" 数据类型。当发生 "断路" 故障时，OB82 启动，启动信息会写入其临时变量表，"TOP_SI" 中将显示如表 10-7 所示的数据信息。

"START_UP_SI" 变量用于读取最后启动的启动 OB 的启动信息，其数据类型有 3 种可以选择，本例中同样将其数据类型设置为 "SI_classic"，可以显示启动 OB 的全部临时变量。启动组织块与错误处理组织块的临时变量信息是不同的，"START_UP_SI" 中将显示最后启动的启动组织块的数据信息，见表 10-9。

表 10-9 启动组织块（OB100、OB101、OB102）的临时变量表

序号	变 量	类型	描 述
1	OB10x_EV_CLASS	BYTE	事件类别和标识：B#16#13，处于激活状态

（续）

序号	变　量	类型	描　述
2	OB10x_STRTUP	BYTE	启动请求： B#16#81：手动暖启动请求 B#16#82：自动暖启动请求 B#16#83：手动热启动请求 B#16#84：自动热启动请求 B#16#85：手动冷启动请求 B#16#86：自动冷启动请求 B#16#87：主站，手动冷启动请求 B#16#88：主站，自动冷启动请求 B#16#8A：主站，手动暖启动请求 B#16#8B：主站，自动暖启动请求
3	OB10x_PRIORITY	BYTE	优先级：27 或 1（对于 S7-1500）
4	OB10x_OB_NUMBR	BYTE	OB 编号（100、101、102）
5	OB10x_RESERVED_1	BYTE	预留
6	OB10x_RESERVED_2	BYTE	预留
7	OB10x_STOP	WORD	导致 CPU 停止的事件的编号 （详见软件帮助文档：事件类别 4-停止事件和其他模式切换）
8	OB10x_STRT_INFO	DWORD	有关当前启动的辅助信息（详见软件帮助文档：启动组织块）
9	OB10x_DATE_TIME	DATE_AND_TIME	调用 OB 的日期和时间

创建全局数据块 "DB_1"，在项目树 "程序块" 中添加新块 "DB_1"，其类型为 "全局 DB"。新建 "TOP_SI_classic" 和 "START_UP_SI" 变量，其数据类型均为 "SI_classic"（数据类型虽然相同，但数据含义不同），数据块和程序如图 10-27 所示。

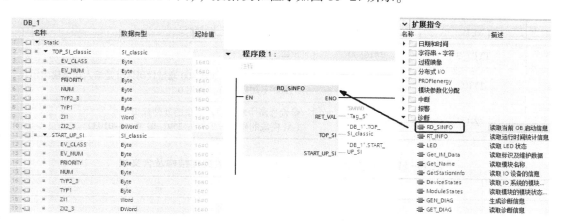

图 10-27　全局数据块 DB_1 和在组织块 OB82 中编写 RD_SINFO 程序

当检测到发生断路故障，对 "DB_1" 块进行监视，结果如图 10-28 所示。"TOP_SI_classic" 中共 8 个变量，其数据包含表 10-7 中的全部变量。前 7 个数据含义见表 10-10。"ZI2_3" 是 "DWORD" 类型，长度为 32 位，对应表 10-7 中序号 8~32 的所有变量，其数据结构和数据含义见表 10-11（参见软件帮助文档："诊断数据的结构"），"ZI2_3" 值为 "16# 0D15_0000"，其中 "16#0D" 即 "2#00001101" 为第 0 号字节，对应表 10-7 中序号 8~15 的故障信息，表示通道故障、外部故障和模块发生故障；"16#15" 即 "2#00010101" 为第 1 号字节，对应表 10-7 中第 16 号变量（BTYE 型），表示存在模拟量模块的通道故障信息；“16#0000”为第 2 和 3 号字节，对应表 10-7 中序号 17~32 的故障信息，本例中不存在这些故障。

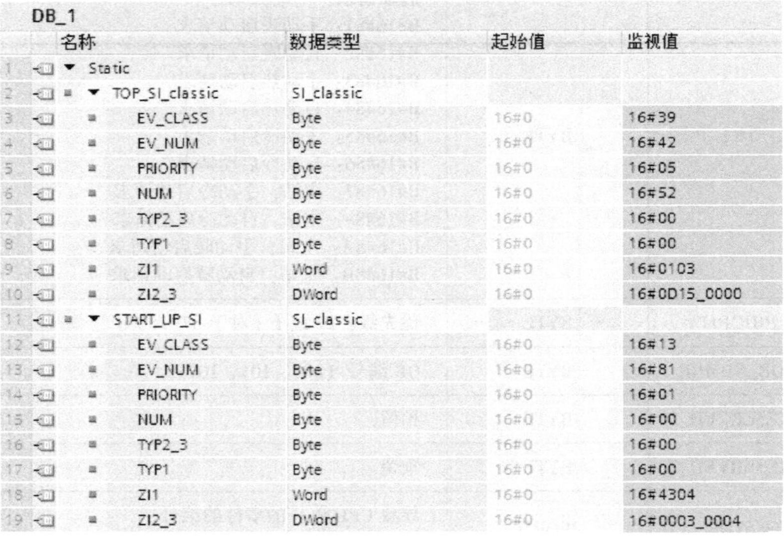

DB_1

	名称	数据类型	起始值	监视值
1	▼ Static			
2	▼ TOP_SI_classic	SI_classic		
3	EV_CLASS	Byte	16#0	16#39
4	EV_NUM	Byte	16#0	16#42
5	PRIORITY	Byte	16#0	16#05
6	NUM	Byte	16#0	16#52
7	TYP2_3	Byte	16#0	16#00
8	TYP1	Byte	16#0	16#00
9	ZI1	Word	16#0	16#0103
10	ZI2_3	DWord	16#0	16#0D15_0000
11	▼ START_UP_SI	SI_classic		
12	EV_CLASS	Byte	16#0	16#13
13	EV_NUM	Byte	16#0	16#81
14	PRIORITY	Byte	16#0	16#01
15	NUM	Byte	16#0	16#00
16	TYP2_3	Byte	16#0	16#00
17	TYP1	Byte	16#0	16#00
18	ZI1	Word	16#0	16#4304
19	ZI2_3	DWord	16#0	16#0003_0004

图 10-28　全局数据块 DB_1 在线监视图

表 10-10　DB_1 监视下“TOP_SI_classic”变量中前 7 个数据含义表

序号	变　量	数　值	含　义
1	EV_CLASS	B#16#39	到达事件（模块有故障或保持故障状态）
2	EV_NUM	B#16#42	错误代码（B#16#42）
3	PRIORITY	B#16#05	S7-1500 CPU OB82 的默认优先级为 5
4	NUM	B#16#52	OB 编号为 82，即 B#16#52
5	TYP2_3	B#16#00	预留
6	TYP1	B#16#00	IO 模块标记，S7-300/400 通过代码区分是输入还是输出模块，而 S7-1500 不加以区分，都用 0
7	ZI1	W#16#0103	触发诊断中断的硬件对象的硬件标识 （AI 模块的硬件标识符为 259，即 W#16#0103）

表 10-11　DB_1 监视下“ZI2_3”变量中的数据结构及含义表

字节	位	数　值	含　义
0	0	1	模块发生故障
	1	0	内部故障
	2	1	外部故障
	3	1	通道故障
	4	0	丢失外部辅助电压
	5	0	未插入前面板连接器
	6	0	未分配模块参数
	7	0	模块中的参数不正确

（续）

字节	位	数　值	含　义
1	0	1	模块类别 0101：模拟量模块 0000：CPU 1000：功能模块 1100：通信处理器 1111：数字量模块 0011：DP 标准从站 1011：智能从站 0100：接口模块
	1	0	
	2	1	
	3	0	
	4	1	存在通道信息
	5	0	存在用户信息
	6	0	来自替换模块的诊断中断
	7	0	维护要求（仅限 PROFINET IO）
2	0	0	应用模块丢失或存在错误
	1	0	通信问题
	2	0	操作模式（0：RUN，1：STOP）
	3	0	看门狗定时器响应
	4	0	内部电源故障
	5	0	电池耗尽
	6	0	整体备份失败
	7	0	维护要求（仅限 PROFINET IO）
3	0	0	扩展机架故障
	1	0	处理器故障
	2	0	EPROM 故障
	3	0	RAM 故障
	4	0	ADC/DAC 错误
	5	0	熔丝脱落
	6	0	硬件中断丢失
	7	0	预留

"START_UP_SI" 中共有 8 个变量，其数据包含表 10-9 中的全部变量。当前数据含义见表 10-12。

表 10-12　DB_1 监视下 "START_UP_SI" 数据含义表

序号	变量	数值	含　义
1	EV_CLASS	B#16#13	事件类别和标识：B#16#13，处于激活状态
2	EV_NUM	B#16#81	启动请求为手动暖启动请求
3	PRIORITY	B#16#01	优先级：为 1
4	NUM	B#16#00	由于本例 CPU 未使用任何启动 OB，因此不读取启动 OB 的编号
5	TYP2_3	B#16#00	预留
6	TYP1	B#16#00	预留

（续）

序号	变量	数值	含　义
7	ZI1	W#16#4304	表示由编程设备上的 STOP 操作或 STOP 指令导致进入 STOP 模式
8	ZI2_3	DW#16#0003_0004	16#0003：表示刚执行的启动类型是由模式选择器触发的暖启动 16#0004：表示上一次上电时对自动启动的有效干预或设置是由 PG 操作员输入触发的暖启动

"ZI1"为导致 CPU 停止的事件的编号（编号的含义请参见软件帮助文档：事件类别 4-停止事件和其他模式切换）。"ZI2_3"为有关当前启动的辅助信息（具体的信息内容请参见软件帮助文档：启动组织块中的 OB10x_STRT_INFO 变量含义）。

说明：

本例中未使用任何启动 OB，且进行了 CPU 的模式开关从 STOP 拨到 RUN 的操作（即暖启动）。不同的启动操作和使用启动 OB，都会对实际的启动组织块的临时变量信息产生影响（也就是会与本例中的监控数据有差异）。学会"RD_SINFO"指令如何调用，理解选择不同的数据类型显示的临时变量数量和含义不同，能够根据帮助文档查询数据每一位代表的含义，才是本例的重点内容。

启动信息不能指示出具体的诊断事件出现的原因，比如事件"断路"。若想得到具体的故障通道和具体的故障原因等信息，可以在 OB82 中调用接收中断函数"RALRM"。

（2）"RALRM"指令的调用

"RALRM"指令的参数表见表 10-13（参数的详细含义请参见软件帮助文档：RALRM 接收中断）。为"RALRM"指令创建全局数据块"DB_2"，创建 7 个变量和结构"TI_Diagnostic_Interrupt"和"Additional_Diag"进行数据存储，并在 OB82 中，选择"扩展指令"→"分布式 I/O"，在其中调用"RALRM"指令，全局数据块 DB_2 和在组织块 OB82 中编写程序如图 10-29 所示。

表 10-13　RALRM 指令的参数表

参数	声明	数据类型	说　明
MODE	Input	INT	模式
F_ID	Input	HW_IO	模块的硬件标识符
MLEN	Input	UINT	要接收的中断信息的最大长度（字节） 当 MLEN=0 时，将读取 AINFO 参数指定的所有数据
NEW	Output	BOOL	接受了新中断
STATUS	Output	DWORD	错误代码
ID	Output	HW_IO	接收到中断的模块的硬件标识符
LEN	Output	UINT	所接收中断信息的长度
TINFO	InOut	VARIANT	OB 启动和管理信息的目标范围
AINFO	InOut	VARIANT	标头信息和附加中断信息的目标范围（至少 MLEN 个字节）

发生断路故障时，输入模块将生成一个中断，操作系统调用诊断中断 OB82，并启动"RALRM"指令，对数据块 DB_2 进行监控，如图 10-30 所示。

图 10-30 框"1"中部分参数含义见表 10-14。

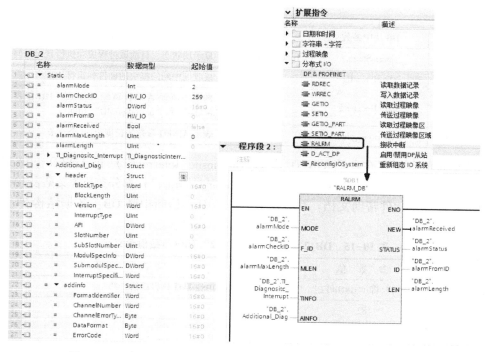

图 10-29　全局数据块 DB_2 和在组织块 OB82 中编写 RALRM 程序

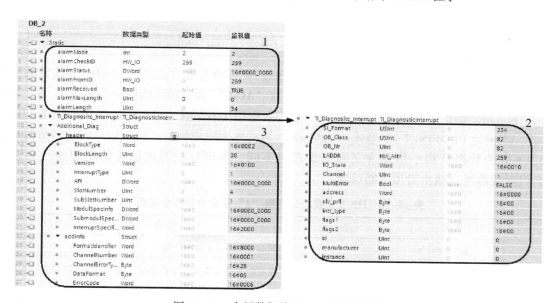

图 10-30　全局数据块 DB_2 在线监视图

表 10-14　DB_2 监视模式下框 "1" 部分参数值含义表

RALRM 指令参数		DB 块中参数	参数值	含　义
输入参数	MODE	alarmMode	2	检查中断是否由该输入模块产生
	F_ID	alarmCheckID	259	AI 模块硬件标识符
	MLEN	alarmMaxLength	0	将读取 AINFO 的所有数据

（续）

RALRM 指令参数		DB 块中参数	参数值	含　义
输出参数	STATUS	alarmStatus	16#0000_0000	显示块状态，目前该过程成功执行且无任何错误
	ID	alarmFormID	259	接收到中断的模块的硬件标识符
	NEW	alarmReceived	TRUE	判断中断是否来自该输入模块，TRUE 表示 "alarm-CheckID" 和 "alarmFormID" 相同
	LEN	alarmLength	34	表示 AINFO 参数的长度为 34 个字节

详细的中断信息保存在参数 TINFO（"TI_Diagnostic_Interrupt"）和 AINFO（"Additional_Diag"）中。图 10-30 框 "2" 中 TINFO（"TI_Diagnostic_Interrupt"）部分参数含义见表 10-15。（详细的参数信息请参见软件帮助文档："参数 TINFO" 中 "诊断中断 OB：数据结构 TI_DiagnosticInterrupt"）。

表 10-15　DB_2 监视模式下框 "2" 部分参数值含义表

DB 块中参数	参　数　值	含　义
SI_Format	"254" 即 "B#16#FE"	表示诊断中断 OB82 是优化启动信息的
OB_Class	82	OB 的类别
OB_Nr	82	OB 的编号
LADDR	259	触发诊断中断的硬件对象的硬件标识符，为 AI 模块
IO_State	B#16#0010	表示硬件对象的状态为 "错误"
Channel	1	通道编号
MultiError	FALSE	表示非多个错误（即只有一个错误）

图 10-30 框 "3" 中 AINFO（"Additional_Diag"）部分参数含义见表 10-16。（参数的详细信息请参见软件帮助文档："参数 AINFO"）。参数 "AINFO" 由两部分组成："header" 和 "addinfo"。"header" 结构体为标头信息，标头信息的数据结构有 PROFIBUS-DP 和 PROFINET IO 两种形式，本例为 PROFINET IO 形式。"addinfo" 结构体为附加信息，附加信息的数据结构也有多种，不同的数据结构中信息含义和信息数量不同，本例显示附加信息的结构为 "通道诊断"，只对故障通道输出附加中断信息。

表 10-16　DB_2 监视模式下圈 "3" 部分参数值含义表

DB 块中参数		参数值	含　义
header 结构体	InterruptType	1	表示中断类型是诊断中断
	SlotNumber	4	表示在插槽号为 4 和 1 的模块（即 AI 模块和 CPU）上触发中断
	SubSlotNumber	1	
	InterruptSpecifier	B#16#2000	表示通道诊断和/或状态信息中，至少有一项可用
addinfo 结构体	FormatIdentifier	B#16#8000	表示使用通道诊断的数据结构
	ChannelNumber	1	表示发生故障的通道编号为 "1"
	ChannelErrorType	B#16#28	表示为输入通道的一个到达错误
	DataFormat	B#16#05	表示数据格式为字
	ErrorCode	W#16#0006	表示错误类型为 "断路"

说明：

由于数据块 DB_2 中的数据较多，表 10-14、15 和 16 中仅对部分非 0 的参数含义进行了解释。更多的参数含义请参见软件帮助文档。

10.6.2　使用诊断专用指令的诊断程序设计

S7-1500 PLC 有许多用于诊断故障的专用指令，例如
可以通过程序判断一个模块或 I/O 站的工作状态，通过程
序指令读取状态值，可以根据状态值对设备进行控制，或
对故障状态进行记录，以及在画面上显示故障状态信息
等。该类指令在"指令"列表的"扩展指令"→"诊断"
目录下，如图 10-31 所示。下面介绍几个典型的诊断指令
的使用。

图 10-31　诊断指令列表

1. LED 指令

在 PLC 中调用 LED 指令，可以查询 CPU 上 RUN/
STOP、ERROR 和 MAINT 三个指示灯的状态。LED 指令的
参数含义见表 10-17。

表 10-17　LED 指令的参数含义

名　称	数据类型	含　义
LADDR	HW_IO	CPU 或接口的硬件标识符（CPU 名称+~Common）
LED	UINT	LED 标识号： 1：RUN/STOP 2：ERROR 3：MAINT 4：冗余 5：Link（绿色） 6：Rx/Tx（黄色）
Ret_Val	INT	LED 的状态（0~9）：（下面简略给出 0~6 代表的 LED 状态） 0：LED 不存在或状态信息不可用 1：永久关闭 2：颜色 1（例如，对于 RUN/STOP：绿色）永久点亮 3：颜色 2（例如，对于 RUN/STOP：橙色）永久点亮 4：颜色 1 以 2 Hz 的频率闪烁 5：颜色 2 以 2 Hz 的频率闪烁 6：颜色 1 和 2 以 2 Hz 的频率交替闪烁

注意：

HW_IO 是 CPU 或接口的硬件标识符，该编号是自动分配的，在硬件配置的 CPU 或接口属
性中可以查看。

【例 10-5】使用专用诊断 LED 指令，编写程序，按例 10-1 中给出的模拟量断路故障，查
看 LED 指示灯的状态。

从前面的例子中已经知道该错误出现时，LED 第二个 ERROR 指示灯会呈红色闪烁状态，
此处只编写程序查看 ERROR 指示灯的状态。

如图 10-32 所示，"LADDR"为"local~Common"，硬件标识符为 50，表示要监控的是
CPU，"LED"参数值为"2"，表示要监控 ERROR 指示灯的状态，返回值存入"Ret_Val"变
量中。在🔍监控模式下，可以看到返回值为 4，表示 ERROR 指示灯为红色闪烁。从右侧的
CPU 操作面板上也可以看到 LED 的状态。

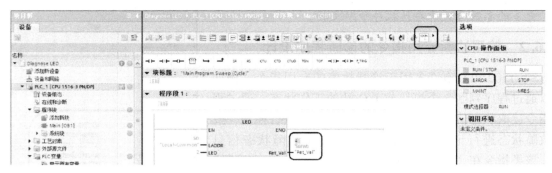

图 10-32　LED 诊断程序

2. DeviceStates 指令

在 PLC 中调用 DeviceStates 指令，可以读出 PROFINET IO 或者 PROFIBUS-DP 网络中 IO 设备或者 DP 从站的故障信息，该指令可以在循环中断（如 OB30）或者诊断中断（如 OB82）中调用。DeviceStates 指令的参数含义见表 10-18。

表 10-18　DeviceStates 指令的参数含义

名　称	数 据 类 型	含　义
LADDR	HW_IOSYSTEM	PROFINET IO 或 DP 主站系统的硬件标识符
MODE	UINT	设置要读取的状态信息： 1：IO 设备/DP 从站已组态（已组态为 TRUE，未组态为 FALSE） 2：IO 设备/DP 从站故障 3：IO 设备/DP 从站已禁用 4：IO 设备/DP 从站存在 5：出现问题的 IO 设备/DP 从站
Ret_Val	INT	错误代码（参见软件帮助文档）为 0 表示指令的使用无错误
STATE	VARIANT	IO 设备/DP 从站的状态缓冲区（参见软件帮助文档） 使用 "Array of BOOL" 作为数据类型时， 对于 PROFINET IO 系统：1024 位 对于 DP 主站系统：128 位

注意：

HW_IOSYSTEM 是 PROFINET IO 或 DP 主站系统的硬件标识符，该编号是自动分配的，在 PROFINET IO 或 DP 主站系统网络视图的属性中可以查看。

【例 10-6】使用专用诊断 DeviceStates 指令，编写程序，诊断分布式 IO 设备的站点丢失故障。

首先，新建项目并组态硬件。按照 9.3.2 节方法组态分布式 IO 设备，系统配置如图 10-33 所示，本例中组态了两个分布式 IO 设备（et200 和 io device_1）。在网络视图中，双击网络系统 "PLC_1. PROFINET IO-System"，在 "属性"→"常规" 中可以查看硬件标识符为 261。

然后，创建全局数据块 DB_1。添加四个参数，数据类型与 DeviceStates 指令的数据类型相同，如图 10-34 所示，本例中 "LADDR" 的启动值是 261，即为硬件标识符。"MODE" 的启动值为 4，表示检测 IO 设备是否存在（状态值为 TRUE 则存在，状态值为 FALSE 则不存在）。"STATE" 为数组，用于存储根据 "MODE" 选择的 IO 设备的状态，数组中元素个数必须为 1 个或不小于 1024 个，否则 Ret_Val 会返回错误代码。"Ret_Val" 在指令使用正确的情况下返回 0。

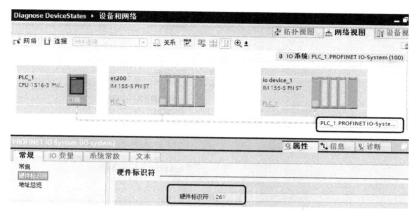

图 10-33　系统配置及查看网络系统硬件标识符

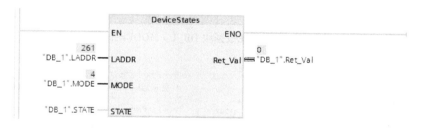

图 10-34　创建全局数据块 DB1

在循环组织块 OB30 中编写程序，如图 10-35 所示。

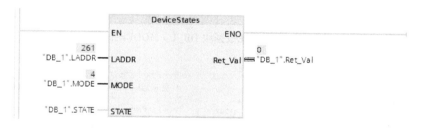

图 10-35　OB30 中 DeviceStates 调用程序

当 MODE=4 时，STATE[0]=TRUE，是一个组显示，表示所连接的所有 IO 设备中至少有一个 IO 设备存在。STATE[n]=TRUE，表示设备编号为 n 的 IO 设备存在。反之，=FALSE 则为不存在。在同一 PROFINET IO 网络中设备编号是唯一的，如图 10-36 所示，在"分布式 IO"的设备视图中，双击分布式 IO 设备的接口模块，在其"属性"→"常规"→"PROFINET 接口[X1]"→"以太网地址"→"PROFINET"中可以看到设备编号，该编号可以手动修改，范围是 1~512。本例中将 et200 的设备编号设为 4，io device_1 的设备编号设为 5。

将 DB_1 置于监视状态，如图 10-37 所示。从左侧项目树中可以看到两个分布式 IO 设备连接都正常，所以 STATE[0]、STATE[4]和 STATE[5]值都为 TRUE。

若将"MODE"模式设置为 2，表示诊断 IO 设备/DP 从站故障，切断 io device_1 设备的电源，此时如图 10-38 所示。io device_1 设备丢站，在项目树中出现报错图标，在 STATE 数组中，STATE[0]=TRUE，表示至少有一个 IO 设备故障。STATE[4]=FALSE，表示 et200 没有故障，STATE[5]=TRUE，表示 io device_1 存在故障。

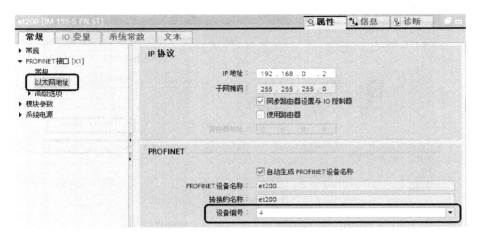

图 10-36　PROFINET IO 设备编号查看

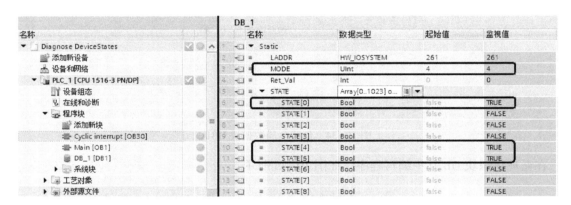

图 10-37　监视数据块 DB_1（MODE=4）

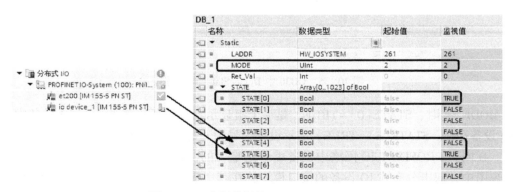

图 10-38　监视数据块 DB_1（MODE=2）

3. ModuleStates 指令

在 PLC 中调用 ModuleStates 指令，可以对某个分布式 IO 设备上的模块进行诊断，例如可以读出 PROFINET IO 或者 PROFIBUS-DP 网络中 IO 设备或者 DP 从站中的模块被拔出时的当前信息，或该模块存在的故障信息，该指令可以在循环中断（如 OB30）或者诊断中断（如 OB82）中调用。ModuleStates 指令的参数含义见表 10-19。

表 10-19　ModuleStates 指令的参数含义

名　称	数 据 类 型	含　义
LADDR	HW_DEVICE	站的硬件标识符
MODE	UINT	设置要读取的状态信息： 1：模块已组态 2：模块故障 3：模块禁用 4：模块存在 5：模块中存在故障
Ret_Val	INT	错误代码（参见软件帮助文档）为 0 表示指令的使用无错误
STATE	VARIANT	IO 设备/DP 从站的状态缓冲区（参见软件帮助文档） 使用 "Array of BOOL" 作为数据类型：长度为 1 或者不小于 128 位

【例 10-7】使用专用诊断 ModuleStates 指令，编写程序，诊断分布式 IO 设备中各模块未连接故障。

首先，新建项目并组态硬件。系统配置如例 10-6 中的图 10-33 网络视图所示。

硬件标识符可以在左侧项目树的"PLC 变量"→"默认变量表"→"系统常量"中查看，数据类型为"HW_Device"。本例中，et200 站的硬件标识符是 264，io device_1 站的硬件标识符是 271，如图 10-39 所示。

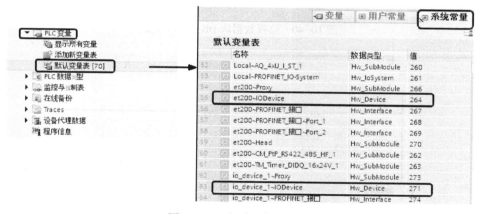

图 10-39　查看硬件标识符

创建全局数据块 DB_1 和 DB_2，用于存储两个分布式 IO 设备上的模块信息，在每个数据块中，都添加四个参数，数据类型均与 ModuleStates 指令的数据类型相同，如图 10-40 所示。数据块 DB_1 对应分布式 IO 站 et200，数据块 DB_2 对应分布式 IO 站 io device_1。"MODE"的启动值均为 2，表示检测站的模块故障（状态值为 TRUE 则有故障，状态值为 FALSE 则无故障）。STATE 数组中元素个数要为 1 或不小于 128，否则 Ret_Val 会返回错误代码。

在循环组织块 OB30 中编写程序，如图 10-41 所示。

将数据块 DB_1 和 DB_2 置于在线状态，如图 10-40 所示，在数据块的 STATE 数组中可以看到两个 IO 站的模块状态。从项目树右侧的图标可以看出，et200 站显示✓图标，表示各模块连接均正常，对应数据块 DB_1 中 STATE 数组中各变量均为 FALSE，表示不存在故障；io device_1 站显示图标，表示 CPU 无法访问该设备，可以看到该站下的三个模块均无法访问，对应数据块 DB_2 中，state_2[0]=TRUE，表示至少有一个模块存在故障，state_2[1]=FALSE，表示该站点上槽位号为 0（1-1=0）的模块没有故障（该槽位无模块），state_2[2] = TRUE，表示该站点上槽位号为 1（2-1=1）的模块有故障，state_2[3] = TRUE，表示该站点上槽位号为 2（3-1=2）的模块有故障，state_2[4] = TRUE，表示该站点上槽位号为 3（4-1=3）的模块有故障。

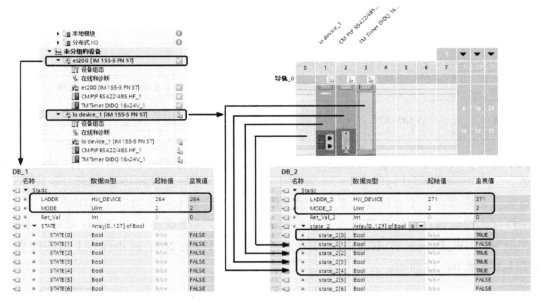

图 10-40　监视数据块 DB_1 和 DB_2

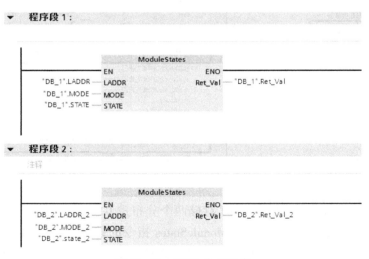

图 10-41　OB30 中的程序

10.6.3　基于信号模块的值状态功能的诊断程序设计

为了在发生故障时正确地处理输入和输出数据，用户可以通过值状态（0 或 1）来判断信号模块上的 I/O 数据是否有效，进而做出后续处理。值状态（QI，质量信息）是指通过过程映像输入（PII）直接获取 I/O 通道的信号质量信息。值状态与 I/O 数据同步传送。

支持值状态功能的模块包括 DI、DQ、AI 和 AQ。在激活"值状态"功能后，值状态的每个位对应一个通道，除模块 I/O 信号地址区外，还增加了值状态信号的输入地址空间（即值状态信号占用 I 区）。例如，若 DI 32×DC 24V HF 模块的输入地址为 0~3 号字节，启用"值状态"后的输入地址会增加 4 个字节，用于储存值状态值（启用"值状态"后的地址，系统会根据实际 I 区的占用情况自动分配）。通过评估值状态位的状态（1 表示信号正常；0 表示信号无效），可以对 I/O 通道的有效性进行评估。例如，输入信号的实际状态为"1"时，如果发生断路，将导致用户读到的输入值为"0"，诊断到断路情况后，模块将值状态中的相关位设为"0"，这样用户可以通过查询值状态判断出该通道读到的输入值"0"为无效值。

在遇到以下四种情况中的任何一个时，值状态可变为"无效"。

（1）发生断路故障

值状态在发生断路故障时变为"无效"，与断路诊断功能具有相同的检测原理。因此，具有断路诊断功能的模块就具有值状态功能。信号模块中的基本型模块不具有值状态（不支持诊断功能）。支持诊断功能的信号模块 DI、AI、AQ 具有值状态，DQ 模块不具有值状态。

对于 DI 模块，值状态发挥作用的条件与断路相同，详见 10.7 节。

对于模拟量模块（具备断路诊断功能的 AI 和 AQ 模块），值状态发挥作用的前提是测量类型和测量范围与实际变送器相匹配，且具备断路诊断功能。在禁用"断路"诊断功能时，值状态将应用 1.185 mA 的电流限制。如果测量值低于 1.185 mA，则值状态将始终为 0，表示 I/O 数据无效。

（2）激活了"对 CPU STOP 模式的响应"功能

对于 DQ 和 AQ 模块（输出通道），激活"对 CPU STOP 模式的响应"功能后，当 CPU 转入 STOP 模式时，连接中断，值状态也会变为"无效"。

（3）用于工艺功能

紧凑型 CPU 的板载数字量 I/O 的输出通道：如果将某个通道用于工艺功能，则该通道将返回值状态 0。此时，系统将不再检查输出值是否正确。

（4）激活了 PROFIenergy 功能

在激活了 PROFIenergy 功能，即启用休眠功能（"继续操作模式"下除外）时，值状态也会变为"无效"。

使用非故障安全模块时，需注意：当某个激活的通道无效时，也将导致其他所有已激活通道的值状态置为"无效"。因此，建议用户禁用所有未连接或未使用的通道。

【例 10-8】测量储罐中液体的液位（量程为 0~45 cm），当连接液位传感器的模拟量输入通道值有效时，则检测液位值，否则以 0 代替输入通道值，并对模拟量进行处理，将其转换成实际液位值。（模拟量输入通道为第 0 号通道，输入信号是来自 4 线制变送器的 4~20 mA 电流信号。）

首先，创建项目并进行基本硬件组态，并组态 AI 模块第 0 号通道的"测量类型"和"测量范围"。只有两者的设置与实际变送器相匹配，值状态才能对无效值做出正确判断。组态后的模块地址分配如图 10-42 所示。

然后激活值状态功能。在 AI 模块"属性"窗口的"模块参数"→"AI 组态"→"值状态（质量信息）"中，勾选"值状态"。在"输入 0-7"→"输入"→"I/O 地址"中可以看到给 AI 模块分配的地址由 4~19 变成了 4~20，如图 10-43 所示。

值状态地址分配原理如图 10-44 所示，每个模拟量通道对应 16 位地址空间，每个模拟量通道由一个值状态位与其对应，对本实例而言，AI 模块的 0 号通道的地址为 IW4，对应的值状态位地址为 I20.0，其余通道以此类推。

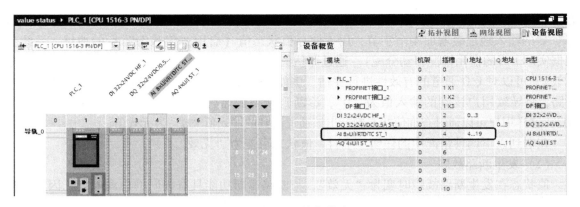

图 10−42　PLC 系统各模块地址

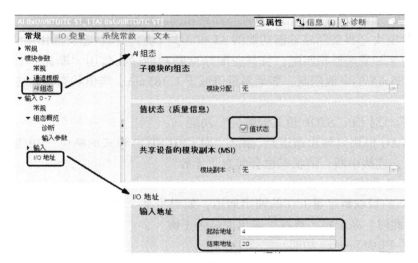

图 10−43　值状态激活后 AI 地址分配

15....	.... 8　7....	 0	模拟量输入通道
IW4			输入通道 0
IW6			输入通道 1
IW8			输入通道 2
IW10			输入通道 3
IW12			输入通道 4
IW14			输入通道 5
IW16			输入通道 6
IW18			输入通道 7

```
    7 6 5 4 3 2 1 0
IB20 □□□□□□□□   值状态 QI0～QI7(对应 7 个输入通道)
```

图 10−44　值状态地址分配原理

建立变量表并编写程序。建立如图 10−45 所示变量表，程序如图 10−46 所示。程序段 1 检测通道 0 的值状态，若有效则使用通道 0 送入的数据；若无效，则用 0 代替通道 0 输入的数据。程序段 2 将通道 0 送入的 0～27648 之间的整数转换成 0～45 cm 的浮点数，即实际液位值。

默认变量表

	名称	数据类型	地址	保持	可从 ...	从 H...	在 H...
1	Tank level	Int	%IW4	☐	☑	☑	☑
2	Tank level_valid	Bool	%I20.0	☐	☑	☑	☑
3	Tank level_temp	Int	%MW0	☐	☑	☑	☑
4	Tank level_actual	Real	%MD8	☐	☑	☑	☑
5	temp	Real	%MD4	☐	☑	☑	☑

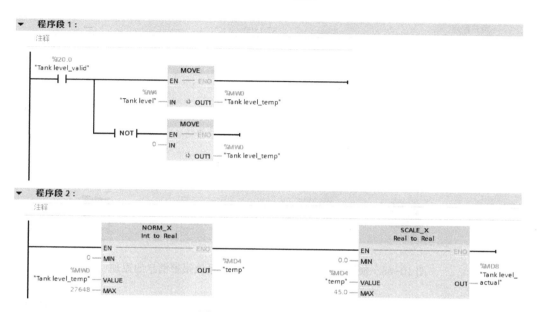

图 10-45　变量表

图 10-46　OB30 中的程序

对变量表进行监控，如图 10-47 所示，当输入通道没有故障时，“Tank level_valid”为“TRUE”，表示该通道数值有效，“Tank level”为通道 0 的数值（22083），经程序段 2 处理后得到“Tank level_actual”，实际液位值是 35.94238 cm。当输入通道出现断路故障时，可以看到此时“Tank level”为-32768，“Tank level_valid”为“FALSE”，表示该通道数值无效，将 0 赋值给“Tank level_actual”。

默认变量表

	名称	数据类型	地址	保持	可从 ...	从 H...	在 H...	监视值
1	Tank level	Int	%IW4	☐	☑	☑	☑	22083
2	Tank level_valid	Bool	%I20.0	☐	☑	☑	☑	☑ TRUE
3	Tank level_temp	Int	%MW0	☐	☑	☑	☑	22083
4	Tank level_actual	Real	%MD8	☐	☑	☑	☑	35.94238
5	temp	Real	%MD4	☐	☑	☑	☑	0.7987196

默认变量表

	名称	数据类型	地址	保持	可从 ...	从 H...	在 H...	监视值
1	Tank level	Int	%IW4	☐	☑	☑	☑	-32768
2	Tank level_valid	Bool	%I20.0	☐	☑	☑	☑	☐ FALSE
3	Tank level_temp	Int	%MW0	☐	☑	☑	☑	0
4	Tank level_actual	Real	%MD8	☐	☑	☑	☑	0.0
5	temp	Real	%MD4	☐	☑	☑	☑	0.0

图 10-47　监控模式下无故障和有故障两种情况的变量表

10.6.4　使用 Program_Alarm 的报警诊断程序设计

以上介绍的都是基于系统诊断功能（硬件和编程方面）的诊断方法。如果用户希望在程序中创建一个基于过程事件的报警消息（自定义报警消息），并且该消息能够通过 PG/PC、HMI、Web 服务器和 CPU 显示屏等方式直接显示，则可以通过"Program_Alarm"函数块来实现，该功能原理图如图 10-48 所示。

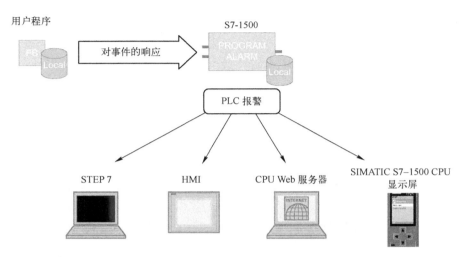

图 10-48　使用 Program_Alarm 指令产生系统报警消息的原理

Program_Alarm 指令的功能是生成具有相关值的程序报警，只能在函数块 FB 中调用。通过参数 SIG 处的信号变化生成程序报警，当 SIG 信号从 0 变为 1 时，生成一个到达的程序报警；当 SIG 信号从 1 变为 0 时，生成一个离去的程序报警。Program_Alarm 指令的参数含义见表 10-20。

表 10-20　Program_Alarm 指令的参数含义

名　称	数 据 类 型	含　义
SIG	BOOL	要监视的信号
TIMESTAMP	LDT	通过一个带有分布式时间戳的输入信号，为报警指定一个时间戳
SD_i	VARIANT	第 i 个相关值（1≤i≤10）可以使用二进制数、整数、浮点数或字符串
Error	BOOL	Error=TRUE，表示处理过程中出错。可能的错误原因通过 Status 参数显示
Status	WORD	显示错误代码

【例 10-9】使用 Program_Alarm（FB）用户自定义报警指令，编写程序，实现当温度超过 80℃时发出报警信息，并显示当前温度。（采用 STEP7 和 Web 服务器两种显示方式）

首先，创建项目并进行基本硬件组态。

然后，在"程序块"中，通过"添加新块"创建"FB1"块，在 FB1 块中，"指令"→"扩展指令"→"报警"目录下，插入 Program_Alarm 指令，系统将自动生成多重背景数据块。定义全局变量"temperature"，数据类型为浮点型，编写如图 10-49 所示程序，并在 OB1 中调用 FB1，程序如图 10-50 所示。

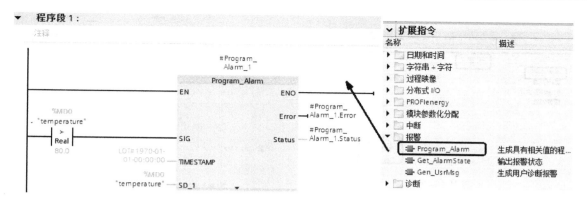

图 10-49　FB 中的程序

图 10-50　OB1 中的程序

接下来设置报警类别与报警文本。如图 10-51 所示，在项目树中，双击"PLC 监控和报警"，在"报警"→"程序报警"中设置"报警文本"为"temperature is too high："，单击鼠标右键，在菜单中选择"插入动态参数（变量）"，选取过程变量为"temperature"，数据类型设为"浮点"，最后单击☑图标确认。上述步骤也可在"Program_Alarm"函数块属性，"报警"→"基本设置"的"报警文本"中进行设置，如图 10-52 所示。

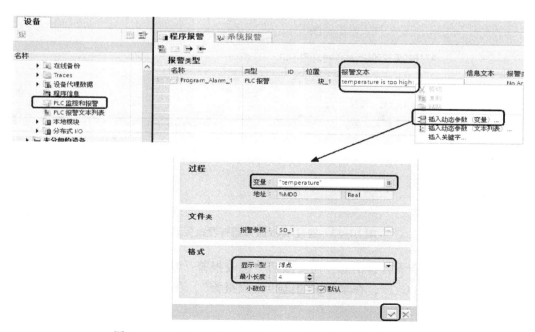

图 10-51　"PLC 监控和报警"中设置报警类型和报警文本

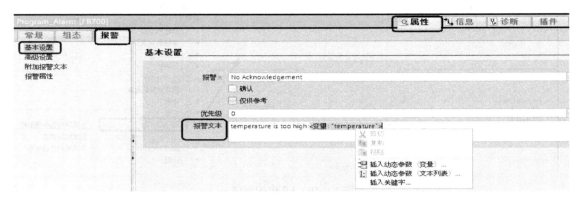

图 10-52　"Program_Alarm" 函数块属性中设置报警类型和报警文本

将 FB1 块置于监视模式，修改 "temperature" 为 120.0，温度高于 80.0℃，SIG 由 0 变为 1，将触发该报警消息。下面用两种方式显示报警消息。

1) 按照 10.4 节激活 Web 服务器功能，在 Web 服务器的 "消息" 中可以直接看到报警信息到达，如图 10-53 所示。(同样在 CPU 的显示屏上 "Diagnostics" → "Alarms" 中也可以看到报警消息)

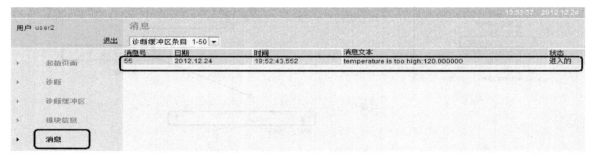

图 10-53　通过 Web 服务器查看报警消息

2) 在博途软件中查看报警消息，需要激活 "接收报警" 功能。如图 10-54 所示，在 "在线" 状态下，右键 "PLC_1"，在菜单中勾选 "接收报警"，在 "诊断" → "报警显示" 中即可看到报警信息。

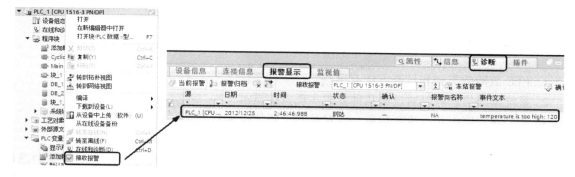

图 10-54　通过 PG/PC 在线查看报警消息

10.7　使用模块自带诊断功能诊断故障的方法

S7-1500 PLC 具有诊断功能的模块有 DI、DQ、AI 和 AQ，这些信号模块分为四大系列，以尾部的字母区分，分别是 BA（基本型）、ST（标准型）、HF（高性能型）和 HS（高速型）。基本型不支持诊断功能，标准型支持组诊断或模块诊断功能，高性能型和高速型支持通道级诊断。各类模块具有的不同诊断功能，请详见第 5 章 5.3 节。通过在组态中激活模块自带的诊断功能，无需编程，在发生相应故障后，诊断信息（诊断缓冲区）就可以通过 10.2~10.5 节中介绍过的四种显示方式直观地显示出来。下面以"断路"故障为例，介绍使用模块自带诊断功能诊断故障的方法。

对于数字量输入模块，若要诊断断路故障，需要并联电阻到输入信号上（可以连接一个 25~45 kΩ 且功率为 0.25 W 的电阻），如图 10-55 所示，这样即使开关断开，也有足够大的静态电流流过通道，而真正发生断路时，流过通道的电流过小甚至为 0。由此就可以区分开是开关断开还是通道断路。激活通道的"断路"诊断功能的方法如图 10-56 所示。这样在发生断路故障时，系统才能检测出该故障，并存储错误信息和系统状态信息，用户可以通过多种方式直接查看报警消息和诊断信息。

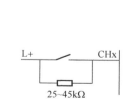

图 10-55　数字量输入模块
诊断断路的电阻电路

图 10-56　激活通道 0 的"断路"诊断功能

数字量输出模块不具有断路诊断功能。

对于模拟量输入和模拟量输出模块，同样依据流过通道的电流大小来判断是否断路。流过电流过小或无电流，或所加的电压过低时，则认为发生断路。例 10-1 中以模拟量输入的"断路"故障诊断为例，介绍了通过模块自带诊断功能进行诊断并显示的方法，此处不再赘述。

思考题及练习题

1. PLC 故障的类型和诊断方法有哪些？

2. 系统诊断信息可以通过哪几种方式实现直接显示？

3. 若要在程序中获取诊断信息，或对某些诊断信息进行判断，有哪些方法可以实现？

4. 信号模块的值状态功能与断路故障诊断的关系是怎样的？不同之处在哪里？

5. 若要自定义报警消息并显示，应该使用何种指令？可通过哪几种方式实现报警消息的显示？

6. 模块自带诊断功能中，"断路"诊断功能如何检测发生断路故障？按信号模块类型不同进行说明。

7. 错误处理组织块有哪些？如何分类？

8. 本章介绍了诊断功能和诊断中断的应用，在第 8 章中介绍了硬件中断和诊断中断的概念，在第 5 章信号模块的介绍中可以看到诊断功能、诊断中断和硬件中断也是各信号模块的重要技术指标，请简述诊断功能、诊断中断及硬件中断的含义及三者的差异。

第11章

工业安全系统

11.1 安全系统概述

安全是人类最基本的需求之一，是人类生命与健康的基本保障。

在我们的日常生活中，只要留心，可能会经常见到与安全有关的设施，例如游乐场的各种游乐设施、观光缆车、地铁屏蔽门、电梯等。评估上述设施以及工业生产领域各种机械设备的优劣，不能单单看功能有多强大，其安全性也是品评优劣的一大重要因素。如果不考虑安全性，使用时就可能会发生安全事故。

2007年4月18日7时53分，铁岭清河特殊钢有限公司生产车间的钢水包在整体平移到铸锭台上方时，突然失控坠落，30吨钢水如波涛般汹涌，扑向5米外正在开班组会的交接班室，直接导致32人被烧烫死、6人受重伤。

事故的直接原因是炼钢车间吊运钢水包的起重机主钩在下降作业时，控制回路中的一个联锁常闭辅助触点锈蚀断开，致使驱动电动机失电。同时由于电气系统的设计缺陷，制动器未能自动抱闸，导致钢水包失控坠落。这是新中国成立以来死亡人数最多、性质最恶劣的冶金生产事故。除此之外还有大大小小的，由于电气系统设计缺陷、元器件失效等原因而导致的安全事故，篇幅所限不一一列举。

因此，我们需要了解相关的安全标准、安全技术、安全器件等，培养安全意识，并运用到设计中去，以尽可能地降低危险发生的可能或后果的损失。

11.2 安全系统相关标准

机械安全标准起源于发达国家，是保护人员安全和健康的重要技术文件。机械安全标准主要以 ISO、IEC 国际标准为主，而 ISO、IEC 的绝大部分机械安全标准来源于欧洲标准，因此在机械安全的国际标准中，有很多欧洲标准的影子。我国的机械安全标准主要以采用国际标准为主。除此之外，如果我国的机械产品要出口到国外，就要符合当地的机械安全标准，例如欧盟标准或美国标准等。

下面了解一下几个重要的安全标准。

ISO 12100：2010，给出了严谨的安全系统设计方法。

ISO 13849-1/IEC 62061，给出了系统所需安全性能等级的分级方法。

希望大家能有所了解，即使不负责安全控制系统的设计，也可以用来提高设计基本控制系统时的安全意识。

本章内容主要以离散制造业的安全标准、安全控制系统及安全器件等为主。

11.2.1　ISO 12100：2010《机械安全 设计通则 风险评估与风险减小》

ISO 12100：2010 是机械安全领域内的基础标准，它规定了机械设备最基本的安全要求和设计总则，并给出了安全系统的设计方法——风险评估与风险减少，这套方法已成为国际通用的一套方法论。

风险评估和风险减小法是机械设备全生命周期内实现安全的方法，它的基本流程如图 11-1 所示。

图 11-1　安全系统设计的基本流程

机械设备生命周期的阶段一般包括：①运输、装配和安装；②试运转；③操作；④清洁维护；⑤故障排除；⑥拆卸、停用及报废。

1. 风险评估

风险评估环节用来识别和评价机械设备生命周期各个阶段及各种操作模式下的危害，它以系统方法对与机械设备有关的风险进行分析和评价。

风险评估应该由具有不同学科知识、各种经验和专业技能的专家来完成。例如了解机械设计和功能方面的技术人员；具备机械操作、调试、保养、维修等实际经验的人员；知晓此类机械事故历史的人员；了解人员管理、培训、职业指导等人为因素的人员等。

风险评估环节内部的具体步骤如图 11-2 所示。

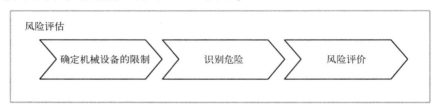

图 11-2　风险评估环节内部的具体步骤

（1）确定机械设备的限制

该步骤的目的是对机械设备整个生命周期中的使用限制、空间限制、时间限制及其他限制等进行清晰的描述。

1）使用限制包括预定使用和可预见的误用，确定时应考虑：不同的机械运行模式、不同经验或能力水平的使用者以及可能暴露在危险区的其他人员等。

2）空间限制，确定时应考虑：机械的运动范围、人机交互的交互方式与空间要求等。

3）时间限制，确定时应考虑：机器的预期使用时限、部件的极限寿命、维护保养的时间间隔等。

4）其他方面的限制，确定时应考虑：温度、湿度、清洁水平等使用环境。

（2）识别危险

在确定机械设备限制后，风险评估的基本内容是，系统地识别机械设备在生命周期所有阶段内可合理预见的危险（包括永久性危险和意外突发危险）、危险状态（发生危险的具体动作，如搬运工件）或可能引发危险的事件（意外的导致伤害的事件，如工件滑落）。

只有当危险已经被识别后才能采取措施消除危险或减小风险。为了实现危险的识别，有必要识别机械设备完成的动作和与其相互作用的操作人员执行的任务，同时考虑包括不同的部件、机械设备的结构或功能，待加工物料的特征以及使用环境等。

另外，还应识别与各种任务不直接相关的可预见的危险，例如雷击、噪声影响、机械断裂以及管路爆裂等。

应记录所识别的危险的信息，包括危险及其位置、指明危险可能涉及的人员以及他们的活动、危险事件及导致的伤害、具体的伤害后果和严重程度。

典型危险示例见表 11-1。

表 11-1　典型危险示例

危险源	切割部件	部件坠落	部件运动	运动部件
图示				
潜在后果	切入/切掉	挤压/撞击	挤压/撞击/剪切	卷入/摩擦/撞击
危险源	运动部件接近	旋转、运动部件	带电部件	激光束
图示				
潜在后果	挤压/撞击	切断/缠绕	电击/烧伤/击穿	烧伤/伤害眼睛或皮肤

可以以潜在后果为起点，思考危险事件，追溯到危险源。或者先检查所有的危险源，考虑在不同的危险状态下可能出错的途径及其导致伤害的方式来确定该危险。

（3）风险评价

危险识别后，通过确定影响风险的两个要素——伤害严重程度和伤害发生概率，利用风险矩阵、风险图法等工具，对每种危险状态进行风险评价，以得出具体的风险等级。

伤害严重程度可分为：①可逆，需要急救；②可逆，需要治疗；③断肢、断指；④死亡、失明或失去手臂；⑤多人伤亡。

伤害发生概率与下列三种因素有关：①危险暴露程度（进入危险区的需求、进入类型和暴露时间、进入频率和人数）；②危险事件发生的概率（低/中/高）；③避免伤害的可能性（暴露人员对于风险的认识、实践经验和反应能力、移动能力和逃脱的可能性以及造成伤害的部件的运动类型等）。

2. 风险减小

风险评估后，风险等级较高的部分需要进行风险减小处理。风险减小的目标是使剩余风险达到可接受的水平。为了尽可能通过采取保护措施消除危险或充分减小风险，有必要重复进行（迭代）该环节，为此 ISO 10200 给出了风险减小迭代三步法（见图 11-3）。

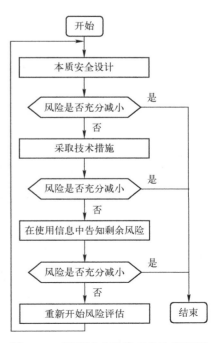

图 11-3　风险减小迭代三步法流程图

（1）本质安全设计

通过设计或通过采用低风险的材料物质，或通过应用人体工程学原则，消除危险或减小危险，包括改进材料、去除锐边、改进操作位置、改进可靠性、加强安全控制系统设计等。

本质安全设计是风险减小过程中的第一步，也是最重要的步骤。

（2）采取安全防护装置和/或补充保护等技术措施

考虑到预定使用和可合理预见的误用，如果通过本质安全设计措施消除危险或充分减小与其相关的风险实际并不可行，则可使用经适当选择的安全防护装置（防护罩、联锁、感应装置、各种限制装置等）和补充保护措施（急停停止、逃生、安全进入机械的措施等）来减小风险。

如果通过技术措施的使用，机械设备的剩余风险降低至可接受水平，就不需要再采取其他措施了。

注意：

设计者还需检查采用新的防护措施时是否引入了额外的危险或者增加了其他风险。如果出现了额外的风险，则应把这些危险列入已识别的危险清单中，并提出适当的保护措施。

（3）在使用信息中告知剩余风险

如果尽管采用了本质安全设计措施、安全防护和补充保护等技术措施仍不能充分降低风险，则需要在使用信息中告知剩余风险。该信息包括但不限于下列内容。

1）使用机械的操作程序符合机械使用人员或其他暴露于机械有关危险的人员的预期能力。

2）详细描述使用该机械时推荐的安全操作方法和相关的培训要求。

3）足够的信息，包括对该机械生命周期不同阶段剩余风险的警告。

4）任何推荐使用的个体防护装备的描述，包括对其需求和有关使用所需培训等详细信息。

如果采取上述三步法也不能使风险充分减小，则需要重新开始风险评估。

3. 确认

应编写并保留所有的风险评价的书面记录。以文件形式将风险评价过程记录下来非常重要，有利于使其他没有直接参加风险评价的人在日后能够审查前人在风险评价中所做出的决定。

风险评价文件应包含：①机械设备的规格、限定、预定使用方式；②评价时任何有关的假设（如载荷、强度、安全系数等）；③风险评估中所识别的危险、危险状态和危险事件；④风险评价所依据的原始资料和数据（如事故历史记录、类似机械的风险减小的经验），以及所使用数据的不确定性及其对风险评估的影响；⑤通过保护措施所达到的风险减小目标；⑥消除或减少风险的保护措施，选择保护措施时参考的标准或规范；⑦剩余风险；⑧风险评估的结果；⑨风险评估过程中使用的所有表格、照片、图纸、图表等。

11.2.2　ISO 13849-1《机械安全 控制系统有关安全部件 第 1 部分：设计通则》

ISO 13849-1 是适用于采用电气、液压、气动、机械、电子以及可编程电子系统的安全控制系统的设计和评价的标准。

该标准综合考虑了系统平均危险失效时间 MTTFd、系统诊断检测范围（诊断覆盖率）DC、共因故障预防（共因失效）CCF 等可靠性指标，并定义了评估安全控制系统性能的指标——PL。

图 11-4 为采用风险图法计算系统所需的安全性能等级 PL（PLa~PLe），其中风险最高的需要采用 PLe 等级的安全控制系统。

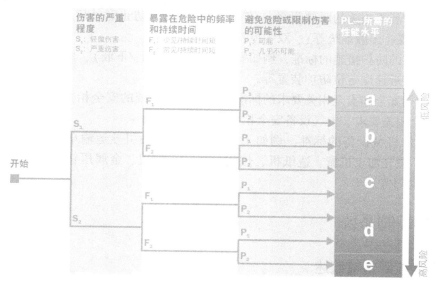

图 11-4　用于确定所要求性能等级的风险图

11.2.3　IEC 62061《机械电气安全 安全相关电气、电子和可编程电子控制系统的功能安全》

IEC 62061 主要是对安全相关的电气、电子、可编程电子控制系统的功能提出安全要求。

IEC 62601 提出了安全完整性等级——SIL 等级，其确定方法如图 11-5 所示。先确定其中的 F、W 和 P 的数值，经过加和得到 K，再根据伤害程度查表得出所需 SIL 等级（SIL1 ~ SIL3，流程工业中最高为 SIL4）。

效果	伤害程度 S	等级 K = F + W + P				
		3-4	5-7	8-10	11-13	14-15
致命的，失去眼睛或手臂	4	SIL2	SIL2	SIL2	SIL3	SIL3
永久伤害，失去手指	3			SIL1	SIL2	SIL3
可医治的，需要医学治疗	2				SIL1	SIL2
可医治的，需要急救	1					SIL1

危险事件的频率 F	
F≥1×（每小时）	5
1×（每小时）> F≥1×（每天）	5
1×（每天）> F≥1×（每两周）	4
1×（每两周）> F≥1×（每年）	3
1×（每年）> F	2

危险事件的发生概率 W	
经常	5
很可能	4
可能	3
很少	2
极少	1

避免危险事件的可能性 P	
不可能	5
可能	3
很可能	1

图 11-5　用于确定所需 SIL 等级的表格

与 ISO 13849-1 相比，主要区别是它们适用于不同的技术领域。ISO 13849-1 标准适用于气动、液压、机械以及电气系统；而 IEC 62061 标准仅限于电子电气系统。而相似的地方是它们都对系统所需的安全性能进行了分级，为安全控制系统的设计提供了参考。

除以上 3 个标准之外，还有以下几方面的工业安全标准。

1）有关防护装置选择的标准，例如固定防护装置和可移动防护装置（安全栅栏、障碍物及罩盖等）、防护装置相关的联锁设备（安全门联锁等）、防止意外启动、防护设备（光栅、光束设备、扫描仪、压敏地垫等）、双手控制装置、急停等。

2）有关附加的防护措施的标准，例如安全距离（保护上/下肢）、最小距离（避免人体受到挤压）、根据接近速度定位防护装置等。

3）有关功能安全和安全相关要求的标准，例如控制系统的安全相关部件、起动安全相关要求、液压安全相关要求、电气设备安全相关要求等。

4）有关具体机械设备的标准，例如工业机器人、自动引导运输车（AGV）、加工中心、压机、包装机、激光加工机械、造纸机、热成型机、车削机、金属压铸装置、连续搬运设备（输送机）、电动门等。

11.3　安全控制系统

11.3.1　安全控制系统概述

安全控制系统（又称安全电控系统）是用来执行"安全功能"的控制系统，这里的"安全功能"描述的是机械设备对某个特定事件的反应。例如，打开防护门时或者紧急停止按钮被按下时，设备的运行状态是否发生改变。

安全控制系统是工业安全系统生命周期中一个重要的环节，但并不是唯一的环节。安全控制系统可以理解为安全系统的一部分，除此之外还有涉及本质安全的机械设计。当面对一个机械设备的安全问题时，首先按照 ISO 12100：2010 所提供的方法进行风险评估与风险减小。当机械部分几乎已经做到极致时，再根据 ISO 13849-1 或 IEC 62061 进行所需安全控制系统等级的评估，利用得出的安全等级进行安全控制系统的设计。

安全控制系统一般包括三部分：检测装置（安全传感器）、安全控制模块和安全执行装置。

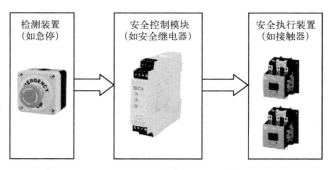

图 11-6　安全控制系统示例

获得认证机构认证的安全评价工具可以根据标准 ISO 13849-1 和 IEC 62061 的要求，一步步地指导用户完成安全控制系统总体设计、组件选用以及安全完整性计算等全部工作。

安全评价工具中还包含着数量众多的库文件可以提供相关的支持。用户最终得到的安全报告，还可以作为安全证书。

Safety Evaluation Tools（SET）是一款西门子的在线安全评价工具，它经过了 TÜV 的测试认证，下方给出了它的网址，需要使用西门子工业支持中心国际网站的账号登录，该账号与其国内论坛网站的账号不同。

http://www.siemens.com/safety-evaluation-tool

也可以用手机扫描二维码 11-1 直接打开在线安全评价工具所在网页。

说明:

在流程工业中,安全控制系统是 SIS 系统,即安全仪表或安全联锁系统。它与离散制造业的安全控制系统有着不同的检测装置、安全控制模块和执行装置,但本质上是相似的。

11-1

11.3.2　安全控制系统与基本控制系统的差异

安全控制系统与基本控制系统的差异主要有以下几个方面。

1. 基本控制系统用来保持设备在各种外部条件下能够在正常的限定范围内运行

采用了普通的继电器或 PLC 的电气控制系统主要是根据工作任务的目的(例如需要对于物料进行加工、处理、包装和搬运等)而设计,以使机械设备在各种外部条件下完成预定的工艺工作。

基本控制系统强调的是可用性,即在任何时候系统能够正常工作的概率。在某些行业中,非计划的系统停机都可能造成非常大的损失,此时,尽管系统的失效模式是需要考虑的问题,但其可用性是第一位的,即允许系统适当"带病运行"(需要经过评估证明,系统适当"带病运行"是可接受的风险)。

2. 安全控制系统是为确保设备在出现故障时仍处于安全状态的系统

在工业现场,导致事故发生的三个主要因素一般为"人的不安全行为"(如违章、违规操作)、"物的不安全状态"(如控制器件失效、机器误动作等)和"环境因素"。通过聘用合格的、有资质的员工,加强对员工的培训,建立完善的、安全的生产流程可减少"人的不安全行为",但为了避免"物的不安全状态",必须提供一种高度可靠的安全保护手段,最大限度地避免机器的不安全状态,保护生产装置和人身安全,防止恶性事故的发生,减少损失。这种手段就是安全控制系统。

安全控制系统在开车、停车、出现工艺扰动以及正常维护操作期间对生产装置提供安全保护。一旦生产装置本身出现危险,或由于人为原因而导致危险时,安全控制系统立即做出反应并输出正确的信号,使装置安全停车,以阻止危险事件的发生或事故的扩散。

3. 基本控制系统的功能应服从于安全控制系统的要求

由图 11-7 可以看出,控制对象是由安全控制系统和基本控制系统的输出共同控制的。也就是说,基本控制系统输出的结果对于被控制的对象而言,只是一个环节;而另一个环节是由安全控制系统的输出来控制的。所以,两个输出的"与"逻辑结果,作用于控制对象。

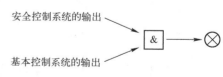

图 11-7　安全控制系统与
基本控制系统的关系

就控制系统的作用而言,安全控制系统无法独立存在,而必须依附于基本控制系统。也就是说,安全控制系统是由于基本控制系统在完成设计的工艺过程中,为了避免或者减少危险的发生而设计的。

但是有一点需要注意,即安全控制系统的优先级会高于基本控制系统。在出现危险情况时,安全控制系统能可靠而安全地切断安全控制回路。

4. 安全控制系统与基本控制系统的安全功能

在设计基本控制系统时也考虑了安全功能。例如电机的正反转之间要有互锁,机械设备的移动行程上要有软件内部的软限位,也要使用行程开关作为硬限位以及为机械设备设计普通急停按钮等。但当这些器件由于自身故障失效时,其安全功能可能出现误动作或需要时却不动作等情况，因此它们只能实现较低的安全等级。

　　经过风险评估，如果这样系统的剩余风险能够接受，就可以不加入安全控制系统；但如果风险不能够接受，就需要加入。

　　安全控制系统所采用的元件使用了很多安全控制技术，失效概率极低，能够保证有效判断危险信号是不是真的来了，如果真来了，安全功能一定能动作。并且很多器件都具有自诊断功能，自身出现故障就会触发安全功能，这一点基本控制系统是无法做到的。

　　另外，安全控制系统的软硬件都是有专业权威机构的安全认证（如 CE、UL 或 TÜV 等认证）的，而基本控制系统中的安全功能一般是没有安全认证的。

11.3.3　典型安全控制技术

1. 采用强制断开结构的触点

　　为了防止因为触点熔焊而使设备出现危险状态，安全控制系统的检测装置一般采用强制断开结构（机械连接）触点，如继电器、行程开关、急停按钮等。

　　下面以继电器和行程开关为例说明强制断开结构的工作原理。

　　（1）带有强制断开结构的继电器

　　强制断开结构的电气符号如图 11-8 所示。

图 11-8　强制断开结构的电气符号

　　相关标准规定：带有强制断开结构触点的常开、常闭触点不能因为故障而同时闭合。假使出现了故障，触点的间隙也必须至少保证 0.5 mm。这一点非强制断开结构的继电器是无法实现的，表 11-2 为这两种继电器的工作状态比较。

表 11-2　非强制与强制断开结构的继电器的工作状态比较

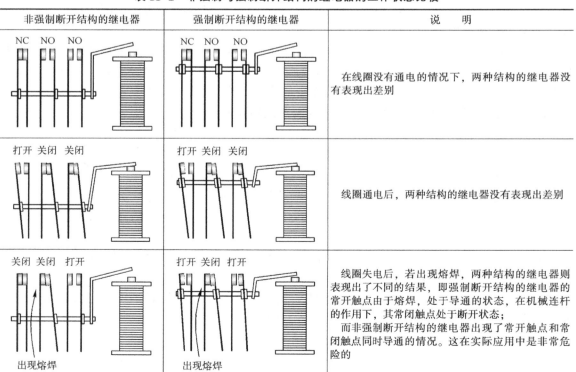

非强制断开结构的继电器	强制断开结构的继电器	说　明
NC　NO　NO	NC　NO　NO	在线圈没有通电的情况下，两种结构的继电器没有表现出差别
打开　关闭　关闭	打开　关闭　关闭	线圈通电后，两种结构的继电器没有表现出差别
关闭　关闭　打开　　出现熔焊	打开　关闭　打开　　出现熔焊	线圈失电后，若出现熔焊，两种结构的继电器则表现出了不同的结果，即强制断开结构的继电器的常开触点由于熔焊，处于导通的状态，在机械连杆的作用下，其常闭触点处于断开状态； 而非强制断开结构的继电器出现了常开触点和常闭触点同时导通的情况。这在实际应用中是非常危险的

（2）带有强制断开结构的行程开关

带有强制断开结构的行程开关由于机械连杆的刚性连接，需要断开时能够被强制断开，从而保证回路的可靠切断，避免误动作。

非强制断开结构行程开关动作时，其闭合触点是依靠弹簧的释放而使触点断开的，如图 11-9 所示。

而当某些部件失效（如触点熔焊或弹簧折断）时，器件的触点状态并不会随着连杆的动作而变化，即可能出现危险性故障，如图 11-10 所示，后果是设备将会继续运行。

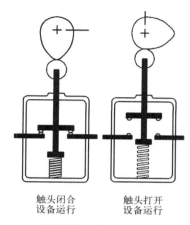

触头闭合　　触头打开
设备运行　　设备运行

图 11-9　非强制断开结构示意图（正常时）

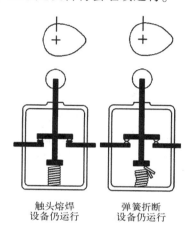

触头熔焊　　弹簧折断
设备仍运行　　设备仍运行

图 11-10　非强制断开结构示意图（故障时）

强制断开结构行程开关动作时，其常闭触点是依靠机械连杆的移动而使触点断开的，如图 11-11 所示。这样的结构下断开的"力"要比非强制断开结构中弹簧的"力"大得多，从而保证了可靠的断开。

2. 部分或整体采用冗余技术

冗余指对于同一功能重复配置多个部件，当一个部件发生故障时，冗余配置的部件随即介入，并承担故障部件的工作。比如客机上的电控系统和液压系统都是冗余的。

对于安全等级在 SIL3 或 PLe 的应用，均需要系统进行冗余配置（对于安全等级在 SIL2 或 PLd 及以下的应用，使用单通道即可）。

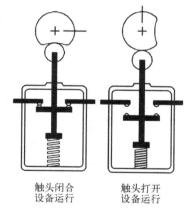

触头闭合　　触头打开
设备运行　　设备运行

图 11-11　强制断开结构示意图

最简单的冗余方式为双通道冗余，在冗余的系统配置中，用于检测和执行的子系统也必须是双通道冗余。

满足 SIL3 或 PLe 的安全保护器件，其内部逻辑和输出回路也均为冗余配置，如急停按钮、安全光幕、安全继电器等。

3. 采用相异技术

采用有不同操作原理或不同类型器件的控制电路，可以减少相同原因故障和失效可能引起的危险。例如：

1）在双通道中采用常开和常闭触点的组合，这种方式又称为非对等连接。

2）在冗余结构中采用不同类型的器件，例如在检测物体是否接近时，同时采用接近开关和行程开关。

使用相同类型器件而产生的同样原因的失效称为共因失效，采用相异技术就是要避免发生共因失效。

据说在同一趟航班上，两位机长不能食用同样的食物，以免由于食物原因造成两位机长同时失能，这也是为了避免发生"共因失效"而采用的相异技术。

4. 进行电路交叉检测

电路交叉检测是安全控制模块的一个诊断功能，可检测冗余通道的通道间短路和电路交叉。例如：若电缆套管压扁或压烂，就会造成电路交叉。

安全控制模块会向不同的通道通入不同时钟脉冲频率的信号，如果检测到时钟信号重叠，则说明已出现了电路交叉。

5. 使用反馈回路监控

反馈回路用于监控安全控制系统中的执行器（继电器或接触器），监控其是否出现相关安全故障。

6. 区分停止类别

停止类别 0：停止不受控制，通过立即切断供给机器设备的电源，来实现停止。

停止类别 1：停止受控制，供给机器设备执行机构的电源一直保持，以使机器设备逐渐停止下来。只有当机器设备完全停止后电源才被切断。

7. 区分复位方式

（1）自动复位

只要满足开启条件，装置无需手动确认即可启动。如果不会造成任何风险，用于危险区域的安全装置（如位置开关、光栅等）都可以使用自动复位功能。

（2）手动复位

满足开启条件时，通过手动按动复位按钮来启动。

（3）监控复位

满足开启条件时，通过按动复位按钮来启动。与手动复位的区别是，监控复位会在复位时监控复位按钮是否正确运行。

紧急停止装置必须使用监控复位。对于其他安全传感器或安全功能，可根据危险评估来确定是否使用监控复位。

8. 使用双手同步操作传感器

同步传感器操作是一种特殊形式的传感器同步操作。

传感器的触点 1 和 2 必须在 0.5 s 内同时闭合，而不能在不同的时间闭合。

例如，对于压机的操作，就必须使用传感器同步功能，以确保压机仅在双手同时操作传感器时才动作，从而避免压机对手部的伤害。这种传感器有着特殊的结构设计，以确保无法使用单手同时按下两个按钮，如图 11-12 所示。

9. 串联连接安全相关器件

通过正确串联连接安全器件可以实现更高的安全等级。如急停装置、接触器等的串联。

（1）急停装置串联

急停装置是用来实现紧急停止的控制装置。

假定同一时间只有一个急停装置动作，可以通过串联最高实现 SIL3 或 PLe 的安全等级，如图 11-13 所示。

说明：

"紧急停止"并不是降低危险的方法，不能避免或防止危险的产生。它的作用在于出现危险后能避免或减小危险所造成的伤害，是一种补充性的安全功能。

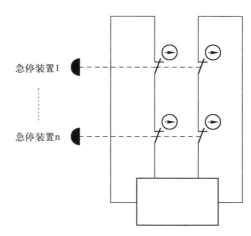

图 11-12　双手操作传感器　　　　　图 11-13　急停装置串联示意图

（2）接触器串联

接触器串联是指其主触点的串联，表 11-3 中给出了不同连接方式下所能实现的最高安全等级。

表 11-3　接触器不同连接方式下的安全等级

等级	SIL1（IEC 62061）或 PLc（ISO 13849-1）		SIL3（IEC 62061）或 PLc（ISO 13849-1）		SIL3（IEC 62061）或 PLe（ISO 13849-1）	
接线示例						

注意：

安全继电器至接触器（QA1 和 QA2）的电缆敷设采用了交叉电路保护或护套电缆或电缆槽等保护措施，才能实现安全等级 PLe 或者 SIL3。

11.4　工业安全器件

11.4.1　检测环节的安全器件

检测环节的装置用于监测机器设备的实际状态，该环节的安全器件包括安全门锁、安全光栅、安全光幕、激光扫描器、拉绳开关、脚踏开关、安全地毯、安全触边、急停按钮及双手按钮等。这些安全器件都有着不同的应用场景。

请扫描二维码 11-2 查看检测环节安全器件（安全传感器）的应用。

11-2

1. 用于封闭式危险区域监测的安全器件

在离散制造业的工作现场，经常会有人/机混杂的情况。如果由于非工作需要而误接触到机械设备或其部件，就可能会发生危险。为防止这种情况的发生，最常用的解决方案是采用能够可靠地实现人/机隔离的保护装置对危险区域进行封闭式防护，典型的装置是防护门。

在防护门中，机械式行程开关、机械式安全门开关、非接触式安全门开关，常被用作防护门开闭的监测。带有闭锁机构的安全门开关，还可在必要时封锁危险区域。

（1）行程开关

行程开关在前文中已提及，需要注意的是，这里的行程开关需要选用带有强制断开结构的。

（2）机械式安全门开关

机械式安全门开关的主要特点是带独立操动头，有的还带有闭锁机构。

行程开关无法替代机械式安全门开关。

机械式安全门开关的操动头具有机械编码机构，可以防止通过手或其他工具对开关的屏蔽性干预。即通过手或其他工具让开关以为安全门已经关闭，但实际上并未关闭。有的设备维护人员为了方便，往往会设法屏蔽掉一些保护功能，这样容易出现危险。

带闭锁机构的安全门开关是一种特殊的安全工程装置。在危险状态占主导时，它可以防止意外地或故意地打开防护门或其他防护盖、防护罩等机械联锁装置。

常用的闭锁技术有两种：失电闭锁和得电闭锁。

1）失电闭锁（弹簧闭锁），当操动头准确插入时，安全门自动锁定。给螺线管通电，安全门可以解锁被打开。

2）得电闭锁（电磁闭锁），只有当给螺线管通电时，闭锁机构才被激活，使安全门锁定。如果失电或触发错误，安全门便解锁打开。

（3）非接触式安全门开关

非接触式安全门开关分为两种：电磁控制型和 RFID 型。

这类开关的防护等级很高，特别适用于极端环境的区域。与机械开关相比，这类开关的转换时间间隔较大，因此其安装误差更好，且具备各种丰富的诊断功能。另外，由于分别对开关和执行器进行编码，因此还具备最大程度的防干预能力。

2. 用于开放式危险区域监测的安全器件

在工厂中，通常存在一些因高度危险而禁止人员在某些时刻进入的区域。例如，压机进行下压运动时，人体任何部位都不得进入压机的危险区域内部。

这类危险区域可以使用安全光幕、安全光栅、安全地垫和激光扫描器等安全器件。

（1）安全光幕和安全光栅

安全光幕和安全光栅由发射单元和接收单元组成，两个单元之间的区域即是保护区域。当发送单元发射的光束（通常为红外线）至少有一束被阻断时，就会发出安全监测信号到安全控制模块，后者将根据逻辑运算结果切断相应的执行器，使危险区域的运动及时停止。

与安全开关等机械保护装置相比，安全光幕和光栅等防护装置是非接触式无磨损的，并且具有更短的响应时间，因此适用面更广。例如包装机械、冲压机械、加工中心、机械手系统、装配线以及木材、皮革、陶瓷和纺织品加工机械等。

安全光幕和安全光栅的型号很多，根据不同的应用及需要，准确选型是非常重要的。重点要看具体需要保护的目标，如针对手指的防护、手掌的防护，还是针对身体的防护，不同的防护所需的分辨率是不同的，见表11-4。

表 11-4　不同部位防护所需的不同分辨率示例

防护部位	手指	手掌	身体
常见分辨率	14 mm	30 mm	光束数目 = 1/2/3/4
示例图片			

（2）安全地垫

采用安全地垫可以实现危险区域的门禁功能。当人员踩踏上安全地垫时，输出的信号经过安全控制模块的评估，然后以安全的方式切断所连接的接触器。

安全地垫如图 11-14 所示。

（3）激光扫描器

激光扫描器常用于监测某个完整的区域，以防止人员非法进入。

激光扫描器可以为安全区域提供大面积的监测功能。安全区域通常被划分成警告区和危险区。如果有人进入警告区，指示灯输出警告信息。一旦有人进入危险区，则将关停机械设备。

图 11-15 为激光扫描器实物图及区域划分示例（图中使用的激光扫描器支持自定义区域）。

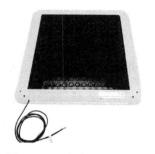

图 11-14　安全地垫实物图

图 11-15　激光扫描器实物图及区域划分示例

3. 用于安全速度/安全停机监测的安全器件

安全速度监测器用于对电动机进行动态监测，确保即使出现故障，电动机速度也不会超出该种情况下的安全设定值，避免故障时工作人员因加工件被甩出而受到伤害。或者配合防护门及闭锁机构，确保人员无法接近速度已经超过设定值的危险机械部件。

安全停机监测器直接监测电动机三相剩余感应电压。当剩余感应电压趋向于 0 或低于设定的阈值时，判定电动机的转轴已处于停止转动的状态。配合防护闭锁机构，机械设备的运动部件已经完全停机后，才能释放防护门的闭锁机构等功能。

11.4.2　安全控制模块

安全控制模块是安全控制系统的"核心"，它根据预先设计的逻辑关系，将逻辑结果输出给执行装置，并监测执行装置是否正确运行。

安全控制模块包括获得了相关机构安全认证（如 CE、UL 或 TÜV 等认证）的安全继电器或安全 PLC 等。

在安全控制系统中不能使用普通继电器或 PLC。

在有安全要求的机械设备中，如果使用普通继电器或 PLC 监控设备，使设备按照预先的设计执行工艺动作，例如实现物料的加工、处理、包装、搬运等。从表面看来，这样的设备在一定条件下也能够保证安全性。但是，当普通继电器或 PLC 由于自身的缺陷或外界原因导致功能失效时（如触点熔焊、电气短路、处理器紊乱等故障），就会丧失安全保护功能，从而引发事故。

而对于安全控制模块，由于其采用冗余、多样的结构，加上自我检测和监控、可靠电气元件、反馈回路等安全措施，在本身缺陷或外部故障的情况下，依然能够保证安全功能，并且可以及时地将故障检测出来，从而在最大程度上保证了整个安全控制系统的正常运行，保护了人员和设备的安全。最典型的安全控制模块就是安全继电器。图 11-16 展示了安全继电器最基本的一些技术特点。

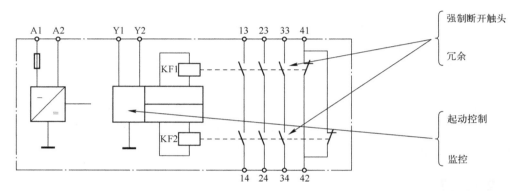

图 11-16　安全继电器最基本的技术特点

安全继电器通常是由数个继电器与电路组合而成，为的是要能互补彼此的异常缺陷，确保正确地动作，且尽可能地降低误动作的概率，提高安全性。

安全继电器一般用于控制单一或数量较少的安全功能，主要适用于单机或简单的自动化生产线等小型的安全控制系统。其成本适中，但如果涉及安全的元器件太多，会导致线路的设计会比较复杂，因此不适于中大型生产线。

安全 PLC 是适用于中大型生产线的安全控制模块，因为可编程（这是与安全继电器最大的区别），所以性能强大，但成本较高。

安全继电器与安全 PLC 等安全控制模块根据不同的设计特点，适用的场合不同，但最高可以达到的安全等级是一样的。

西门子的安全 PLC 叫作故障安全型 PLC，型号中带有字母 F，例如 CPU 1515F-2PN、F-DI 16×24VDC 等。

1）安全 PLC 在硬件的设计上与普通 PLC 是有区别的。例如，在输入、输出模块上，都是双通道的设计，可以对采集的信号进行比较和校验；另外，在模块上也增加了更多的诊断功能，能够对短路或者断线等外部故障进行诊断。另外，安全 PLC 的 CPU 通过一定的校验机制，可以保证信号在 PLC 内的传输和处理都是准确的，而普通的 CPU 则不能处理与安全有关的信号。

2）安全 PLC 是经过安全认证的，能够被用于安全系统，也能被用于普通系统；但普通的 PLC 不能被用于安全系统。

3）安全 PLC 中可以使用安全程序也可以使用普通程序，但安全功能必须使用安全程序，而普通 PLC 中没有安全程序。安全程序中标准安全功能的功能块也是经过安全认证的，普通程序的功能块是没有经过安全认证的。

4）安全 PLC 之间的通信是通过 PROFIsafe 协议来保证数据安全的。普通的 PLC 之间的数据交换是通过 PROFIBUS 或 PROFINET 协议来保证数据安全的，而 PROFIsafe 协议是加载在PROFIBUS 或 PROFINET 协议层之上的，在数据中增加了更多的校验机制，因此可靠性更高。

请扫描二维码 11-3 查看安全控制模块的应用。

11. 4. 3 执行环节的安全器件

11-3

该环节的安全执行装置的主要作用是隔离危险，相关的安全器件主要有安全接触器和集成有安全功能的变频器等。

安全接触器与普通接触器的主要不同之处在于安全接触器采用了强制断开结构，避免了因为熔焊而使常开、常闭触点同时闭合的情况。另外，安全接触器是经过安全认证的。

部分变频器集成了安全功能，例如西门子的 SINAMICS G120/S120 等。西门子的这两类变频器相当于集成安全控制模块和安全执行装置于一身，其安全功能可达到 PLd（ISO 13849-1）或 SIL2（IEC 62061）等级。在不使用安全功能时，这两类变频器可像普通变频器一样使用。使用安全功能时，通过安全输入（F-DI）、安全输出（F-DO）或安全通信 PROFIsafe 实现安全转矩关断 STO、安全抱闸控制 SBC（需配套使用安全抱闸继电器）、安全停止 SS1、安全限速 SLS、安全转速监控 SSM、安全方向 SDI 等安全功能。

关于变频器的安全功能，请扫描二维码 11-4 查看。

思考题及练习题

11-4

1. 请简述安全系统的设计方法。
2. 请简述安全控制系统与基本控制系统的差异。
3. 如图 11-17 所示为两个工厂场景（制造业）示意图，请分别指出都使用了哪些工业安全器件？

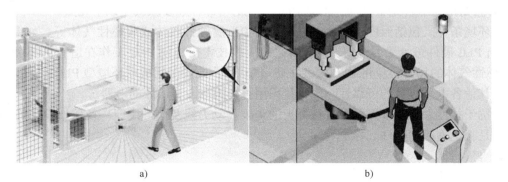

a)   b)

图 11-17 工厂场景示意图

第12章
PLC 控制系统设计

12.1 PLC 控制系统的设计原则及流程

1. PLC 控制系统的设计原则

（1）实用性

实用性是 PLC 控制系统设计的基本原则。工程师在研究控制任务的同时，还要了解控制系统的使用环境，使得所设计的控制系统能够满足用户所有的要求。同时，尽量做到硬件上小巧灵活，软件上简洁方便。

（2）安全性

安全性是控制系统极其重要的原则。对于一些可能会产生危险的系统，必须要保证控制系统能够长期稳定、安全、可靠地运行。即使控制系统本身出现问题，起码能够保证不会出现人员和财产的重大损失。在系统规划初期，应充分考虑系统可能出现的问题，提出不同的设计方案，选择一种非常可靠且较容易实施的方案，必要时加入安全控制系统；在硬件设计时，应根据设备的重要程度，考虑适当的备份或冗余；在软件（主要指控制程序）设计时，应采取相应的保护措施，经过反复测试确保无大的疏漏之后方可联机调试运行。

（3）可靠性

PLC 自身的可靠性是很高的，但是 PLC 系统的可靠性还要取决于以下几点。

1）环境条件。包括温度，湿度，是否有粉尘、腐蚀性气体或可燃性气体等。如果环境指标已超出 PLC 硬件可承受的范围，则需要采用一些技术措施使 PLC 工作在适宜的环境中（对于有可燃性气体的场合，应将 PLC 安装在防爆柜中），或者采用极端环境型 PLC。

2）其他各电器自身的可靠性。应尽量采用符合国标或有认证的电器。

3）抗干扰性。需要按照标准进行合理的走线（动力线及信号线等）及接地设计等。

4）是否正确使用软件（控制程序）。

（4）经济性

在满足实用性、安全性及可靠性的前提下，应尽量使系统的软硬件配置经济、实惠，切勿盲目追求新技术、高性能。硬件选型时应以经济、合用为准；软件应当在开发周期与产品功能之间作相应的平衡，因为如果开发周期长，相应的人工成本就会高。另外，还要考虑所使用的产品是否可以获得完备的技术资料和售后服务，以减少开发成本。

（5）可扩展性

在进行系统总体规划时，应充分考虑到用户今后生产发展和工艺改进的需要，在控制器计算能力和 I/O 端口数量上应当留有适当的裕量，同时对外要留有扩展的通信接口，以满足系统扩展和监控的需要。

（6）先进性

在进行硬件设计时，优先选用技术先进，应用成熟广泛的产品组成控制系统，保证系统在一定时间内具有先进性，不致被市场淘汰。此原则与经济性共同考虑，以使控制系统具有较高的性价比。

2. PLC 控制系统的设计流程

设计 PLC 控制系统时应遵循一定的设计流程，掌握设计流程，可以提高设计效率和正确性。PLC 控制系统的一般设计流程如图 12-1 所示。

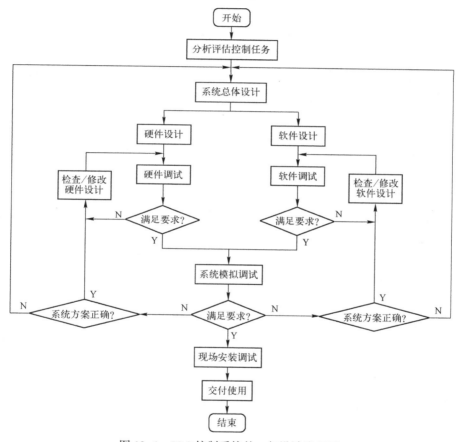

图 12-1　PLC 控制系统的一般设计流程图

12.2　分析评估控制任务

分析评估控制任务是设计控制系统的基础。只有深入了解与之有关的被控对象以及工艺流程，才能够提出合理科学的控制方案。此阶段一定要与用户深入沟通技术需求，确保分析得全面而准确，以最大限度避免项目后期产生较大更改。一般来说，对于工艺成熟的项目，后期变更的可能性小；反之工艺不成熟的项目，后期变更的可能性大。对于一般项目，由于工艺功能的调试在机械装置制造并安装之后，因此项目后期技术需求的变更可能会导致机械装置的重新设计制造，调试可能会因此停滞，从而付出较大的代价。对于高度数字化、虚拟化的项目，其机械装置的制造与安装在工艺功能的虚拟调试之后，因此项目后期只要是在机械装置制造之前发生变更，代价都不大。

对被控对象的整个工艺流程有了深入的了解之后。为了更直观、简洁的表示，可画出工艺流程图或用其他方式将工艺描述清楚，为后面的系统设计做好准备。

12.3　PLC 控制系统的总体设计

在控制系统设计之前，需要对系统的方案进行论证。主要是对整个系统方案的可行性做一个预测性的估计。在此阶段一定要全面考虑设计和实施此系统将会遇到的各种问题。如果没有做过相关项目的经验，应当在现场仔细考察，并详细论证设计此系统中每一个环节的可行性。否则稍有不慎，就会造成很大的麻烦，轻则系统不成功，重则会造成严重的财产损失，工程实施过程中的阻碍往往都是由于这一步没有做足工夫而导致的。

一般来说，在系统总体设计时，需要考虑下面几个问题。

1）是否选用 PLC 作为控制器。常用的硬件控制器可以是单片机、PLC 或 DCS（集散控制系统）等，它们本质上都是计算机系统。单片机的特点是硬件便宜，但针对工业应用的开发成本高、难度大。在工业中，单片机一般用于测试仪器和各种仪表装置。部分小型机械装置也有采用单片机作为硬件控制器的，但这种机械装置一般是批量生产的（批量生产意味着单位开发成本降低）且工作所在的环境普遍较好，特别是电磁环境好（意味着不用进行严格的抗干扰设计与测试，设计难度降低）。PLC 是通用的、成熟的产品，针对具体工程项目的开发较容易。为在工业环境中可靠地运行，厂商已对其硬件进行了精巧的设计和严格的测试，并且产品经过更新换代，功能和性能都在不断提高。另外，PLC 还有自己配套的操作软件，这些软件将多种功能集成化（例如通过组态而不是通过代码实现模块的参数设定、成熟的指令及便捷的故障诊断等），用户不必重新开发，并且 PLC 的操作软件也越来越人性化，越来越有利于工程的开发与维护。因此，在很多场合中，PLC 都可以作为硬件控制器，来完成复杂的工业自动控制任务。而 DCS 是更适合于大型流程工业控制系统的硬件控制器，它以模拟量的输入/输出为主，在离散工业中不会考虑使用 DCS。

2）确定 PLC 的控制范围。一般来说，能够反映生产过程的运行情况，能用传感器进行直接测量的参数，需要自动运行或自动手动切换运行的设备的控制都应由 PLC 来完成。现场有的设备会自带控制系统，如各种运动控制器（数控系统或机械手系统等），各种电机的驱动器，甚至其他的 PLC 系统等。对于这些设备，要弄清需要监视和控制的变量，它们也属于 PLC 的控制范围。

3）是否需要与其他部分通信。一个完整的控制系统，至少会包括三个部分：控制器、被控对象和监控系统。对于控制器来说，至少要跟监控系统进行通信，至于是否跟另外的控制单元或部门通信要根据用户的要求来决定。一般来说，如果用户没有要求，也都会留有这样的通信接口。

对于 PLC 和现场信号之间的连接，传统的连接方式是将现场信号直接通过接线连接到 PLC 上。如果距离太远，信号传输就会有损耗，尤其是模拟量信号，且当信号点数很多时，布线也较复杂，浪费材料。所以，一般这种情况会在现场使用 ET 200 分布式 I/O 从站（如果现场为危险区，需选用本质安全型的分布式 I/O 从站），将现场信号直接连接到 I/O 从站上，再通过通信的方式将信号传送到 PLC。

如果需要通信（包括分布式 I/O 从站），尽量采用工业以太网/PROFINET，但也要根据现场设备的情况具体选择，例如现场设备只有 PROFIBUS-DP 接口时，则与之通信只能采用

PROFIBUS-DP。

　　4）是否需要冗余备份系统。在数据归档时，为了让归档数据不丢失，可以使用服务器冗余；在控制系统中，为了使系统不会因故障而导致停机或其他不可预知的结果，可以使用控制器冗余备份系统。选择适当的冗余备份，可以使系统的可靠性得到大幅提高。

12.4　PLC 控制系统的硬件设计

　　PLC 控制系统的硬件设计工作主要有传感器与执行器的确定、PLC 控制系统模块的选择及控制柜设计。

12.4.1　传感器与执行器的确定

1. 传感器的确定

　　传感器相当于整个系统的"眼睛"，它的确定对系统有着至关重要的影响。一般来说，选择一个传感器时，应注意下面几个问题：①测量范围；②测量精度；③可靠性；④接口类型。

2. 执行器的确定

　　执行器相当于整个系统的"手臂"，其重要性不言而喻。与选择传感器相对应，在选择执行器时，应考虑下面几个问题：①输出范围；②输出精度；③可靠性；④接口类型。

12.4.2　PLC 控制系统模块的选择

　　传感器与执行器确定后，就可以确定 I/O 点数并进行 PLC 模块的选择了。

1. I/O 点数的确定

　　对 I/O 点数，即输入/输出点数进行估算是一项重要的工作，控制系统总的输入/输出点数可以根据实际设备的情况汇总，然后再加 10%~20% 的备用裕量。

　　一般来说，一个数字量状态的输入就应该占用一个数字量输入点。例如，一个按钮要占一个输入点；一个光电开关要占一个输入点；而对于选择开关来说，一般有几个位置就要占几个输入点；对各种位置开关一般占一个或两个输入点；一个信号灯占一个输出点，多个信号灯同时亮灭的，可以占一个输出点等。

　　模拟量一般是一个仪表占用一个输入点，一个执行器占用一个输出点。带有反馈的执行器，每个反馈量占用一个输入点。

2. 控制模块的选择

　　确定了 I/O 点数后，下一步进行的是 PLC 模块的选择，即 PLC 模块的选型。它主要包括 CPU 模块，数字量和模拟量 I/O 等模块的选择。

　　1）对于 CPU 模块的选择，一般要考虑到以下几个问题。

　　① 通信接口的类型。

　　② 运算速度。

　　③ 特殊功能（如高速计数等）。

　　④ 存储器（卡）的容量。

　　⑤ 对采样周期、响应速度的要求。

　　2）在选择信号模块时，一般应注意以下几个方面。

　　① 信号模块的 I/O 点数应满足实际的需要，并留有一定的裕量。可同时使用多个信号模块，但要注意一个框架中对模块的数量限制，如果超出上限可使用扩展框架或分布式 I/O 的方式进行扩展。对于 S7-1500 PLC 只有 ET 200 MP/SP 分布式 I/O 的扩展方式。

② 模块的电压等级。可根据现场设备与模块间的距离来确定。当外部电路较长时，可选用 AC 220 V 电源；当外部电路较短且控制设备相对较集中时，可选用 DC 24 V 电源。

③ 数字量输出模块的输出类型。数字量输出有继电器、晶闸管、晶体管三种形式。在通断不频繁且负载电流较大的场合应该选用继电器输出；在通断频繁的场合，应该选用晶闸管或晶体管输出，注意晶闸管只能用于交流负载，晶体管只能用于直流负载。

④ 模拟量信号类型。模拟量信号传输应尽量采用电流型信号传输。因为电压型信号极易引入干扰，一般电压信号仅用于控制设备柜内电位器的设置，或距离较近、电磁环境好的场合。

最好参照产品样本中相关的技术数据来进行 PLC 模块选型的工作。

12.4.3　控制柜设计

在大多数系统中，都需要设计控制柜，它可以将工业现场的恶劣环境与控制器相隔离，使系统能可靠地运行。一般来说，设计控制柜时应考虑到下面几个问题。

1）尺寸大小。要根据现场的安装位置和空间，设计合适的尺寸大小。切忌在设计完工之后才发现在现场不能安装。在外观方面没有太严格的要求，只要简洁大方即可。

2）电气元器件的选择。主要是根据控制要求选择按钮、开关、传感器、保护电器、接触器、继电器、指示灯和电磁阀等。

3）电路图。在设计控制柜的电路图时，一方面要考虑到工业现场的实际环境，另一方面要考虑到系统的安全性。在设计时，应查阅相关的 I/O 模块以及传感器和执行器的手册资料，对其连接的方式应予以充分了解，这样在设计时才不会出现问题。

西门子网站中对其各种工业产品都提供了 CAx 数据，其涵盖电气设计常用的三维模型图、尺寸图（CAD 可打开）、接线端子示意图、电路图、产品外形图等，合理利用可节约设计时间和成本，提高设计质量。

4）电源。在充分计算好系统所需的功率后，再选择合适的电源，并根据系统需要，选择是否需要电源的备份。为防止由于某信号短路而造成的 CPU 断电，信号模块和 CPU 模块一般要采用不同的电源供电。

12-1

5）其他。对于接线方式、接地保护、接线排的裕量等问题，在设计时都要予以考虑。

请扫描二维码 12-1 观看工业现场的控制柜讲解视频。

12.5　PLC 控制系统的软件设计

12.5.1　控制软件设计

控制软件就是 PLC 中的控制程序，它是整个控制系统的"思想"，控制软件的设计应该注意以下几个方面。

1）正确性。要保证能够完成用户所要求的各项功能，确保程序不会出现错误。

2）可靠性。在满足正确性的同时，可靠性也不可忽视。在设计时要设置事故报警、联锁保护等。还要对不同的工作设备和不同的工作状态做互锁设计，以防止用户的误操作；在有信号干扰的系统中，程序设计还应考虑滤波和校正功能，以消除干扰的影响。

3）可调整性。应采用合理的程序结构，借鉴软件工程中"高内聚，低耦合"的思想。这样，即使是程序出现了问题，或用户想另外增加功能时，也能够很容易地对其进行调整。

4）标准性。编程时能用指令功能处理的功能，尽可能不要用技巧处理。除了编程软件自带的指令外，经过公司或行业验证的库函数（块），也应尽量使用。

5）可读性。在系统维护和技术改造时，一般都要在原始程序的基础上改造。所以要求在编写程序时，力求语句简单、条理清楚、注释完整、可读性强。

12.5.2　监控软件设计

工业中的监控系统是用来辅助操作员对生产过程进行实时监控的系统。根据硬件的不同，一般分为基于工业计算机的监控系统，和基于触摸屏的监控系统，它们本质上是相同的。HMI即人机接口其实就是监控系统，从广义上讲，一切可以实现人机交互的装置都是 HMI，例如按钮、指示灯、工业计算机及触摸屏，但在工程上，一般将 HMI 狭义地指代为触摸屏。

一般来说，监控软件在设计时，应该包括以下几个方面。

1）工艺流程界面。针对系统的总体流程，给操作员一个直观的操作环境，同时对系统的各项运行数据也能实时显示。

2）操作控制界面。操作员可能对系统进行开车、停车、手动/自动切换等一系列操作，通过此界面应可以很容易地实现。

3）趋势曲线界面。在过程控制中，许多过程变量的变化趋势对系统的运行有着重要的影响，因此趋势曲线在过程控制中尤为重要。

4）历史数据归档。为了方便用户查找以往的系统运行数据，需要将系统运行状态进行归档保存。

5）报警信息提示。当出现报警时，系统会以非常明显的方式来告诉操作员，同时对报警的信息也进行归档。

12.6　PLC 控制系统的调试

控制系统的调试可分为模拟调试和现场调试两个环节。

12.6.1　模拟调试

1. 软件模拟调试

软件在设计完成之后，可以首先使用 PLCSIM 进行仿真调试。该软件操作方法简单，灵活性高，使用方便。

2. 硬件模拟调试

用 PLC 硬件来测试程序时，用接在输入端的小开关或按钮来模拟实际的 PLC 输入信号，例如用它们发出操作指令，或在适当的时候用它们来模拟实际的反馈信号，例如限位开关触点的接通和断开。通过输出模块上各输出点对应的 LED 指示灯，观察输出信号是否满足设计的要求。

12.6.2　现场调试

完成上述工作后，可在控制现场进行联机调试，在调试过程中将暴露出系统中可能存在的传感器、执行器和硬件接线等方面的问题以及程序设计中的问题，对出现的这些问题应及时加以解决。

现场调试是整个控制系统完成的重要环节，任何的系统设计很少有不经过现场的调试就能正常使用的。只有通过现场调试才能发现控制电路和控制程序中不满足系统要求之处，以及控制电路和控制程序中存在的问题。

在调试过程中，如果发现问题，应及时与现场技术人员沟通，确定其问题所在，及时对相应硬件和软件部分进行调整。全部调试后，经过一段时间试运行，确认程序正确可靠后，才能正式投入正常使用。

12.7 传送带控制系统设计实例

如图 12-2 所示为某传送带系统示意图，图 12-2b 中的每条传送带都如图 12-2a 中所示。请为其设计适当的控制系统，以实现物料通过传送带系统从容器 1 传送至容器 2 中。

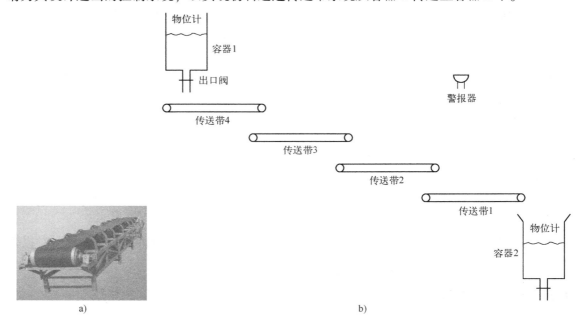

图 12-2 传送带系统示意图
a）单传送带图片　b）多传送带系统

12.7.1 分析评估控制任务

首先与用户深入沟通，确定控制任务。传送带控制系统的控制任务可以表述如下。

（1）传送带系统的正常起停条件

在无任何故障状态时，按下起动按钮 SF1，警报器安全示警一段时间后，传送带系统即可起动。按下停止按钮 SF2 或当容器 2 中的物位高于上限值时，传送带系统自动停止，容器 2 中的物位上限值可通过监控软件设定。

（2）4 条传送带之间的正常起停流程

传送带系统起动时，为防止由于某条传送带的起动而使物料在下方的传送带上堆积，起动时应该先起动最下方的传送带。在本例中，按下起动按钮 SF1 时应先起动传送带 1，再向上依次起动其他传送带（2→3→4），每两条传送带的起动间隔时间为 20 s；按下停止按钮 SF2 时，应先停止最上面的一条传送带 4，待料运送完毕后依次停止其他传送带（3→2→1）。在本例中，每两条传送带的停止间隔时间也为 20 s。

（3）传送带的故障信号

这种传送带在运行时，有可能会跑偏或打滑。所以一般都会安装用于检测跑偏和打滑的开关。同时，为了现场的安全，在传送带的两侧一般还安装有拉线式的紧急停止开关。（1）中提到的无任何故障状态就是指没有拉线式急停开关被拉线（拉线式急停开关被拉线与蘑菇头式急停开关被按下是同样的功能，即其常闭触点断开）。

（4）传送带的故障停止

传送带运行时，如果检测到跑偏或打滑，则延时 5 s 后传送带自动停止。如果在这 5 s 内，跑偏或打滑信号消失，传送带就不会停止；但如果拉线式急停开关被拉线，传送带会立即停止，如果在安全示警阶段被拉线则会中断起动流程。

如果某一个传送带由于跑偏、打滑或被触发紧急停止，则该传送带及其上方的传送带应立即停止，以防止物料堆积。而该传送带下方的传送带运送完上面的物料后再自动停止，即延时 20 s 后停止。

跑偏、打滑及紧急停止开关均恢复初始状态后，依次按下故障确认按钮与警报器复位按钮后，方可再次起动传送带系统。

（5）容器 1 的出口阀

4 条传送带均起动后，容器 1 的阀门自动打开；任何 1 条传送带停止时，容器 1 的阀门自动关闭。

（6）警报器

当按下起动按钮后，警报器间歇式（周期 2 s，占空比 1:1）鸣叫 60 s 后，传送带系统起动。当传送带系统由于跑偏、打滑或被触发紧急停止时，警报器将一直鸣叫，直至故障确认按钮及警报器复位按钮被按下（先确认，后复位）。

（7）采集周期及量程

容器 1、2 中的物位信号需要以 100 ms 为周期进行采集，两个容器的量程均为 0~10 m。

12.7.2　系统总体设计

本例中的控制系统将在工厂环境运行，且不是大型的过程控制系统，因此应使用 PLC 作为控制器。上节中总结出的控制任务均在 PLC 的控制范围内，而容器 1 的液位控制及容器 2 的出口阀的控制不在该控制系统的控制范围内（可能由其他的 PLC 进行控制）。

本例采用 PLC 单机控制即可，但考虑到可能要与工艺中上下游的控制系统相通信，需要预留通信接口。另外，由于本例中的现场设备与 PLC 的距离不远，因此无需采用分布式 I/O。

在该传送带系统中，由于容器 2 中会存有一定量的物料，这就保证了当传送带系统短时间停机时对后续系统的供料。因此，该控制系统无需配置冗余备份。

12.7.3　系统硬件设计

1. 传感器与执行器的确定

本例涉及的传感器与执行器有传送带打滑检测器、传感器跑偏检测行程开关、容器物位计、警报器、容器出口阀等。确定好这些器件之后，要弄清楚它们的接线原理，以便进行电气原理图的设计。

2. I/O 点数确定

统计各输入/输出设备并整理好 I/O 点表，如果按照博途软件变量表的格式整理成 EXCEL 表格，就可以在整理完成后将其导入到博途软件的变量表（见图 12-3）中。

	名称	数据类型	地址	注释
	变量表_1			
1	SF1	Bool	%I10.0	启动按钮
2	SF2	Bool	%I10.1	停止按钮
3	DH1	Bool	%I10.2	传送带 1 打滑信号
4	DH2	Bool	%I10.3	传送带 2 打滑信号
5	DH3	Bool	%I10.4	传送带 3 打滑信号
6	DH4	Bool	%I10.5	传送带 4 打滑信号
7	BG1	Bool	%I10.6	传送带 1 跑偏信号
8	BG2	Bool	%I10.7	传送带 2 跑偏信号
9	BG3	Bool	%I11.0	传送带 3 跑偏信号
10	BG4	Bool	%I11.1	传送带 4 跑偏信号
11	SF3	Bool	%I11.2	传送带紧急停止
12	Reset	Bool	%I11.3	警报器复位
13	Ack	Bool	%I11.4	传送带故障确认
14	CM1_LEVEL	Word	%IW0	容器 1 物位计
15	CM2_LEVEL	Word	%IW2	容器 2 物位计
16	QA1	Bool	%Q4.0	传送带 1 电机接触器
17	QA2	Bool	%Q4.1	传送带 2 电机接触器
18	QA3	Bool	%Q4.2	传送带 3 电机接触器
19	QA4	Bool	%Q4.3	传送带 4 电机接触器
20	PG	Bool	%Q4.4	警报器
21	MB	Bool	%Q4.5	容器 1 的出口阀

图 12-3　本例的变量表_1——I/O 变量表

3. PLC 模块的选型

综合考虑 I/O 点数、I/O 模块的诊断功能、CPU 的运行速率、扩展能力、通信接口及性价比等因素，确定了本例选用 S7-1500 PLC 中的 CPU1511C。

CPU1511C 为紧凑型 CPU，其本体自带 5 路模拟量输入（本例用到 2 路），2 路模拟量输出（本例未用到），16 路数字量输入（本例用到 13 路），16 路数字量输出（本例用到 6 路），可见 I/O 点数均满足要求且留有裕量。模拟量部分具备通道级的上溢、下溢和断路诊断功能，数字量部分具备通道级的电源电压丢失的诊断功能。由于本体自带的 I/O 已满足要求，因此无需再选择其他 I/O 模块。

该 CPU 的运算速率虽在 S7-1500 系列 PLC 中垫底，但高于 S7-200 SMART、S7-1200、CPU314 以下的 S7-300、S7-400 中非冗余型的 CPU412。

CPU1511C 仅带有一个通信接口 X1——PROFINET（PN）接口，在本例中，该接口可以用来连接至监控设备或用来作为与分布式 I/O 通信的预留接口。该接口的最大连接资源数是 64，如果实际超出此连接数，则需要添加通信模块或更换更高型号的 CPU。另外，如果需要连接至两条不同的 PROFINET 网络，也要添加通信模块或更换带有两个 PN 接口的 CPU。本例中 CPU1511C 仅需要连接一个监控设备，因此无需添加通信模块或更换 CPU。

综上，本例选用 CPU1511C 可满足要求，且是在 S7-1500 系列中性价比最高的一款。

4. 电气原理图设计

电气原理图包括主电路图和 PLC 控制电路图。

（1）主电路图

如图 12-4 所示为传送带系统的主电路，接触器 QA1、QA2、QA3 和 QA4 分别控制四台电动机 MA1、MA2、MA3 和 MA4 的运行。

信号和 PLC 电源的 L+ 和 M 分别是 24 V 电源的正负端子，在本设计中，信号和 PLC 采用了两个相互独立的 24 V 电源。

（2）PLC 控制电路图

如图 12-5 所示为 PLC 控制电路图，设计该电路时应该参考相关技术手册，弄清楚 PLC 信号模块及各外部设备的接线原理，以免因为设计错误而损坏元器件。

图 12-5a 为 DI/DQ 控制电路，由于该电路的电压为直流 24 V，DQ 部分无法驱动额定电压为交流 220 V 的接触器线圈，因此使用了中间继电器 KF。KF 线圈回路为直流 24 V，触点回路为交流 220 V，以便控制传送带的接触器 QA（见图 12-5b）。图 12-5c 为 AI 部分的控制电路，由于本例用到的传感器为电流型信号，因此应该按照 AI 模块电流型信号的接线原理进行设计。若为电压型信号，则容器 1 液位应接到 AI 模块的 1、3 端子；容器 2 液位应接到 AI 模块的 4、6 端子。

图 12-5 中元器件两端的数字是接线端子的编号，例如起动按钮 SF1 两端的 3/4，该编号可以在元器件上或其接线原理说明书中查看。

图 12-5 中元器件和 PLC 之间，或元器件之间的两组编号是线号（标记在电线末端上的代号），线号是方便接线与查线的标识。本例采用的是远端连接标记法（GB/T 30085-2013），例如 SF1 的 4 号端子上的线号为 DI1.1，代表这根电线连接到 1 号槽位（SLOT）DI 模块的 1 号接线端子；而其靠近 PLC 一侧的线号为 SF1.4，代表这根电线连接到 SF1 的 4 号接线端子。采用这种标记方式，在对电路系统进行故障定位和维护时非常方便。除了远端连接标记法，GB/T 30085-2013 中还给出了近端连接标记法和两端连接标记法，请扫描二维码 12-2 查看。

12-2

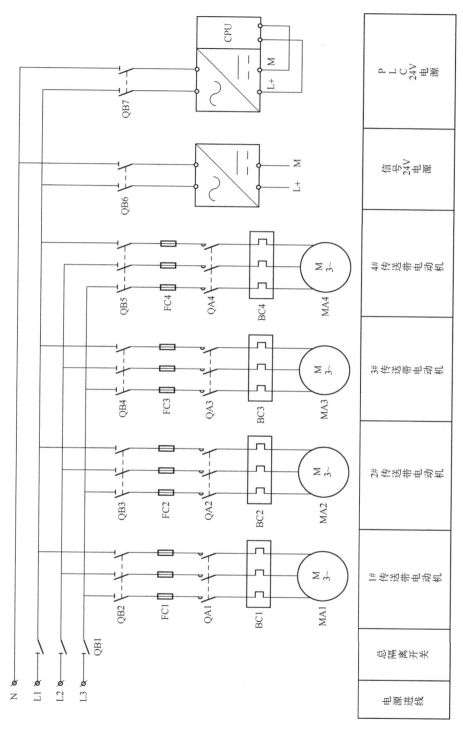

图12-4　传送带系统的主电路

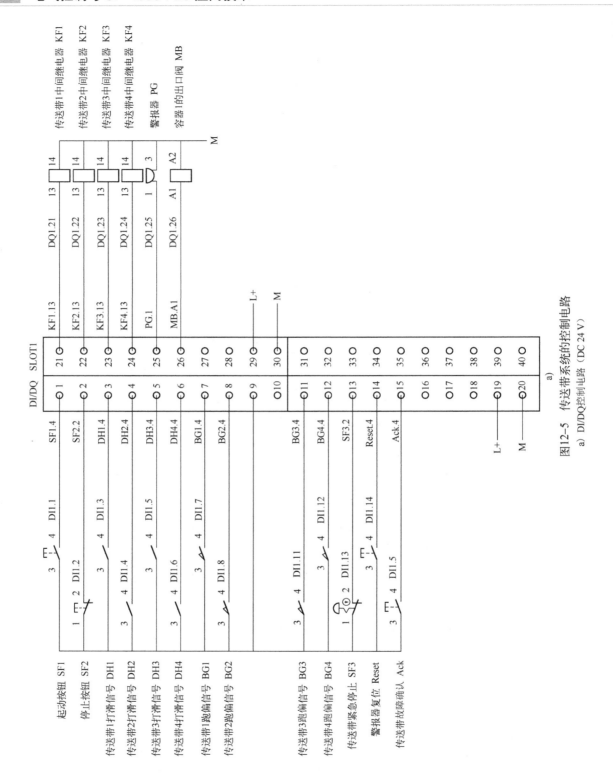

图12-5 传送带系统的控制电路
a) DI/DQ控制电路（DC 24 V）

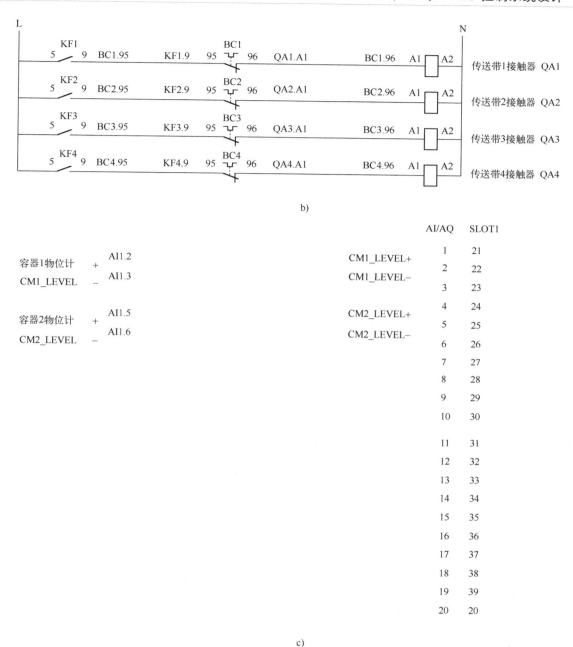

b)

图 12-5　传送带系统的控制电路（续）

b）传送带接触器控制电路（AC 220 V）　c）AI 控制电路

12.7.4　系统软件设计

系统软件设计主要包括控制程序的设计和监控画面的设计。

1. 程序结构的设计

程序中的块和它们之间的调用关系如图 12-6 所示。

在本例中，有 4 条传送带，每条传送带的控制逻辑相同，将其封装在 FB1 中，再调用 4 次即可实现 4 条传送带的单独控制。除了每条传送带的控制程序，4 条传送带之间起停协调的程序也是本例中的主要部分，再加上均为数字量控制程序，因此都编写在 OB1 中。

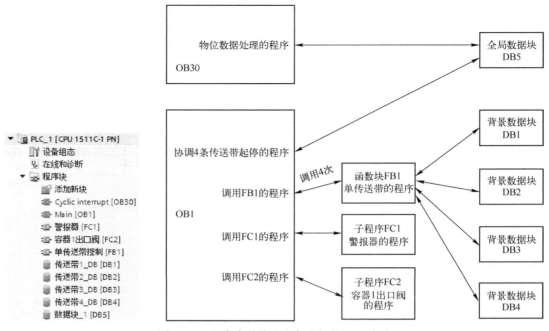

图 12-6　程序中的块和它们之间的调用关系

　　警报器和容器 1 出口阀的控制程序相对独立，为增强程序的可读性，将其作为子程序编写在无形参的 FC 中。

　　容器 1、2 中的物位信号均需要 100 ms 的周期进行采集，因此，将物位的采集与数据处理程序编写在 OB30 中。

　　对于 DB，每次调用 FB1 都会生成 1 个背景 DB。而与物位有关的一些数据存储到了 DB5——全局数据块中。

2. FB 的编写

　　按照本例控制任务的特点，在程序结构设计好之后，可以首先编写并测试好 FB，再编写协调多个传送带的程序。

　　FB 的接口区如图 12-7 所示。其中跑偏、打滑和急停信号都会连接实际信号；联锁起动和联锁停止信号为协调 4 条传送带顺序起动与停止的信号；运行故障（Output）以及运行故障的确认（Input）为跑偏、打滑或急停故障的确认；Static 中的两个 TON_TIME 类型的变量是 IEC 定时器 TON 的实例。

　　图 12-8 为 FB 中的单传送带起停控制程序，下面对该程序进行简要说明。

单传送带控制			
	名称	数据类型	默认值
1	▼ Input		
2	跑偏信号	Bool	false
3	打滑信号	Bool	false
4	急停信号	Bool	false
5	联锁起动信号	Bool	false
6	联锁停止信号	Bool	false
7	运行故障的确认	Bool	false
8	▼ Output		
9	传送带电机	Bool	false
10	运行故障	Bool	false
11	▶ InOut		
12	▼ Static		
13	▶ IEC_Timer_0_Instance	TON_TIME	
14	▶ IEC_Timer_0_Instance...	TON_TIME	
15	跑偏或打滑已到5秒	Bool	false
16	▶ Temp		
17	▼ Constant		

图 12-7　FB 的接口区

　　1）程序段 1。联锁起动信号到来时，即刻起动传送带电动机。

　　2）程序段 2。跑偏及打滑信号的 5 s 延时，在 FB 中调用 IEC 定时器时要使用多重背景功能。

　　3）程序段 3。跑偏及打滑信号持续时间达到 5 s 或检测到急停信号时，复位传送带电机，同时置位运行故障位。在该行程序中，由于急停开关使用了常闭触点，因此程序中应使用使其取反的常闭触点指令，否则急停开关在正常状态下就会复位传送带电机并置位运行故障位。

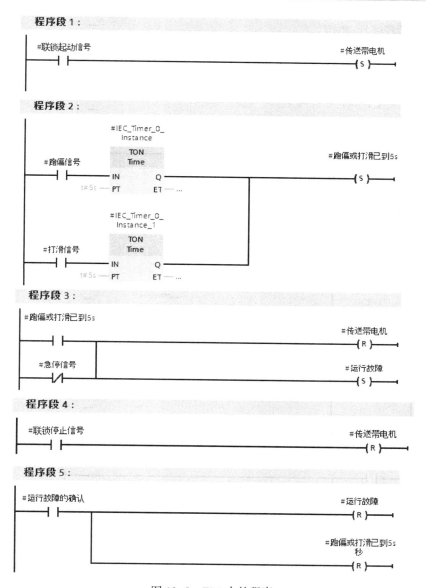

图 12-8　FB1 中的程序

4）程序段 4。联锁停止信号到来时，传送带电机立即复位。由于程序段 4 和 3 中的传送带电机复位指令在程序段 1 的置位指令后面，因此即使两个指令同时被触发，输出的结果仍是复位。

5）程序段 5。运行故障及跑偏或打滑已到 5 s 状态的手动复位程序。

3. FC 的编写

本例中警报器和容器 1 出口阀的控制程序相对独立，为增强程序的可读性，将其作为子程序编写在无形参的 FC 中。

如图 12-9 所示为警报器子程序 FC1。M5.0 为传送带起动前的 60 s 闪烁警示，这里用到了系统时钟存储位。M5.1 为故障报警指示，用到了自锁结构。最后将 M5.0 和 M5.1 的状态合并为警报器 Q4.4 的状态。

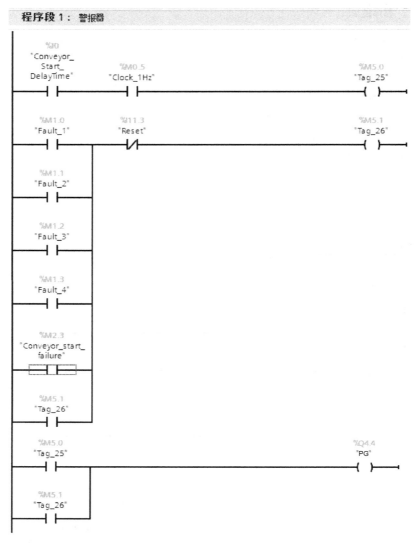

图 12-9　FC1 中的程序

如图 12-10 所示为容器 1 出口阀子程序 FC2，其逻辑为：当 4 条传送带都起动后，即可开启该出口阀；若有一条传送带停止，则立即关闭该出口阀。

图 12-10　FC2 中的程序

4. OB1 的编写

OB1 中主要是协调 4 条传送带起停的程序，下面对其做简要说明。

1）程序段 1（见图 12-11）。这段程序主要用来进行传送带系统的起动控制。需要说明的是，I11.4（Ack）是故障确认按钮，在该程序段中如果传送带系统起动失败，可以用 I11.4 来复位 M2.0 和 M2.1。另外，如果使用的不是 S7-1500/1200 PLC，则程序段 1 的程序必须分写在 4 个程序段中，否则编译不能通过。

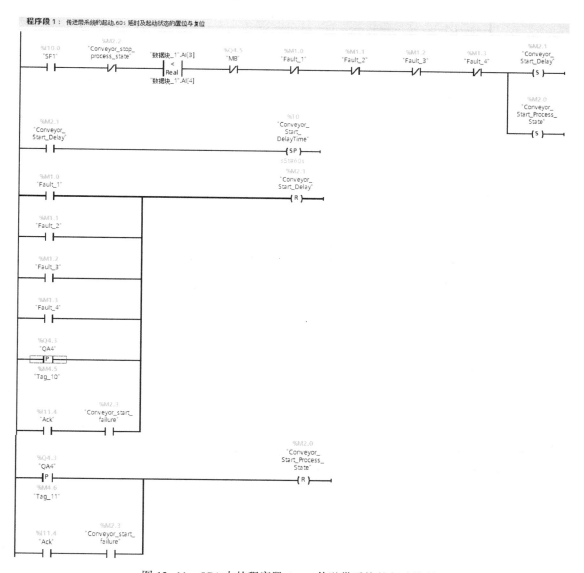

图 12-11　OB1 中的程序段 1——传送带系统的起动控制

　　该段程序的大意为：按下起动按钮 I10.0 时，如果各传送带没有故障状态、没有处于停机流程且容器 2 的物位并未高于上限值时，将置位 M2.0 以开启系统的起动流程，置位 M2.1 以触发警报器工作 60s。在此期间，若某传送带出现故障、传送带系统起动完成或传送带起动失败且按下故障确认按钮后，M2.1 复位。传送带系统起动完毕或传送带起动失败且按下故障确认按钮后，M2.0 复位。当在传送带未完全起动时按下停止按钮 I10.1，M2.0 的状态就需要通过 I11.4 进行复位。

　　2）程序段 2（见图 12-12）。这段主要用来进行传送带系统的停止控制。其中"数据块_1".AI[3] 和"数据块_1".AI[4] 是 DB5（数据块_1）中创建的数组的两个元素，含义分别是容器 2 物位的量程整定值和容器 2 物位上限值。

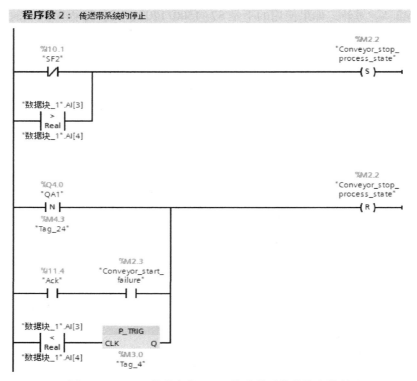

图 12-12　OB1 的程序段 2——传送带系统的停止控制

该段程序的大意是按下停止按钮或容器 2 的物位达到上限值时置位 M2.2，开启传送带系统的停止流程。当 Q4.0 停止的瞬间（传送带系统停止完毕）、故障状态下按下 I11.4 或容器 2 的物位再次小于上限值时复位 M2.2。

3）程序段 3（见图 12-13）。为传送带 1 的控制程序，正常情况下，当系统处于起动流程（M2.0 为 1）时，T0 的计时时间到的瞬间联锁起动传送带 1。T6（传送带 2 停机后延时）计时结束时或传送带系统起动失败时联锁停止传送带 1。跑偏、打滑等故障停止部分的逻辑已编写在 FB1 的内部。

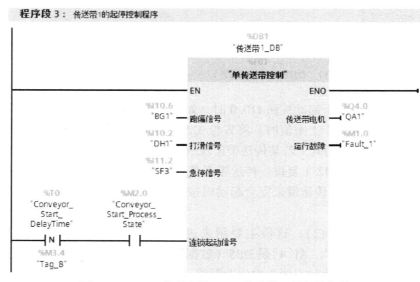

图 12-13　OB1 的程序段 3——传送带 1 的起停控制

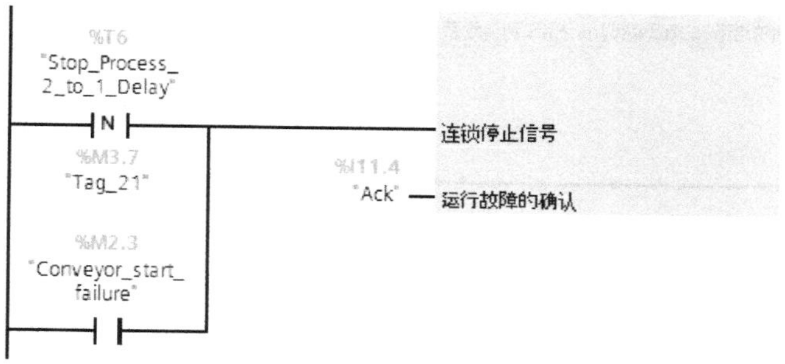

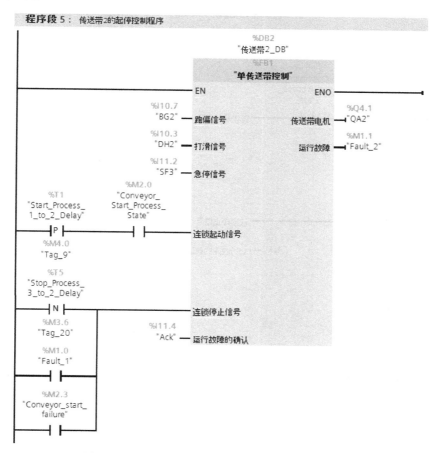

图 12-13　OB1 的程序段 3——传送带 1 的起停控制（续）

4）程序段 4（见图 12-14）。为传送带 1 到传送带 2 的起动延时。

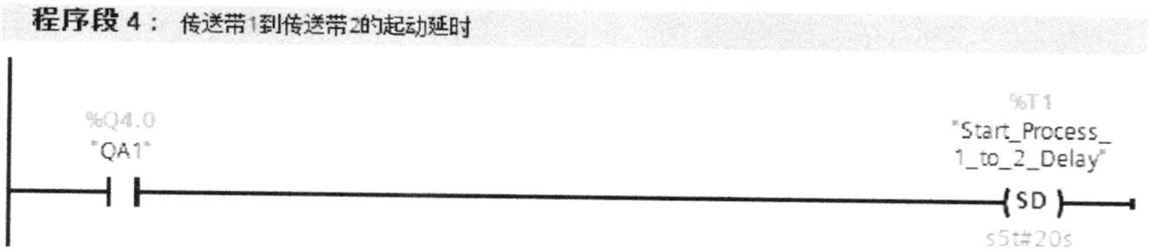

图 12-14　OB1 的程序段 4——传送带 1 至 2 的起动延时

5）程序段 5~10（见图 12-15~图 12-20）。为传送带 2~4 的控制程序及协调它们联锁起动与停止的程序。

图 12-15　OB1 的程序段 5——传送带 2 的起停控制

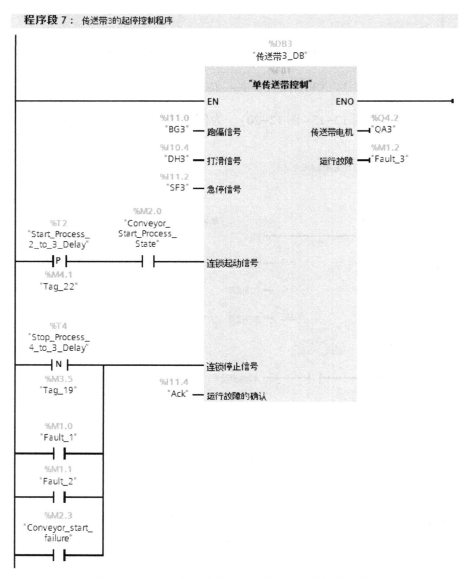

程序段 6：　传送带2到传送带3的起动延时,传送带2到传送带1的停止延时

图 12-16　OB1 的程序段 6——传送带 2 至 3 的起动延时及 2 至 1 的停止延时

程序段 7：　传送带3的起停控制程序

图 12-17　OB1 的程序段 7——传送带 3 的起停控制

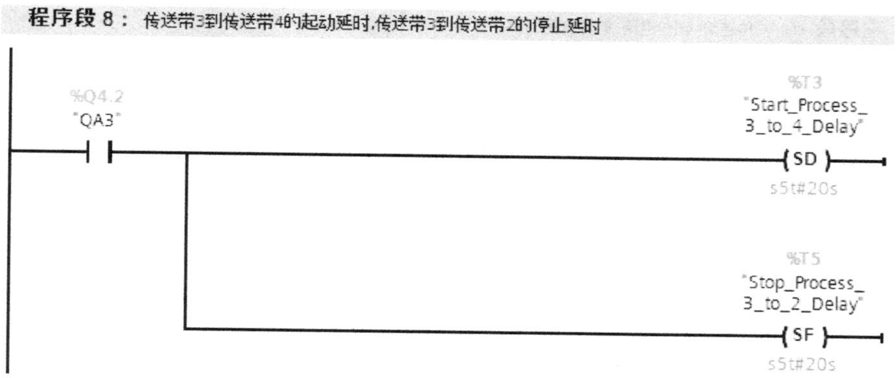

程序段 8：　传送带3到传送带4的起动延时,传送带3到传送带2的停止延时

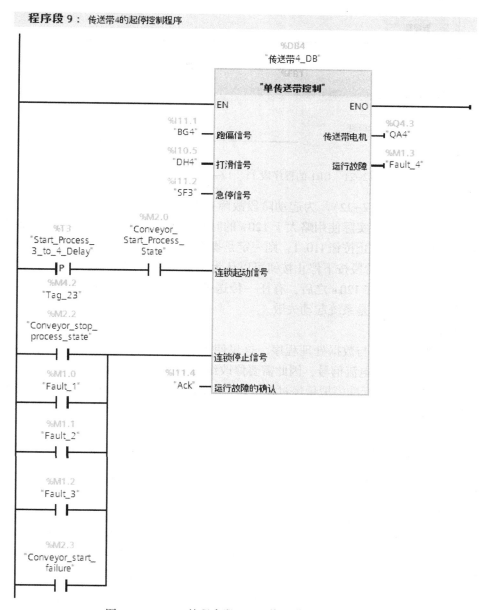

图 12-18　OB1 的程序段 8——传送带 3 至 4 的起动延时及 3 至 2 的停止延时

程序段 9：　传送带4的起停控制程序

图 12-19　OB1 的程序段 9——传送带 4 的起停控制

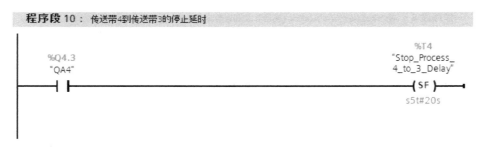

图 12-20　OB1 的程序段 10——传送带 4 至 3 的停止延时

6）程序段 11、12（见图 12-21）。FC1、FC2 的调用程序。

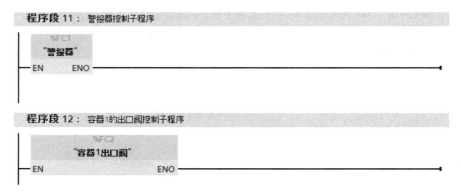

图 12-21　OB1 的程序段 11、12——FC1 及 FC2 的调用

7）程序段 13（见图 12-22）。为起动阶段故障判断与复位的程序。在 4 条传送带未能完全起动的 120 s 内（程序中实际使用略大于 120 s 的时间，以防止由于计时的误差导致系统误判为起动失败），如果按下停止按钮 I10.1，则一定是操作员认为系统发生了什么状况而不能再继续起动下去。因此在这个阶段按下停止按钮可以认为是系统起动失败，其对传送带系统的作用等同于急停。另外，如果在 120 s 之后，有任一传送带未起动，即某一传送带起动后跑偏或打滑持续 5 s 以上时，也认为是系统起动失败。

5. OB30 的编写

OB30 中是物位的采集与数据处理程序，这里使用了 NORM_X 和 SCALE_X 指令。其中由于物位信号是 4~20 mA 的电流信号，因此需要修改组态中的设置（图略）。

在 S7-1500 PLC 中，标准模拟量经过模数转换后的数值范围都是 0~27648，而两个容器物位计的量程都是 0~10 m，程序如图 12-23 所示。

6. 监控软件的设计

本例使用触摸屏作为监控设备。

在如图 12-24 所示的监控画面中，使用基本图形和线条画出了传送带系统和容器 1 的出口阀，容器 1、2 和警报器为插入的图形。

为了发挥监控作用，在每条传送带的两端和容器 1 的出口阀制作了颜色动画，传送带起动或出口阀开启时，颜色会发生改变，实现方法是将 Q4.0~Q4.3 及 Q4.5 的数值与相关图形的颜色值对应，为 0 时显示颜色背景色——灰色，为 1 时显示绿色；警报器闪烁或常亮时也会有相应的动画，但这个并不是使用改变颜色属性的方法，而是将两个不同颜色但形状一致的图片叠放，再改变其中最上层图片的可见性。实现方法是将 Q4.4 的数值与最上层警报器图片的可见性绑定，即为 0 时不可见，为 1 时可见。

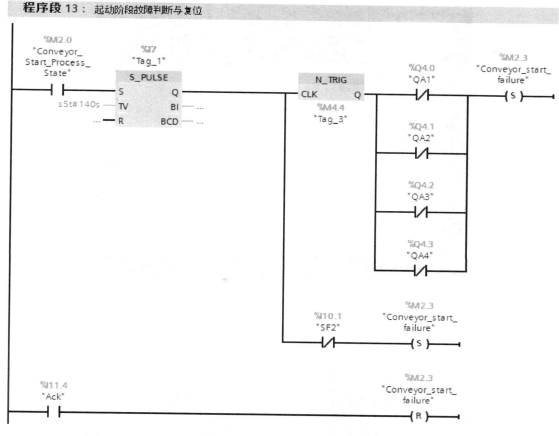

图 12-22　OB1 的程序段 13——传送带系统启动阶段故障判断与复位程序

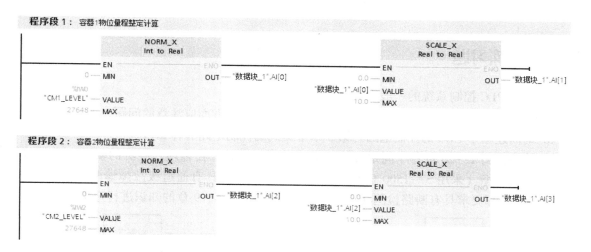

图 12-23　OB30 中的程序段 1/2——物位采集与数据处理程序

　　容器 1/2 中的三个数值也分别与 PLC 中的对应地址进行了链接，其中容器 2 中物位上限设定处设置为可输入可输出，其余两个设置为仅输出。有的场合为防止未经授权的人员操作监控系统，往往还会对一些需要操作的对象设置操作权限（需要登录账号方可操作），例如起动系统或更改设定值等，本例未设置操作权限。

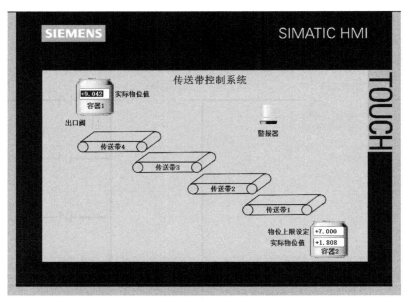

图 12-24　传送带系统的监控画面

请扫描二维码 12-3 获取传送带控制系统的仿真过程演示视频。

请扫描二维码 12-4 获取更多 PLC 知识。

12-3　　　　　　　　　12-4

思考题及练习题

1. 总结 PLC 控制系统的一般设计流程。

2. 总结在工程应用中，设计 PLC 控制系统硬件和软件方面应注意的问题。

3. 请简述基于 PLC 的控制电路与第 3 章中提到的控制电路有什么区别？

4. 请根据图 12-25 的各车间地理位置关系及 I/O 点数，在合理、经济的基础上进行整体的 PLC 系统选型（采用 S7-1500 PLC 系列，要求信号模块具有通道级故障诊断功能，且 DI、DQ、AI、AQ 都要求具有断路检测功能）。请结合本章及第 5、9 章的知识进行选型。

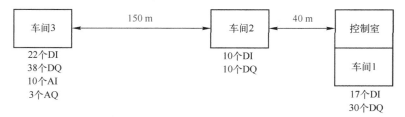

图 12-25　各车间地理位置关系及 I/O 点数

5. 如果将第 3 章中 3.2.7 节的自动往复工作台改为 PLC 控制，请画出主电路及控制电路。

参 考 文 献

[1] 黄永红. 电气控制与 PLC 应用技术 [M]. 2 版. 北京：机械工业出版社，2020.
[2] 姜建芳. 电气控制与 S7-300 PLC 工程应用技术 [M]. 北京：机械工业出版社，2014.
[3] 张白帆. 老帕讲低压电器技术 [M]. 北京：机械工业出版社，2016.
[4] 黄威，陈鹏飞，吉承伟. 低压电器与电气控制技术问答 [M]. 北京：化学工业出版社，2013.
[5] 崔坚. SIMATIC S7-1500 与 TIA 博途软件使用指南 [M]. 北京：机械工业出版社，2016.
[6] 廖常初. S7-1200/1500 PLC 应用技术 [M]. 北京：机械工业出版社，2018.
[7] 向晓汉，李润海. 西门子 S7-1200/1500 PLC 学习手册——基于 LAD 和 SCL 编程 [M]. 北京：化学工业出版社，2018.
[8] 邱道尹. S7-300/400 PLC 入门和应用分析 [M]. 北京：中国电力出版社，2008.
[9] 褚卫中. 机械安全技术及应用 [M]. 北京：机械工业出版社，2014.
[10] 梁岩. S7-300/400 PLC 实践教程 [M]. 沈阳：东北大学出版社，2014.
[11] 梁岩. 西门子 SINAMICS S120 系统应用与实践 [M]. 北京：机械工业出版社，2019.